科学出版社"十三五"普通高等教育本科规划教材

发 酵 工 程

（第二版）

韦革宏　史　鹏　主编

科学出版社

北京

内 容 简 介

　　本教材全面介绍了发酵工程的概念、原理、发展方向及应用领域。全书共有十三章，在内容安排上分为两大部分，前半部分即第一章至第九章，主要阐述发酵工程的基本概念、理论及基本原理；后半部分即第十章至第十三章，主要介绍发酵工程的主要产品工艺，及其在食品酿造、农业、生物能源及环境保护等方面的应用。

　　本教材可供农林类院校、综合性大学、师范类院校的生物学专业及其他相关专业的本科生使用。

图书在版编目（CIP）数据

发酵工程 / 韦革宏，史鹏主编. —2 版. —北京：科学出版社，2021.6
科学出版社"十三五"普通高等教育本科规划教材
ISBN 978-7-03-067356-5

Ⅰ. ①发… Ⅱ. ①韦… ②史… Ⅲ. ①发酵工程 -高等学校-教材
Ⅳ. ① TQ92

中国版本图书馆 CIP 数据核字（2020）第254082号

责任编辑：丛　楠　刘　丹 / 责任校对：严　娜
责任印制：师艳茹 / 封面设计：迷底书装

科 学 出 版 社 出版
北京东黄城根北街 16 号
邮政编码：100717
http://www.sciencep.com

石家庄继文印刷有限公司 印刷
科学出版社发行　各地新华书店经销

*

2008年2月第 一 版　开本：787×1092　1/16
2021年6月第 二 版　印张：22 3/4
2022年10月第四次印刷　字数：583 000

定价：69.80元
（如有印装质量问题，我社负责调换）

《发酵工程》（第二版）编写委员会

主　　编　韦革宏　史　鹏
副 主 编　贾志华　舒敦涛　李哲斐
编写人员（按姓氏汉语拼音排序）

段开红（内蒙古农业大学）

韩珍琼（西南科技大学）

贾志华（西北农林科技大学）

李哲斐（西北农林科技大学）

任大明（沈阳农业大学）

史　鹏（西北农林科技大学）

舒敦涛（西北农林科技大学）

王卫卫（西北大学）

王彦杰（黑龙江八一农垦大学）

韦革宏（西北农林科技大学）

温志强（福建农林大学）

颜　霞（西北农林科技大学）

杨　祥（西北农林科技大学）

杨丽华（内蒙古农业大学）

张　良（沈阳农业大学）

张江波（西北农林科技大学）

《发酵工程》（第一版）编写委员会

主　　编　韦革宏　杨　祥

副 主 编　王卫卫　段开红　任大明

编写人员（按姓氏汉语拼音排序）

段开红（内蒙古农业大学）

韩珍琼（西南科技大学）

任大明（沈阳农业大学）

王卫卫（西北大学）

王彦杰（黑龙江八一农垦大学）

韦革宏（西北农林科技大学）

温志强（福建农林大学）

颜　霞（西北农林科技大学）

杨　祥（西北农林科技大学）

杨丽华（内蒙古农业大学）

张　良（沈阳农业大学）

张江波（西北农林科技大学）

前　言

发酵工程是生物工程的重要组成部分，是利用微生物为大规模工业生产服务的一门工程技术。发酵技术历史悠久，在国民经济和人民生活各方面正发挥着越来越大的作用。尤其是现代发酵工程，广泛应用基因工程、细胞工程、酶工程等新技术，形成了 21 世纪最重要的生物工程支柱产业。在人类可持续发展的进程中，发酵工程正显示着其巨大的优势，为人类解决所面临的能源短缺、环境污染、疾病控制等重大难题提供全新的思路和途径。发酵工程技术及其成果正在广泛地被应用于工农业生产、环境保护及医药卫生保健事业。因此，可以说发酵工程是 21 世纪最具发展潜力的重要的理论与应用学科之一。

生物工程被认为是生物科学最前沿的学科，为适应经济和社会发展需要，很多高校设有生物工程及生物技术或与之相关的本科专业，而发酵工程则是这些专业所开设的重要骨干课程。同时，越来越多的相关专业甚至一些文科及管理学学科专业也相继设置发酵工程课程。但目前对于综合性大学、农林类院校、师范类院校相关专业的教学却缺乏与之相适应的教材。基于这种要求和意愿，我们多所院校在科学出版社的大力支持下，编写了《发酵工程》这本教材。本教材的编写宗旨是使同学们在掌握发酵工程基本知识、基本理论和基本技能的基础上，更多地了解发酵工程在生物、农林方面的应用，为同学们今后从事生物医药、生物农药、生物肥料、发酵食品饮料、新型能源、环境保护等相关工作打下坚实的理论及应用基础。

参与编写本教材的老师来自国内部分农林类和综合性院校。他们都长期从事发酵工程的教学及相关的科研工作，有着较为丰富的理论基础和实践经验。在编写过程中，编者参阅了大量的国内外先进教材、专著和论文。在内容安排上注重理论与应用紧密结合与联系，既注重基础理论，又努力反映学科发展的前沿动态，特别是发酵工程在农林业方面的应用实例，使之成为同学们学习发酵工程的重要指导教材。本教材也可供从事发酵工程工作的科技人员及相关人士参考。

本教材共十三章，编写分工如下：第一章由韦革宏、杨祥和史鹏编写，第二章由颜霞编写，第三章由张江波编写，第四章由张良和王彦杰编写，第五章由王卫卫和贾志华编写，第六章由李哲斐编写，第七章由段开红、杨丽华和史鹏编写，第八章由舒敦涛编写，第九章由贾志华编写，第十章由任大明和李哲斐编写，第十一章由韩珍琼编写，第十二章由杨祥和史鹏编写，第十三章由温志强和舒敦涛编写。全书由韦革宏和史鹏统稿。

我们在本教材编写过程中，参考了许多国内外相关的教材和文献资料，引用了一些重要的结论及相关的图表，在此向各位前辈及同行致以衷心的感谢。在编写过程中，还得到了相关院校领导及有关部门的大力关心和支持。科学出版社的领导和编辑同志对本书的出版做了大量辛勤细致的工作，在此谨致以衷心的感谢。

由于笔者的水平有限，加之时间仓促，书中疏漏所难免。诚挚地希望专家和同行及广大读者给予批评指正。

编　者

2021 年 5 月

目　　录

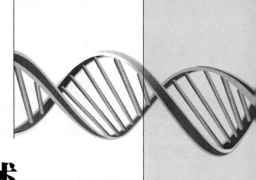

第一章　发酵工程概述

发酵工程是生物工程的重要组成部分和基础，是生物工程产业化的重要环节。发酵工程既为人类创造物质财富，又在生产实践中不断地得到丰富和发展。可以预见，随着科学技术的进步，发酵工程必将得到迅速的发展，从而影响工、农、医等众多领域，为人类的发展带来巨大的推动作用。

发酵工程的内容随着科学技术的发展而不断扩展和充实。现代的发酵工程不仅包括菌体生产和代谢产物的发酵生产，还包括微生物机能的利用。其主要内容包括生产菌种的选育，发酵条件的优化与控制，反应器的设计及产物的分离、提取与精制等。

第一节　发酵工程的概念

一、发酵的定义

（一）发酵的传统概念

发酵（fermentation）最初来自拉丁语"发泡"（fervere）这个词，其最早用来形容酵母作用于果汁或发芽谷物等含糖物质并产生 CO_2 等气体的现象。

（二）生理生化意义的发酵

巴斯德研究酒精发酵后认为，发酵是酵母在无氧条件下的呼吸过程，是"生物获得能量的一种形式"。后续一系列相关研究成果对该定义进行了拓展和修订，形成了目前发酵的生理生化概念：发酵是一种生物氧化方式，其特征是有机物氧化放出的电子直接交给基质本身未完全氧化的中间产物，同时释放出能量和产生各种代谢产物。

（三）发酵的现代概念

在工业领域，把一切依靠微生物的生命活动而实现的工业生产均称为发酵。这样定义的发酵就是"工业发酵"。工业发酵要依靠微生物的生命活动，生命活动依靠生物氧化提供的代谢能来支撑，因此工业发酵应该覆盖微生物生理学中生物氧化的所有方式：有氧呼吸、无氧呼吸和发酵。

二、发酵工程的定义

发酵工程是利用微生物特定的性状和功能，通过现代化工程技术，生产有用物质或直接应用于工业化生产的技术体系；是将传统发酵与现代的 DNA 重组、细胞融合、分子修饰和改造等新技术结合并发展起来的工艺方法；也可以说是渗透有工程学的微生物学，是发酵技术工程化的发展。由于主要是利用微生物发酵过程来生产产品，因此发酵工程也可称为微生物工程。

三、发酵工程的特点

发酵工程的主要材料是微生物，是微生物参与的，由其生长繁殖和代谢反应所引起的生物反应过程。这些过程既有利用原有微生物特性获得某种产物的过程，又有利用微生物消除某些物质（废水、废物的处理）的过程，但是它们都是活的微生物的反应过程。这一过程中的产物可以是过程的中间或终点时的代谢产物，也可以是有机物质的降解物或微生物自身的细胞。

发酵工程的主要技术手段和设备与化学工程非常接近，化学工程中的许多单元操作在发酵工程中得到应用。国外许多学术机构把发酵工程作为化学工程的一个分支，称为"生化工程"。但由于发酵工程是培养和处理活的有机体，因此除了与化学工程有共性外还有它的特殊性。例如，空气除菌系统、培养基灭菌系统等都是发酵工程工业中所特有的。再如化学工程中，气液两相混合、吸收的设备仅有通风和搅拌的作用，而通风机械搅拌发酵罐除了上述作用外，还包括复杂的氧化、还原、转化、水解、生物合成及细胞的生长和分裂等作用，而且还有其严格的无菌要求，不能简单地与气体吸收设备完全等同起来。提取部分的单元操作虽然与化工中的单元操作无明显区别，但为适应菌体与微生物产物的特点，还要采取一些特殊措施并选用合适的设备。简言之，发酵工程就是化学工程中各有关单元操作结合了微生物特性的一门学科。

与化学工程生产技术相比，发酵工程的微生物反应过程具有以下特点：①作为生物化学反应，通常在温和的条件下进行（如常温和常压），因此设备不需要考虑防爆等问题；②原料来源广泛，通常以糖、淀粉等碳水化合物为主，只要不含有毒物质，一般无精制的必要；③反应以生命体的自动调节方式进行，因此数十个反应过程能够像单一反应一样，在单一反应器内进行；④既能生产多种小分子产品，也能很容易地生产复杂的高分子化合物，如各类酶等；⑤由于生命体特有的反应机制，能高度选择性地进行复杂化合物在特定部位的氧化、还原、官能团导入等反应；⑥生产发酵产物的生物物质菌体本身也是发酵产物，富含维生素、蛋白质、酶等有用物质，除特殊情况外，发酵液等一般对生物体无害；⑦通过微生物的菌种改良，能够利用原有生产设备大幅度提高生产水平。发酵过程的这些特征决定了发酵工程的种种优点，使得发酵工程成为生物工程的核心之一而受到了广泛重视。

但因为发酵工程所依赖的微生物反应过程存在着其特有的规律，所以发酵过程中也有一些问题应该引起特别的注意：①底物不可能完全转化成目的产物，副产物的产生不可避免，因而造成了提取和精制困难，这是目前发酵行业下游操作落后的原因之一；②微生物的反应是活细胞的反应，产物的获得除受环境因素影响外，也受细胞内因素的影响，并且菌体易发生变异，实际控制相当困难；③原料是农副产品，虽然价廉，但质量和价格波动较大；④生产前准备工作量大、花费高，相对化学反应而言，反应器效率低；⑤因为过高的底物或产物浓度不利于细胞生长和产物合成，为提高产量常需采用大体积的反应器；⑥发酵废液常具有较高的化学需氧量（chemical oxygen demand，COD）和生化需氧量（biochemical oxygen demand，BOD），如不进行处理会造成环境污染；⑦发酵生产在操作上最需要注意防止杂菌污染，全过程一般要求在无菌状态下运转，一旦失败，就要遭受重大损失。

四、发酵工程常见的主要发酵类型

微生物发酵是一个错综复杂的过程，尤其是大规模工业发酵，要达到预定目标，更是需要研发和使用多种多样的发酵技术。目前常用的发酵技术，可按其某些特征人为地分为以下几类（图1-1）。

（一）厌氧发酵与好氧发酵

厌氧发酵是利用一些专性或兼性厌氧微生物进行的发酵，如丙酮、丁醇、乳酸、乙醇的生产。因其不需供氧，整个发酵过程不需要通入空气，是在密闭的条件下进行的。厌氧发酵的设备一般比较简单。严格的厌氧液体深层发酵的主要特色是排除发酵罐中的氧。罐内的发酵液应尽量装满，以便减少上层气相的影响，有时还需要充入无氧气体。发酵罐的排气口要安装水封装置，培养基应预先处理以减少其中的含氧量。此外，厌氧发酵需要使用大剂量接种（一般接种量为总操作体积的10%～20%），使菌体迅速生长，减少其对外部氧渗入的敏感性。乙醇、丙酮、丁醇和乳酸等都是采用液体厌氧发酵工艺生产的。

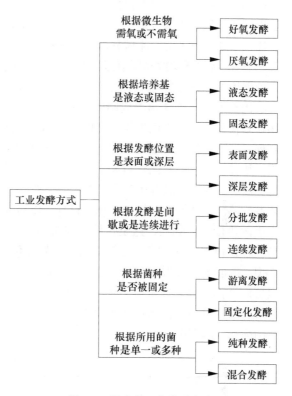

图 1-1　微生物工业发酵方式

在农村普遍推广的沼气发酵也是典型的厌氧发酵（图1-2）。

好氧发酵是利用需氧的微生物进行的发酵。其特点是在发酵过程中需要不断地供给微生物氧气（或空气），以满足微生物呼吸代谢。多数发酵生产属于有氧发酵。好氧发酵的方法有通气、通气搅拌或表层培养等类型。

（二）液态发酵与固态发酵

液态发酵（液体培养），是指将微生物接种到液体培养基中进行培养和发酵的过

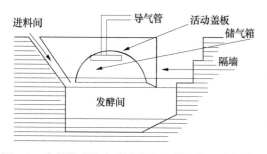

图 1-2　农村普遍推广的家庭式沼气发酵生产示意图

程。进行液体培养时，氧气的需求和供给是必须考虑的重要环境因素。由于在现代发酵工程中大多数发酵微生物是好氧性的，而在液体培养条件下微生物只能利用其中的溶解氧，因此如何保证在培养液中有较高的溶解氧浓度至关重要。在实验室中进行的好氧菌液态发酵方式主要有四种：试管液体培养、浅层液体培养、摇瓶培养和台式发酵罐培养。工业生产中常见

的好氧菌液态发酵方式是通气培养，该方法适于抗生素、氨基酸、核苷酸等的发酵。具体的培养方式包括浅盘培养和发酵罐深层培养。其中，液体深层培养是在青霉素等抗生素发酵中发展起来的技术，由于其生产效率较高、易于控制、产品质量稳定，因此在发酵工业中被广泛应用。也有部分发酵产品的生产不需要氧气，过多的氧气甚至会影响菌体生长，这就必须给发酵体系制造无氧环境。实验室中，用液体培养基进行厌氧菌培养时，一般采用添加有机还原剂（如巯基乙醇、半胱氨酸）或无机还原剂（铁丝等）的深层液体培养基，其上方封以凡士林-石蜡层，如放在厌氧罐中培养，则效果更好。工业生产中常见的厌氧液态发酵方式是静置培养，该方法可用于乙醇、丙酮-丁醇、乳酸等的发酵。

固态发酵（固体培养或固体发酵），是指利用固体培养基进行培养和发酵的过程。微生物贴附在营养基质表面生长，所以又可称为表面培养。固体培养在微生物鉴定、计数、纯化和保藏等方面发挥着重要作用。一些丝状真菌可以进行生产规模的固态发酵。实验室常见的固体培养方法主要有试管斜面、培养皿平板、较大型的克氏扁瓶和茄子瓶斜面等，用于菌种的分离、纯化、保藏和生产种子的制备。生产中好氧真菌的固体培养方法都是将接种后的固体基质薄薄地摊铺在容器的表面，这样，既可使菌体获得充足的氧气，又可以将生长过程中产生的热量及时释放，这是传统的曲法培养的基本原理。进行固体培养的设备有较浅的曲盘、转鼓和通风曲槽等。生产实践中对厌氧菌固体培养的例子不多见。在我国传统的白酒生产中，一般采用大型深层地窖进行堆积式的固态发酵。虽然其中的酵母菌为兼性厌氧菌，但也可以算作厌氧固体发酵的例子。总之，固体培养的设备简单，生产成本低，但是pH、溶解氧和温度等不易控制，耗费劳动力多，占地面积大，容易污染，生产规模难以扩大。生产上的固态发酵实例见表1-1。

表1-1   固态发酵实例

生产目的	原料	所用微生物
蘑菇生产	麦秆、粪肥	双孢蘑菇、埃杜拉香菇等
泡菜	包菜	乳酸菌
酱油	黄豆、小麦	米曲霉
大豆发酵食品	大豆	少孢根霉
干酪	凝乳	保加利亚乳杆菌
堆肥	混合有机材料	枯草芽孢杆菌
金属浸提	低级矿石	硫杆菌
有机酸	蔗糖、废糖蜜	黑曲霉
酶	麦麸等	黑曲霉
污水处理	污水	细菌、真菌或原生动物等

（三）分批发酵与连续发酵

分批发酵又称为分批培养，是指将所有的物料（除空气、消泡剂、调节pH的酸碱物外）一次加入发酵罐，然后灭菌、接种、培养，最后将整个罐的内容物放出，进行产物回收，清理罐体，重新开始新的装料发酵的发酵方式。在整个培养过程中，除氧气的供给、发酵尾气的排出、消泡剂的添加和控制 pH 加入酸或碱外，整个培养系统与外界没有其他物质的交换。分批发酵过程中随着培养基中的营养物质的不断减少，微生物生长的环境条件也随之不断变化。因此，分批发酵是一种非稳态的培养方法（图 1-3）。分批培养系统属于封闭系统，只能在一段有限的时间内维持微生物的增殖，微生物处在限制性的条件下生长，表现出典型的生长周期（图 1-4）。该方法操作简单、易于掌握，迄今为止，仍是常用的发酵方法，广泛用于多种发酵过程。

连续发酵又称为连续培养，是指以一定的速度向培养系统内添加新鲜的培养基，同时以相同的速度流出培养液，从而使培养系统内培养液的量维持恒定，使微生物细胞能在近似恒定状态下生长的微生物培养方式（图 1-5）。它与封闭系统中的分批发酵培养方式相反，是在开放的系统中进行的。由于培养基能不断更新，解除了营养基质和环境对微生物生长的限制，因此该方法可以达到稳定、高速培养微生物细胞或生产大量代谢产物的目的。此外，对于细胞的生理或代谢规律的研究，连续发酵是一种重要的手段。相较于分批发酵，

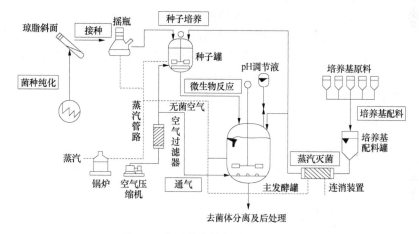

图 1-3　典型的分批发酵工艺流程图

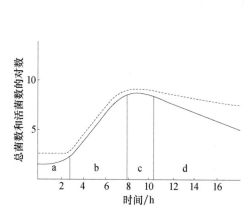

图 1-4　分批培养过程中典型的细菌生长曲线
——活菌数；----总菌数；a. 延迟期；b. 对数生长期；
c. 稳定期；d. 死亡期

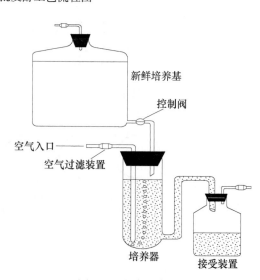

图 1-5　连续培养系统

连续发酵的主要优势是简化了菌种的扩大培养、发酵罐的多次灭菌、清洗、出料等工序，缩短了发酵周期，提高了设备利用率和生产效率，降低了人力、物力的消耗，使产品更具有商业竞争力。

但是连续发酵也存在着现阶段难以克服的缺点。对大部分微生物来说，通过连续发酵研究其生理、生化和遗传特性是很困难的，而用连续发酵进行大规模生产也很难实现。其主要原因是：①连续发酵运转时间长，菌种多退化，容易污染，培养基的利用率一般低于分批发酵；②工艺中的变量较分批发酵复杂，较难控制和扩大；③在次级代谢产物，如抗生素大规模工业化生产中，难以利用连续发酵，因为生成次级代谢产物所需的最佳条件，往往与其菌种生长所需的最佳条件不一致，有的还与微生物细胞分化有关。

目前连续发酵主要被用来大规模生产乙醇、丙酮、丁醇、乳酸、黄原胶（图 1-6）、食用酵母、饲料酵母以及单细胞蛋白，还可用于石油脱蜡及污水处理并取得了好的效果。例如，丙酮-丁醇梭菌（*Clostridium acetobutylicum*）采用两罐（级）连续发酵生产丙酮-丁醇。第一罐培养液的稀释率为 0.125h^{-1}，即流速控制成 8h 更换一次罐内的培养液，发酵温度为 37℃，pH 3.4。控制此罐主要发酵菌体，第二罐稀释率为 0.04h^{-1}，即 25h 更换罐内培养液一次，33℃，pH 4.3 发酵。这样连续发酵大规模生产丙酮-丁醇溶剂，连续运转一年多，比采用分批发酵方式产生的效益高得多。连续发酵在推广应用中虽然存在着不少困难和问题，但随着对该技术的深入研究、改进，尤其是与各项高新技术密切结合，相信其将日趋完善，在未来的发酵工程中将有广阔的应用发展前景，必将发挥更大的效益。

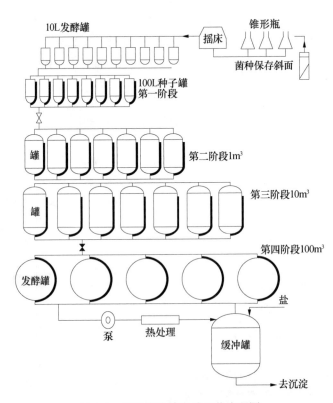

图 1-6　黄原胶连续发酵工艺流程图

补料分批发酵又称为半连续培养或半连续发酵，是介于分批发酵过程与连续发酵过程之间的一种培养方式，是指在分批发酵过程中，由于到了中后期，养料快要消耗完毕，菌体逐渐走向衰老自溶，不能再继续分泌代谢产物，这时为了延长中期代谢活动，维持较高的发酵产物的增长幅度，需要给发酵罐间歇或连续地补加新鲜培养基的发酵方式。补料在发酵过程中的应用，是发酵技术上一个划时代的进步，其兼有分批发酵和连续发酵两种培养方式的优点（表1-2），并在某种程度上克服了它们所存在的缺点。

表1-2　补料分批发酵的一些优点

与分批发酵方式比较	与连续发酵方式比较
1. 可以解除培养过程中的底物抑制、产物的反馈抑制和葡萄糖的分解阻遏效应	1. 不需要严格的无菌条件
2. 对于耗氧过程，可以避免在分批培养过程中因一次性投糖过多造成的细胞大量生长、耗氧过多以至通风搅拌设备不能匹配的状况	2. 不会产生微生物菌种的老化和变异
3. 微生物细胞可以被控制在一系列的过滤态阶段，可用来控制细胞的质量；并可重复某个时期细胞培养的过渡态，可用于理论研究	3. 最终产物浓度较高，有利于产物的分离 4. 使用范围广

　　同传统的分批发酵相比，首先，补料分批发酵可以解除营养物基质的抑制、产物反馈抑制和葡萄糖分解阻遏效应（葡萄糖效应——葡萄糖被快速分解所积累的产物在抑制所需产物合成的同时，也抑制其他一些碳源、氮源的分解利用）。其次，对于好氧发酵，它可以避免在分批发酵中因一次性投入糖过多造成细胞大量生长、耗氧过多，以至通风搅拌设备不能匹配的状况。最后，它还可以在某些情况下减少菌体生成量，提高有用产物转化率。在真菌培养中，菌丝的降低可以降低发酵液的黏度，便于物料输送及后处理。与连续发酵相比，它不会产生菌种老化和变异问题，其适用范围也比连续发酵广。目前，补料分批发酵已被广泛应用于氨基酸、抗生素、维生素、核苷酸、酶制剂、单细胞蛋白、有机酸及有机溶剂等的生产中，几乎遍及整个发酵行业。随着研究工作的深入及电子计算机在发酵过程自动控制中的应用，补料分批发酵技术将日益发挥出巨大的优势。

（四）纯种发酵与混合发酵

　　利用纯培养的单一菌株进行的发酵称为纯种发酵。为获得纯培养菌株，通常需要把自然界中混杂在一起的各种微生物彼此分开，这在微生物学上叫作纯培养技术。该技术最早由微生物学家科赫创建。纯培养技术的发明避免了其他杂菌对发酵过程的干扰，使微生物工业正式进入了理性发展阶段。人类开始有目的地生产微生物的初级代谢产物，如生产酵母菌体、丙酮、丁醇、乙醇、柠檬酸和甘油等传统的或现代的发酵工程产品，使得传统的酿造工业，如啤酒工业、葡萄酒工业、面包酵母的生产、食醋工业等都逐步地由传统工艺转变为纯种发酵，极大地推动了发酵产业的发展。

　　混合发酵是指多种微生物混合在一起共用一种培养基进行发酵，也称为混合培养。混合发酵历史悠久，许多传统的微生物工业就是混合发酵，如酒曲的制作，某些葡萄酒、白酒的酿造，湿法冶金，污水处理，沼气池的发酵等都是混合发酵。这些混合发酵中微生物的种类和数量大都是未知的，人们主要是通过培养基组成和发酵条件来控制发酵过程，达到生产目的。随着对微生物群落结构的相互作用认识的发展，对混合发酵技术研发的深入，采用已鉴定的两种以上分离纯化的微生物作为菌种，共用同种培养基进行发酵的技术应运而生，该技术被称为限定混合培养物发酵。相较于纯种发酵，混合发酵有一些显著的优点：①充分利用培养基、设备、人员和时间，可以在共同的发酵容器中经过同一工艺过程，提高所需产品的质和量，或获得多种产品，可做到三少一多，即生产人员少、原材料和能源消耗少、设备和器材少，而生产的产品的效益高或种类多。例如，我国创新的维生素 C 二步发酵法，其特点为第二步发酵由氧化葡萄糖酸杆菌和巨大芽孢杆菌等伴生菌混合发酵完成。该发酵技术已在多国申请专利，并成为我国向国外转让的第一个生物高新技术，国内厂家也都普遍采用了此项技术，取得了很好的经济效益。②混合发酵能够获得一些独特的产品，而纯种发酵是很难做到的。例如，国内外享有盛誉的茅台酒，就是众多的微生物混合发酵的产品，据气相色谱和质谱分析，它含有各种醇类、酯类、有机酸、缩醛等几十种化合物，其风味优异而独特，目前还不可能将茅台酒制作的混合微生物单独分离，获得纯培养，分别发酵再将发酵产物配制成茅台酒。现代微生物发酵产品如果要实现混合发酵生产，需要对所有菌株特性深入研究，利用它们的互利关系，使所用的混合菌种取长补短，发挥各自的优势，生产出成本低、质量优的产品。③混合的多种菌种，增加了发酵中功能基因的多样性，通过不同代谢能力的组合，完成单个菌种难以完成的复杂的代谢作用，可以替代某些基因重组工程菌来进行复杂的多种代谢反应，或促进生长代谢，提高生产效率。例如，华根霉（*Rhizopus chinensis*）可发酵生产延胡索酸。当它与大肠杆菌混合发酵时，延胡索酸应能完全转化成琥珀酸。用膜醭毕赤酵母（*Pichia membranaefaciens*）代替大肠杆菌混合发酵，延胡索酸就被转化为 L-苹果酸。如果普通变形杆菌（*Proteus vulgaris*）和少根根霉（*R. arrhizus*）混合发酵，则可将延胡索酸转化为天冬氨酸。

（五）固定化发酵技术

酶作为发酵生产催化剂，具有专一性强、催化效率高及作用条件温和等优点。在过去的生产中，酶一直都是以溶于水的状态进行催化反应的。因此，酶催化反应不得不以分批法进行，反应完成后，酶不能重复使用而被弃去，而且有时不易与产物分开，影响产品提纯及质量。近十几年来发展了一项应用酶的新发酵技术——酶与细胞的固定化。它的作用特点是用固相的酶作用于液相的底物。

固定化酶是通过物理或化学方法将原本水溶性的酶制备成不溶于水的制剂，而仍然保持酶的催化能力。固定化酶与一般水溶性酶制剂相比，不但仍具有酶的专一性高、催化效率高及作用条件温和等特点，而且比水溶性酶稳定，使用寿命长，一般可连续使用几百小时至一个月。固定化酶悬浮于反应液中进行作用，反应后可用过滤或离心的方法与反应液分离，从而可反复使用多次。固定化酶还可装成酶柱，反应液流过酶柱后，流出液即为反应物，这样就可能使生产管道化、连续化及自动化。固定化酶在使用前可充分洗涤，除去水溶性杂质，因而不会污染反应液，产物的分离提纯简单，收率高，酶损失少。因此，该技术在实际生产中和理论研究中越来越受到重视。现在已经有许多酶制成固定化酶，但在大规模工业生产上应用的尚不多（图 1-7）。

近年来，人们越来越关注固定化完整细胞甚至固定化活细胞的应用。固定化细胞较固定化酶具有更多优点：不需要把酶从菌体中抽提出来，也不要提纯精制酶，而且酶的失活可降至最低程度，稳定性较高，成本则显著降低。同时，一般说来固定化菌体细胞的制备和使用比固定化酶容易。但是将固定化微生物细胞作为固体催化剂使用时，不应伴随有副反应。并

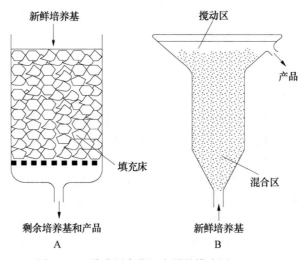

图 1-7　两种酶固定化反应器的模式图

A. 填充床。这是一种工业上常用的技术。生物催化剂是附着在固体上的微生物，通常是一种天然培养基。培养基缓慢地从上面渡过填充床，剩余培养基和反应产物从下方流出。B. 流态床。生物催化剂是固定在颗粒上的，这些颗粒悬浮在朝上流动的新鲜培养基中。在反应器上部的液体流速放慢，因而能把生物催化剂颗粒保留在容器内

且当基质是高分子或不溶性物质，或反应生成物是高分子或不溶性物质时，固定化细胞催化反应很困难，只有当基质及反应产物均是低分子物质时，反应才能在常温常压下进行。这些问题在细胞固定化时必须引起足够的注意。目前固定化细胞正逐步应用于发酵工业生产中。

（六）小结

实际上，在微生物发酵工业生产中，各种发酵方式往往是结合进行的，选择哪些方式组合起来进行发酵，取决于菌种特性、原料特点、产物特色、设备状况、技术可行性、成本核算等方方面面的因素。现代发酵工业的大多数主流发酵方式采用的是好氧、液体深层、分批、游离、纯种发酵结合进行的。这种组合的优越性有：①好氧纯种微生物产生单一产品，是现代发酵工业的主流；②液体悬浮状态是很多微生物最适宜的生长环境，菌体、营养物、产物、热量容易扩散和均质，使产品较易达到高产、优质，发酵中液体输送方便，检测、控制和操作也容易实现自动化；③深层、游离状态扩大了菌种与发酵基质的接触面，提高了发酵反应的效率，加快了反应周期；④分批发酵采用间歇式操作，其主要特征是所有工艺变量都随时间而变，工艺变量主要是菌体、营养物、pH、热量、产物的变更，变化的规律性强，比较容易控制逐级放大和扩大生产规模；⑤分批单一纯种的发酵，不易污染，菌种较容易复壮和改良。这些优势不是绝对的，也不是对所有微生物都适用。对某一菌种来说，也可能变更其中一种或几种发酵方式，发酵效果会更好，效益更佳。因此，应积极研究与开发其他更多更好的发酵方式用于发酵工程。

第二节　发酵工程的发展简史

发酵工程是传统发酵技术与现代微生物学、生物化学和化学工程等学科经过长期的交叉融合发展而来的。特别是诞生于 19 世纪的现代微生物学对其近代以来的飞速发展有决定性

的影响。其发展历史反映了人类对自然现象从观察、依靠经验利用，到采用科学方法积极主动地研究和应用的过程和发展规律。

一、传统发酵时期

发酵的发展历史与人类对微生物的认识息息相关。在 19 世纪以前，人们并没有意识到发酵现象与微生物的关系，但已有大量通过观察和经验积累，有目的地利用发酵作用为人类服务的实践活动。这一时期可被称为自然发酵时期。

远在穴居时代，人类的祖先就知道将一些采摘的野果存放一段时间后就会有酒味，发现将吃剩下并经过贮存后的兽肉比鲜肉的味道更好。在学会了种植和畜牧，进入定居的农业社会后不久，人类就开始利用剩余的谷物酿酒，大约在 9000 年前就已经开始了原始的啤酒生产。公元前 6000 年左右，在黑海与里海的外高加索地区，就已经开始种植葡萄和酿制葡萄酒。在公元前 2400 年左右，在埃及第五王朝的墓葬壁画上，就有烤制面包和酿酒的大幅浮雕图。公元前 25 世纪，古巴尔干人开始制作酸奶。

根据我国《黄帝内经素问》和《汤液醪醴论》的文字记载可知，我国利用微生物酿酒起源于公元前 2200～前 2600 年，距今已有 4000 多年的历史。从考古挖掘出来的用于盛酒、煮酒和斟酒的青铜器皿等判断，其历史至少可以追溯到 4000 多年前的龙山文化时期，甚至是更早以前的仰韶文化时期。我国的酱油酿造开始于周朝，距今已有约 3000 年的历史。在汉武帝时代开始有了葡萄酒，距今也已有 2000 多年的历史。而发酵后经过蒸馏生产的白酒，大概始于宋代。

这一时期的发酵主要用于生产各类食品，如嫌气性发酵应用在酿酒，好气性发酵应用在酿醋与制曲。并且由于人们并不知道微生物与发酵的关系，对发酵的原因根本不清楚，只是依靠口传心授，世代传授着这种发酵的工艺。因此，在相当长的历史时期中，发酵工艺并没有获得很大的突破。尽管如此，这些经验对后来微生物学的发展及发酵工程的建立仍发挥了重要的作用。

17 世纪，荷兰人列文虎克（A. van Leeuwenhoek）制成了能放大 200～300 倍的显微镜，第一次观察并描述了自然环境中的微生物。其后的 200 年间，人们一直在进行着各种各样的微小生物观察，但并没有把微生物的活动与发酵联系起来，发酵生产仍然处于依靠经验工艺的阶段。

二、近代发酵工业建立

19 世纪 60 年代，微生物学的奠基人法国人巴斯德（L. Pasteur）揭示了发酵的秘密，帮助人们认识到发酵是由微生物的活动所引起的，标志着发酵工业进入了一个全新的领域。他发现了加热的肉汁不会腐败，并由此提出了一种科学的消毒方法——巴氏消毒法。该方法将牛乳和饮料酒等加热至 60℃并维持一段时间后可杀死其中的微生物，防止酸变与腐败。时至今日，这种既可杀死微生物的营养细胞又不明显破坏食品和饮料营养成分的消毒方法仍在广泛应用。他接连对乙醇发酵、乳酸发酵、葡萄酒酿造和食醋制造等各种发酵现象进行了研究。1857 年，他明确指出乙醇是酵母细胞生命活动的产物，并在 1863 年进一步提出所有的发酵都是微生物作用的结果，而不同的微生物引起不同的发酵。

另外，德国人科赫（R. Koch）首先应用固体培养基分离微生物。1881 年，他与他的助手发明了加入琼脂的固体培养基，此为琼脂培养基的起源。佩特里（Petri）创造了一种"皮氏培养皿"，用接种针蘸上混合菌液，在平皿中的固体培养基表面划线，经培养后即可获得由单个细胞长成的菌落，此种方法一直沿用至今。与此同时，丹麦人汉逊（Hansen）成功研究出啤酒酵母的纯培养方法，并于1878年确定了"汉逊稀释法"纯培养原理。1881年，Jargensen采用"汉逊稀释法"选择优良酵母菌株用于啤酒发酵，由此揭开了人类有目的地分离有益微生物来生产所需要产品的序幕。第一次世界大战期间，魏茨曼（Weizmann）开发了发酵法生产丙酮-丁醇来制造炸药，并建立了真正的无杂菌发酵技术，近代发酵工业初步形成。但此时的微生物发酵工业中，主要的发酵产品为饮料酒、有机溶剂和多元醇等厌氧发酵产品，有机酸、粗酶制剂（包括中国的酒曲）等好氧微生物发酵培养产品的生产则主要采用固态培养法和表面培养法。

三、近代发酵工程全面发展

从20世纪40年代初到70年代末，是以青霉素工业生产的建立和迅速发展为起始标志的近代发酵工程全面发展时期。

（一）青霉素的发现及其开发概况

1928年9月，英国伦敦圣玛丽医院的细菌学家弗莱明发现有一个能引起化脓性炎症的金黄色葡萄球菌的培养皿被空气夹带的青霉菌污染了。奇怪的是在那个青霉菌菌落周围，金黄色葡萄球菌都长不出来了，而形成了一个透明的抑菌圈。其后进一步的研究显示该青霉为点青霉（*Penicillium notatum*），它分泌的抗菌物质称为青霉素（penicillin）。尽管研究表明青霉素有强烈的杀灭多种病原菌的能力，但由于青霉素是微生物所产生的次级代谢产物，其产量远比初级代谢产物低，结构也较复杂，性能又不够稳定，因此要投入生产还存在很多困难。其后因第二次世界大战的爆发，前线和后方的不少伤员都希望能有一种比当时磺胺类药物更为有效和安全的治疗外伤炎症及其继发性传染病的药物。英国当局邀请病理学家弗洛里（H. W. Florey）和生物化学家钱恩（E. B. Chain）加入弗莱明的研究队伍加速对青霉素的研制开发。研究团队兵分两路，其中主要力量仍是进行化学合成的开发，只有少数人在进行生物合成的开发。后者的开发是在药厂进行的，开始时是以大量的扁瓶为发酵容器，湿麦麸为主要培养基，用表面培养法生产青霉素。这种发酵方法虽然技术手段落后，而且耗费大量的劳动力，但终究能获得一定量的青霉素，而化学合成路线却进展不大（青霉素的化学合成到1950年以后才完成，终因步骤多、成本高，无法进行生产）。发酵法生产青霉素虽然获得成功，但产量较低，不能满足需求。研发团队于是请工程技术人员来改造原有生产线以提高产量。不久之后，新的发酵生产线开始运转，以大型的带机械搅拌和无菌通气装置的发酵罐取代了瓶子发酵，并主要使用当时新型的逆流离心萃取器——波氏萃取器来对发酵滤液进行提取以减少青霉素在pH剧变时的破坏。与此同时，上游研究人员则寻找到了一株从发霉的甜瓜中筛选的适用于液体培养的产黄青霉（*P. chrysogenum*）菌株，使青霉素发酵的效价提高了几百倍。同时还发现以玉米浆（生产玉米淀粉的副产品）和乳糖（生产干酪时的副产品）为主要原料的培养基可使青霉素的发酵效价提高约10倍。不久，辉瑞药厂就建立起一座发酵车间生产青霉素。1945年，弗莱明、弗洛里和钱恩因发明和开发了青霉素被授予诺贝尔生理学或医学奖。

青霉素的投产，将工业发酵的产品种类扩展到了一个新的领域——包括抗生素在内的多种次级代谢产物，同时也对原有的各种初级代谢产物产品生产方式的改进有重大的引导作用。原来以固体发酵为主的有机酸和酶制剂生产大多都改为液体发酵生产。由此开创了好气发酵工程技术，促进了现代发酵工业的发展（图1-8）。同时一个新的交叉学科——生物化学工程建立了起来。

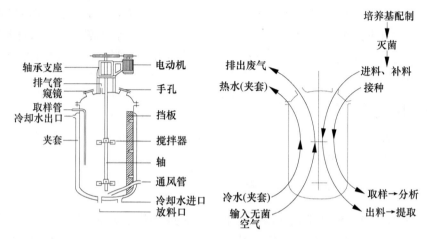

图1-8　现代发酵工程使用的深层液体发酵罐及工艺

（二）人工诱变育种与代谢控制发酵工程技术的建立

微生物遗传学和生物化学的发展，促进了20世纪60年代氨基酸、核苷酸微生物工业的建立。1957年日本的木下祝郎等采用谷氨酸棒杆菌进行L-谷氨酸发酵取得成功。不久，利用该菌的突变株又发酵生产了L-赖氨酸、L-鸟氨酸和L-缬氨酸等。至今已有22种氨基酸可用发酵法生产，其中18种是直接发酵，4种是用酶法转化。氨基酸发酵工业引入了人工诱变育种与代谢控制发酵的新型发酵工程技术。代谢控制发酵工程技术以动态生物化学和微生物遗传学为基础，将微生物进行人工诱变，得到适合于生产某种产品的突变株，再在人工控制的条件下培养，选择性地大量生产人们所需要的物质。此项工程技术目前已用于核苷酸类物质、有机酸和一部分抗生素的发酵生产。近代分子生物学、分子遗传学研究的进展更促进了该项工程技术和理论的发展。因此，代谢控制发酵工程技术的建立，可以说是发酵工程技术发展的重要推动力。

（三）发酵动力学、发酵的连续化自动化工程技术的建立

随着微生物工业向大型发酵罐连续化、自动化方向发展，人们开始利用数学、动力学、化学工程原理、电子计算机技术和自动控制技术对发酵过程进行研究和优化，使分批发酵和连续发酵过程的工艺控制更为合理，开发出多种新工艺和新设备。日本的塔式连续发酵设备可以适用于各种连续通风发酵。法国L-M型单级连续发酵槽，用于连续培养酵母，其结构简单而效率却相当高。有的万能发酵罐适用于任何发酵生产，可以同时记录24个不同的物理化学和生物化学数据在发酵过程中的全部基本参数，包括温度、pH、罐压、溶解氧、氧化

还原电位、空气流量、CO_2 含量等均可自动控制。发酵的连续化、自动化是微生物工程（发酵工程）技术体系建立的重要标志之一。

（四）微生物酶反应生物合成和化学合成相结合工程技术的建立

随着矿产的开发和石油化工的迅速发展，微生物发酵生物合成工程技术与化学合成工程技术正在进行激烈的竞争。矿产的开发和石油化工的发展正在为化学合成法提供丰富的原料，利用逐步化学合成法生产一些低分子的有机化合物是有利的，如乙醇、丙酮及丁醇等。美国工业生产的多种发酵制品已改用化学合成法生产，其中包括乙醇、丙酮、丁醇等，葡糖酸、谷氨酸、乳酸的一部分也改用合成法制造。当然，对于那些用化学合成法不能生产的复杂物质，以及一些化学合成工艺要求较为特殊的产品，目前仍在采用微生物发酵法合成。

随着科学技术的发展，应该看到微生物酶反应生物合成工程技术与化学合成工程技术不是对立的，而是互相促进的。将两种工程技术结合起来，可以成为有用物质生产的新方法，开辟一个生产过去未能生产的有用物质的新领域。例如，可以先通过发酵生产某种产物，再使用化学合成法对其进行必要的改造或修饰。这种新的工程技术最初成功地应用在维生素 C 的生产中，即利用微生物先将山梨糖醇发酵转变为山梨糖，再通过化学合成法生产抗坏血酸。当然，也可以颠倒过来，用化学合成法先生产价廉的前体，再用发酵法生产出贵重产品。目前，利用发酵法和化学合成法的混合方法可以大规模生产维生素 C、激素、核酸有关物质（如 5′-肌苷酸及 5′-鸟苷酸）、新的抗生素（如半合成青霉素、半合成头孢霉素、卡那霉素及氯霉素等）、某些氨基酸（如 L-天冬氨酸、L-酪氨酸、L-色氨酸及 L-赖氨酸等）。微生物酶反应生物合成和化学合成相结合工程技术的建立是近代发酵工程中的重要标志之一。

四、现代发酵工程时期

现代发酵工程时期与之前相比，其特点在于利用现代分子生物技术，即 DNA 重组技术所获得的"工程菌"、细胞融合所得的"杂交"细胞及动植物细胞或固定化活细胞等，使发酵工业的范畴突破了利用天然微生物进行传统发酵，逐步建立起新型的发酵体系，生产天然微生物所不能产生或产量很少的特殊产物。这方面最重要的产品就是基因工程药品，所用的发酵设备是各种类型的新型生物反应器，甚至直接用转基因动植物作为生物反应器。

基因工程技术的应用使发酵工程得到迅速发展，它使人们可以按照自己的意愿，改良或创建微生物新种，从而生产出各种特定的微生物产品，或提高现有微生物产品的产量。自20 世纪 80 年代以来，已有数百种基因工程产品相继问世，其中包括各种疫苗、单克隆抗体、免疫调节剂、激素、医疗用酶和活性蛋白等天然微生物所不能生产的生物制品。

基因工程的研究、开发和应用首先集中在多肽或蛋白质的生化药物中，这是因为在历史上与医药有关的基础学科比较发达。目前，在医药方面的应用约占整个基因工程应用的60%。长期以来，困扰着医学界的一些疾病诊断、预防和治疗中有着重要价值的人体活性多肽（如激素、神经多肽、淋巴因子和凝血因子等），由于材料来源困难或技术方法问题而无法大量合成，只能勉强沿用传统技术从动物中提取。但由于原料来源短缺，制成品各批次质量参差不齐及毒副作用较大等而限制其在临床上的应用。目前，通过 DNA 重组技术产生的工程菌已大量高效地合成出许多人体中的活性多肽，如干扰素、白介素、促红细胞生成素、人生长激素、集落刺激因子和胰岛素等。基因工程药物为人体战胜多种疑难疾病提供了有力的武器，也是国际医药工业发展的新的增长点。

现代生物技术特别是基因工程为发酵工程赋予新的生命力，但其本身也存在一些缺陷。例如，因为目标产物浓度低，有时甚至还是胞内产物等原因，从培养液中将目标产物提取出来并加以纯化并非易事。此外，在工程菌的培养中，为了获得重组菌体，往往采用高密度培养。但在实际发酵过程中，通过研究高密度培养的工艺条件，能获得高浓度的菌体，却得不到高浓度的目标产物。此外，重组菌存在不稳定性，导入的嵌有外源基因的质粒容易从宿主细胞内脱落而使外源基因不表达。由于以上原因，除了要在 DNA 重组中设法提高外源基因在宿主内的稳定性以及增加表达量外，还需要研究提高相关的培养工艺条件。

现代发酵工程产品种类不断增加，是方兴未艾的高新技术产业。今后发酵工程不但能用来生产一些新的贵重或有特殊功效的药物，更能够利用现代发酵工程技术对传统的发酵工业进行改造，将产生巨大的经济效益。

五、发酵工程技术发展的特点

纵观整个发酵工程的发展历史，发酵工程或微生物培养技术的发展主要有以下几个特点：①从少量培养发展到大规模培养；②从浅层培养发展到厚层（固体）或深层（液体）培养；③从以固体培养技术为主发展到以液体培养技术为主；④从静止式液体培养发展到通气搅拌式的液体培养；⑤从单批培养发展到连续培养以至多级连续培养；⑥从利用分散的微生物细胞发展到利用固定化的细胞集团；⑦从单纯利用微生物细胞到大量培养、利用高等动植物细胞；⑧从单菌发酵发展到混菌发酵；⑨从利用野生菌种发酵发展到利用变异株及"工程菌"发酵。

第三节　发酵工程的研究内容

发酵生产过程基本上可分为发酵和提取两大部分（图 1-9）。发酵部分是微生物反应过程，提取部分也称为后处理或下游加工过程。虽然发酵工程的生产是以发酵为主，发酵的好坏是整个生产的关键，但后处理在发酵生产中也占有很重要的地位。往往有这样的情况：发酵产率很高，但因为后处理操作和设备选用不当而大大降低了总得率，所以发酵过程的完成并不等于工作的结束。完整的发酵工程应该包括从投入原料到获得最终产品的整个过程。发酵工程就是要研究和解决整个过程的工艺和设备问题，将实验室和中试成果迅速扩大到工业化生产中去。其中涉及的主要研究内容就是发酵工艺的优化和放大。

一、发酵工艺优化

（一）发酵工艺优化定义

发酵过程的优化是指对发酵过程中的主要控制项目和方法进行优化，制定最佳的发酵过程控制方案。

（二）发酵工艺优化目的

发酵工艺优化的目的是使细胞生理调节、细胞环境、反应器特性、工艺操作条件与反应

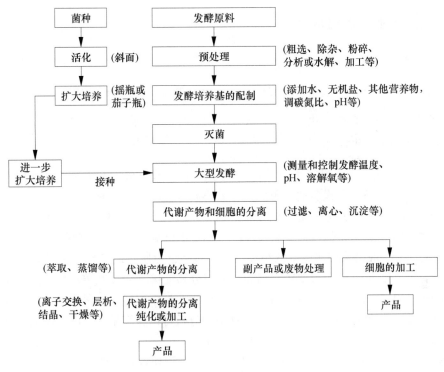

图 1-9　微生物工业发酵的基本过程

器之间这种复杂的相互关系尽可能地简化，并对这些条件和相互关系进行优化，使之最适于特定发酵过程的进行。

（三）发酵工艺优化研究内容

目前，发酵工艺的优化与控制主要涉及如下四个方面的研究内容。

1. 微生物细胞生长过程　细胞生长反应过程的研究是发酵过程优化的重要基础内容。研究细胞的生长反应，不仅要清楚地了解微生物从培养基中摄取营养物质的情况和营养物质通过代谢途径转化后的去向，还要确定不同环境条件下微生物代谢的分布。

2. 微生物反应的化学计量　微生物利用底物进行生长，同时合成代谢产物。运用基于化学计算关系的代谢通量分析方法，可提出微生物代谢途径可能的改善方向，为过程优化奠定良好的基础。

3. 生物反应动力学　生物反应动力学是发酵过程优化研究的核心内容，主要研究生物反应速率及其影响因素，在此基础上建立动力学模型，进而确定发酵过程的最佳生产条件。

4. 生物反应器工程　包括生物反应过程的参数检测与控制。生物反应器的形式、结构、操作方式、物料的流动与混合状况、传递过程特征等是影响生物反应器宏观动力学的主要因素。在工程设计中，化学计量式、微生物反应和传递现象都是需要解决的问题。参数检测与控制是发酵过程优化最基本的手段，只有及时检测各种反应组分浓度的变化，才有可能对发酵过程进行优化，使微生物发酵工程在最佳状态下进行。

二、发酵工业的逐级放大

（一）发酵工业的逐级放大定义

由实验室小型设备到试验工厂小规模设备的试验发酵，再转为大规模设备的工业发酵生产，这个过程称为发酵的逐级放大。

（二）逐级放大的阶段

一般将逐级放大分为小试（小型试验）、中试（小规模试验）和大试（大规模工业性试验）三个阶段。各阶段不是设备的简单放大，需要调节温度、pH、溶解氧、细胞生长、产物形成等发酵参数，使工艺适宜于放大的设备。每个阶段都有预期的目标和要求，各阶段之间密切相关，相辅相成，对于研究开发新发酵产品都是不可缺少和同等重要的。

1. 小试　　一般指采用实验室的小型设备，包括锥形瓶、1～50L发酵罐、实验室其他常规设备等进行的试验。该阶段要求对培养基的成分和配比、pH、培养温度、通气量的大小等发酵条件进行大量试验，获得众多数据资料，得出小试中的最佳发酵条件。再结合本阶段对产物功能性和安全性的初步评测，以及产物结构分析等试验结果，实现小试的目标：初步评估出所发酵的产物是否具有效益和生产的可能性。

2. 中试　　一般指采用试验工厂或发酵车间的小规模设备，如50～5000L发酵罐，与其相适应的分离、过滤、提取、精制等设备，根据小试阶段获得的最佳发酵条件进行放大试验。该阶段要求对小试中的最佳发酵条件进行验证、改进，使最佳发酵条件更接近大规模生产，并初步核算生产成本，为工业生产提供各种参数，还要提供足够量的产物，进行正式的功能性、安全性、质量分析鉴定等试验，取得有关的具有法律效力的新产品等文件，从而达到中试的目标：基本确定发酵产物能否进行工业性大规模生产，初步确定生产该产品的必要性和可行性。

3. 大试　　也可称为试验性生产或工程性试验研究，是指用工业性大规模设备，包括5000L以上的大型发酵罐，分离、过滤、提取、纯化等大型设备，根据中试阶段获得的最佳发酵条件的参数进行试验性生产。该阶段要求对中试中的最佳发酵条件进行验证、改进，生产出质量合格、具有经济价值的商业性产品，并核算成本、制定生产规程等，取得具有法律效力的生产许可证等有关证书，从而达到大试的目标：确定发酵产物能否进行工业性大规模生产，最终确定生产该产品的必要性和可行性。

第四节　我国发酵产业的现状

一、我国发酵产业特点

1949年后，随着20世纪50年代青霉素和谷氨酸发酵生产体系的建立，我国的发酵产业经历了从创建到快速发展壮大的一个过程，现已成为世界生物发酵产业大国。其特点主要表现为：①产业规模稳定增大。近年来，我国发酵产业规模持续扩大，总体保持平稳发展的态势，截至2017年，主要发酵产品产量约为2846万t，总产值约为2390亿元人民币，发酵产品总产量居世界第一位，是名副其实的发酵大国。②产品出口快速增长。我国也是发酵产品的出口大国，据统计，2017 年我国生物发酵行业主要产品出口量为 501.6 万 t，出口额为 42.8 亿美元。出口产品类型丰富，包括柠檬酸、葡糖酸、酶制剂、酵母和多种氨基酸、乳酸等。

二、我国发酵工程的产品类型

受技术条件限制，古代微生物发酵多应用于食品生产与酿酒。随着近代微生物工程或发酵工程的发展，应用领域逐渐扩展到医药、轻工、农业、化工、能源、环境保护及冶金等多个行业。特别是基因工程和细胞工程等现代生物技术的发展和结合，人们通过细胞水平和分子水平改良或创建微生物新的菌种，使发酵工程的技术水平大幅度提高，发酵产品的种类和范围不断增加，其中包括许多动植物细胞产品。我国发酵产业规模大、门类齐全，常见的发酵工程产品有下列 16 类。

（一）酿酒

酿酒是人类利用微生物发酵最早的领域，是微生物工业的母体工业。目前全世界饮料酒产量约为 2 亿 t，其商品产量和产值在微生物工业中均居首位。饮料酒以含糖原料（果汁、甘蔗汁、蜂蜜等）和淀粉质原料（米、麦、高粱、玉米、红薯、马铃薯等）经酿造加工而成，其中起主要作用的是霉菌和酵母，前者将淀粉转变为糖，后者将糖转化为乙醇。饮料酒分为发酵酒和蒸馏酒两大类，发酵酒包括葡萄酒、啤酒、果酒、黄酒和清酒等，蒸馏酒有白酒、白兰地、威士忌、伏特加、金酒、朗姆酒等。

（二）发酵食品

发酵食品是人类很早以前利用微生物发酵的又一领域。天然食品经微生物（包括细菌、霉菌和酵母）适度发酵后，产生各种风味物质，使其味道更好，并有利于贮存。根据功能的不同，发酵食品又可分为：①发酵主食品，如面包、馒头、包子、发面饼等；②发酵副食品，如火腿、发酵香肠、腐乳、泡菜、咸菜等；③发酵调味品，如酱、酱油、豆豉、食醋、酵母自溶物等；④发酵乳制品，如奶酒、干酪、酸奶等。

（三）有机酸

醋酸和乳酸的生产和利用，在人们认识微生物之前就开始了。饮料酒在有氧条件下自然放置可制成醋，牛乳酸败可制成酸奶。而有机酸工业，则是随着近代发酵技术的建立而逐渐形成的。霉菌（特别是曲霉）和细菌都具有生产有机酸的能力，其生产方法可分为两类：①以碳水化合物和碳氢化合物为原料的中间代谢产物发酵；②以糖、糖醇、醇、有机酸等为原料的生物转化发酵。目前，采用发酵法生产的有机酸主要有醋酸（乙酸）、丙酸、丙酮酸、乳酸、丁酸、琥珀酸、延胡索酸、苹果酸、酒石酸、α-酮戊二酸、柠檬酸、异柠檬酸、葡糖酸、抗坏血酸、曲酸、水杨酸等。

（四）醇及有机溶剂

乙醇的工业化生产始于 19 世纪初，而丙酮-丁醇、丁醇、异丙醇、甘油等的生产始于 20 世纪初，可用微生物发酵法生产的其他醇类和溶剂还有丁二醇、二羟丙酮、甘露糖醇、阿拉伯糖醇、木糖醇、赤藓糖醇等。目前全世界乙醇年总产量约为 2500 万 t，其中 60% 以上用作燃料乙醇，其余用于饮料工业、化学工业和医药工业等。除乙醇外，其他醇类及溶剂的产量较少，而丙酮、丁醇和甘油等有机溶剂目前大多采用化学方法生产。

（五）酶制剂

酶是一种生物催化剂，它具有作用专一性强、催化效率高等特点，能在常温和低浓度下催化复杂的生化反应。没有酶，就没有生物体的一切生命活动。动物、植物、微生物都有细胞原生质分泌的各种特异性的酶，借以催化各种生化反应，并呈现各种生命现象。事实上，微生物发酵现象都是在各种各样的酶催化作用下完成的。中国酒曲是世界上最早的微生物粗酶制剂，其中含有淀粉酶、蛋白酶、脂肪酶和酿酶等。1897 年，德国人比希纳证明发酵是由于微生物酶的作用，为近代酶学打下了基础。1898 年，日本人高峰让吉从米曲霉中提取到高峰淀粉酶，这是利用微生物生产酶制剂产品的开端。目前，生物界已发现的酶有数千种，用微生物发酵法生产的酶有上百种。按照酶催化反应的类型，将其分为氧化还原酶、转移酶、水解酶、裂解酶、异构酶和连接酶（合成酶）6 类。而工业化生产的酶制剂，按用途不同分为工业用酶和医药用酶两大类，前者一般不需要纯制品，而后者要求的纯度较高，其价格是前者的数千倍至数百万倍。由微生物生产的工业用酶制剂主要有糖化酶、α-淀粉酶、异淀粉酶、转化酶、异构酶、半乳糖苷酶、纤维素酶、蛋白酶、果胶酶、脂肪酶、凝乳酶、氨基酰化酶、甘露聚糖酶、过氧化氢酶等，医药用酶主要有蛋白酶、胃蛋白酶、胰蛋白酶、核酸酶、脂肪酶、尿激酶、链激酶、天冬酰胺酶、超氧化物歧化酶、溶菌酶、植酸酶等。

（六）氨基酸

氨基酸是构成蛋白质的基本化合物，也是营养学中极为重要的物质。自从 1955 年日本人木下祝郎成功地用发酵法获得谷氨酸以来，现在几乎所有的氨基酸均可用发酵法生产。目前全世界氨基酸的总产量为 100 多万吨，其中产量最大的是谷氨酸（味精），其余的产量较小，主要有赖氨酸、精氨酸、甲硫氨酸、苯丙氨酸、脯氨酸、天冬氨酸等。

（七）核酸类物质

核酸的单体是核苷酸，由含氮碱基（嘌呤或嘧啶）、戊糖（核糖或脱氧核糖）与磷酸三部分组成，若仅由前两部分组成则称为核苷。核苷酸发酵始于 20 世纪 60 年代，最早的产品是鲜味剂肌苷酸（IMP）和鸟苷酸（GMP）。此后，发现许多核酸类物质，如肌苷、腺苷、三磷酸腺苷（ATP）、烟酰胺腺嘌呤二核苷酸（NAD，辅酶Ⅰ）、黄素腺嘌呤二核苷酸（FAD）、尿苷酸（UMP）等具有特殊的疗效且用途正在日益扩大，从而促进了核酸类物质的生产。目前，工业上生产核酸类物质的方法有三种：① RNA 分解法。先从培养的酵母菌中提取 RNA，再经酶解和分离可制得 GMP、腺苷酸（AMP）、胞苷酸（CMP）和 UMP。②直接发酵法。核苷酸发酵多用枯草杆菌的变异株，肌苷、鸟苷、腺苷等均可用直接发酵法生成；核苷酸发酵多用产氨短杆菌或谷氨酸生产菌的变异株，已实现工业化生产的有 5′-IMP、5′-GMP 等。③发酵与合成结合法。先经微生物发酵得到前体物质，然后用酶法或化学法合成目标产物。例如，IMP 可由肌苷磷酸化获得，而 GMP 可由鸟苷磷酸化获得等。

（八）抗生素

抗生素是由微生物产生的具有生理活性的物质，它不仅可以抑制其他微生物的生长与代谢，有的还可抑制癌细胞的生长，还具有抗血纤维蛋白溶酶作用。自从1928年弗莱明发现青霉素以来，至今已发现的抗生素有6000余种，其中绝大多数来自微生物，目前由微生物生产的医用和兽用抗生素已达上千种。此外，某些天然抗生素在长期的使用中，会诱使一些病原菌产生抗药性。为了解除抗药性，同时也为了扩大抗菌谱，采用半合成的方法将天然抗生素的侧链去掉，再用化学法加上新的侧链，如此生产的抗生素被称为半合成抗生素。研究最多的是青霉素型（如甲氧苯青霉素、氨苄青霉素、苯唑青霉素、磺苄青霉素等）和头孢菌素型（如头孢Ⅰ号、头孢Ⅱ号、头孢Ⅲ号、头孢Ⅳ号、头孢Ⅴ号、头孢Ⅵ号等）半合成抗生素，其他半合成抗生素有丁胺卡那霉素、甲烯土霉素、强力霉素、二甲胺四环素、四氢吡咯甲基四环素、去甲金霉素、利福平、氯林肯霉素、乙酰螺旋霉素等。

（九）生理活性物质

生理活性物质是指能促进或抑制某些生化反应，使生物维持其正常的生命活动的一类物质。如前所述的抗生素和某些核酸类物质（AMP、ATP、NAD等）都应归为生理活性物质，除此之外，其他生理活性物质还有：①维生素。维生素是指一类在生物生长和代谢过程中所必需的微量物质，其种类繁多。过去除鱼肝油外，大多采用化学合成法生产。最早用发酵法生产的是维生素 B_2，它是在20世纪20年代生产丙酮-丁醇时作为一种副产物获得的。目前，用发酵法生产的维生素还有维生素 B_{12}、维生素 C、β-胡萝卜素（维生素 A 原）和麦角甾醇（维生素 D_2 原）等。②激素。包括植物生长激素和甾体激素等。赤霉素是最早用微生物方法生产的植物生长激素。甾体激素则大多用微生物生物转化方法生产，如醋酸可的松、氢化可的松等。③酶抑制剂。抑制生物体内特定酶活性的物质，如亮抑蛋白酶肽（leupeptin）、抑殖素（ablastin）、小奥德酮（oudenone）、胃蛋白酶抑制剂（pepstatin）、制多巴素（dopastin）、胆固醇生物合成酶抑制剂、氨肽酶抑制剂等。由微生物生产的其他生理活性物质还有葡聚糖、麻黄碱、L-多巴、高分子核酸和生物杀虫剂等。

（十）微生物菌体产品

微生物菌体产品是指发酵的最终产物是微生物本身。按用途不同，微生物菌体产品可分为如下几类：①活性干酵母（ADY）。包括面包活性干酵母和各种酿酒活性干酵母。②活性乳酸菌制剂。直接食用可用于改善人体肠道微生物环境；此外，由各种乳酸菌制成的干剂用作直投型酸奶发酵剂。③食用和药用酵母。包括作为营养强化剂或添加剂用的普通食用酵母，用于协助消化的普通药用酵母，以及具有特殊功效或治疗作用的富集酵母，如富锌酵母、富铁酵母、富铬酵母、富硒酵母和富维生素酵母等。④饲用单细胞蛋白（SCP）。作为饲料蛋白质，其粗蛋白含量高达40%～80%。生产 SCP 的原料非常广泛，包括糖质、淀粉质、纤维质及工农业生产废弃物等再生资源，也可利用甲烷、甲醇、乙醇、乙酸和正烷烃等石油化工产品。根据原料的不同，可选用的微生物有藻类、酵母、细菌、丝状真菌和放线菌等。⑤其他菌体产品。其他菌体产品有食用菌、药用真菌、某些工业用粗酶制剂（胞内酶）和生物防治剂等。

（十一）生物农药及生物增产剂

生物农药和增产剂能部分替代化学肥料和农药，是绿色农业发展的保障。这类产品包括：①微生物杀虫剂。包括病毒杀虫剂，如核型多角体病毒、质型多角体病毒、颗粒体病毒、重组杆状病毒；细菌杀虫剂，如苏云金芽孢杆菌、重组苏云金芽孢杆菌；真菌杀虫剂，如虫霉菌杀虫剂、白僵菌杀虫剂；动物杀虫剂，如原生动物孢子虫杀虫剂、新线虫杀虫剂、索线虫杀虫剂等。②防治植物病害微生物。例如，细菌（假单胞菌属、土壤杆菌属等）、放线菌（细黄链霉菌）、真菌（木霉）、各种弱病毒和农用抗生素（如杀稻瘟菌素、灭瘟素 S、春日霉素、庆丰霉素）等。③生物除草剂。例如，环己酰胺、双丙磷、谷氨酰胺合成酶等。④生物增产剂。例如，固氮菌、钾细菌、磷细菌、抗生菌制剂等，作为农业生产的辅助肥料及抗菌增产剂。

（十二）生物能

乙醇是替代石油的可再生能源，目前世界上 60% 以上的乙醇用于汽油醇。甲烷是微生物利用有机废弃物厌氧发酵的产物。其他有微生物产氢、微生物燃料电池，此外还有藻类产油等。

（十三）环境净化

自然界本身就存在着碳和氮的循环，而微生物对生物物质的排泄及尸体的分解起着重要作用。利用生物技术手段处理生产和生活中的有机废弃物，加速了这一分解过程的进行，且可对环境卫生做出很大的贡献。具体工艺包括：①厌气处理。在厌氧条件下，微生物利用分解废弃物中的碳水化合物、蛋白质和脂肪等有机物质产生沼气，在治理环境的同时，又可获得一定量的能源，此外，经厌氧发酵后的残渣还可用作肥料，可谓一举三得。②好气处理。利用好氧微生物使有机物氧化，最终将 BOD（生化需氧量，是一种用微生物代谢作用所消耗的溶解氧量来间接表示水体被有机物污染程度的一个重要指标。其定义是在有氧条件下，好氧微生物氧化分解单位体积水中有机物所消耗的游离氧的数量，表示单位为氧的 mg/L）成分分解成二氧化碳和水。目前广泛应用的有活性污泥法、散布滤床法和旋转圆盘法等。③特殊处理。利用特殊微生物降解某些有害物质，如酚、有机氮、有机磷、氰、腈、汞及某些金属离子等。

（十四）微生物冶炼

在金属浸取中，应用最广的微生物是氧代亚铁硫杆菌（*Thiobacillus ferrooxidant*），它能将亚铁氧化成高价铁，把硫和低价的硫化物氧化成硫酸，将含硫金属矿石（主要是尾矿、贫矿）中的金属离子形成硫酸盐而释放出来。可用此法浸出的金属有铜、钴、铅、铀、锌、金等。

（十五）转基因产品

可利用基因重组技术将动植物细胞的基因转入微生物，通过微生物发酵生产动植物细胞产品。常用的受体菌有大肠杆菌、枯草芽孢杆菌、啤酒酵母、毕赤酵母等。产品有胰岛素、生长激素、干扰素、疫苗、血纤维蛋白溶解剂、促红细胞生成素、单克隆抗体等。

（十六）其他

其他微生物发酵产品有多糖（黄原胶、右旋糖酐、葡聚糖等）、高果糖浆、甜味肽等。

复习思考题

1．发酵的传统概念与现代意义上的概念分别是什么？

2．发酵工程的概念是什么？

3．发酵工程与化学工程相比有什么特点？

4．试述发酵工程技术发展历史过程中的特点。

5．发酵工艺优化的概念、目的、内容分别是什么？

6．工业发酵常见的发酵方式有哪些？其中主流发酵方式是什么？为什么？

7．什么是分批发酵和补料分批发酵？分析两种发酵方式各有什么优缺点。

8．连续发酵的特点及不足有哪些？

9．什么是固态发酵和混合发酵？

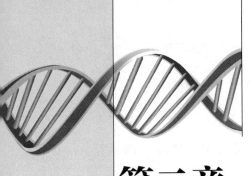

第二章　微生物菌种选育

微生物菌种是发酵工程中最为重要的条件之一，优良的菌种是发酵工业的基础和关键。如果要使发酵工程在产品的种类、产量及质量方面能有明显的改善和提高，就必须首先通过各种育种方法选育出性能优良的微生物生产菌种。菌种的选育，就是利用微生物遗传变异的特性，采用各种手段，改变菌种的遗传性状。菌种的选育包括自然选育和人工选育。自然选育是指根据菌种自然变异的特点进行的选育过程，而人工选育则是经过人为方式改变微生物菌株的遗传物质，使之快速产生人们所需要的新菌种的选育过程。人工选育包括传统的诱变育种、杂交育种、原生质体融合、基因工程育种，以及近年来发展非常迅速的代谢工程育种等高新技术。对于发酵工业中优良的菌种，要保持其生产性能的稳定，必须要对菌种进行科学的保藏。在发酵工业中菌种在进入发酵罐之前，往往要进行菌种的扩大培养。这就构成了发酵工业重要的菌种制备工艺。本章就是围绕上述内容展开。

第一节　菌种的来源

工业微生物的来源总的说来可从以下几个途径进行收集和筛选。

1）向菌种保藏机构索取有关的菌株，从中筛选所需菌株。一些大型的发酵工厂也有其菌种保藏室。

2）从自然界采集样品，如土壤、水、动植物体等，从中进行分离筛选。有时为了获取合适的微生物，必须去特定的生态环境中分离。

3）从一些发酵制品中分离目的菌株，如从酱油中分离蛋白酶的产生菌，从酒醪中分离淀粉酶或糖化酶的产生菌等。该类发酵制品经过长期的自然选择，具有悠久的历史，从这些传统产品中容易筛选到理想的菌株。

一、微生物菌种的选择性分离

发酵工业上使用的微生物菌种，最初都是从自然界中分离筛选出来的。要从自然界找到我们所需要的优良菌种，首先必须把它们从许许多多的杂菌中分离出来，然后根据生产要求和菌种特性，采用各种不同的筛选方法，选出性能良好的菌种。

菌株分离（separation）就是将一个混杂着各种微生物的样品通过分离技术区分开，并按照实际要求和菌株的特性采取迅速、准确、有效的方法对它们进行分离、筛选，进而得到所需微生物的过程。菌株分离、筛选（screening）虽为两个环节，但不能决然分开，因为分离中的一些措施本身就具有筛选作用。工业微生物产生菌的筛选一般包括两大部分：①从自然界分离所需要的菌株；②把分离到的野生型菌株进一步纯化并进行代谢产物鉴别。

菌株的分离和筛选一般可分为采样、富集、分离、目的菌的筛选等几个步骤。

（一）微生物样品的采集

自然界含菌样品极其丰富，土壤、水、空气、枯枝烂叶、植物病株、烂水果等都含有众多微生物，种类数量十分可观。但总体来讲，土壤样品的含菌量最多。

土壤由于具备了微生物所需的营养、空气和水分，是微生物最集中的地方。从土壤中几乎可以分离到任何所需的菌株，空气、水中的微生物也都来源于土壤，所以土壤样品往往是首选的采集目标。一般情况下，土壤中含细菌数量最多，且每克土壤的含菌量大体有如下的递减规律：细菌（10^8）＞放线菌（10^7）＞霉菌（10^6）＞酵母菌（10^5）＞藻类（10^4）＞原生动物（10^3），其中放线菌和霉菌指其孢子数。但各种微生物由于生理特性不同，在土壤中的分布也随着地理条件、养分、水分、土质、季节而有很大的变化。因此，在分离菌株前要根据分离筛选的目的，到相应的环境和地区去采集样品。

采样方法是用取样铲将表层5cm左右的浮土除去，取5～25cm处的土样10～25g，装入事先准备好的塑料袋内扎好。北方土壤干燥，可在10～30cm处取样。给塑料袋编号并记录地点、土壤质地、植被名称、时间及其他环境条件。一般样品取回后应马上分离，以免微生物死亡。但有时样品较多，或到外地取样，路途遥远，难以做到及时分离，则可事先用选择性培养基做好试管斜面，随身带走。到一处将取好的土样混匀，取3～4g撒到试管斜面上，这样可避免菌株因不能及时分离而死亡。

另外也可以根据微生物生理特点采样，如根据微生物营养类型，因为每种微生物对碳、氮源的需求不一样，分布也有差异。研究表明，微生物的营养需求和代谢类型与其生长环境有着很大的相关性。例如，森林土有相当多的枯枝落叶和腐烂的木头等，富含纤维素，适合利用纤维素作碳源的纤维素酶产生菌生长；在肉类加工厂附近和饭店排水沟的污水、污泥中，由于有大量腐肉、豆类、脂肪类存在，因此，在此处采样能分离到蛋白酶和脂肪酶的产生菌；若需要筛选代谢合成某种化合物的微生物，从大量使用、生产或处理这种化合物的工厂附近采集样品，容易得到满意的结果；或根据微生物的生理特性，在筛选一些具有特殊性质的微生物时，需根据该微生物独特的生理特性到相应的地点采样，如筛选高温酶产生菌时，通常到温度较高的南方，或温泉、火山爆发处及北方的堆肥中采集样品；分离低温酶产生菌时可到寒冷的地方，如南北极地区、冰窖、深海中采样。

（二）微生物样品的富集培养

在自然界获得的样品，是很多种类微生物的混杂物，一般采用平板划线或平板稀释法进行纯种分离。但大多数采集的样品中，所需微生物并不一定是优势菌或数量有限。为了增加分离成功率，可通过富集培养增加待分离菌的数量。主要是利用不同种类微生物的生长繁殖对环境和营养的要求不同，人为控制这些条件，使之利于某类或某种微生物生长，而不利于其他种类微生物的生存，以达到使目的菌种占优势而得以快速分离纯化的目的。这种方法又被称为施加选择性压力分离法。

富集培养主要对微生物的碳源、氮源、pH、温度、需氧等生理因素加以控制。一般可从以下几个方面来进行富集。

1. 控制培养基的营养成分　　微生物的代谢类型十分丰富，其分布状态随环境条件的不同而不同。如果环境中含有较多的某种物质，则其中能分解利用该物质的微生物也较多。因此，在分离该类菌株之前，可在增殖培养基中人为加入相应的底物作唯一碳源或氮源。那些能分解利用这些营养物质的菌株能生长繁殖，其他微生物则由于不能分解这些物质，生长受到抑制。当然，能在这种培养基上生长的微生物并非单一菌株，而是营养类型相同的微生物群。富集培养基的选择性是相对的，它只是微生物分离中的一个环节。

2. 控制培养条件　　在筛选某些微生物时，除通过培养基营养成分的选择外，还可通过它们对 pH、温度及通气量等其他一些特殊条件进行筛选，从而达到有效分离。例如，细菌、放线菌的生长繁殖一般要求偏碱（pH 为 7.0～7.5），霉菌和酵母菌要求偏酸（pH 为 4.5～6）。因此，在富集培养过程中，通过对培养基 pH 的调节可有效分离到相应的微生物菌株类型。分离放线菌时，可将样品液放置在 40℃恒温条件下预处理 20min，有利于孢子的萌发，可以明显地促进放线菌的生长，达到放线菌富集的目的。当筛选极端微生物时，需针对其特殊的生理特性，设计适宜的培养条件，达到富集的目的。在发酵工业中使用的菌种大多数是好氧微生物类型，一般所筛选的微生物通常是好氧菌。如果分离厌氧菌，则仅通过限制通入氧气的条件就能很容易得到厌氧菌。严格厌氧菌发酵过程既可省去通气、搅拌装置，又可减少能耗，但是需准备特殊的培养装置，创造一个有利于厌氧菌生长的环境，使其数量增加，易于分离。

3. 抑制不需要的菌类　　在分离筛选的过程中，除了通过控制营养成分和培养条件，增加富集微生物的数量以有利于分离外，还可通过高温、高压、加入抗生素等方法减少非目的微生物的数量，使目的微生物的比例增加，同样能够达到富集的效果。

对于含菌数量较少的样品或分离一些稀有微生物时，采用富集培养以提高分离工作效率是十分必要的。但是如果按通常分离方法，在培养基平板上能出现足够数量的目的微生物，则不必进行富集培养，直接分离、纯化即可。

（三）目的菌种的分离

分离的效率取决于培养基的养分、pH 和加入的选择性抑制剂。广泛应用的三种培养基（其成分完全不同）是几丁质琼脂培养基、淀粉-酪素培养基和 M3 培养基。因大多数放线菌都是嗜中性的，分离培养基的 pH 常在 6.7～7.5。如要分离嗜酸放线菌，pH 宜降低到 4.5～5.0。

在分离培养基中广泛采用加入抗生素的方法，来增加选择性。在筛选放线菌时，可加入抗真菌抗生素，这种抗生素对放线菌无作用。

分离后，放线菌分离平板通常在 25～30℃培养。嗜热菌在 45～55℃，而嗜冷菌在 4～10℃。主要的变量是培养的时间。分离嗜温菌，如链霉菌和小单孢菌一般培养 7～14d。分离嗜热菌，如高温放线菌只需 1～2d。培养时间的延长可能有助于新的或不寻常的菌株的获得。例如，有人在 30℃和 40℃将培养时间延长到 1 个月，结果分离出一些不寻常的种属；也有人在 20℃培养 6 周后从海水中获得放线菌。

（四）目的菌的筛选

经过分离培养，在平板上出现很多单个菌落，通过菌落形态观察，选出所需菌落，然后取菌落的一半进行菌种鉴定，对于符合目的菌特性的菌落，可将之转移到试管斜面进行纯培养。这种从自然界中分离得到的纯种称为野生型菌株，它只是筛选的第一步，所得菌种是否具有生产上的实用价值，能否作为生产菌株，还必须采用与生产相近的培养基和培养条件，通过锥形瓶进行小型发酵试验，以得到适合于工业生产用的菌种。如果筛选到的野生型菌株产量偏低，达不到工业生产的要求，可以将其作为出发菌株进行菌种改良。进一步的筛选可以采用以下两种方法。

1. 铺菌法 在分离平板上铺上一层单一的供试靶标菌，测定所筛选到的各个菌落对靶标菌的拮抗圈大小，初步衡量其产抗生素的能力。

2. 复印平板法 将菌落复印在平板上来研究它们对一系列试验菌的作用。

这两种方法都有缺点。铺菌法会使所需要的菌落污染，并且只能在每个平板上铺上一种供试菌。复印平板法则不适用于长孢子的链霉菌的筛选，也不适用于游动细菌的筛选。因而，需要设计一种更为有效的筛选新菌种的方法。

（五）未来的发展

近年来发展了一些更为理性化的微生物分离筛选技术，现已到实用阶段。采用遗传或生理操纵的办法有可能发现新的代谢物或提高现有分离株的生产能力。

1. 天然基质的选择 现已有可能做到较为定向的选择。在大的生态环境（海洋）中还有不少新微生物待发掘。了解生态环境内的微环境变化会有助于分离出更多不同类型的菌株。

2. 对产生次级代谢产物的天然微生态环境的了解 微生物在土壤中的微生态环境实际上同它们的细胞大小差不多。虽然 1g 的肥沃土壤可能含有 100 万个放线菌，并且有许多菌产生抗生素。据估计，这类菌落仅占土壤内部表面积的 0.02%。如果能了解并检测到抗生素或其他次级代谢产物生产的天然微生态环境，便可以更为合理地选择那种含有所需菌种的材料。

3. 富集技术的发展 利用在分批培养从混合天然菌群中富集所需菌种的方法有以下几种。

1）在分离前改变天然菌群组成的平衡。可利用微生物生理方面的知识来增加某一类群的比例，如加入一已知次级代谢产物的前体，可富集合成相应次级代谢产物的菌类。

2）富集所需菌种也可以用恒化器培养混合菌群的方法进行。

4. 定向分离培养基配方的选择 许多分离培养基的组成都是凭经验决定的，需要更多的有关放线菌和其他微生物类群的营养需求的知识，以求选择更为合理的培养基成分。也可以在分离培养基中加入已知的代谢物的前体。

二、重要工业微生物菌种的筛选

筛选具有潜在工业应用价值的微生物的第一个阶段是分离，接着筛选出那些能产生所需产物或具有某种生化反应的菌种。可以设计出一种在分离阶段便能识别所需菌种的方法。也可用特定的分离方法分离，随后再去识别所需生产菌株。值得注意的是，我们要求获得高产菌株的同时，还应考虑推广到生产过程时的经济问题。

筛选菌株的一些重要指标：①菌的营养特征。在发酵过程中，常会遇到要求采用廉价的培养基或使用来源丰富的原料，一般用含有这种成分的分离培养基便可筛选出能适应这种养分的菌种。②应选择生长温度高于40℃的菌种，这可以大大降低大规模发酵的冷却成本。③菌对所采用的设备和生产过程的适应性。④菌的稳定性。⑤菌的产物得率和产物在培养液中的浓度。⑥容易从培养液中回收产物。

③～⑥是用来衡量分离得到的菌种的生产性能，如能满足这几条便有希望成为效益高的生产菌种。但在投入生产之前还必须对其产物的毒性、菌种的生产性能作出评价。

以上所述菌种有些必须从自然环境中分离得到，也可从中国微生物菌种保藏管理委员会索取。尽管购买菌种的性能一般比较弱，但其可作为模型来改良和发展分析技术，然后再用于评定天然分离株。

理想的分离步骤是从土壤环境开始的，土壤中富于各种所需的菌。设计的分离步骤应有利于具有工业重要特性的菌的生长，如加入对其他类型菌生长不利的某些化合物或采用选择性培养条件。以下是一些微生物菌种的筛选方法。

（一）抗生素产生菌的筛选

筛选抗生素产生菌的方法包括抑菌圈法、稀释法、扩散法、生物自显影法等。在这些方法中，试验菌的选择是成功的关键，它直接与检出的灵敏性、抗生素的活性和抗菌谱有关。使潜在的产生菌生长在含有试验菌的平板上可以鉴定产生菌的抗微生物作用。也可以使微生物分离株生长在液体培养基中，检测其无细胞滤液的抗菌活性。使用液体培养基作为初筛，可以避免微生物在琼脂上培养与沉浸培养的不一致，但其工作需要更大的空间和设施。

采用联合试验菌，用一种很专一的筛选技术可以检出新的抗菌药物。例如，采用联合试验菌枯草芽孢杆菌和绿色产色链霉菌或巴氏梭状芽孢杆菌，可以分离出抗菌活性低、但对其他试验菌抗菌活性高的新抗生素，而单独用枯草芽孢杆菌作试验菌则不能检出。

除使用高灵敏度的试验菌外，采用专一性很强的筛选技术也可检出新的抗生素。主要是利用与抗生素作用机制相关的酶、酶抑制剂、激活剂、抗体等建立起来的高灵敏度、专一的筛选技术。例如，通过鉴定氨苄青霉素和待测样品对β-内酰胺酶产生菌克雷伯菌的协同抑制作用，发现了β-内酰胺酶抑制剂——棒酸。

（二）药理活性化合物的筛选

筛选能抑制人体代谢过程中某个关键酶的微生物产物的原理：一种化合物如果能在体外抑制这一关键酶，它可能在体内也具有药理作用。若将体外筛选出的活性化合物，再用动物做试验，可筛选出新的药理活性化合物。

（三）生长因子产生菌的筛选

生长因子，如氨基酸和核苷酸的生产不能作为分离步骤中的选择压力，可用随机办法分离产生菌，并通过随后的筛选试验检出产生菌。通过观察分离株能否促进营养缺陷型菌的生长，便可检出生长因子产生菌。

以氨基酸产生菌的筛选为例。大多数氨基酸产生菌属于节杆菌、微杆菌、短杆菌、微球菌和棒杆菌属，因此首先将待试菌接入加了抗真菌的化合物（如亚胺环己酮）的分离培养基中生长，然后采用影印法，将菌落复印到能支持氨基酸产生菌生长的培养基中，培养

2~3d 后，用紫外线杀死长好的菌落，再往此平板上面铺上一层含相应氨基酸营养缺陷型菌株的菌悬液，培养 16h 后，被杀死的氨基酸产生菌的菌落周围应有一检测菌的生长圈。这样在另一个复印的平板相应的位置上便可找出产生菌。进一步可测定产生菌产生氨基酸的能力。

（四）多糖产生菌的筛选

曾从各种环境中分离出多糖产生菌，尤其在制糖工业污水中含有很多这种菌种。从这种环境中获得的分离株，可在适当的培养基中生长，并可从菌落的黏液状外观识别这类产生菌。

经自然界分离、筛选获得的有价值的菌种，在用于工业生产之前必须经人工选育以得到具一定生产能力的菌种。特别是用于医药上的抗生素，还需通过一系列的安全试验及临床试验，以确定其是否是一种有效而安全的新药。

第二节 发酵高产菌种选育

发酵工业菌种是发酵工业的核心，优良的菌种是提高发酵产物的质量和产量的首要条件。自然筛选和菌种改良是获取优良的发酵菌种的两种途径。从自然界分离筛选高产菌种，是一种经济实惠的途径，但野生型菌种的某些性状、功能不能满足人们的需要，并且由于自然界微生物的多样性，从大量野生菌中寻找所需性能优良的菌株犹如"大海捞针"，筛选的成功率非常低，有时几年甚至十几年都很难筛选到一株理想的菌株。因此通过人工干预进行的菌种改良成为获得优良高产菌株的主要手段。菌种改良是指采用物理、化学、生物学方法处理目的微生物，使其遗传基因发生变化，使生物合成的代谢途径朝人们所希望的方向加以引导，使某些代谢产物过量积累，获得所需要的高产、优质和低耗的菌种。通过菌种改良，不仅可以提高发酵产物的产量和纯度，减少副产物的生成，还可以改变菌种的生物合成途径，获得新的产品，因此它越来越成为发酵工业用菌的主要获得途径。

根据微生物遗传变异的特点，人们在生产实践中已经试验出一套行之有效的微生物育种方法，主要包括自然选育、诱变育种、杂交育种、原生质体融合、基因组重排育种技术和基因工程育种等。

一、自然选育

在生产过程中，不经过人工处理，利用菌种的自发突变，从而选育出优良菌种的过程，叫作自然选育。菌种的自发突变往往存在两种可能性：①菌种衰退，生产性能下降；②代谢更加旺盛，生产性能提高。利用自发突变而引起的菌种性状变化的特点，可以较快地选育出优良菌种。例如，在谷氨酸发酵过程中，人们从被噬菌体污染的发酵液中分离出了抗噬菌体的菌种。又如，在抗生素发酵生产中，从某一批次高产的发酵液中取样进行分离，往往能够得到较稳定的高产菌株。但自发突变的频率较低，出现优良性状的可能性较小，需坚持相当长的时间才能收到效果。

二、诱变育种

诱变育种是利用物理或化学诱变剂处理均匀分散的微生物细胞群，促使其突变率大幅度提高，然后采用简便、快速和高效的筛选方法，从中挑选少数符合育种目标的突变株用于生产和研究。当前发酵工业和其他生产单位所使用的高产菌株，几乎都是通过诱变育种而大大提高了生产性能的菌株。诱变育种除能提高产量外，还可达到改善产品质量、扩大品种和简化生产工艺等目的。诱变育种具有方法简单、快速和收效显著等特点，目前仍被广泛使用。

（一）诱变育种的原理

诱变育种的理论基础是基因突变，突变主要包括染色体畸变和基因突变两大类。染色体畸变是指染色体或 DNA 片段发生缺失、易位、逆位、重复等。基因突变是指 DNA 中的碱基发生变化，即点突变。诱变育种就是利用各种被称为诱变剂的物理因素和化学试剂处理微生物细胞，提高基因突变频率，再通过适当的筛选方法获得所需要的高产优质菌种的育种方法。常用的诱变剂包括物理、化学和生物的三大类，见表 2-1。传统的诱变技术能在一定程度上提高菌株突变率，并且操作简便，但有益突变出现的频率较低。为了提高突变率和筛选更多的有益突变株，近些年常压室温等离子体（atmospheric and room temperature plasma, ARTP）技术引起了人们的广泛关注。ARTP 是一种大气压非平衡放电等离子体源。当用 ARTP 处理时，化学活性物质可以破坏细胞遗传物质，造成 DNA 损伤，引发 SOS 修复机制，进而使生物体产生突变。与传统的诱变技术相比，ARTP 能够制造更高的突变率，同时还具有条件易控、操作安全、环境友好等显著优点。

表 2-1　常用的各类诱变剂

诱变剂类型		常用诱变剂
物理诱变剂	紫外线、快中子、X 射线、β 射线、γ 射线、激光、常压室温等离子体（ARTP）	
化学诱变剂	碱基类似物	2-氨基嘌呤、5-溴尿嘧啶、8-氮鸟嘌呤
	与碱基反应的物质	硫酸二乙酯（DES）、甲基磺酸乙酯（EMS）、亚硝基胍（NTG）、亚硝基甲基脲（NMU）、亚硝基乙基脲（NEU）、亚硝酸（NA）、氮芥（NM）、4-硝基喹啉（4-NQO）、乙烯亚胺（EI）、羟胺
	DNA 分子中插入或缺失一个或几个碱基	吖啶类物质、吖啶氮芥衍生物
生物诱变剂	噬菌体、转座子	

（二）诱变育种的基本方法

诱变育种一般包括诱变和筛选两个部分。诱变部分成功的关键包括出发菌株的选择、诱变剂种类和剂量的选择，以及合理的使用方法。筛选部分包括初筛和复筛来测定菌种的生产能力。诱变育种是诱变和筛选过程的不断重复，直到获得高产菌株。

1. 出发菌株的选择　　用来进行育种处理的起始菌株称为出发菌株。合适的出发菌株就是通过育种能有效地提高目标产物产量的菌株。应首先考虑出发菌株是否具有特定生产性状的能力或潜力。出发菌株的来源主要有三方面。

（1）自然界直接分离到的野生型菌株　这些菌株的特点是它们的酶系统完整，染色体或DNA未损伤，但它们的生产性能通常很差（这正是它们能在大自然中生存的原因）。通过诱变育种，它们正突变（即产量或质量性状向好的方向改变）的可能性较大。

（2）经历过生产条件考验的菌株　这些菌株已有一定的生产性状，对生产环境有较好的适应性，正突变的可能性也很大。

（3）已经历多次育种处理的菌株　这些菌株的染色体已有较大的损伤，某些生理功能或酶系统有缺损，产量性状已经达到了一定水平。它们负突变（即产量或质量性状向差的方向改变）的可能性很大，可以正突变的位点已经被利用了，继续诱变处理很可能导致产量下降甚至死亡。

出发菌株一般可选择上述（1）或（2）中的菌株，相比而言（2）中的菌株较佳，因为已证明它可以向好的方向发展。在抗生素生产菌育种中，最好选择已通过几次诱变并发现每次的效价都有所提高的菌株作出发菌株。

出发菌株最好已具备一些有利的性状，如生长速度快、营养要求低和产孢子早而多的菌株。

2. 制备菌悬液　待处理的菌悬液应考虑微生物的生理状态、悬液的均一性和环境条件。一般要求菌体处于对数生长期。

悬液的均一性可保证诱变剂与每个细胞机会均等并充分地接触，避免细胞团中变异菌株与非变异菌株混杂，出现不纯的菌落，给后续的筛选工作造成困难。为避免细胞团出现，可用玻璃珠振荡打散细胞团，再用脱脂棉或滤纸过滤，得到分散的菌体。对产孢子或芽孢的微生物最好采用其孢子或芽孢。将经过一定时期培养的斜面上的孢子洗下，用多层擦镜纸过滤。

利用孢子进行诱变处理的优点是能使分散状态细胞均匀地接触诱变剂，更重要的是它可以尽可能地避免出现表型延迟现象。

所谓的表型延迟（phenotypic lag）就是指某一突变在DNA复制和细胞分裂后，才在细胞表型上显示出来，造成不纯的菌落。表型延迟现象的出现是因为对数生长期细胞往往是多核的，很可能一个核发生突变，而另一个核未突变，若突变性状是隐性的，在当代并不表现出来，筛选时就会被淘汰；若突变性状是显性的，那么，在当代就表现出来，但进一步传代后，就会出现分离现象，造成生产性状衰退。所以应尽可能选择孢子或单倍体的细胞作为诱变对象。

另外，还有一种生理性延迟现象，就是虽然菌体发生了突变，并且突变基因由杂合状态变成了纯合状态，但仍不表现出突变性状。这可以用营养缺陷型来说明。一个发生营养缺陷型突变的菌株，产某种酶的基因已发生突变，但是由于突变前菌体内所含的酶系仍然存在，仍具有野生型表型。只有通过数次细胞分裂，细胞内正常的酶得以稀释或被分解，营养缺陷型突变的性状才会表现出来。

3. 诱变处理　仅采用诱变剂的理化指标控制诱变剂的用量常会造成偏差，不利于重复操作。例如，同样强弱的紫外线照射，诱变效应还受到紫外灯质量及其预热时间、灯与被照射物的距离、照射时间、菌悬液的浓度、厚度及其均匀程度等诸多因素的影响。另外，不同种类和不同生长阶段的微生物对诱变剂的敏感程度不同，所以在诱变处理前，一般应预先做诱变剂用量对菌体死亡数量的致死曲线，选择合适的处理剂量。致死率表示诱变剂造成菌悬液中死亡菌体数占菌体总数的比率。

要确定一个合适的剂量，常常需要经过多次试验。就一般微生物而言，突变率随剂量的增大而增高，但达到一定剂量后，再加大剂量反而会使突变率下降。对于诱变剂的具体用量有不同的看法。有人认为应采用高剂量，就是造成菌体致死率在 90.0%～99.9% 时的剂量是合适的，这样能获得较高的正突变率，并且淘汰了大部分菌体，减轻了筛选工作的负担。也有许多人倾向于采用低剂量（致死率为 70%～80%），甚至更低剂量（致死率为30%～70%），他们认为低剂量处理能提高正突变率，而负突变较多地出现在偏高的剂量中。

诱变育种中还常常采取诱变剂复合处理，使它们产生协同效应。复合处理可以将两种或多种诱变剂分先后或同时使用，也可用同一诱变剂重复使用。因为每种诱变剂有各自的作用方式，引起的变异有局限性，复合处理则可扩大突变位点的范围，使获得正突变菌株的可能性增大，因此，诱变剂复合处理的效果往往好于单独处理。

4. 突变菌株的筛选　诱变处理后，正突变的菌株通常为少数，须进行大量的筛选才能获得高产菌株。通过初筛和复筛后，还要经过发酵条件的优化研究，确定最佳的发酵条件，才能使高产菌株的生产能力充分发挥出来。经诱变后，菌种的性能有可能发生各种各样的变异，如营养变异、抗性变异、代谢变异、形态变异、生长繁殖变异和发酵温度变异等。这些变异的菌种可用各种方法筛选出来。

（1）营养缺陷型突变菌株的筛选　营养缺陷型突变菌株的诱变育种具有重要的理论研究和工业应用价值，已广泛地在氨基酸、核苷酸生产中获得应用。在营养缺陷型突变菌株中，生物合成途径中的某一步发生了酶缺陷，合成反应不能完成，末端产物不能积累，因此末端产物的反馈调节作用被解除。只要在培养基中限量加入所要求的末端产物，克服生长障碍，就能使中间产物积累。

在直链式的氨基酸、核苷酸生物合成途径中，营养缺陷型突变株只能积累中间产物，而不能积累末端产物。在分支代谢途径中，筛选的营养缺陷型突变菌株通过解除协同反馈调节，可使另一分支代谢途径中的末端产物积累。而遗传障碍不完全突变，即渗漏突变，是一种酶活性下降的突变，不是完全丧失酶活性，因此不会过量积累末端产物，可避免反馈调节作用，大量积累中间产物，这种突变菌株在不添加相应物质的基本培养基上长成很小的菌落。

营养缺陷型突变菌株具有明显的遗传标记，在杂交育种中作为出发菌株，有利于杂交重组的分析，也可以作为基因工程中的受体菌，检出克隆基因的表达。

（2）抗反馈阻遏和抗反馈抑制突变菌株的筛选　末端产物的反馈调节在生物合成途径中是普遍存在的，除了采用筛选营养缺陷型突变菌株来降低末端产物的浓度外，更加有效的办法是筛选抗反馈阻遏和抗反馈抑制突变株。这两种突变均是由于代谢失调，它们有共同的表型，即在细胞中已经有了大量的末端产物时，仍不断合成这一产物。但其代谢失调的原因不同。其原因或是调节基因或操纵基因发生突变，使产生的阻遏蛋白不再能和终产物结合或结合后不能作用于已突变的操纵基因，因此不再起反馈阻遏作用；或是编码酶的结构基因发生突变，使别构酶不再具有结合终产物的能力但仍具有催化活性，从而解除了反馈抑制。

通常抗反馈阻遏和抗反馈抑制突变菌株是通过抗结构类似物突变的方法筛选出来的。结构类似物与末端产物有相似的结构，能与阻遏蛋白或别构酶结合，阻止产物的合成，引起反馈调节作用，但它们不能代替末端产物参与生物合成，它们的浓度不会降低，因此它们与阻遏蛋白或别构酶结合也是不可逆的。未突变的细胞因代谢受阻，不能合成某种产物而死亡。

抗反馈调节突变菌株即使在结构类似物存在下，仍可合成末端产物形成菌落。为了稳定抗结构类似物突变株，可在培养基中加入适量的结构类似物或抗生素，防止回复突变。

另外也可从营养缺陷型的回复突变菌株中获得抗反馈突变株。营养缺陷型突变株是对反馈调节作用敏感的酶钝化或缺失等，发生回复突变后，虽然酶的催化活性恢复了，但酶的结构发生了改变，对反馈调节作用不敏感，因此可过量积累末端代谢产物。

（3）组成型突变菌株的筛选　　在酶制剂的发酵生产中，常采用在发酵过程中分批限量加入诱导物的方法，提高诱导酶的活性。为解除对诱导物的依赖，可通过诱变处理改变菌种的遗传特性，筛选组成型突变株。突变发生在调节基因或操纵基因，都可获得组成型突变株。筛选的方法是设计某种有利于组成型菌株生长，并限制诱导型菌株生长的培养条件，形成组成型菌株生长的优势，或选择适当的分辨两类菌落的方法，选出组成型突变菌株。例如，可在培养基中加入抑制诱导酶合成的物质，使组成型菌株处于选择优势。以 β-半乳糖苷酶为例，将诱变处理后的菌种培养在含有抑制物邻硝基-β-D-岩藻糖苷和乳糖的培养液中。在这种培养液中，β-半乳糖苷酶的合成被抑制，因此诱导型菌株不能利用乳糖，则不能生长。而组成型菌株能够合成 β-半乳糖苷酶，利用乳糖生长，使组成型菌株被富集。

交替培养法是将诱导型菌株经诱变处理后，先在含诱导剂（如乳糖）的培养液中培养，由于组成型菌株不需要诱导物就能合成 β-半乳糖苷酶，能利用乳糖，因此它们会先于诱导型开始生长，在一段时间内，它们的菌数会增加很快。当诱导型菌株在诱导物的诱导下合成 β-半乳糖苷酶，开始利用乳糖生长时，就将细菌全部转入葡萄糖培养基中；在葡萄糖培养基中两类细菌同样生长繁殖，但是组成型菌株仍能够合成 β-半乳糖苷酶，而诱导型菌株的 β-半乳糖苷酶合成停止，并且酶活力逐渐丧失。这时再将全部细菌转入乳糖培养基，组成型菌株又获得一次优势生长。如此反复多次后，组成型菌株的数量大大超过诱导型菌株，然后再用平板培养基分离出组成型菌株的单菌落。

通过显色反应也可在平板上识别组成型菌株。其方法是在不含诱导物的平板上进行培养，由于组成型菌株能产生酶，培养后加入适当的底物反应。常采用经酶解后有颜色变化的底物，以便快速检出组成型菌落。例如，用邻硝基苯-β-D-半乳糖苷（ONPG）来筛选 β-半乳糖苷酶组成型突变株，刚果红可使纤维素酶水解纤维素露出的还原基团被染上色，而用于筛选纤维素酶组成型突变株等。

（4）抗性突变菌株的筛选　　这包括对抗生素、金属离子、温度、噬菌体等的抗性（或敏感）突变株的筛选，这些突变型常用来提高某些代谢产物的产量。

1）抗生素抗性突变。各种抗生素对微生物代谢的抑制机制各不相同，利用这些不同的机制改变微生物的代谢，可使某些产物过量积累。在抗生素产生菌的选育中，筛选抗生素抗性突变株，可明显提高抗生素的产量。例如，解烃棒杆菌（*Corynebacterium hydrocarbolastus*）产生的棒杆菌素是氯霉素的类似物，抗氯霉素的解烃棒杆菌突变株比亲株产生的棒杆菌素要高出 3 倍。

衣霉素可改变细胞的分泌能力，有助于胞内物质分泌到胞外，是因为它可以抑制细胞膜糖蛋白的合成。筛选枯草芽孢杆菌的衣霉素抗性突变株，使 α-淀粉酶的产量比亲株提高了 5 倍。蜡状芽孢杆菌的抗利福平无芽孢突变株的 β-淀粉酶产量提高了 7 倍，这主要是因为利福平可抑制芽孢的形成，使芽孢形成的时间延迟，有利于 β-淀粉酶的分泌。

2）抗噬菌体菌株的选育。噬菌体的感染常给工业生产造成巨大的损失，而且噬菌体很容易发生变异，使对噬菌体具有抗性的菌株失去抗性，所以需要不断选育抗性菌株。有研究表明，细菌对噬菌体的抗性是基因突变的结果，这种抗性可以发生在接触噬菌体以前，与噬菌体的存在与否无关。抗噬菌体菌株的筛选可采用自然选育和诱发突变选育两种方法。自发突变是以噬菌体为筛子，在不经任何诱变的敏感菌株中筛选抗性菌株，但抗性突变的频率很低。为了提高效率，可先进行诱变处理，再用高浓度的噬菌体平板筛选抗性菌株。噬菌体感染的筛选过程也可以反复多次，使敏感菌株裂解，从中筛选出抗性菌株。

3）条件抗性突变。条件抗性突变也称为条件致死突变，其中温度敏感突变常可提高产物的产量。例如，适于在中温条件下（如37℃）生长的细菌，经诱变后获得的温度敏感突变株只能在低于37℃的温度下生长。这主要是因为某一酶蛋白结构改变后，在高温条件下丧失了活力。若此酶是某蛋白质、核苷酸合成途径中所需的酶，该突变株在高温下的表型就是营养缺陷型。谷氨酸产生菌——乳糖发酵短杆菌2256经诱变后获得的温度敏感突变，在30℃条件下培养能正常生长，40℃下死亡，能在富含生物素的培养基中积累谷氨酸，而野生型菌株的谷氨酸合成却受生物素的反馈抑制。

4）敏感突变。柠檬酸经顺乌头酸酶催化，转化为异柠檬酸。生产上为了提高柠檬酸的产量，必须抑制顺乌头酸酶的活性，防止异柠檬酸的产生。氟乙酸可抑制顺乌头酸酶的活性，通过诱变处理造成顺乌头酸酶结构基因的突变，有可能造成酶活力下降，那么此菌株必然对氟乙酸更加敏感，即不足以抑制野生型菌株顺乌头酸酶活力的某一氟乙酸浓度，会对突变型产生抑制作用。例如，解脂假丝酵母IF0143用亚硝基胍诱变处理，获得的突变株S22对氟乙酸表现出极大的敏感性，其顺乌头酸酶酶活力仅为野生型菌株的1/100，产柠檬酸与异柠檬酸的比例为97：3，大大提高了柠檬酸的产量。

三、杂交育种

杂交育种（hybridization）一般是指人为利用真核微生物的有性生殖或准性生殖，或原核微生物的接合、F因子转导、转导和转化等过程，促使两个具有不同遗传性状的菌株发生基因重组，以获得性能优良的生产菌株。尽管一些优良菌种的选育主要是采用诱变育种的方法，但是某一菌株长期使用诱变剂处理后，其生活能力一般要逐渐下降，如生长周期延长、孢子量减少、代谢减慢、产量增加缓慢、诱变因素对产量基因影响的有效性降低等。因此，常采用杂交育种的方法继续优化菌株。另外，由于杂交育种是选用已知性状的供体和受体菌种作为亲本，因此无论在方向性还是自觉性方面，都比诱变育种前进了一大步，所以它是微生物菌种选育的另一重要途径。但由于杂交育种的方法复杂、工作进度慢，因此还很难像诱变育种那样得到普遍的推广和应用。

微生物杂交育种的一般程序（图2-1）：选择原始亲本、诱变筛选直接亲本、直接亲本之间亲和力鉴定、杂交、分离到基本培养基或选择性培养基、筛选重组体、重组体分析鉴定。

大部分发酵工业中具有重要经济价值的微生物是准性生殖方式杂交重组。原核微生物杂交仅转移部分基因，然后形成部分接合子，最终实现染色体交换和基因重组。丝状真核微生物通过接

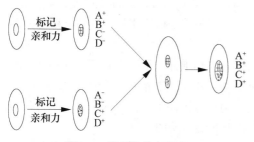

图2-1　微生物杂交程序

合、染色体交换，然后分离形成重组体。常规杂交主要包括接合、转化、转导、溶原性转换和转染等技术，它们的特点见表 2-2。

表 2-2　微生物常规杂交形式

微生物类别	杂交方式	供体与受体细胞关系	参与交换的遗传物质
原核微生物	接合	体细胞间暂时沟通	部分染色体杂合
	转化	细胞间不接触，吸收游离 DNA 片段	个别或少数基因杂合
	转导	细胞间不接触，质粒、噬菌体介导	个别或少数基因杂合
真核微生物	有性生殖	生殖细胞融合或接合	整套染色体高频率重组
	准性生殖	体细胞接合	整套染色体高频率重组

四、原生质体融合技术

原生质体融合是通过人工方法，使遗传性状不同的两个细胞的原生质体发生融合，并产生重组子的过程，也可称为"细胞融合"（cell fusion）。

原生质体融合技术始于 1976 年，最早是在动物细胞实验中发展起来的，后来，在酵母菌、霉菌、高等植物，以及细菌和放线菌中也得到了应用。

原生质体融合技术是继转化、转导和接合等微生物基因重组方式之后，又一个极其重要的基因重组技术。应用原生质体融合技术后，细胞间基因重组的频率大大提高了，在某些例子中，原生质体的重组频率已大于 10^{-1}（诱变育种一般仅为 10^{-8}）。如今，能借助原生质体融合技术进行基因重组的细胞极其广泛，包括原核微生物、真核微生物及动植物和人体的细胞。

原生质体融合技术主要步骤：选择亲株、原生质体制备、原生质体融合、原生质体再生及筛选优良性状的融合重组子。

（一）选择亲株

为了获得高产优质的融合重组子，首先，应该选择遗传性状稳定且具有优势互补的两个亲株。其次，为了能明确检测到融合后产生的重组子并计算重组频率，参与融合的亲株一般都需要带有可以识别的遗传标记，如营养缺陷型或抗药性等。可以通过诱变剂对原种进行处理来获得这些遗传标记。在进行原生质体融合前，应先测定菌株各遗传标记的稳定性，如果自发回复突变的频率过高，应考虑该菌株是否适用。

（二）原生质体制备

去除细胞壁是制备原生质体的关键。一般都采用酶解法去壁。根据微生物细胞壁组成和结构的不同，需分别采用不同的酶，如溶菌酶、纤维素酶、蜗牛肠酶等。有时需结合其他一些措施，如在生长培养基中添加甘氨酸、蔗糖或抗生素等，以提高细胞壁对酶解的敏感性。

在菌体生长的培养基中添加甘氨酸，可以使菌体较容易被酶解。甘氨酸的作用机理并不十分清楚，有人认为甘氨酸渗入细胞壁肽聚糖中代替 D-丙氨酸的位置，影响细胞壁中各组分间的交联度。不同菌种对甘氨酸的最适需求量各不相同。

在菌体生长阶段添加蔗糖也能提高细胞壁对溶菌酶的敏感性。蔗糖的作用可能是扰乱了菌体的代谢，最适的蔗糖添加浓度随菌种的不同而发生变化。

青霉素能干扰肽聚糖合成中的转肽基作用，使多糖部分不能交联，从而影响肽聚糖网状结构的形成，所以，在菌体对数生长期加入适量青霉素，就能使细胞对溶菌酶更敏感。

菌龄也是影响溶壁的因素之一。一般处于对数生长中期细胞的细胞壁中肽聚糖含量很低，对溶菌酶敏感。

原生质体对渗透压极其敏感，低渗将引起细胞破裂。一般是将原生质体放在高渗的环境中以维持它的稳定性。

对于不同微生物，原生质体的高渗稳定液组成也是不同的。例如，细菌的稳定液常用 SMM 液（用于芽孢杆菌原生质体制备和融合，其主要成分是蔗糖 0.5mol/L、顺丁烯二酸 0.02mol/L、$MgCl_2$ 0.02mol/L）和 DF 液［用于棒杆菌原生质体制备和融合，主要成分是蔗糖 0.25mol/L、琥珀酸 0.25mol/L、乙二胺四乙酸（EDTA）0.001mol/L、K_2HPO_4 0.02mol/L、KH_2PO_2 0.11mol/L、$MgCl_2$ 0.01mol/L］。在链霉菌中用得较多的是 P 液（主要成分是蔗糖 0.3mol/L、$MgCl_2$ 0.01mol/L、$CaCl_2$ 0.25mol/L 及少量磷酸盐和无机离子）。真菌中广为使用的是 0.7mol/L NaCl 溶液或 0.6mol/L $MgSO_4$ 溶液，高渗稳定液使原生质体内空泡增大，浮力增加，易与菌丝碎片分开。

（三）原生质体融合

融合是把两个亲本菌株的原生质体混合在一起，在聚乙二醇（polyethylene glycol，PEG）和 Ca^2 作用下，发生原生质体的融合。目前采用的融合方法有化学 PEG 融合、电诱导融合和激光诱导融合三种。化学 PEG 融合是较常见的一种融合方法。电诱导融合是指原生质体在电场作用下短时间内发生融合的过程。激光诱导融合因为技术难度比较大，目前还在发展研究中。实际中往往需要综合各方面因素选择融合的方式。

（四）原生质体再生

原生质体再生就是使原生质体重新长出细胞壁，恢复完整的细胞形态结构。不同微生物的原生质体的最适再生条件不同，甚至一些非常接近的种，最适再生条件也往往有所差别，如再生培养基成分及培养温度等。但最重要的一个共同点是都需要高渗透压。

能再生细胞壁的原生质体只占总量的一部分。细菌一般再生率为 3%～10%。但有资料报道，在再生培养基中添加牛血清白蛋白，可使枯草芽孢杆菌原生质体的再生率达 100%。真菌再生率一般在 20%～80%。链霉菌再生率最高可达 50%。

为获得较高的再生率，在试验过程中应避免用力过大使原生质体破裂。涂布时，原生质体悬液的浓度不宜过高。因为若有残存的菌体，它们将会率先在再生培养基中长成菌落，并抑制周围原生质体的再生。另外，菌龄、再生时的温度、溶菌酶用量和溶壁时间等因素都会影响原生质体的再生。

（五）筛选优良性状融合重组子

原生质体融合后，来自两亲代的遗传物质经过交换并发生重组而形成的子代称为融合重组子。这种重组子通过两株株遗传标记的互补而得以识别。例如，两亲株的遗传标记分别为营养缺陷型 A^+B^- 和 A^-B^+，融合重组子应是 A^+B^+ 或 A^-B^-。

重组子的检出方法有两种：直接法和间接法。

1. 直接法 将融合液涂布在不补充亲株生长需要的生长因子的高渗再生培养基平板上，直接筛选出原养型重组子。

2. 间接法 把融合液涂布在营养丰富的高渗再生培养基平板上，使亲株和重组子都再生成菌落，然后用影印法将它们复制到选择培养基上检出重组子。

从实际效果来看，直接法虽然方便，但由于选择条件的限制，对某些重组子的生长有影响。虽然间接法操作上要多一步，但不会因营养关系限制某些重组子的再生。特别是对一些有表型延迟现象的遗传标记，宜用间接法。若原生质体融合的两亲株带有抗药性遗传标记，可以用类似的方法筛选重组子。

原生质体融合后，两亲株的基因组之间有机会发生多次交换，产生多种多样的基因组合，从而得到多种类型的重组子，而且参与融合的亲株数不限于两个，可以多至三四个。这些都是常规杂交育种不可能达到的。

以上获得的还仅仅是融合重组子，还需要对它们进行生理生化测定及生产性能的测定，以确定其是否是符合育种要求的优良菌株。

五、基因组重排育种技术

基因组重排（genome rearrangement）技术是通过传统诱变育种结合原生质体融合技术开发出的一种新型微生物菌种选育和改良技术，具有易操作、效率高和适用广等特点。20世纪90年代末期，基于传统诱变技术和细胞融合技术的基因组重排概念首次被提出。常规原生质体融合技术是指两个细胞之间融合的过程具有不同的遗传特性，并结合双亲的遗传特性获得稳定的重组体。在原生质体融合过程中，每代只有两个亲本产生重组。基因组重排技术虽然起源于原生质体融合，但是与原生质体融合相比，基因组重排技术允许经诱变技术处理产生的多个正突变菌种之间进行重组，并且通过几轮递归基因组融合，导致最终改进的菌株涉及来自多个正突变菌株的遗传性状，极大地增加了"复杂后代"的遗传多样性，并显著提高获得高性能菌株的机会。

采用基因组重排技术对微生物菌种进行选育主要包括诱导构建有效亲本文库、原生质体制备、递归原生质体融合和优质突变菌株筛选等步骤。

（一）诱导构建有效亲本文库

构建具有强效菌株的有效亲本文库是基因组重排的第一步。在构建亲本文库时，初始微生物群体必须具有良好的遗传多样性和足够的表型变异，然后使用甲基硝基亚硝基胍（N-methyl-N'-nitro-N-nitrosoguanidine，MNNG）和甲基磺酸乙酯（ethyl methyl sulfonate，EMS）等化学诱变剂，或紫外线、辐射等物理诱变剂对菌株进行单轮或数轮诱变。有时，为了使菌株产生更高水平的多样性，也可以组合使用诱变剂。近年来有研究表明，常压室温等离子体（ARTP）中的活性粒子可以有效造成微生物DNA多样性的损伤，且突变率高，获得的突变株遗传性状稳定，是一种操作简便、经济性好的诱变技术。最后，性状表现最佳的菌株被鉴定为递归原生质体融合的下一步的亲本。

（二）原生质体制备

原生质体是根据微生物的类型，运用适合的溶酶体、裂解酶或其他细胞消化酶消化剥离细胞壁来释放原生质体。原生质体制备作为一个酶解过程，酶的性质、用量、酶解时间、温度和 pH 等都是制备高质量原生质体的影响因素。

（三）递归原生质体融合

递归原生质体融合是基因组重排的关键步骤，通过突破种属间界限来扩大基因组重排的范畴和多样性。首先，将通过酶解微生物细胞所获得的原生质体进行离心收集，然后，通过电脉冲或硝酸盐、聚乙二醇等化学试剂改善膜的流动性来实现原生质体融合。近年来，光学镊子、飞秒激光和微流控芯片等新技术也被应用于原生质体融合。最后，在融合结束时将获得的原生质融合体离心，洗涤，重悬于缓冲液中，连续稀释并在再生培养基上再生获得菌株并进行下一轮融合，重复几轮直至获得所需的菌株。原生质体融合的效率受工艺条件的影响，因此，在进行原生质体融合之前，需要优化融合条件，以确保高效率的原生质体融合和再生。

（四）优质突变菌株筛选

建立一种高通量的筛选优质突变菌株的方法是保障基因组重排成功育种的关键。在筛选改善胁迫耐受性或底物利用菌株时，常用的筛选方法主要有维多利亚蓝板测定（Victoria blue plate assay），含有氯化钠的酵母浸出粉胨葡萄糖培养基（yeast extract peptone dextrose media containing sodium chloride）和含有木糖、乙醇和琼脂的选择性培养基（selective media containing xylose, ethanol and agar）等，通过观察培养基上菌株的透明区、水解区和抑制区等生长特征来评估性状。另外，筛选能提高次级代谢产物产量的菌株，主要应用实时定量聚合酶链式反应（real-time quantitative polymerase chain reaction，RT-qPCR）、荧光定量（fluorescent quantitation）、反转录聚合酶链反应（reverse transcription polymerase chain reaction，RT-PCR）和毛细管区带电泳（capillary zone electrophoresis）等基于生长的高通量筛选方法。筛选出的突变菌株，还需通过性能和遗传稳定性等方面的综合评价，才能被确定为满足工业生产需要的改良菌种。

基因组重排技术是一种快速有效定向进化细胞基因组的方法。在微生物领域，该技术被广泛应用于生产改良菌株，在增加次级代谢产物产量、增强菌株耐受性和提高底物利用能力等方面具有显著作用。

六、基因工程育种

（一）传统基因工程技术

利用基因工程技术，不仅可以在基因水平上对微生物自身的靶基因进行精确修饰，改变微生物的遗传性状；还可以通过分离供体生物中目的基因，并将该基因导入受体菌中，使外源目的基因在受体菌中进行正常复制和表达，从而使受体菌生产出自身本来不能合成的新物质。与前几种菌种改良技术相比，基因工程技术是人们在分子生物学指导下的一种自觉的、可控制的菌种改良新技术，它克服了传统菌种改良技术的随机性和盲目性，能有目的地改良菌种，又被称为定位育种技术，是工业菌种改良最具魅力、最有潜力的技术。1977 年，K. Ithakura 等通过基因工程技术实现了生长激素释放抑制因子——人工合成的脑激素基因在大肠杆菌中的有效表达，为基因工程技术的应用开拓了崭新的道路。

通过基因工程方法生产的药物、疫苗、单克隆抗体及诊断试剂等，已有几十种产品批准上市；通过基因工程方法已获得包括氨基酸类（苏氨酸、精氨酸、甲硫氨酸、脯氨酸、组氨酸、色氨酸、苯丙氨酸、赖氨酸、缬氨酸等）、工业用酶制剂（脂肪酶、纤维素酶、乙酰乳酸脱羧酶及淀粉酶等）以及头孢菌素 C 等的工程菌，大幅度提高了生产能力；通过基因工程方法改造传统发酵工艺也获得了巨大进展，如将氧传递有关的血红蛋白基因克隆到远青链霉菌上，降低了其对氧的敏感性，在通气不足时，其目的产物放线紫红素产量可提高 4 倍。近年来，发酵行业中通过基因工程技术得到的基因工程菌数量也正在急剧上升，如丹麦的诺维信公司的工业用酶已有 75% 是由基因工程菌生产。

基因工程是用人为的方法将所需的某一供体生物的遗传物质 DNA 分子提取出来，在离体条件下切割后，把它与作为载体的 DNA 分子连接起来，然后导入某一受体细胞中，让外来的遗传物质在其中进行正常的复制和表达，从而获得新物种的一种崭新的育种技术（图 2-2）。

目的基因的获得一般有四条途径：①从生物细胞中提取、纯化染色体 DNA 并经适当的限制性内切酶（简称限制酶）部分酶切；②经反转录酶的作用由 mRNA 在体外合成互补 DNA（cDNA），主要用于真核微生物及动植物细胞中特定基因的克隆；③化学合成，主要用于那些结构简单、核苷酸序列清楚的基因的克隆；④从基因库中筛选、扩增获得，目前认为是取得任何目的基因的最好和最有效的方法。

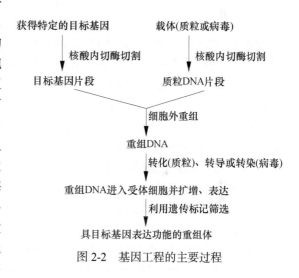

图 2-2 基因工程的主要过程

将目标基因的两端和载体 DNA 的两端用特定的核酸内切酶酶切后，让它们连接成环状的重组 DNA。因为这是在细胞外进行的基因重组过程，所以，有人将基因工程又称为体外 DNA 重组技术。

基因工程中所用的载体系统主要有细菌质粒、黏端质粒、酵母菌质粒、λ 噬菌体、动物病毒等。载体一般为环状 DNA，能在体外经限制酶及 DNA 连接酶的作用同目的基因结合成环状 DNA（即重组 DNA），然后经转化进入受体细胞大量复制和表达。

以质粒为载体的重组 DNA 可以通过转化进入受体细胞，而以噬菌体为载体的重组 DNA 可以通过转导或转染进入受体细胞。

重组 DNA 在受体细胞中将自主复制扩增。多拷贝的重组 DNA 将有利于积累更多的目标产物。

基因工程的操作有着非常强的方向性，但是，最终获得的并非目标重组体的纯培养物，因为还有许多其他的细胞存在，如目标基因可能没有被重组、重组的目标基因可能是反向的、重组 DNA 无法稳定存在于受体细胞中等。所以，筛选仍然是基因工程育种工作中的重要内容。因为在载体 DNA 中可以较容易地设置多种特定遗传标记（如药物抗性标记），因此筛选工作的目标性和有效性很高，是其他育种工作无法比拟的。

（二）重组工程技术

传统的 DNA 重组技术都建立在必须有单一限制性内切酶酶切位点的基础之上，无论是构建表达载体还是进行基因打靶，都需要繁琐的酶切、连接、纯化等步骤，试验周期相当长。近年来出现一种独立于宿主重组系统外的噬菌体重组酶作用的同源重组技术——重组工程技术（recombineering），它不需要限制性内切酶和连接酶就可以进行克隆和亚克隆，并能快速改造质粒、细菌人工染色体及细菌和酵母基因组染色体，有目的地改变其遗传性状。

1. 重组工程技术的原理　　重组工程技术是利用噬菌体重组酶介导的体内短同源序列重组的遗传工程技术，其完全不依赖宿主体内的 RecA 重组系统，而利用一个独立噬菌体重组系统，仅使用长度为 40～60bp 的同源序列就能高效催化在宿主体内发生同源重组。重组工程系统是将噬菌体的重组基因整合到大肠杆菌染色体上或质粒上的噬菌体重组系统，包括缺陷型 λ 噬菌体的 Red 重组系统和 Rac 噬菌体的 Rec/ET 重组系统。

利用 Red/ET 同源重组系统进行基因重组的过程：首先 PCR 扩增一段携带与靶基因两翼各有 40～60bp 同源序列的线性打靶 DNA 片段，PCR 引物由两部分组成，靠近 5′ 端的区域为与靶基因同源的序列（约 40bp），靠近 3′ 端的区域（约 20bp）与模板 DNA 互补。然后将线性打靶 DNA 转化到含有 Red/ET 同源重组系统的宿主菌细胞中，利用噬菌体 Red/ET 同源重组系统的 Gam 蛋白抑制宿主 RecBCD 的所有外切酶活性，λ 核酸外切酶结合到线性打靶 DNA 两同源序列末端，酶切产生游离 3′ 单链 DNA 区段，再由 Beta/RecT 蛋白启动同源重组，使线性打靶 DNA 和宿主染色体（宿主菌中的质粒）的靶序列间以链侵入的方式发生重组，靶基因被标记基因置换下来，得到靶基因修饰的突变菌株。

2. 重组工程技术与传统同源重组技术的比较　　传统 DNA 重组技术是利用广泛存在于微生物本身的内源性同源重组系统——RecA 重组系统完成同源重组，由于 RecA 重组系统的 RecBCD 蛋白能降解外源线性 DNA，因此必须将靶基因两侧至少 200bp 的 DNA 序列克隆至环状自杀质粒上，再转化到宿主菌，通过 RecA 同源重组系统将自杀质粒整合于宿主染色体上，整合于染色体上的自杀质粒又可以发生第二次同源重组完成基因打靶。同源重组的效率与同源序列的长度成正比，构建打靶质粒的常规克隆操作需要经多步的酶切连接，但很难找到具有单一限制性内切酶酶切位点的较长的靶基因同源序列，导致 RecA 同源重组的效率很低，另外还需烦琐的酶切、连接、纯化步骤，大大限制了它在菌种改良中的应用。

重组工程技术的核心内容是使用 PCR 方法合成线性 DNA 打靶序列，利用独立的噬菌体重组酶介导完成体内短同源序列的重组，其优点是：①同源序列短，传统同源重组技术需要 200bp 以上的靶基因同源序列，而 Red 同源重组只需 40～60bp，因此不必考虑同源序列是否有合适的酶切位点、DNA 长度和碱基组成；②不需构建环状打靶质粒，传统 DNA 重组技术需要经多步的酶切连接构建重组载体，重组工程技术可利用 PCR 合成双链 DNA 或单链 DNA 作为线性打靶分子，减少了繁杂的酶切、连接、纯化步骤，简化了试验操作，大大缩短了构建打靶载体的试验周期；③利用噬菌体重组酶的介导，大大提高了重组效率，Muyrers

等在试验中利用 Red 重组系统获得的候选株 80% 是正确的重组子；④既可完成单一碱基对的克隆或敲除，也可以对那些没有单一的酶切位点、不易连接、不易转化的长达 100kb 以上的靶基因进行基因敲除、敲入、点突变等操作，使难度较大的基因打靶能够顺利进行克隆或敲除，因此，重组工程技术被称为第二代 DNA 重组技术。

3. 重组工程技术在微生物菌种改良中的应用展望　基因工程技术中的基因打靶是最具前景的微生物菌种改良技术，但是利用传统酶切、连接技术构建的打靶载体，通常同源序列的长度仅有 500bp 至 1kb，其打靶效率只有 $10^{-7} \sim 10^{-3}$。如何提高同源重组效率一直是困扰研究者的难题，打靶 DNA 分子的同源序列长度是决定同源重组效率的关键因素。近年来重组工程技术的发展，使对微生物基因打靶系统的研究进入了新的阶段，由于不需要酶切和连接等步骤，利用重组工程技术构建的打靶载体的同源序列长度可达 10kb 甚至 100kb 以上，将大大提高同源重组效率。

随着对重组工程技术研究的不断深入，噬菌体重组系统得到不断完善和改进，并将在越来越多的领域得到广泛应用。各种携带 λ 噬菌体 Red 重组酶的大肠杆菌宿主菌和可转移质粒的噬菌体重组系统，都可有效利用线性 DNA 片段作为打靶分子，不需要酶切和连接等步骤，直接在大肠杆菌体内对染色体 DNA 或质粒载体进行基因敲除、敲入、替换和引入单碱基突变等操作，可完成传统 DNA 重组技术无法做到的长片段 DNA 等复杂基因操作。由于重组工程技术可完全撇开传统 DNA 重组技术中的连接酶和限制酶，并且完全利用体内重组，因此在克隆中发生的突变率接近于零，是一类更为广泛和精确的克隆技术，是基因工程技术的一大突破。

国内外学者预测重组工程技术具有完全取代传统 DNA 重组技术的趋势，为微生物的基因打靶技术提供了一个全新、高效的手段，无论在基础理论研究领域还是在微生物菌种改良的实际应用中都有广阔的前景，使人们有可能更便利地按自己的设想去改造微生物的遗传物质，且使改造后的遗传物质能稳定遗传，人们可以利用这一技术创造出更多有利于发酵工业生产的微生物新品种，大大推动工业微生物菌种改良技术的发展。

（三）代谢工程育种

代谢工程（metabolic engineering）也称途径工程（pathway engineering），是一门利用分子生物学原理系统地分析细胞代谢网络，并通过 DNA 重组技术合理设计细胞代谢途径及遗传修饰，进而完成细胞特性改造的应用性学科。代谢工程综合了生物化学、化学工程、数学分析等多学科内容，注重以酶学、化学计量学、分子反应动力学及现代数学的理论及技术为研究手段，在细胞水平上阐明代谢途径与代谢网络之间局部与整体的关系、胞内代谢过程与胞外物质运输之间的偶联及代谢流流向与控制的机制，并在此基础上通过工程和工艺操作达到优化细胞性能的目的。

1. 代谢工程技术的原理　代谢工程的原理（图 2-3）是在对细胞内代谢途径网络系统分析的基础上进行有目的地改变，以更好地利用细胞代谢进行化学转化、能量转导合成和分子组装，它的研究对象是代谢网络，依据代谢网络进行代谢流量分析（FMA）和代谢控制分析（MCA），并检测出速率控制步骤，最终的目的是改变代谢流，提高目的产物的产率。

2. 代谢工程步骤及相关技术　系统研究代谢流及其控制机制有三大基本步骤：①建立一种能尽可能多地观察其途径并测定其流量的方法。通常从测定细胞外代谢物的浓度入手

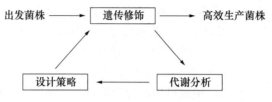

图 2-3　代谢工程原理简图

进行简单的物料平衡。这里必须强调的是，一个代谢途径的代谢流并不等于该途径中一个或多个酶的活性。②在生化代谢网络中施加一个已知的扰动，以确定在系统松散之后达到新的稳态时的途径代谢流。常采用的扰动方式包括启动子的诱导、底物补加脉冲、特定碳源消除或物理因素变化等。虽然任何有效的扰动对代谢流的作用都是可以接受的，但扰动应该定位于紧邻途径节点的酶分子上。一种扰动往往能提供多个节点上的信息，这对于精确描述代谢网络控制结构所必需的最小实验量是至关重要的。③系统分析代谢流扰动的结果。如果某个代谢流的扰动对其下游代谢流未能造成可观察的影响，那么就可以认为该处的节点对上游扰动的反应是刚性（rigid）的，与之相反的情况则称为柔性（flexible），柔性及半柔性节点是代谢工程设计的主要对象。

3. 代谢工程在微生物育种中的应用

（1）改善限速途径，提高关键酶的表达量　　代谢途径中的限速反应及其关键酶决定微生物目的产物的产率，提高对自然菌种进行代谢工程改造的先决条件是对代谢通量的充分了解及对限速步骤的识别，然后，将编码限速酶的基因通过酶切等手段，制得特定片段，连接在高拷贝数的载体上导入宿主中表达，从而加速限速反应，达到提高目的产物的效果。

（2）扩展代谢途径　　一般是指通过基因工程手段引入外源基因（簇）等，使原有代谢途径进一步向前或向后延伸，从而可利用新的原料用于合成目标产物或产生新的末端代谢产物。

（3）构建新的代谢途径　　一般是将催化一系列反应的多个酶基因，克隆到不能产生某种新的化学结构的代谢产物的微生物中，使之获得产生新的化合物的能力，从而克隆表达合适的外源基因，将自身的代谢产物转化为新的代谢产物，或利用基因工程手段，克隆少数基因，使细胞中原来无关的两条代谢途径联结起来，形成新的代谢途径，产生新的代谢产物。

（4）阻断或降低副产物的合成　　通过对微生物细胞代谢支路相关基因进行敲除或降低其活性，实现阻断或降低副产物形成。

第三节　菌种退化和菌种保藏

一、菌种退化

菌种退化通常是指在较长时期传代保藏后，菌株的一个或多个生理性状和形态特征逐渐减退或消失的现象。常见的菌种衰退在形态上表现为分生孢子的减少或菌落颜色的改变。在生理上常指菌种发酵力降低，或抗噬菌体能力降低。通过诱变育种而获得的高产变异株则常表现出恢复野生型性状等。

但菌种的真正退化必须与由于环境变化而引起菌落形态和生理上的变异区别开来。因为优良菌株的生产性能是和发酵工艺条件紧密相关的。例如，培养基中微量元素缺乏会导致孢子数量减少，也会引起孢子颜色的改变。此外，温度、pH、不同碳氮源都会导致菌种发酵性能变化。但一旦恢复正常条件，这些现象就会消失。杂菌污染也会造成菌种退化的假象。因此，必须正确判断是否退化，才能找出正确的解决办法。并且必须做好菌种的复壮工作，即在各菌种的优良性状没有退化之前，定期进行纯种分离和性能测定。

（一）引起菌种退化的原因

　　1. 核基因突变　　菌种退化的主要原因是有关基因的负突变，这些负突变都是自发形成的。当控制产量的基因发生负突变，就会引起产量下降；当控制孢子生成的基因发生负突变，则使菌种产孢子性能下降。在发酵生产中常用营养缺陷型突变株，如缺陷型发生回复突变就会使产量水平下降。

　　2. 连续传代　　连续传代也是菌种退化的直接原因。个别细胞性状改变不足以引起菌种退化，经多次传代，退化细胞在数量上占优势，于是退化性状表现逐步明朗化，最终成为一株退化菌株。

　　3. 其他因素　　温度、湿度、培养基成分及各种培养条件都会引起菌种的基因突变。例如，在菌种保藏中基因突变率就随温度降低而减少。因此，应设法控制细胞保藏的环境，使细胞处于休眠状态，从而减少菌种的退化。

（二）菌种的复壮

　　狭义的菌种复壮指在菌种已发生衰退的情况下，通过纯种分离和测定生产性能等方法，从衰退的群体中找出少数尚未衰退的个体，以达到恢复该菌原有典型性状的一种措施。而广义的菌种复壮指在菌种的生产性能尚未衰退前，就经常有意识地进行纯种分离和生产性能的测定工作，从而逐步提高菌种的生产性能。以下为菌种复壮常见的方法。

　　1. 纯种分离和性能测定　　其中一种是从退化菌种的群体中找出少数尚未退化的个体，以恢复菌种的原有典型性状。另一种是在菌种的生产性能尚未退化前就经常而有意识地进行纯种分离和生产性能测定的工作，以使菌种的生产性能逐步提高。菌种发生衰退，并不是所有菌体都衰退，其中未衰退的菌体往往是经过环境条件考验的、具有更强生命力的菌体。因此，可采用单细胞菌体分离的措施淘汰已退化菌体，获得具有原来性状的菌株。也可以改变培养条件，达到复壮的目的。

　　纯种分离的方法常用的有三种：稀释分离法、平板划线法和组织分离法。

　　（1）稀释分离法　　不断通过稀释手段使被分离的样品分散到最低限度，然后吸取一定量注入平板，这样分散的菌种就被固定在原处而形成菌落。

　　（2）平板划线法　　用划线的方法将混杂的微生物在平板表面分散开来，最后以单个菌体细胞生长繁殖，形成单个菌落，达到分离，得到纯种。把仍保持原有典型优良性状的单细胞分离出来，经扩大培养恢复原菌株的典型优良性状，若能进行性能测定则更好。还可用显微镜操纵器将生长良好的单细胞或单孢子分离出来，经培养恢复原菌株性状。

　　（3）组织分离法　　该方法主要用来分离高等真菌。对于能产生弹射孢子的高等真菌来讲，可将消过毒的菌盖剪成黄豆大的小块，悬挂在装有马铃薯葡萄糖琼脂（PDA）培养基的锥形瓶内，从而能较快地获得纯培养。

2. 通过寄主进行复壮　寄生型微生物的退化菌株可接种到相应寄主体内以提高菌株的活力。

3. 联合复壮　对退化菌株还可用高剂量的紫外线辐射和低剂量的亚硝基胍（NTG）联合处理进行复壮。

（三）防止退化的措施

1. 合理的育种　选育菌种时所处理的细胞应使用单核的，避免使用多核细胞；合理选择诱变剂的种类和剂量或增加突变位点，以减少分离回复；在诱变处理后进行充分的后培养及分离纯化，以保证保藏菌种的纯度。这些可有效地防止菌种的退化。

2. 选用合适的培养基　有人发现用老苜蓿根汁培养基培养"5406"抗生菌——细黄链霉菌可以防止其退化。在赤霉菌产生菌——藤仓赤霉的培养基中，加入糖蜜、天冬素、谷氨酰胺、5-核苷酸或甘露醇等物质时，也有防止菌种退化的效果。也可选取营养相对贫乏的培养基作菌种保藏培养基，如培养基中适当限制容易利用的糖源葡萄糖等的添加，因为变异多半是通过菌株的生长繁殖而产生的，当培养基营养丰富时，菌株会处于旺盛的生长状态，代谢水平较高，为变异提供了良好的条件，大大提高了菌株的退化率。

3. 创造良好的培养条件　在生产实践中，创造和发现一个适合原种生长的条件可以防止菌种退化，如低温、干燥、缺氧等。在栖土曲霉 3.942 的培养中，有人曾用改变培养温度的措施（从 20～30℃提高到 33～34℃）来防止其产孢子能力的退化。

4. 控制传代次数　由于微生物存在自发突变，而突变都是在繁殖过程中发生而表现出来的。因此应尽量避免不必要的移种和传代，把必要的传代降低到最低水平，以降低自发突变的概率。菌种传代次数越多，产生的突变率就越高，因而菌种发生退化的机会就越多。这要求无论在实验室还是在生产实践上，必须严格控制菌种的移种传代次数，并根据菌种保藏方法的不同，确立恰当的移种传代的时间间隔。例如，同时采用斜面保藏和其他的保藏方式（真空冻干保藏、砂土管保藏、液氮保藏等），以延长菌种保藏时间。

5. 利用不同类型的细胞进行移种传代　在有些微生物中，如放线菌和霉菌，其细胞常含有几个核甚至是异核体，因此用菌丝接种就会出现不纯和衰退，而孢子一般是单核的，用它接种时，就没有这种现象发生。有人在实践中发现构巢曲霉若用分生孢子传代就容易退化，而改用子囊孢子移种传代则不易退化；还有人采用灭过菌的棉团轻巧地蘸取"5406"孢子进行斜面移种，由于避免了菌丝的接入，因而达到了防止退化的效果。

6. 采用有效的菌种保藏方法　用于工业生产的一些微生物菌种，其主要性状都属于数量性状，而这类性状恰是最容易退化的。因此，有必要研究和制定出更有效的菌种保藏方法以防止菌种退化。

二、微生物菌种保藏

在发酵工业中，选育出具有良好性状的生产菌种是十分不容易的，如何利用优良的微生物菌种保藏技术，使菌种经长期保藏后既要存活，同时又要使高产突变株不改变表型和基因型，特别是不改变初级代谢产物和次级代谢产物的高产能力，即很少发生突变，这对于发酵工业是极为重要的工作。

微生物菌种保藏技术很多，但基本原理是相同的，即采用低温、干燥、缺氧、缺乏营养、添加保护剂或酸度中和剂等方法，使微生物处于代谢不活泼、生长受抑制的环境中。常用的方法有蒸馏水悬浮法或斜面传代保藏；干燥-载体保藏或冷冻干燥保藏；超低温或在液氮中冷冻保藏等方法。

（一）蒸馏水悬浮法

这是一种最简单的菌种保藏方法，只要将菌种悬浮于无菌蒸馏水中，将容器封好口，于10℃保藏即可达到目的。好氧细菌和酵母等可用此法保存。

（二）斜面传代保藏

斜面传代保藏方法是将菌种定期接种于新鲜琼脂斜面培养基上、液体培养基中或穿刺培养，然后在低温条件下保藏。它可用于实验室中各类微生物的保藏，此法简单易行，且不要求任何特殊的设备。但此方法易发生培养基干枯、菌体自溶、基因突变、菌种退化、菌株污染等不良现象。因此要求最好在基本培养基上传代，目的是淘汰突变株，同时转接菌量应保持较低水平。斜面培养物应在密闭容器中于5℃保藏，以防止培养基脱水并降低代谢活性。此方法一般保存时间为3~6个月。例如，放线菌于4~6℃保藏，每3个月移接一次；酵母菌于4~6℃保藏，每4~6个月移接一次；霉菌于4~6℃保藏，每6个月移接一次。

（三）矿物油中浸没保藏

此法是将琼脂斜面、液体培养物或穿刺培养物浸入矿物油中于室温下或冰箱中保藏，简便有效，可用于丝状真菌、酵母、细菌和放线菌的保藏。特别对难于冷冻干燥的丝状真菌和难以在固体培养基上形成孢子的担子菌等的保藏更为有效。操作要点是首先让待保藏菌种在适宜的培养基上生长，然后注入经160℃干热灭菌1~2h或湿热灭菌后120℃烘去水分的矿物油，矿物油的用量以高出培养物1cm为宜，并以橡皮塞代替棉塞封口，这样可使菌种保藏时间延长至1~2年。以液体石蜡作为保藏方法时，应对需保藏的菌株预先做试验，因为某些菌株，如酵母、霉菌、细菌等能利用石蜡为碳源，还有些菌株对液体石蜡保藏敏感。为了预防不测，一般保藏菌株2~3年应做一次存活试验。

（四）干燥-载体保藏

此法适用于产孢子或芽孢的微生物的保藏，是将菌种接种于适当的载体上，如河沙、土壤、硅胶、滤纸及麸皮等，以保藏菌种。以砂土保藏用得较多，制备方法为：将河沙经24目过筛后用10%~20%盐酸浸泡3~4h，以除去其中所含的有机物，用水漂洗至中性，烘干，然后装入高度约为1cm的河沙于小试管中，121℃间歇灭菌3次。用无菌吸管将孢子悬液滴入砂粒小管中，经真空干燥8h，于常温或低温下保藏均可，保存期为1~10年。土壤法以土壤代替砂粒，不需酸洗，经风干、粉碎，然后同法过筛、灭菌即可。一般细菌芽孢常用砂管保藏，霉菌的孢子多用麸皮管保藏。

（五）冷冻保藏

冷冻保藏是指将菌种于−20℃以下保藏，冷冻保藏为微生物菌种保藏非常有效的方法。

通过冷冻，使微生物代谢活动停止。一般而言，冷冻温度越低，效果越好。为了使保藏的结果更加令人满意，通常在培养物中加入一定的冷冻保护剂；同时还要认真掌握好冷冻速度和解冻速度。冷冻保藏的缺点是培养物运输较困难。

1. 普通冷冻保藏技术　　将菌种培养在小的试管或培养瓶斜面上，待生长适度后，将试管或瓶口用橡胶塞严格封好，于冰箱的冷藏室中贮藏，或于−20～−5℃的普通冰箱中保存。或者将从液体培养物、琼脂斜面培养物收获的细胞分别接到试管内，严格密封后，同上置于冰箱中保藏。用此方法可以维持若干微生物的活力1～2年。应注意的是经过一次解冻的菌株培养物不宜再用来保藏。这一方法虽简便易行，但不适于多数微生物的长期保藏。

2. 超低温冷冻保藏技术　　要求长期保藏的微生物菌种，一般都应在−60℃以下的超低温冷藏柜中进行保藏。超低温冷冻保藏的一般方法：先离心收获对数生长中期至后期的微生物细胞，再用新鲜培养基重新悬浮所收获的细胞，然后加入等体积的20%甘油或10%二甲基亚砜冷冻保护剂，混匀后分装入冷冻安瓿中，于−70℃超低温冰箱中保藏。超低温冰箱的冷冻速度一般控制在1～2℃/min。若干细菌和真菌菌种可通过此保藏方法保藏5年而活力不受影响。

3. 液氮冷冻保藏技术　　近年来，大量有特殊意义和特征的高等动植物细胞能够在液氮中长期保藏，并发现在液氮中保藏的菌种的存活率远比其他保藏方法高且回复突变的发生率极低。液氮保藏已成为工业微生物菌种保藏的最好方法。具体方法：把细胞悬浮于一定的分散剂中，或是把在琼脂培养基上培养好的菌种直接进行液体冷冻，然后移至液氮（−196℃）或其蒸气相中（−156℃）保藏。进行液氮冷冻保藏时应严格控制制冷速度。液氮冷冻保藏微生物菌种的步骤是先制备冷冻保藏菌种的细胞悬液，分装0.5～1mL于玻璃安瓿或液氮冷藏专用塑料瓶中，玻璃安瓿用酒精喷灯封口。然后以1.2℃/min的制冷速度降温，直到温度达到相对温度之上几度的细胞冻结点（通常为−30℃）。待细胞冻结后，将制冷速度降为1℃/min，直到温度达到−50℃，将安瓿迅速移入液氮罐中于液相（−196℃）或蒸气相（−156℃）中保存。如果无控速冷冻机，则一般可用如下方法代替：将安瓿或液氮瓶置于−70℃冰箱中冷冻4h，然后迅速移入液氮罐中保存。在液氮冷冻保藏中，最常用的冷冻保护剂是二甲基亚砜和甘油，最终使用浓度一般为甘油10%、二甲基亚砜5%。所使用的甘油一般用高压蒸汽灭菌，而二甲基亚砜最好为过滤灭菌。

（六）真空冻干保藏

真空冻干保藏的基本方法是先将菌种培养到最大稳定期后（一般培养放线菌和丝状真菌需7～10d，培养细菌需24～28h，培养酵母约需3d，混悬于含有保护剂的溶液中，保护剂常选用脱脂乳、蔗糖、动物血清、谷氨酸钠等，菌悬液浓度为10^9～10^{19}个/mL，取0.1～0.2mL菌悬液置于安瓿管中冷冻，再于减压条件下使冻结的细胞悬液中的水分升华至1%～5%，使培养物干燥。最后将管口熔封，保存在常温下或冰箱中。此法是微生物菌种长期保藏的最为有效的方法之一，大部分微生物菌种可以在冻干状态下保藏10年之久而不丧失活力。而且经冻干后的菌株不需要进行冷冻保藏，便于运输。但操作过程复杂，并要求一定的设备条件。

（七）寄主保藏

适用于一些难于用常规方法保藏的动植物病原菌和病毒。

（八）基因工程菌的保藏

随着基因工程的不断发展，越来越多的基因工程菌需要得到合理的保藏，因为它们的载体质粒等所携带的外源 DNA 片段的遗传性状不太稳定，且其外源质粒复制子很容易丢失。另外，对于宿主细胞质粒基因通常为生长非必需，一般情况下当细胞丢失这些质粒时，生长速度会加快。而由质粒编码的抗生素抗性在富集含此类质粒的细胞群体时极为有用。当培养基中加入抗生素时，抗生素提供了有利于携带质粒的细胞群体的极有用的生长选择压。而且在运用基因工程菌进行发酵时，抗生素的加入可帮助维持质粒复制与染色体复制的协调。由此看来，基因工程菌最好应保藏在含低浓度选择剂的培养基中。例如，质粒 pBR322 除了能将外源 DNA 输入大肠杆菌（*Escherichia coli*）细胞外，还赋予 *E.coli* 细胞氨苄青霉素抗性 Amp^r 和四环素抗性 Tet^r。如果在培养基中加入 Amp 和 Tet，则培养时可选择出含 pBR322 质粒的细胞。

三、菌种保藏机构

1979 年 7 月，我国成立了中国微生物菌种保藏管理委员会（CCCCM），委托中国科学院负责全国菌种保藏管理业务，并确定了与普通微生物、农业微生物、工业微生物、医学微生物、抗生素微生物和兽医微生物等 6 个菌种保藏管理中心，1985 年又成立了中国林业微生物菌种保藏管理中心。各保藏管理中心从事应用微生物各学科的微生物菌种的收集、保藏、管理、供应和交流，以便更好地利用微生物资源为我国的经济建设、科学研究和教育事业服务。

（一）中国微生物菌种保藏管理委员会组织系统

中国微生物菌种保藏管理委员会办事处：中国科学院微生物研究所内，北京。

1）中国普通微生物菌种保藏管理中心（CGMCC）。

2）中国农业微生物菌种保藏管理中心（ACCC）。

3）中国工业微生物菌种保藏管理中心（CICC）。

4）中国医学微生物菌种保藏管理中心（CMCC）。

5）中国抗生素微生物菌种保藏管理中心（CACC）。

6）中国兽医微生物菌种保藏管理中心（CVCC）。

7）中国林业微生物菌种保藏管理中心（CFCC）。

（二）国外著名菌种保藏中心

国外著名菌种保藏中心列举如下。

1）美国典型菌种保藏中心（ATCC），美国。

2）日本技术评价研究所生物资源中心（NBRC），日本。

3）美国农业研究菌种保藏中心（NRRL），美国。

4）荷兰微生物菌种保藏中心（CBS），荷兰。

5）韩国典型菌种保藏中心（KCTC），韩国。

6）德国微生物菌种保藏中心（DSMZ），德国。

7）英国国家菌种保藏中心（UKNCC），英国。

8）英国食品工业与海洋细菌菌种保藏中心（NCIMB），英国。

复习思考题

1．工业化菌种的要求是什么？

2．简述自然界分离微生物的一般操作步骤。

3．从环境中分离目的微生物时，为何一定要进行富集？

4．菌种选育分子改造的目的是什么？

5．什么叫自然选育？试述自然选育在工艺生产中的意义。

6．什么是正突变？什么是负突变？什么是结构类似物？

7．什么是诱变育种？常用的诱变剂有哪些？

8．菌种复壮的方法或措施有哪些？

9．如何防止菌种衰退？

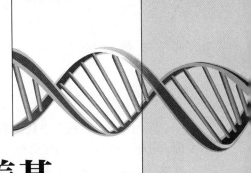

第三章 发酵工业培养基及原料处理

发酵工业培养基是工业发酵微生物生长和分泌发酵产物的营养基质。发酵工业培养基的原料处理和配制是发酵工程的重要单元操作之一。本章主要讨论发酵培养基营养基质的组成、营养基质的分类和配方优化、营养基质的配制方法三个方面的内容。

第一节　发酵营养基质的组成

培养基是指利用人工方法配制的供微生物、植物和动物细胞生长繁殖或积累代谢产物的各种营养物质的混合物。培养基主要用于微生物等的分离、培养、鉴定及菌种保藏等方面，通常都含有微生物生长繁殖所必需的碳源、氮源、能源、无机盐、生长因子和水等。发酵中使用的培养基，有的还含有某些前体、产物促进剂和抑制剂等。

一、碳源营养

碳在细胞的干物质中约占 50%，所以微生物对碳的需求最大。凡是作为微生物细胞结构或代谢产物中碳架来源的营养物质，均称为碳源。

作为微生物营养的碳源物质种类很多，从简单的无机物（CO_2、碳酸盐）到复杂的有机含碳化合物（糖、糖的衍生物、脂类、醇类、有机酸、芳香化合物及各种含碳化合物等）都可作为碳源。根据碳素的来源不同，可将碳源物质分为无机碳源物质和有机碳源物质两类。发酵中使用的碳源物质通常是各种有机碳源物质。

（一）葡萄糖

大多数微生物是异养型，以有机化合物为碳源。在其碳源谱中，糖类物质一般是最好的碳源。在糖类碳源中，葡萄糖可以说是最容易利用的了。几乎所有的微生物都能够利用葡萄糖。目前常用的培养基配方，大部分都把葡萄糖作为碳源。但是，培养基中含有过多的初始葡萄糖反而会抑制微生物的生长，引起所谓的葡萄糖效应。这主要是葡萄糖的分解代谢阻遏造成的。另外，过多的葡萄糖使菌体初始生长速率过快，引起培养基中溶解氧的快速下降，造成发酵中期溶氧不足，这对很多发酵也是不利的。在发酵生产上可以用流加发酵法或者连续发酵法来解决这一问题。

（二）其他糖类

除葡萄糖外，糖类中其他单糖（如果糖）也是很好的碳源。其次是双糖（如蔗糖、麦芽糖、乳糖）和多糖（如淀粉和纤维素），再次是有机酸、醇类、烃类等。在发酵工业中，考虑到成本问题，实际上常常采用一些虽然利用效果不是最好，但是价格很便宜的原料作为碳源，如淀粉、糊精等。淀粉和糊精非常容易得到，如玉米粉、小麦粉、甘薯粉、马铃薯粉等，但是很多微生物不能直接分解利用它们，所以在发酵前要先进行糖化的步骤，把淀粉转化成水溶性的糖类供发酵菌种利用。淀粉在发酵工业中被普遍采用，还在于它不会引起葡萄糖效应。

麦芽糖也是一种常用碳源。麦芽糖是两分子葡萄糖以 α-糖苷键缩合而成的双糖，是饴糖的主要成分。在自然界中，麦芽糖主要存在于发芽的谷粒，特别是麦芽中，因此得名。麦芽糖主要应用在啤酒工业上。

（三）糖蜜

另一种在发酵中被普遍使用的碳源是糖蜜（molasses）。糖蜜是制糖工业的下脚料。将提纯的甘蔗汁或甜菜汁熬成带有结晶的糖膏，用离心机分出结晶糖后，所余母液叫作"蜜糖"。蜜糖尚含多量蔗糖，可按上述方法连续熬煮并分离数次，最后得到一种母液，无法再熬煮结晶，即为糖蜜。过去，糖蜜都是作为制糖工业的废液处理的，现在，发酵工业把它当成一种营养丰富的碳源使用。糖蜜中含有丰富的糖类物质、含氮物质、无机盐和维生素。糖蜜的品质因不同产地、不同产区土质、不同气候、不同原料品种、不同收获季节、不同制糖方法与工艺条件而有很大差异，因此不同糖蜜的含糖量、蛋白质含量及灰分等是不同的。但一般来说，糖蜜中总糖含量一般为 45%～50%，水分含量为 18%～36%，粗蛋白质含量为 2.5%～8%，粗灰分含量为 4%～12.5%，pH 为 5～7.5，颜色为黄色、棕黄色至暗褐色，略带甜味及糖香，有的带硫磺或焦糖味。在发酵工业上我们要注意原料的这种区别。糖蜜常用在氨基酸、抗生素、乙醇等发酵工业上。

（四）酯类

某些微生物也可以利用长链脂肪酸（如各种动物油和植物油）作为碳源生长，如解脂酵母类。在这些微生物发酵时，我们就可以供给油和脂肪类物质作为碳源，如各种菜油、豆油、棉籽油、葵花子油、猪油、鱼油等。应当注意的是，油脂原料是不溶于水的，因此发酵液要设法成为乳状液，发酵罐的结构也要做一定改造，以有利于乳化。微生物在利用脂肪酸作碳源时，要进行 β 氧化，这要比氧化糖类物质的糖酵解（EMP）途径和三羧酸（TCA）循环花费更多的能量，因此供氧必须保证，否则将会因氧化不彻底大量累积有机酸中间代谢产物，导致发酵液 pH 下降，影响发酵的正常进行。

发酵工业有时也利用有机酸、醇类作为碳源，如可以将甲醇作为底物生产单细胞蛋白（SCP）。但要注意有机酸的利用常会引起环境 pH 的改变，在发酵过程中要及时调节。

（五）烃类

近年来，随着发酵工业的迅速发展和世界粮食危机问题的日益严重，发酵工业逐渐面临着原料供应不足的问题，开发新的发酵原料迫在眉睫。能分解利用烃类物质的石油微生物在发酵工业中的应用，正在成为解决这一问题的有效途径。石油微生物分布很广，种类繁多，能够分解利用石油的几乎所有组分，并且，这种利用过程是在常温常压下进行的，而不像石油工业的高温高压条件。以烃代粮在国际上已经成为一种趋势。石油微生物的开发利用，不仅能解决发酵工业原料的问题，更能反过来利用发酵工业生产粮食替代品，这不失为从根本上解决粮食危机的一条很有希望的道路。

　　总的来说，发酵工业中应用的碳源范围很广，又因不同的微生物而有所不同。在生产实践中，我们要根据不同的菌种和不同的工艺设备要求选择最佳的碳源。很多碳源的营养成分其实是很复杂（甚至是不稳定）的，使用时既要注意充分发挥其中各种营养成分的功能，不降格使用原料；又要注意其营养成分在不同批次、不同储藏时间等的变化，使发酵过程不发生不必要的波动。

二、氮源营养

　　氮元素是微生物细胞蛋白质和核酸的主要成分，对微生物的生长发育有特别重要的意义。微生物利用氮元素在细胞内合成氨基酸和碱基，进而合成蛋白质、核酸等细胞成分，以及含氮的代谢产物。无机的氮源物质一般不提供能量，只有极少数的化能自养型细菌，如硝化细菌可利用铵态氮和硝态氮作为氮源和能源。

　　同碳源谱一样，从总体上来看，发酵工业上应用的氮源物质范围也是非常广的。除极少数具有固氮能力的微生物（如自生固氮菌、根瘤菌）能利用大气中的氮以外，微生物的氮源都来自自然界中的无机氮或有机氮物质，因此我们可以将氮源分为无机氮源和有机氮源两种，两者在发酵中都有应用。

（一）无机氮源

　　常见的无机氮源主要包括氨水、铵盐、硝酸盐、亚硝酸盐等。无机氮源的利用速度一般比有机氮源快，因此无机氮源又称为速效氮源。某些无机氮源由于微生物分解和选择性吸收的原因，其利用会逐渐造成环境 pH 的变化。例如，

$$(NH_4)_2SO_4 \longrightarrow 2NH_3 \uparrow + H_2SO_4$$
$$NaNO_3 + 8[H] \longrightarrow NH_3 \uparrow + 2H_2O + NaOH$$

　　在第一个反应中，反应产生的 NH_3 被微生物选择性地吸收，环境培养基中就留下了 H_2SO_4，这样培养基就会逐渐变酸；在第二个反应中，NH_3 被微生物选择吸收后，在环境中留下了 NaOH，这样培养基就会逐渐变碱。像前者这样经微生物代谢后形成酸性物质的无机氮源称为生理酸性物质；而像后者这样经微生物代谢后形成碱性物质的无机氮源称为生理碱性物质。合理使用生理酸性物质和生理碱性物质是微生物发酵过程中培养基 pH 调节的一种有效手段。

　　氨水是一种发酵工业上普遍使用的无机氮源。氨水是氨溶于水得到的水溶液，为无色透明的液体，具有特殊的强烈刺激性臭味，在发酵工业中是一种能被快速利用的氮源，在氨基酸、抗生素等发酵工业中被广泛采用。氨水同时可以用于发酵过程中的 pH 调节。在发酵中后期利用氨水来调节 pH 往往比用 NaOH 等强碱效果要好，因为其可以兼作氮源，具有促进产物合成的作用（在一些产物含氮量比较高的发酵中尤其明显，如红霉素发酵）。另外，氨水虽然有一定的碱性，但是并不表示其中没有微生物的生存，事实上，氨水中确实生存着一

些嗜碱性的微生物，如有研究表明，土壤中的一些芽孢杆菌在 25% 的氨水中 7 天后仍有活力，因此在使用前应以适当的方法（如过滤）除去其中的微生物，避免引起发酵液的污染（田亚红等，2005）。

无机氮源虽然价格便宜、利用迅速，但是并非所有的微生物都能利用这类简单氮源。微生物学上所谓的"氨基酸异养型微生物"不能利用简单氮源自行合成生长必需的氨基酸，必须由外界提供现成的氨基酸。以这类微生物进行发酵时，必须提供适当的有机氮源。

（二）有机氮源

有机氮源是另一大类发酵氮源，主要是各种成分复杂的工农业下脚料，种类非常多，如各种豆粉、玉米粉、棉籽饼粉、花生饼粉，各种蛋白质粉、鱼粉、蚕蛹粉，某些发酵的废菌丝体粉、酿酒工业的酒糟，以及实验室常用的牛肉膏、蛋白胨等。

总的来说，微生物在有机氮源培养基上生长要比在无机氮源培养基上旺盛，这主要是由于有机氮源的成分一般比较复杂，营养也较无机氮源丰富。有机氮源中除含有一定比例的蛋白质、多肽及游离氨基酸以外，还含有少量的糖类、脂类，以及各种无机盐、维生素、碱基等。由于微生物可以直接从培养基中获得这些营养成分，因此微生物在有机氮源上的生长一般较好，更有一些微生物必须依赖有机氮源提供的营养才能生长（见前文）。

1. 玉米浆　是一种常用的有机氮源。玉米浆是以玉米制淀粉或制糖中的玉米浸泡水制得的，玉米在浸渍过程中，由于使用了一定量和浓度的亚硫酸（0.1%～0.2%），种皮成为半透性膜，一些可溶性蛋白、生物素、无机盐和糖进入浸渍水中，因而玉米浆含有丰富的营养物质。玉米浆中含有丰富的氨基酸（表 3-1）、无机盐和生长因子，广泛使用在抗生素发酵上。近年来，玉米浆也逐渐被应用在发酵工业的其他领域，如 L-乳酸的发酵。玉米浆中一般含有 10% 左右的乳酸，故其呈酸性，pH 在 4 左右，使用时要注意。另外玉米浆的原料来源比较广泛，制法也比较多样，因此其具体成分比例在不同发酵批次间可能会有一定波动。

表 3-1　玉米浆中各种氨基酸的含量

氨基酸	含量 / (mg/100mg)	氨基酸	含量 / (mg/100mg)	氨基酸	含量 / (mg/100mg)
天冬氨酸	2.95	胱氨酸	0.39	苯丙氨酸	1.00
苏氨酸	1.67	缬氨酸	2.15	组氨酸	1.34
丝氨酸	1.71	甲硫氨酸	0.84	精氨酸	2.62
谷氨酸	5.35	异亮氨酸	1.07	色氨酸	0.15
甘氨酸	2.88	亮氨酸	2.97	脯氨酸	2.92
丙氨酸	2.86	酪氨酸	1.19		

2. 尿素　尿素 [$CO(NH_2)_2$，即脲] 也是一种常用的有机氮源。尿素作为氮源使用要注意以下几点：①尿素是生理中性氮源；②尿素含氮量比较高（46%）；③微生物必须能分泌脲酶才能分解尿素。另外，相比于玉米浆，尿素的营养成分就简单得多，这一方面有利于对发酵过程的控制，但另一方面又使培养基的营养不够丰富，影响微生物的生长。尿素目前广泛应用于抗生素和氨基酸发酵生产，尤其是谷氨酸生产。

3. 蛋白胨　蛋白胨是外观呈淡黄色的粉剂，具有某种类似肉香的特殊气味，其分子量平均为 2000 左右。蛋白胨由于其原料来源及水解工艺的不同，成品中各种成分及其含量千差万别（如胰蛋白胨和大豆蛋白胨的成分差别就很大）。不同厂家生产的蛋白胨的成分有一定区别，在试验时最好一直使用同一品牌的产品。蛋白胨是实验室微生物培养基的主要有机氮源。

酵母膏在实验室有时也被当成一种有机氮源，但更多的时候是被作为生长因子供体使用，将在下文阐述。

三、无机盐及微量元素

无机盐和微量元素是指除碳、氮元素外其他各种重要元素及其供体。其中凡是微生物生长所需浓度在 $10^{-4}\sim10^{-3}$mol/L 的元素，可称为大量元素，主要是 P、S、K、Mg、Ca、Na 和 Fe 等；凡是微生物生长所需浓度在 $10^{-8}\sim10^{-6}$mol/L 的元素，可称为微量元素，主要是 Cu、Zn、Mn、Mo 和 Co 等。这只是一个大致的划分，不同的微生物还是存在一定的差别。无机盐的用量虽然不如碳、氮的用量大，但是对于微生物有极其重要的生理作用。例如，构成菌体成分，作为酶的组成部分或其激活剂、抑制剂，调节渗透压、菌体内部 pH 及氧化还原电位等。一般配制培养基时大量元素常以盐的形式加入，如硫酸盐、磷酸盐、氯化物等；微量元素由于需求量很小，一般在培养基的某些成分中已经足够（如玉米浆等有机氮源），因此一般不需要单独加入。但某些特殊的情况下还是要单独加入的：①配制完全由化学物质构成的培养基时，此时一般采用配制高倍贮液的方法（下文详述）；②在某些特殊的发酵工业中，如维生素 B_{12} 发酵，由于维生素 B_{12} 中含有钴，因此在培养基中一般要加入氯化钴以补充钴元素的含量，提高产量。无机盐尤其是微量元素在低浓度时对微生物的生长和产物合成一般有促进作用，但在高浓度时常表现为明显的抑制作用，有时甚至是毒性作用。

（一）磷元素

磷酸盐是培养基中磷元素的主要供体，但细胞内一般没有游离态的磷酸基团（ PO_4^{3-} ），而是多以酯键与各种细胞组分相连接。磷在细胞内具有重要作用。①磷是细胞膜的重要组分（磷脂）。②磷具有活化糖类分子的作用，如葡萄糖在进入 EMP 途径前要先活化成 6-磷酸-葡萄糖（6-P-G），磷的这种对糖代谢的促进作用还表现在很多方面。例如，酶活性调节中的共价修饰调节作用，以及多个磷酸基团自我桥接成多聚体，如焦磷酸、多聚磷酸等在某些生物代谢途径中发挥调节作用。一般培养基中磷元素充足会促进微生物的生长。③磷酸在核苷酸之间起桥接作用，没有磷酸就不会有 DNA 等生命大分子的存在。④磷是细胞内的通用能量载体三磷酸腺苷（ATP）的组成成分。

工业生产上常用的磷酸盐有 $K_3PO_4\cdot3H_2O$、K_3PO_4、$Na_2HPO_4\cdot12H_2O$、$NaH_2PO_4\cdot2H_2O$ 等，有时也用磷酸，但要先用 NaOH 或 KOH 中和后再加入。另外要注意很多有机氮源中含有一定的磷元素，在配制发酵培养基时要予以考虑。

在决定发酵培养基中磷元素含量时一定要注意所谓的"磷酸盐调节"现象。磷酸盐调节是指培养基中高浓度的磷酸盐抑制微生物次级代谢的现象。如前所述，培养基中的磷元素含量较高一般会促进菌体的生长，也就是说，会促进微生物的初级代谢，但是也会抑制很多次级代谢途径。这就要求很多以某种次级代谢产物为最终发酵产品的发酵工业必须控制发酵液中的磷元素水平在一个合适的范围内。这在很多抗生素发酵和氨基酸发酵中体现明显。磷酸盐浓度对一种氨基糖苷类广谱抗生素西索米星发酵过程的影响，结果见图 3-1。

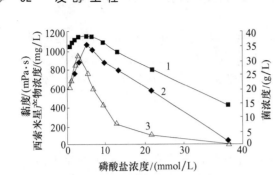

图 3-1　磷酸盐浓度对西索米星产生菌发酵能力的影响

1. 菌浓度；2. 黏度；3. 产物浓度

（二）硫元素

硫元素是另一种非常重要的无机元素。发酵生产中硫元素的供体一般是硫酸盐（如 $MgSO_4$），还原态的硫化物（如 H_2S、FeS 等）对大多数发酵用微生物是有毒的，不能作为硫源。很多有机碳源和氮源一般也含有一定的硫。硫元素在细胞内部主要以二硫键形式存在于某些含硫氨基酸（如半胱氨酸、甲硫氨酸等）及由其构成的多肽及蛋白质中，也存在于一些含硫的维生素中（如硫辛酸、硫胺素等）。

在某些特殊的发酵生产中需要额外添加硫源。例如，在青霉素、头孢菌素的发酵中，由于产物中含有一定量的硫，因此一般在培养基中额外添加一定量的硫酸钠或硫代硫酸钠作硫源。

（三）钙、镁等其他无机盐

1. 钙元素　钙元素在细胞内一般以二价离子（Ca^{2+}）形式存在，是很多酶的辅因子或激活剂，也是一种渗透压调节剂（如某些真核细胞的钙调蛋白）。钙的供体一般是 $CaCl_2$，注意尽量不要与磷酸盐同时添加，否则容易形成磷酸钙沉淀，降低发酵液中可溶性磷的含量，可以采用分消或流加的办法予以解决。发酵实践中还使用 $CaCO_3$ 作为备用碱。

2. 镁元素　镁元素在细胞内一般也是以二价离子（Mg^{2+}）形式存在，也是重要的辅酶和很多酶的激活剂。镁元素的供体一般是 $MgSO_4$，这样可以同时提供两种大量元素（硫元素和镁元素）。镁在碱性溶液中会形成 $Mg(OH)_2$ 沉淀，这点在培养基配制时要注意。据研究，包括镁离子在内的很多二价金属离子在一定浓度范围内都能刺激某些氨基糖苷类抗生素的合成，可能是由于这些离子是某些合成酶的辅酶或激活剂。

3. 钾元素　钾不参与细胞物质的组成，却是很多酶的辅因子（尤其是糖代谢途径的酶）。培养基中供给钾元素一般是使用 KH_2PO_4 和 K_2HPO_4，这样不仅同时提供了另一种大量元素磷，两者同时使用还具有一定的缓冲剂的作用，能够使培养基抵抗一定的 pH 波动。

4. 钠元素　钠同样不参与细胞组成，而且钠一般也不是酶活性的调节剂。但钠离子与细胞的渗透压调节关系密切。很多钠盐都可以作为培养基钠元素的供体，如 NaH_2PO_4 可以同时提供磷元素；Na_2SO_4 可以同时提供硫元素。如需单独添加时，一般使用中性的 NaCl。在培养原生质体时，如果选用钠盐作为渗透压稳定剂，要注意原生质体对环境渗透压的特殊要求，这时一般要提高钠盐浓度，做成高渗培养基，防止原生质体吸水破裂。

5. 铁元素　铁应该算是一种介于大量元素和微量元素之间的元素。铁是细胞色素的组成成分，也是电子传递链细胞色素氧化酶和铁硫蛋白的组成成分，因此，铁对于进行有氧呼吸的微生物来说至关重要。但是由于发酵工业上一般都使用铁制的发酵罐，另外很多天然培养基成分中都含有足够的铁元素（如各种有机碳、氮源），因此在发酵培养基中一般不单独添加。实验室进行试验研究时，培养基中一般由 $FeSO_4 \cdot 7H_2O$ 来提供铁元素。但是有些发酵产品对铁离子浓度比较敏感。例如，刘建国等的研究表明，一种由蜡状芽孢杆菌（*Bacillus cereus*）菌株 S1 分泌产生的新型抗真菌环状多肽 APS 的发酵会被 Fe^{2+} 所抑制。再如，青霉素发酵要求发酵液含铁必须低于 20μg/mL；同样铁离子浓度过高也会影响柠檬酸及啤酒的酿造。新发酵罐往往会造成培养基中铁离子浓度比较高，这时可以通过在罐内喷涂生漆或耐热环氧树脂的方法来解决。

6. 微量元素　培养基对各种微量元素所需量甚低，一般除供研究的化学组合培养基或某些特殊的发酵外不必另行添加。但是这些微量元素对微生物的生长和产物合成有非常重要的作用。

现把除碳、氮外的常见无机元素的来源和功能列于表 3-2 中。

表 3-2　无机元素（除碳、氮外）的来源和功能

元素	人为提供形式	生理功能
P	KH_2PO_4、K_2HPO_4	核酸、磷酸、ATP 和辅酶成分
S	$MgSO_4$	含硫氨基酸（半胱氨酸、甲硫氨酸等）的成分和含硫维生素（生物素、硫胺素等）的成分
K	KH_2PO_4、K_2HPO_4	某些酶（果糖激酶、磷酸烯醇式丙酮酸-糖磷酸转移酶等）的辅因子；维持电位差和渗透压
Na	NaCl	维持渗透压；某些细菌和蓝细菌所需
Ca	$Ca(NO_3)_2$、$CaCl_2$	某些胞外酶的稳定剂，某些蛋白酶的辅因子；细菌形成芽孢和某些真菌形成孢子所需
Mg	$MgSO_4$	固氮酶等的辅因子；叶绿素等的成分
Fe	$FeSO_4$	细胞色素的成分；合成叶绿素所需
Mn	$MnSO_4$	超氧化物歧化酶、氨肽酶和 L-阿拉伯糖异构酶等的辅因子
Cu	$CuSO_4$	氧化酶、酪氨酸酶的辅因子
Co	$CoSO_4$	维生素 B_{12} 复合物的成分；肽酶的辅因子
Zn	$ZnSO_4$	碱性磷酸酶及多种脱氢酶、肽酶和脱羧酶的辅因子
Mo	$(NH_4)_6Mo_7O_{24}$	固氮酶及同化型和异化型硝酸盐还原酶的成分

四、水

水是所有生物体的重要组成部分，水对于微生物有非常重要的作用。发酵试验用水时，要注意的是要求用去离子水还是蒸馏水、双蒸水，或是自来水即可。一般配制培养基没有特殊要求用蒸馏水或自来水即可，但要注意自来水中氯的影响。发酵工业对水源有一定要求，某些特殊的发酵工业对水的要求特别高，如酿造工业、饮料和保健品行业等；又如有些名酒只有使用当地水源才能酿造出其特有的口味，经研究这可能与当地水源中某些无机盐的含量有关。

五、生长因子、前体物质、产物促进剂和抑制剂

在现代发酵工业中，人们为了进一步提高发酵产率，在发酵培养基中除添加碳源、氮源等一般的营养成分外，还加入了一些用量极少，但能显著提高发酵产率的物质，这些物质主要包括各种生长因子、前体物质、产物促进剂和抑制剂等。

（一）生长因子

生长因子（growth factor）是一类微生物必不可少的物质，一般为一些小分子有机物，需求量很小。广义的生长因子包括维生素、碱基、卟啉及其衍生物以及某些氨基酸等；狭义的生长因子一般仅指维生素。微生物所需的维生素多为 B 族维生素，如维生素 B_1（硫胺素）、维生素 B_2（核黄素）、维生素 B_3（烟酸）等，在生化代谢中多为各种辅酶。几种重要的 B 族

维生素及其生理功能见表 3-3。

表 3-3   B 族维生素及其生理功能

维生素	生理功能
维生素 B_1（硫胺素）	脱羧酶辅酶，与酮基转移有关
维生素 B_2（核黄素）	构成黄素单核苷酸（FMN）和黄素腺嘌呤二核苷酸（FAD），作为电子传递链中的递 H 体
维生素 B_3（烟酸）	辅酶 A（CoA）的前体物质之一，递酰基体，是细胞内多种酶的辅酶
维生素 B_5（泛酸）	又称尼克酸，是辅酶 I（Co I，NAD）、辅酶 II（Co II，NADP）的前体，参与细胞内很多氧化还原反应
维生素 B_6（吡哆醇）	其磷酸酯是转氨酶辅酶，也与氨基酸消旋和脱羧有关
维生素 B_9（叶酸）	构成四氢叶酸（THF），传递各种 C_1 分子
维生素 B_{12}（钴胺素）	变位酶辅酶
维生素 H（生物素）	羧化酶辅酶，在脂肪酸代谢中有重要作用
硫辛酸	递酰基体，常与 CoA、维生素 B_1 协同作用

　　同微量元素一样，维生素等生长因子一般也不需单独添加，培养基中很多营养丰富的天然原料中已含有足够的生长因子，如玉米浆、糖蜜等。实验室中一般用酵母膏或酵母粉作为生长因子供体，一种酵母膏中的维生素和氨基酸含量见表 3-4。在需要精确控制生长因子含量（如进行代谢研究）时，可以将维生素配制成高倍贮液，保存于冰箱中，使用时取少量稀释即可。例如，要求培养基中含维生素 B_1 1mg/L、维生素 B_2 2mg/L，直接称量由于量太少误差较大，可以先把所需维生素配制成 1g/L 的高倍（1000 倍）溶液，再分别取 1mL、2mL 加到培养基中，最后定容到 1L 即可。高倍维生素溶液还可放于冰箱中长期贮存，下次试验时再用。这样不仅减小了操作误差，同时也方便存取。

表 3-4   一种酵母膏中的维生素和氨基酸含量

维生素		氨基酸	
种类	含量 /（μg/g）	种类	含量 /%
维生素 B_1	18～40	丙氨酸（Ala）	3.4
维生素 B_2	18～150	精氨酸（Arg）	2.0
维生素 B_3	20～100	天冬氨酸（Asp）	4.5
维生素 B_5	300～1250	半胱氨酸（Cys）	0.45
维生素 B_6	25～35	谷氨酸（Glu）	6.7
维生素 B_{11}	5～10	甘氨酸（Gly）	2.3
肌醇	1000～1700	组氨酸（His）	1.2
胆碱	1000～2000	异亮氨酸（Ile）	2.3
生物素	0.5～1.0	酪氨酸（Tyr）	1.6
对氨基苯甲酸	6	亮氨酸（Leu）	3.0
维生素 B_{12}	0.01	赖氨酸（Lys）	3.5
		甲硫氨酸（Met）	0.7
		苯丙氨酸（Phe）	1.7
		脯氨酸（Pro）	1.7
		丝氨酸（Ser）	2.3
		苏氨酸（Thr）	2.3
		色氨酸（Trp）	0.5
		缬氨酸（Val）	2.5

生物素（biotin）是含硫原子的一元环状弱酸，是一种重要的生长因子。生物素是细胞膜脂质合成途径中的重要辅酶，生物素不足会造成细胞膜合成不完整，细胞内容物渗漏。在谷氨酸发酵中一般都使用生物素缺陷型的菌株。谷氨酸是一种必需氨基酸，正常情况下细胞内不积累谷氨酸，当生物素不足造成细胞膜通透性改变时，细胞内的谷氨酸可以不断渗透出细胞，从而使生产菌能源源不断地合成谷氨酸，最终在发酵液中积累一定浓度的谷氨酸。谷氨酸发酵要严格控制生物素的浓度，生物素过多谷氨酸不积累，生物素过少菌体生长受抑制，因此要控制生物素"亚适量"，一般为 5μg/L 左右。工业生产中一般由玉米浆或豆饼水解液提供生物素。

（二）前体物质

前体是指一些添加到培养基中的物质，它们并不促进微生物的生长，但能直接通过微生物的生物合成过程结合到产物分子上去，自身结构基本不变，而产物产量却因此有较大提高。前体可以看作产物生物合成反应的一种底物，它们可以来源于细胞本身的代谢，也可以外源人为添加。最早的例子是提高青霉素产量。目前添加前体已成为氨基酸发酵、核苷酸发酵和抗生素发酵中提高产率的有效手段，见表 3-5。最有代表性的例子莫过于青霉素发酵。在早期青霉素发酵中人们就发现在发酵液中添加一定量的玉米浆会提高青霉素 G 的产量，后来进一步研究发现，这是由于玉米浆中含有苯乙胺，而苯乙胺是青霉素 G 生物合成的前体之一（不同类型青霉素侧链不同，青霉素 G 的侧链是苯乙酸）。前体添加要注意不要过量，过量的前体有时对菌体有毒，如苯乙酸高浓度时就对微生物有毒，因此添加前体最好采用流加的方式。由于前体是直接被微生物利用添加到产物分子中去，因此可以根据前体分子在产物分子中的百分比及预期产量大致估算前体的加入总量。

表 3-5 一些氨基酸和抗生素发酵的前体物质

氨基酸或抗生素	前体物质	氨基酸或抗生素	前体物质
丝氨酸	甘氨酸	青霉素 O	烯丙基-硫基乙酸
色氨酸	氨茴酸或吲哚	青霉素 V	苯氧乙酸
苏氨酸	高丝氨酸	链霉素	肌醇、精氨酸、甲硫氨酸
甲硫氨酸	2-羟基-4-甲基硫代丁酸	金霉素	氯化物
青霉素 G	苯乙酸或发酵中能形成苯乙酸的物质	红霉素	丙酸、丙醇、丙酸盐、乙酸盐

（三）产物促进剂和抑制剂

产物促进剂指在发酵过程中添加的，既不是营养物质又不是前体物质，但是能提高产量的物质。一些产物促进剂非常有效，如异戊腈诱导硝化酶。产物促进剂增产机制大致有以下几种：①在酶制剂工业中，产物促进剂的本质是该酶的诱导物，尤其是某些水解酶类，如添加甘露聚糖可促进 α-甘露糖苷酶的分泌。②产物促进剂对发酵微生物有某种益处，使发酵过程更顺利。例如，加入巴比妥盐能使利福霉素和链霉素产量增加，这是由于巴比妥盐增强了生产菌菌丝的抗自溶能力，延长了发酵周期。③产物促进剂在某种程度上起了稳定发酵产物的作用，如在葡萄糖氧化酶发酵中加入 EDTA。④产物促进剂为一些表面活性剂类物质。例如，以栖土曲霉生产蛋白酶时，适时加入一定量的洗净剂脂肪酰胺磺酸钠可使蛋白酶产量有大幅度的提高。这可能是由于表面活性剂物质的加入增加了传氧效率，同时增加了产物的溶解和分散的程度。有关表面活性剂在发酵中的使用详见第七章第六节。

产物抑制剂主要是一些对生产菌代谢途径有某种调节能力的物质。最早的例子之一是微生物产生甘油。在甘油发酵中加入亚硫酸氢钠，由于亚硫酸氢钠可以与代谢的中间产物乙醛反应，乙醛不能受氢还原为乙醇，从而激活了另一条受氢途径，由磷酸二羟丙酮受氢被还原为 α-磷酸甘油，最后水解为甘油。这就是所谓的酵母 II 型发酵（酵母 I 型发酵即乙醇发酵，酵母 III 型发酵是碱法甘油发酵）。另外在代谢控制发酵中，加入某种代谢抑制剂也是发酵正常进行所必需的。例如，四环素发酵中加入硫氰化苄，可以抑制三羧酸循环中的一些酶，从而增强戊糖磷酸（HMP）途径，有利于四环素的合成。还有一些情况是加入抑制剂以淘汰杂菌。例如，真菌发酵中加入一定的抗生素，带抗生素抗性的工程菌发酵中加入该种抗生素以淘汰非重组细胞、突变细胞、质粒丢失细胞等。

总的来说，发酵中添加的产物促进剂和抑制剂一般都是比较高效且专一的，在具体使用时要选择好种类并且严格控制用量。

第二节　工业发酵中营养基质的分类和配方优化

发酵中的培养基有很多类型，一般情况下，按照原料纯度不同可以分为天然培养基（undefined medium），指采用一些化学成分不清楚或不恒定的物质作为培养基的原料；合成培养基（defined medium），指用各种成分明确、稳定的化学试剂配制的培养基；半合成培养基（semi-synthetic medium），指既含有天然成分，又含有纯化学试剂的培养基。严格来说，发酵中使用的培养基实际上多为半合成培养基。而按照物理状态不同可以分为液体培养基（liquid medium），是各类发酵广泛采用的培养基形式；固体培养基（solid medium），主要应用于传统酿造工业的制曲等领域；半固体培养基（semi-solid medium），生产中不使用，一般用于实验室。发酵生产中使用的培养基主要按照用途进行划分，包括三类：孢子培养基、种子培养基和发酵培养基。

一、孢子培养基

孢子培养基是供菌种繁殖孢子用的培养基。这种培养基的目的是使发酵菌种在不发生变异的前提下尽可能多地繁殖孢子。所以对孢子培养基配制的基本要求就是在营养基本保证、理化条件适宜的前提下，营养不要太丰富（特别是有机氮源），否则不易产孢子。因此，生产实践上常用各种天然基质来做孢子培养基。例如，大米和小米常用作霉菌孢子培养基，因为它们含氮量少，疏松、表面积大，所以是较好的孢子培养基。在具体选择孢子培养基时最好根据试验来确定，不同菌种的差异是很大的。例如，棉花红粉病菌在 PDA 培养基上的产孢量最高，其次为马铃薯淀粉和胡萝卜培养基，豆芽汁、番茄汁和玉米汁培养基的产孢量较少，琼脂培养基的产孢量最少（图 3-2）。

图 3-2　不同培养基对棉花红粉病菌产孢量的影响

A. 琼脂培养基；B. 玉米汁培养基；C. PDA；D. 番茄汁培养基；E. 胡萝卜培养基；F. 马铃薯淀粉培养基；G. 豆芽汁培养基

二、种子培养基

种子培养基是供孢子发芽生长出大量菌丝体，或不产孢子的菌种繁殖出大量细胞，并且具有较高的活力和纯度的培养基。种子培养基是直接为发酵提供种子的培养基。作为大规模工业发酵的种子是有严格要求的（见第六章）。例如，种子要有一定的浓度、种子要活力旺盛、不能有杂菌污染等，种子培养基的设计就要达到这些要求。因此，种子培养基的营养应该较孢子培养基丰富、氮源含量要高些，且最好是有机氮源和无机氮源都有（有的有机氮源能刺激孢子发芽，而无机氮源的分解利用迅速），保证种子繁殖旺盛。另外，种子培养基的成分配比要尽量接近发酵培养基，这样种子接种到发酵罐后就能尽快适应发酵培养基，缩短延迟期。总的来说，种子培养基就是要设法让菌种繁殖、长菌体，同时避免菌种老化或进行发酵。

常见的主流发酵产品，如氨基酸、有机酸、核苷酸、抗生素、维生素，其代表性产品所采用的种子培养基现举几例如下。例如，宋翔等应用响应面法优化了L-谷氨酸发酵培养基，采用的种子培养基配方：葡萄糖25g/L、玉米浆（20°Bé）30mL/L、豆饼水解液（22°Bé）20mL/L、尿素（分消）、$KH_2PO_4 \cdot 3H_2O$ 2.0g/L、$MgSO_4 \cdot 7H_2O$ 0.8g/L，pH为7.0～7.2。孙传伯等对乳酸球菌RL-68生产菌株工业培养基优化工艺进行了研究，采用的种子培养基：酵母膏10g/L、蛋白胨10g/L、葡萄糖50g/L、乙酸钠0.5g/L、$MgSO_4 \cdot 7H_2O$ 0.2g/L、$MnSO_4 \cdot 4H_2O$ 0.01g/L、$FeSO_4 \cdot 7H_2O$ 0.01g/L、NaCl 0.01g/L、$ZnSO_4 \cdot 7H_2O$ 0.2g/L，初始pH为6.5～6.8。何菊华等在研究枯草芽孢杆菌二步发酵法生产5′-IMP中采用的种子培养基：葡萄糖20g/L、酵母浸膏15g/L、玉米浆12g/L、尿素2.0g/L、NaCl 2.5g/L、卡那霉素50mg/L。李宁慧等应用响应面法优化了头孢菌素C发酵条件，研究中采用的种子培养基配方如下。一级种子培养基：黄豆饼粉30g/L、金枪鱼浸膏20g/L、玉米浆7.5g/L、蔗糖5g/L、葡萄糖10g/L、$CaCO_3$ 5g/L、豆油0.1g/L，pH为7.0。二级种子培养基：工业花生饼粉28g/L、黄豆饼粉28g/L、金枪鱼浸膏20g/L、玉米浆15g/L、蔗糖25g/L、葡萄糖10g/L、$CaCO_3$ 5g/L、豆油0.1g/L，pH为7.0。朱欣杰等在维生素C二步发酵培养基优化研究中采用的种子培养基：山梨糖2.0%、玉米浆0.3%、牛肉膏0.2%、酵母膏0.5%、蛋白胨1.0%、尿素0.1%、KH_2PO_4 0.1%、$MgSO_4 \cdot 7H_2O$ 0.01%、$CaCO_3$ 0.1%。

三、发酵培养基

发酵培养基是供菌种生长繁殖和合成发酵产物的培养基。它既要能保证接种的种子能长到一定的浓度，又要保证菌体能迅速合成发酵产物。因此，发酵培养基中除含有发酵菌种正常生长所必需的营养元素外，还含有发酵产物迅速合成所需的前体、产物促进剂和抑制剂，以及保证发酵正常进行的消泡剂等物质。由于具体的发酵菌种和发酵设备、工艺千差万别，因此发酵培养基也种类繁多，生产中一般要通过小试、中试、投产试验再确定。

例如，上述种子培养基的各个主流发酵代表产品的例子所采用的对应的发酵培养基如下。宋翔等研究优化后的L-谷氨酸发酵培养基：葡萄糖80g/L、玉米浆4.5mL/L、豆饼水解液（22°Bé）19.8mL/L、KCl 1.2g/L、Na_2HPO_4 1.2g/L、$MgSO_4 \cdot 7H_2O$ 1.5g/L、$MnSO_4 \cdot H_2O$ 2mg/L、$FeSO_4 \cdot 7H_2O$ 2mg/L、维生素B_1 0.2mg/L，pH为7.0～7.2。孙传伯等在发酵培养基中添加了饼干渣、番茄汁等廉价成分提高培养基营养水平，最终发酵培养基配方：饼干渣 105g/L、蛋白胨 15g/L、番茄汁 3%、$MgSO_4 \cdot 7H_2O$ 0.2g/L、$MnSO_4 \cdot 4H_2O$ 0.01g/L、$FeSO_4 \cdot 7H_2O$ 0.01g/L、NaCl 0.01g/L、$ZnSO_4 \cdot 7H_2O$ 0.2g/L，初始 pH 为 6.5~6.8。何菊华等的 5′-IMP 生产的发酵培养基：葡萄糖 100g/L、酵母浸出粉 16g/L、$(NH_4)_2SO_4$ 22g/L、$MgSO_4 \cdot 7H_2O$ 5.0g/L、KH_2PO_4 5.0g/L、卡那霉素 50mg/L。李宁慧等应用响应面法优化后的头孢菌素 C 发酵培养基配方：金枪鱼浸膏 34.32g/L、DL-甲硫氨酸 6.52g/L、花生饼粉 24g/L、玉米浆 13g/L、玉米粉 20g/L、果葡糖浆 35g/L、工业小麦面筋粉 38g/L、$(NH_4)_2SO_4$ 8g/L、$CaSO_4$ 12g/L、$CaCO_3$ 34g/L、豆油 0.1g/L，pH 为 7.2。朱欣杰等优化后的维生素 C 发酵培养基：玉米浆 1.0%、尿素 0.2%、KH_2PO_4 0.4%、$MgSO_4 \cdot 7H_2O$ 0.02%、山梨糖（转化前体底物）10%。

以上这些主流发酵代表产品的种子培养基和发酵培养基配方的例子，体现了工业培养基常见碳、氮源物质的使用，以及为了驯化菌种，培养基配方成分从种子培养基到发酵培养基的逐步过渡转变。

此外，还有一种特殊的发酵培养基，即动物细胞培养基，这一行业发展很快，主要生产各种异源蛋白质，每年产值超千亿美元。动物细胞培养基发展出很多基础培养基，其成分较普通发酵培养基复杂得多，常包含数十种成分，如大鼠皮肤成纤维细胞（rat dermal fibroblast，RDF）培养基。加入血清等添加物能进一步提高其营养水平。目前，无血清、无动物成分、无蛋白质的化学纯培养基发展也很快，但仍需添加蛋白质水解物、胰岛素、运铁蛋白等成分。

四、培养基配方的优化

发酵工程中设计一个培养基配方，首先要考虑营养物质的种类和用量的选择，包括原料的质量和价格、培养基的用途和碳氮比等要求，以及所培养微生物的种类等多个因素。配方设计好以后，还要进行优化，即通过改变一个自变量（营养、消泡剂、pH、温度等），同时将其他所有变量固定在一定水平，通过试验寻找最佳组合。这对于大量的变量来说是非常耗时和昂贵的，可能需要大量的试验。例如，对于两种浓度下的 3 种营养物质（2^3 次试验）可能是相当合适的，但对于 4 种浓度下的 5 种营养物质就不合适了。在这种情况下，需要 4^5（1024）次试验。因此，可以采用一些统计学方法，如正交试验设计、响应面分析法等来减少工作量。当需要研究较多的自变量时（如 5 个以上），可以使用 Plackett-Burman 设计来找出系统中最重要的自变量，然后在进一步的研究中对其进行优化。当重要自变量确定后，培养基优化的下一个阶段是确定由 Plackett-Burman 设计确定的每个重要自变量的最优水平，这可以通过响应面优化技术来实现。

第三节   工业发酵中营养基质的配制方法

一、淀粉质原料制糖工艺及培养基的配制方法

（一）淀粉的组成和特性

淀粉是一种白色无定形结晶粉末，存在于很多植物组织中。因为微生物分解淀粉必须有相应的胞外淀粉酶，所以大多数微生物并不能够直接分解利用淀粉。因此在很多发酵工业产

品的生产中，都需要先把淀粉水解，制成水解糖后再使用，如谷氨酸等很多氨基酸发酵、抗生素发酵、有机酸发酵等。

淀粉的本质是由很多葡萄糖分子通过 α-1,4-糖苷键和 α-1,6-糖苷键连接而成的具有一定层次构造的化学大分子。淀粉的形状有圆形、椭圆形和多角形三种。一般水分多、含蛋白质少的植物淀粉颗粒大些，多呈圆形或椭圆形，如马铃薯、木薯的淀粉；反之多呈较小的多角形，如大米淀粉。不同种类淀粉的颗粒大小一般不同。例如，马铃薯淀粉颗粒平均大小为 $100 \sim 150 \mu m$（长轴长度）；红薯淀粉为 $10 \sim 25 \mu m$；而大米淀粉通常为 $2 \sim 8 \mu m$。

淀粉的本质是碳水化合物，含碳 44.4%，含氢 6.2%，含氧 49.4%。淀粉是由葡萄糖脱水聚合成的，可以表示为 $(C_6H_{10}O_5)_n$。不同种类的淀粉葡萄糖的数目和结构有很大不同。淀粉可以分为直链淀粉和支链淀粉两种，见图 3-3。不同的植物直链淀粉和支链淀粉的含量不同。直链淀粉与支链淀粉的比较见表 3-6。

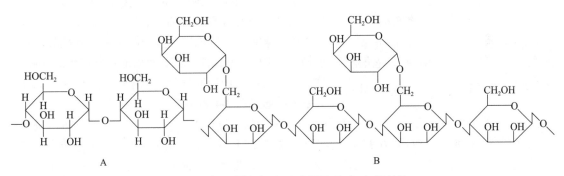

图 3-3 直链淀粉（A）和支链淀粉（B）的结构

表 3-6 直链淀粉与支链淀粉的比较

比较项目	直链淀粉	支链淀粉
分子结构	直链状	树枝状
含量	10%～25%	75%～90%
糖苷键	α-1,4-糖苷键	α-1,4-糖苷键、α-1,6-糖苷键
相对分子质量	小，一般几万	大，可达数百万
聚合度 *	低，100～6 000	高，1 000～3 000 000
溶解性	胶体	加温加压才溶解为糊化粉
黏度	低	高
遇碘反应	蓝色，络合反应	紫红色，非络合反应

* 淀粉分子中葡萄糖的数目

淀粉没有还原性，也没有甜味，不溶于冷水，也不溶于乙醇、乙醚等有机溶剂。淀粉在热水中能吸收水分而膨胀，最后淀粉颗粒破裂，淀粉分子溶于水中形成一种糊状胶体溶液，这就是糊化。各种淀粉的糊化温度不一样，如马铃薯淀粉为 $50 \sim 55 \, ^\circ C$，玉米淀粉为 $55 \sim 62.5 \, ^\circ C$，大米淀粉为 $62 \sim 69 \, ^\circ C$。淀粉中含有较高的水分，如马铃薯淀粉含水约 20%。但是由于水分子和淀粉分子中的羟基（—OH）形成氢键，使得淀粉呈现晶体结构。

利用淀粉质原料制备淀粉要经过粗淀粉的精制过程，因为在粗原料中除淀粉外还含有很多杂质，主要是蛋白质、纤维素、脂类物质、灰分等。在淀粉厂中可以通过过筛、沉淀、离心等方法予以分离。精制后的淀粉纯度一般为83%～84%。

（二）淀粉水解的原理

在工业生产上把淀粉通过一定的方法水解为葡萄糖的过程称为淀粉的"糖化"过程，所

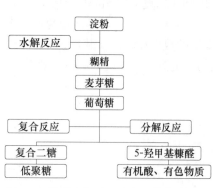

图 3-4　淀粉水解过程中发生的化学反应

制得的糖液称为淀粉水解糖液。水解的方法有酸解法、酶解法、酸酶结合法等。淀粉的这一糖化水解过程实际上并不是单纯的淀粉水解为葡萄糖的过程。首先，淀粉水解成葡萄糖会有糊精、低聚糖、麦芽糖等中间产物的生成；其次，反应生成的葡萄糖之间会发生复合反应，生成龙胆二糖、异麦芽糖及其他低聚糖；另外，还有一部分葡萄糖会发生分解反应，生成5-羟甲基糠醛，然后再进一步分解为一些有机酸和有色物质。5-羟甲基糠醛是淀粉水解液色素产生的根源。这三个方面的反应同时发生，以第一个反应为主，其关系可以通过图 3-4 表示。

1. 淀粉的水解反应　　淀粉的水解反应是淀粉糖化过程中的主要反应。反应的本质是淀粉分子的 α-1,4-糖苷键和 α-1,6-糖苷键被打开，淀粉被不断支解，相对分子质量逐渐减小。在这个过程中，生成了很多中间产物，如糊精、各种低聚糖等，葡萄糖在反应的开始阶段产生并不多，因为糖苷键的断裂是随机的。反应的总趋势是向小分子物质发展：淀粉→糊精→低聚糖→葡萄糖。反应生成的这些二糖、三糖、四糖等物质对发酵一般是不利的。在谷氨酸发酵的糖化中，二糖、三糖、四糖及四糖上多糖的含量，直接影响了糖化率、谷氨酸发酵的产酸率、糖酸转化率，并严重影响谷氨酸的提取，尤其是在味精发酵中出现轻质麸酸，给味精生产带来巨大的损失。糊精是若干相对分子质量大于低聚糖、含有不同数目的脱水葡萄糖单位的总称。糊精具有还原性，旋光性，能溶于水、不溶于乙醇，因分子大小不同，遇碘会呈现红色、紫色、蓝色等不同颜色。工业生产中可以通过无水乙醇或碘溶液检验糖化过程中糊精的存在和水解情况。随着水解的进行，糖液的还原性逐渐增加，甜度（还原基团决定）加大，葡萄糖的含量也逐渐上升，并且开始有副反应发生。

淀粉的水解过程从动力学角度来看是一个典型的一级反应过程。以酸解为例，酸提供氢离子（H^+）破坏糖苷键，但氢离子在反应过程中并不消耗，实际上相当于催化剂；水虽然参与反应，但是反应的水分子相对于溶液中的水分子来说可以忽略不计；因此反应的速度只取决于淀粉的浓度，属于一级反应，其反应速率方程为

$$\frac{-\mathrm{d}c}{\mathrm{d}t}=kc \tag{3-1}$$

式中，c 为水解反应过程中的淀粉浓度；t 为水解反应时间；k 为水解反应速度常数。

同理可以得到某一时刻淀粉浓度与反应速度常数及时间的关系：

$$k=\frac{2.303}{t}\lg\frac{c_0}{(c_0-c_t)} \tag{3-2}$$

式中，c_0 为水解反应开始时的淀粉浓度；c_t 为水解反应时刻 t 的淀粉浓度；t 为水解反应时间；k 为水解反应速度常数。

其中，水解反应速度常数与下列几个因素有关：

$$k = \alpha \cdot c_N \cdot \delta \cdot \lambda \tag{3-3}$$

式中，α 为催化剂活性常数，盐酸为 1，参见表 3-7；c_N 为酸的物质的量浓度；δ 为多糖的水解性常数，衡量不同多糖的水解难易程度，如棉花为 1，则淀粉为 400，稻草为 20～25，蔗糖为 100 000；λ 为温度对水解的影响常数，提高温度可以加快水解反应速度，其数值可由试验确定。

从式（3-3）可以看出，除淀粉浓度外，淀粉水解速度还与催化剂的种类、催化剂的浓度、水解的温度等因素有关，使用催化活性高的催化剂，适当提高催化剂浓度和水解温度都有利于提高水解速度。

表 3-7　各种酸类的催化剂活性常数

催化剂名称	HCl	H_2SO_4	H_3PO_4	乙酸（HAc）	HBr	HI
α 值	1	0.50～0.52	0.3	0.025	1.7	2.5

2. 葡萄糖的复合反应　在淀粉水解过程中，一部分葡萄糖在热和酸的作用下可以发生聚合反应，生成一些二糖等低聚糖，这就是淀粉水解过程中葡萄糖的复合反应。这里的二糖，一般不是两分子葡萄糖通过 α-1,4-糖苷键聚合成的麦芽糖，而是其他二糖，如通过 α-1,6-糖苷键聚合成的异麦芽糖，通过 β-1,6-糖苷键聚合成的龙胆二糖等。这种复合反应是可逆的。事实上，工业生产常利用其逆反应，将水解糖液适当稀释，并加酸再水解一次，然后经中和、脱色、过滤再作为发酵培养基的碳源，以提高葡萄糖的利用率。

葡萄糖的复合反应对发酵是有害的，如谷氨酸发酵，复合反应生成的低聚糖不仅降低了淀粉原料的水解效率，更重要的是这些低聚糖一般不能被谷氨酸发酵微生物所利用，甚至抑制其生长；另外，这些低聚糖还使发酵液残糖增加，降低糖酸转化率，增加谷氨酸提取精制难度。所以，在制备淀粉水解液时应尽量削弱葡萄糖的复合反应。

葡萄糖的复合反应强度主要与三个因素有关：淀粉的糖化程度、淀粉液的初始浓度及催化剂酸的种类。淀粉的糖化程度（常用 dextrose equivalent value，即 DE 值表示，也称葡萄糖值，表示液化液或糖化液中的葡萄糖占干物质的质量百分比）越高，一般复合反应进行的程度也越高；淀粉液的初始浓度越高，复合反应的程度也越高。根据经验，在工业生产中一般选用淀粉液的初始浓度为 18%～21%；不同种类的酸对复合反应的催化程度也不同。例如，盐酸、硫酸、草酸三者比较，盐酸的催化作用最强，其次是硫酸，最差的是草酸，而且复合反应还与酸的浓度成正比。

3. 葡萄糖的分解反应　在淀粉的水解过程中，葡萄糖除发生聚合反应外，还发生较弱的脱水反应，生成 5-羟甲基糠醛，5-羟甲基糠醛不稳定，又进一步分解成乙酰丙酸、甲酸等，这些物质相互聚合，或与氨基酸聚合，生成有色物质。

经研究，葡萄糖的分解反应主要与三个因素相关，即水解时间、pH 和水解液中葡萄糖的浓度。虽然葡萄糖的分解反应比较弱（损失 1% 左右），但是反应生成的 5-羟甲基糠醛是淀粉水解液颜色变深的根源。5-羟甲基糠醛生成的量一定条件下与水解时间、水解液中葡萄糖的浓度成正比,在 pH 为 3 时生成的最少。另外,水解液中的显色物质还有一部分是葡萄糖与原料中其他成分的水解产物形成的,如与蛋白质水解产生的氨基酸之间发生美拉德反应,产生褐色的氨基糖类物质。这些有色物质一般也是对发酵不利的。

(三)淀粉酸水解制糖工艺

1. 淀粉水解糖制备方法概述　　根据水解所用催化剂的不同,主要有三种方法:酸解法、酶解法和酸酶结合法。

(1)酸解法　　酸解法(acid hydrolysis method)是淀粉水解糖制备的传统方法,它是以无机酸(现在也用有机酸)为催化剂,在高温高压下将淀粉水解为葡萄糖的方法。

该法的优点:工艺简单、水解时间短、设备生产能力大。目前广泛采用此法。

该法的缺点:高温高压及酸的腐蚀对设备有一定要求;副反应多,影响水解糖液的质量;对原料要求严格,原料淀粉颗粒必须大小均匀,否则造成水解不均一、不彻底。

(2)酶解法　　酶解法(enzyme hydrolysis method)是用专一性很强的淀粉酶将原料淀粉水解为糊精和低聚糖,再用糖化酶继续水解为葡萄糖的制糖工艺。酶解法一般分两步进行,第一步是利用 α-淀粉酶将淀粉水解为糊精和低聚糖,这步使淀粉的溶解性增加,故称为液化(liquefaction);第二步是用糖化酶将为糊精和低聚糖进一步水解为葡萄糖,称为糖化(glycation)。此法又称为双酶水解法(double-enzyme hydrolysis method)。

优点:条件温和,设备要求低;酶专一性强,副反应少;淀粉液初始浓度较高,要求较低(颗粒大小可以不均一);糖液颜色浅,较纯净。

缺点:生产周期长(常需数 10h),需要专门的设备(如培养酶的设备),过滤困难(酶是蛋白质)。但是随着酶制剂工业的发展,酶解法取代酸解法是淀粉水解糖技术发展的必然趋势。

酸解法和酶解法制糖工艺的比较见表 3-8。

表 3-8　酸解法和酶解法制糖工艺比较

比较项目	酸解法	酶解法
葡萄糖值(DE 值)	91	98
淀粉原料浓度	18%~21%	34%~40%
葡萄糖含量(干重)	86%	97%
灰分	1.6%	0.1%
蛋白质	0.08%	0.1%
5-羟甲基糠醛	0.30%	0.003%
色度	10.0	0.2
淀粉转化率	90%	98%
工艺条件	高温高压	较温和
过程耗能	高	低
副产物	多	少
生产周期	短	长

续表

比较项目	酸解法	酶解法
设备规模	小	大
设备生产能力	大	小
设备要求	耐高温高压，耐腐蚀	不需耐高温高压和耐腐蚀
葡萄糖收率	较低	较酸解法高约 10%

（3）酸酶结合法　酸酶结合法（acid-enzyme hydrolysis method）是结合了酸解法和酶解法的水解糖制备工艺，兼具两者特点。根据酸解法和酶解法使用的先后顺序又分为酸酶法和酶酸法两种。

1）酸酶法。酸酶法是先将淀粉用酸水解成低聚糖和糊精，再用糖化酶将其水解为葡萄糖的工艺。有些原料的淀粉，如玉米、小麦的淀粉颗粒坚实，用 α-淀粉酶短时间内往往作用不彻底，因此有些工厂就先用酸将淀粉水解到一定程度（DE 值约为 15），再用糖化酶糖化，解决了这一问题。

2）酶酸法。酶酸法是先用 α-淀粉酶将原料淀粉水解到一定程度，过滤除去杂质后，再用酸完全水解的工艺。该法适用于较粗的原料，如大米淀粉，可以弥补酸解法对原料要求较高的缺点，提高原料利用率。

总的来说酶解法较酸解法更好。酸酶结合法各项指标基本介于二者之间。

2. 淀粉酸解法工艺流程　水解一般以盐酸作为催化剂，产物为糖液即可，不需精制成葡萄糖。工艺流程：淀粉→调浆→过筛→加酸→进料→糖化→放料→冷却→中和→脱色→过滤→糖液。

技术条件一般为：淀粉乳浓度为 18%～21%；盐酸用量为干淀粉的 0.5%～0.8%，使淀粉乳 pH 达到 1.5 左右；进料压力为 0.02～0.03MPa；水解压力为 0.28MPa；水解时间一般为 15min 左右；水解终点检查一般以用无水乙醇检查无白色反应为止。

3. 淀粉水解速度的影响因素　淀粉水解的各种条件，如淀粉乳浓度的高低、酸的种类和浓度、水解温度和压力等都会通过影响水解过程的三个反应影响最终糖液的质量。另外，糖化设备对糖液质量也有一定影响。

（1）淀粉乳浓度的影响　淀粉乳浓度低，水解容易，糖液 DE 值高、质量高，但是原料的糖化速度低；反之糖化质量下降但速度较快。因此需要根据原料、设备等实际情况选择合适的淀粉乳浓度（一般为 18%～21%，或用糖度表示为 18～19°Bx，用波美度表示为 10.5～12 °Bé）。例如，精制淀粉乳的浓度可比粗制淀粉乳的浓度选择高些。在设备和生产周期允许的前提下，应该尽量提高水解糖液的质量，采用较低的淀粉乳浓度。

（2）酸的种类和浓度的影响　酸在淀粉水解中提供氢离子（H^+），是水解的催化剂。不同的酸有不同的催化效能（表 3-9），工业上普遍使用的是盐酸和硫酸。

由表 3-9 可见，盐酸的催化效能最高，但是缺点是催化副反应的能力也强，以及腐蚀性较强。硫酸也是一种常用的催化剂，虽然催化效能较盐酸略差，但是腐蚀性较小，副反应催化较弱，且硫酸的运输、储存比盐酸方便。但硫酸存在加热蒸发使管道结垢的问题。

酸的浓度或用量也对水解有很大影响。酸的用量大，水解快，但副反应也强，因此酸的用量要适当。另外，虽然理论上酸是催化剂，水解前后浓度应不变，但实际上由于淀粉中有很多可以和酸反应的杂质，如蛋白质、脂肪、某些灰分物质等，再加上蒸汽也会带走一部分酸，因此实际酸用量会大于理论用量。工业盐酸一般使用干淀粉的 0.5%～0.8%，最终使淀粉乳 pH 在 1.5 左右。加酸的方法一般是将底水加酸先调至 pH 为 1.5 左右，泵入水解锅，煮沸，再调淀粉乳 pH 至 1.5 左右，泵入锅内水解。这种方法可以防止先入锅的淀粉糊化结块。

表 3-9　不同的酸的催化效能比较

酸的种类	相对催化效能
盐酸	100.00
硫酸	50.35
草酸	20.42
亚硫酸	4.82
乙酸	0.80

（3）糖化温度和时间的影响　　淀粉水解的加热介质是水蒸气，由于糖化锅有专门管道不断排出不凝性气体，因此锅内充满水蒸气，其温度与压力是正相关的。工业上一般控制压力。水解压力也存在一个最适值的问题。压力低水解慢，压力高水解虽然强，但副反应也强，并且锅体腐蚀也快。据经验一般控制水解压力在 0.28～0.32MPa。

（4）糖化锅结构的影响　　淀粉水解过程都是在糖化锅内进行的，因此糖化锅的结构是否合理对水解糖液的质量也有一定影响。①糖化锅的容积不能太大。淀粉水解时间不长（15min 左右），要保证进料放料迅速，尽量避免副反应。锅体太大，也会使蒸汽难以均匀作用，造成水解不彻底。②锅的外形要合理。工业发酵糖化锅一般采取封闭罐形结构，径高比为 1∶1.5～1∶1。径高比太大，锅体太矮，直径过大，锅内死角增加，影响糖化进行；径高比太小，锅体过高，锅内上下水解不均匀。③糖化锅的附属管道设计应保证进出料迅速，尽量缩短辅助时间。典型的糖化锅构造见图 3-5。

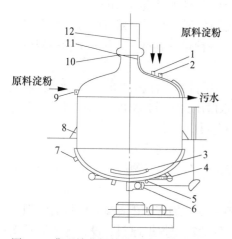

图 3-5　典型糖化锅构造（高孔荣，1991）
1. 原料淀粉进料；2. 热水进口；3. 搅拌器；
4. 加热蒸汽管道进口；5. 蒸汽冷凝水出口；
6. 糖化液放料口；7. 不凝性气体排出口；
8. 耳架；9. 原料淀粉进料口2；10. 环形槽；
11. 污水排出口；12. 风门

（5）影响糖化终点的因素　　糖化终点的掌握对糖液最终质量的控制有重要作用。由图 3-6 可以看出，由于副反应的存在，糖化时间过长反而会降低糖液的葡萄糖含量。在图 3-6 中，最佳糖化终点应在 B 点，考虑到放料也需要时间，因此要稍微提前一点时间放料（A 点至 C 点）。

4. 淀粉水解糖液的中和、脱色和压滤　　淀粉水解糖液在进入发酵罐前必须经过预处理，即中和、脱色和压滤。

（1）中和　　从糖化锅出来的糖化液是酸性的，因此必须先中和。另外，糖液中的蛋白质、氨基酸等杂质也可以用中和至等电点 pH 的办法将沉淀除去。一般 pH 调到 4.6～4.8，不同种类的淀粉原料略有不同，生产实践中可先通过小试确定最佳 pH。中和所用的碱性物质一般有两种选择：纯碱（Na_2CO_3）或烧碱（NaOH）。纯碱温和，但中和过程中易产生泡沫（CO_2）；烧碱则容易造成局部过碱，产生焦糖，对发酵不利。所以使用纯碱一般要先将其溶于一倍热水中，缓慢加入；使用烧碱则要边加入边搅拌，并不断测糖液的 pH。中和的温度也很重要。中和温度过高，影响下步脱色效果，过低黏度大，影响过滤。从糖化锅出来的糖化液温度很高（140～150℃），需先通过缓冲桶降温。中和过程中一般保持 70～80℃。

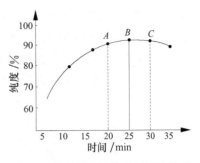

图 3-6　糖化终点与糖化时间的关系

（2）脱色　　糖液内的杂质尤其是有色物质对发酵过程和发酵产品的色泽都有不利影响，应当在发酵前设法除去。脱色本身也是去除糖液中杂质的过程。脱色的具体方法主要有传统活性炭脱色法、离子交换树脂脱色法和新型磺化煤脱色法。

1）活性炭脱色法。这是国内目前大多数厂家采用的方法。活性炭表面有无数微孔，使其有巨大的表面积，可以吸附尘埃、色素等很多微小粒子。活性炭一般用量 0.6%～0.8%（相对于干淀粉），脱色温度 65℃左右。温度过高，脱色效果不好；温度过低，糖液黏度大，不利于过滤。脱色 pH 一般控制在 4.6～5.0，因在酸性环境下活性炭脱色能力强。脱色过程中要不断搅拌，时间不少于 30min。活性炭脱色工艺简单，脱色效果也不错，活性炭还有一定的助滤作用；但是活性炭的专一性较差。

2）离子交换树脂脱色法。离子交换树脂具有专一性强，便于管道化、自动化操作，环境污染小等优点，很有潜力。但是国内目前应用不多，主要是因为目前国内生产的树脂价格较高，且脱色能力并不太理想。有研究表明，离子交换树脂在色素浓度较低的条件下脱色效果很好，色素浓度较高，树脂很快饱和，脱色操作和成本大幅度增加，因此可以设法把离子交换树脂和活性炭脱色联合起来，会更加经济有效。另外，因为不同发酵液的性质不同，而离子交换树脂也有强酸性、弱酸性、强碱性、弱碱性等很多具体类型，所以使用之前要通过试验确定最佳树脂。

3）新型磺化煤脱色法。褐煤及燃煤电厂排放的粉煤灰等通过硫酸磺化制得的磺化煤是一种价格低廉、原料广泛且具有较强吸附性能的新型吸附剂，经试验有很好的吸附脱色性能。其脱色机理类似于活性炭，都是利用其表面的无数微孔进行吸附。但这种方法应用于生产实践还有一些实际问题有待解决。

（3）压滤　　脱色结束后要进行压滤。压滤要注意以下几点：①压滤温度要适宜。压滤温度过高，则中和至等电点的蛋白质沉淀不完全。蛋白质的溶解度受温度影响，高温过滤温度下降后蛋白质又会沉淀出来，降低了过滤效率。而过滤温度过低又使糖液黏度过大，增加过滤阻力。所以一般选取过滤温度为 60～70℃。②压滤机要定时出渣，一般压滤 4～5 次出渣一次，防止滤布堵塞。③滤布要保持清洁，经常清洗，必要时更换滤布。

（四）淀粉酶水解制糖工艺

除了酸水解工艺以外，淀粉的另一大水解工艺就是酶水解法。由于酶解法主要用到了α-淀粉酶和糖化酶两种酶，因此又叫双酶水解法。酸水解工艺有一些固有的缺点，20 世纪

60 年代以来，国外酶水解理论研究上取得了长足进展，日本更是率先实现了酶解法制糖的工业化生产。酶解法制糖条件温和、糖液质量高，是淀粉水解制糖工艺未来的发展趋势。

双酶水解法较酸水解法设备要复杂一些。酸解法的核心设备就是糖化锅，而酶解法则有很多附属设备。双酶水解法的主要设备和工艺流程见图 3-7。

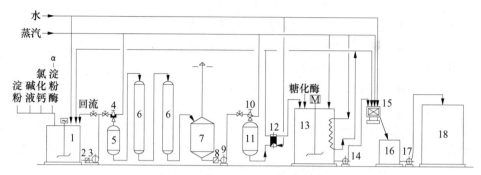

图 3-7　双酶水解法的主要设备和工艺流程

1. 调降配料槽；2，8. 过滤器；3，9，14，17. 泵；4，10. 喷射加热器；5. 缓冲器；6. 液化层流罐；7. 液化液贮罐；11. 灭菌罐；12. 板式换热器；13. 糖化罐；15. 压滤机；16. 糖化暂贮罐；18. 贮糖罐；M. 电动机或马达。

1. 液化　　双酶水解法的第一个步骤是通过 α-淀粉酶的催化作用水解原料淀粉，使淀粉液黏度不断下降，流动性增强，故称液化。

（1）α-淀粉酶的作用方式和来源　　α-淀粉酶能水解淀粉中的 α-1,4-糖苷键，生成 α 型葡萄糖，故得名。α-淀粉酶不能水解淀粉中的 α-1,6-糖苷键，但能越过 α-1,6-糖苷键继续作用。α-淀粉酶的作用是从淀粉内部开始的，其水解具有一定的随机性。α-淀粉酶的水解产物主要是麦芽糖和葡萄糖，以及少量其他低聚糖，α-淀粉酶再水解麦芽糖内的 α-1,4-糖苷键是很难的。例如，一般直链淀粉的水解产物含麦芽糖约 87%，葡萄糖约 13%。α-淀粉酶水解支链淀粉的方式与直链淀粉相似，能水解淀粉中的 α-1,4-糖苷键，但不能水解 α-1,6-糖苷键。由于分支处 α-1,6-糖苷键的存在，产物还含有异麦芽糖和带分支的低聚糖。例如，一般支链淀粉水解产物为 73% 麦芽糖、19% 葡萄糖、8% 异麦芽糖及少量带分支的低聚糖。α-1,6-糖苷键的存在使 α-淀粉酶的水解速度下降，因此支链淀粉比直链淀粉水解速度慢。淀粉液总的水解趋势是大分子逐渐变成小分子，速度也是开始较快，末期较慢。

α-淀粉酶主要由以下几种微生物通过发酵生产：黑曲霉（*Aspergillus niger*）、黄曲霉（*A. flavus*）、枯草芽孢杆菌（*Bacillus subtilis*）、巨大芽孢杆菌（*B. megaterium*）等。国内一般都使用枯草芽孢杆菌，较易培养。α-淀粉酶制剂有两种形式：固体和液体。液体酶制剂价格较低，但需低温保存，且活力丧失快；固体酶制剂价格较高，但较易保存，活力损失也较慢。α-淀粉酶是蛋白质，保存时应尽量避光、低温、干燥并加入一些酶的保护剂防止其变性失活。

（2）淀粉液化条件及液化程度的控制　　酶的本质是蛋白质，因此其作用的发挥受很多条件影响，如底物状态、pH、温度及作用环境中的某些物质等。

1）淀粉状态对 α-淀粉酶的影响。天然淀粉是以颗粒状存在的，有一定晶型，α-淀粉酶很难直接作用。因此淀粉在液化前必须先加热糊化，破坏其晶体结构，使淀粉分子充分浸出，再加入 α-淀粉酶。据试验，淀粉颗粒水解速度和淀粉糊化液水解速度之比为 1 : 20 000。

有研究认为 α-淀粉酶对马铃薯淀粉的作用是从颗粒的表面开始的，酶只在淀粉颗粒的表面进行反应，导致颗粒的表面被腐蚀水解。近年来更有报道通过微波改性淀粉，再用 α-淀粉酶水解，经过微波改性的淀粉对酶的敏感性更强。

2）温度对 α-淀粉酶的影响。从生物化学知识可知，酶的催化效能随温度升高而提高，但是酶作为一种蛋白质，温度太高就会变性，因此每种酶都有一个最适催化温度。一般酶的最适催化温度多在 40℃左右。α-淀粉酶对温度的耐受力较强，如国内以枯草芽孢杆菌生产的 α-淀粉酶 BF7658，60℃保温 10min 几乎没有活力损失，而一般的酶则大部分失活了。生产上希望尽量快地完成液化，因此液化温度较高，一般选用 88～90℃并加入钙离子作为保护剂。若能进一步提高液化温度，将会使液化速度更快，但是需要 α-淀粉酶有更好的温度耐受能力。目前国内外都有了研究耐高温 α-淀粉酶的报道，可以说这是双酶水解法的研究热点。

3）pH 对 α-淀粉酶的影响。同温度一样，每种酶也都有自己最适的 pH。α-淀粉酶在 pH 为 6.0～7.0 时较稳定，在 pH 5 以下失活严重，最适 pH 为 6.2～6.4，如图 3-8 所示。但最适 pH 也与温度相关，温度高则最适 pH 偏高，反之偏低。

4）酶活力的其他影响因素。研究表明，淀粉乳中淀粉和糊精分子的存在本身就对 α-淀粉酶有一定的保护作用。例如，80℃加热 1h，在淀粉乳浓度 10% 的情况下，酶活力残余 94%；而在没有淀粉乳的情况下，酶活力仅残余 24%，如图 3-9 所示。

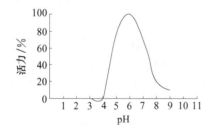

图 3-8　α-淀粉酶活力与 pH 关系（张克旭，1992）

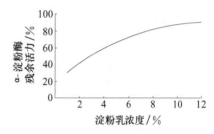

图 3-9　α-淀粉酶稳定性与淀粉乳浓度关系（张克旭，1992）

α-淀粉酶实质上是一种金属酶，其活性非常依赖钙离子。如果没有钙离子，则其活性几乎完全消失。图 3-10 表示 α-淀粉酶活力与钙离子浓度的关系，由图可见，低浓度的钙离子对酶的活性提高有重要作用。工业一般使用 CaCl₂ 或 CaSO₄，保持钙离子浓度在 0.01mol/L 左右。钠离子对 α-淀粉酶的稳定也有一定作用，一般使用浓度也是 0.01mol/L 左右。

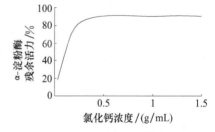

图 3-10　α-淀粉酶活力与钙离子浓度的关系（张克旭，1992）

试验条件为 70℃加热 1h

酶的用量也会影响酶解速度。这要依酶的活力和原料而定。例如，国产 BF7658，水解薯类淀粉用量一般为每克淀粉 8～10U。

5）淀粉液化程度的控制。淀粉的液化速度是先快后慢，且液化产物多为双糖，因此没必要为追求更高的液化液 DE 值而延长液化时间。酶解法虽然没有酸解法那么强的副反应，但是液化毕竟是在高温下进行的，时间过长，一部分已经液化的淀粉又会重新结合成大分子（类似淀粉糊化时间过长引起的淀粉老化现象），给糖化带来不便。因此一般液化时间为10～15min，控制液化液 DE 值 10～20 即可。工业上常用碘液显色法控制液化终点。

液化的具体工艺主要有 4 种：一次升温液化法、连续进出料液化法、喷射液化法和分段液化法。前两种方法较传统，后两种方法是近年来发展很快的新方法。

液化结束后，升温至 100℃，10min 灭活酶，压滤去渣，降温就可以进行糖化了。

2. 糖化　　糖化过程类似液化，只是使用的酶及具体工艺条件不同。

（1）糖化酶的作用特点　　糖化酶又称葡萄糖淀粉酶，其作用是将 α-淀粉酶液化产生的糊精等物质进一步水解成葡萄糖。糖化酶不同于 α-淀粉酶，它的作用方式是从底物的非还原末端一个分子一个分子地切下葡萄糖单位，产生 α-葡萄糖，因此是一种外切酶。糖化酶既可以作用于 α-1,4-糖苷键，也可作用于 α-1,6-糖苷键，但速度较慢（约为 α-淀粉酶的 1/3）。

糖化酶主要来源于曲霉属（*Aspergillus*）和根霉属（*Rhizopus*）及拟内孢霉属（*Endomycopsis*）的微生物。曲霉类常用的是黑曲霉（*A. niger*），糖化温度高、pH 低、速度快，且不论液体固体都可进行大规模培养，是国内糖化酶主要来源。但黑曲霉产生的糖化酶往往不纯，常含有糖基转移酶（催化葡萄糖基转移，生成含有 α-1,6-糖苷键的非发酵性低聚糖，如异麦芽糖）等杂质，因此使用前应设法尽量纯化。根霉类常用的有雪白根霉（*R. niveus*）、科恩酒曲霉（*R. cohnii*）等，其所产糖化酶酶系纯、活力高（糖化液 DE 值可达 98，而黑曲霉的糖化酶只能达到 96），但缺点是不易大规模培养，尤其是液体培养活力很低，因此还没有大规模使用。糖化酶的保存条件和失活速度与 α-淀粉酶基本接近。

（2）糖化工艺条件　　不同来源的糖化酶最适反应条件一般不同。一般最适 pH 偏低，最适温度为 50℃ 左右。例如，曲霉类最适 pH 为 4.0～4.5，最适温度为 55～60℃；拟内孢霉类最适 pH 为 4.8～5.0，最适温度为 50℃。糖化过程宜尽量温度高些，pH 低些，这样糖化速度快且糖液质量高，而且不易染杂菌。

糖化酶用量主要根据酶活力决定。一般 30% 淀粉浓度，每克淀粉加酶 80～100U。糖化速度开始很快，DE 值达到顶峰后会下降，这是由于酶中的杂质催化了葡萄糖转移反应等副反应消耗了葡萄糖，见图 3-11。所以糖化要及时结束。一般糖化时间在 24h 左右，糖化终点可用无水乙醇检验。糖化设备与液化设备也基本相同。

糖化结束后，升温至 100℃，5min 灭活酶，降温、过滤进入贮罐准备发酵使用。

总的来说，双酶法制糖比酸解法条件温和且生产的糖液质量高。酶解法制糖现在又有了新的发展，即固定化酶在淀粉制糖中的应用，这将使酶解法水解工艺更上一个台阶。

（五）水解糖液质量要求

无论是酸解法还是酶解法，或是两者结合的方法制得的水解糖液必须达到一定的要求才能用于发酵生产，主要有以下要求。

1）色泽：浅黄。

2）透光率：≥60%。

3）糊精反应：无。

4）还原糖含量：18% 左右。

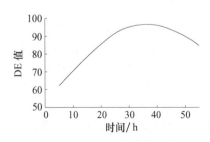

图 3-11　典型糖化曲线

5）DE 值：≥90。

6）pH：4.6～4.8。

7）其他：无杂菌、不变质、蛋白质等杂质含量合格。

二、糖蜜原料培养基的制备过程

糖蜜（waste molasses，另见本章第一节）是制糖工业的废液，是一种很有潜力的发酵原料。糖蜜用于发酵生产，可降低成本，节约能源，便于实现高糖发酵工艺。国内使用糖蜜作为发酵原料还不普遍，但在国外，糖蜜已经是一种普遍采用的碳源。例如，日本生产的味精，主要碳源就是糖蜜。

糖蜜根据来源的不同，分为甘蔗糖蜜（cane molasses）和甜菜糖蜜（beet molasses）。还有一种糖蜜称为高级糖蜜（high test molasses），是指甘蔗榨汁后加入适当硫酸或用酵母转化酶处理，使其含糖量有大幅度提高（70%～80%）的糖蜜。另外，葡萄糖工业上不能再结晶的葡萄糖母液也称为葡萄糖蜜（glucose molasses）。

（一）糖蜜原料的性质和组成

糖蜜的外观是一种黑褐色、黏稠的液体，pH 为 5.5 左右，其成分不同种类有一定差异，如表 3-10 所示。

表 3-10　糖蜜的一般组成（张克旭，1992）

成分 /%	甜菜糖蜜	甘蔗糖蜜	高级糖蜜
总固形物	78～85	78～85	86～92
总糖	48～58	50～58	70～86
N	0.2～2.8	0.08～0.5	0.05～0.25
总灰分	4～8	3.5～7.5	1.8～3.6
K_2O	2.2～4.5	0.8～2.2	0.2～0.7
CaO	0.15～0.7	0.15～0.8	0.15～0.35
SiO_2	0.1～0.5	0.05～0.3	0.07～0.25
P_2O_5	0.01～0.02	0.009～0.07	0.03～0.22
MgO	0.01～0.1	0.25～0.8	0.12～0.25

（二）糖蜜原料的预处理

糖蜜的预处理，主要包括澄清处理和脱钙处理，在某些发酵中（如谷氨酸发酵），还要做去除生物素的处理。

糖蜜中含有一定比例的灰分，影响菌种生长，也影响产品纯度。糖蜜中还含有大量的胶体物质（如蛋白质），如不除去，则在发酵中会造成大量泡沫，影响发酵生产。糖蜜的澄清处理，主要目的就是除去其中的灰分和胶体物质。具体澄清方法主要有两种：硫酸处理法和石灰处理法。前者的主要工艺流程：稀释（1∶1）→调 pH（H_2SO_4）至 2.0 →加热（95～100℃）20min →中和（15% 石灰乳）→沉淀过滤→澄清液。后者的主要工艺流程：稀释（1∶1）→调 pH（15% 石灰乳）至 7.5 →加热（100℃）30min →中和（H_2SO_4）→沉淀过滤→澄清液。两种方法各有优点，但是无论哪种方法，都要注意反应过程中产生了大量不溶性的钙盐，尤其是硫酸钙，一定要去除彻底，否则影响发酵。例如，在糖蜜原料蒸馏酒的发酵中，若糖蜜原料澄清处理后硫酸钙去除不彻底，则在蒸馏时就会结块，严重影响生产的进行。

糖蜜中含有较多的钙盐，虽然澄清处理去除了一些，但一般仍要进行脱钙处理。通常加入一些钙离子的沉淀剂以脱钙，如 Na_2SO_4、Na_2CO_3、Na_2SiO_3、Na_3PO_4、草酸、草酸钾等。例如，以纯碱（Na_2CO_3）进行脱钙，向糖蜜中加入 4% 的纯碱，稀释到 30%，80℃加热 30min，沉淀过滤，糖蜜中钙盐浓度可降到 0.02%～0.06%。

糖蜜的具体预处理方法还有很多。例如，在以甘蔗糖蜜为碳源发酵生产黄原胶的过程中提到了 8 种糖蜜的预处理方法：①取糖蜜稀释液（含糖量 5%，下同）加入亚铁氰化钾搅拌均匀后静置，过滤收集滤液；②取糖蜜稀释液加入亚铁氰化钾，搅拌均匀后加入活性炭，静置后过滤收集滤液；③取糖蜜稀释液加入亚铁氰化钾，搅拌均匀后加入硅藻土，静置后过滤，收集滤液；④取糖蜜稀释液加入亚铁氰化钾，搅拌均匀后加入 EDTA 煮沸过滤，收集滤液；⑤取糖蜜稀释液加入硅藻土，静置过滤，收集滤液；⑥取糖蜜稀释液加入活性炭，静置后过滤，收集滤液；⑦取糖蜜稀释液加入硅藻土和活性炭混合处理，静置后过滤取滤液；⑧取糖蜜稀释液加 H_2SO_4 调 pH 至 2.0～2.8，再加 $Ca(OH)_2$ 调 pH 至 7.2 左右，68℃保温 30min 后加入活性炭，过滤收集滤液。这些方法虽然各不相同，但目的都是澄清和脱钙。

在谷氨酸等的发酵中，糖蜜原料除了澄清和脱钙处理外，还要设法去除生物素。生物素等关键生长因子的含量对这类应用营养缺陷型菌株进行代谢控制发酵的生产至关重要。一般甘蔗糖蜜含生物素 1～3μg/g，甜菜糖蜜含生物素 0.3～1μg/g，而谷氨酸发酵要求发酵液生物素含量低于 10μg/L，以发酵液含糖蜜 10% 计，生物素浓度也超过规定的几十倍甚至上百倍，因此必须大量脱除生物素。脱除生物素的具体方法有活性炭处理法、树脂处理法、亚硝酸处理法、辐射处理法等。

复习思考题

1．发酵工业上常用的碳源有哪些？各有什么特点？

2．什么是生理酸性物质和生理碱性物质？试举几例。

3．简述发酵培养基中所含的无机元素及其生理功能。

4．什么是生长因子？简述维生素 B 族生长因子的作用。

5．什么是前体？举例说明前体对发酵的重要性。

6．什么是产物促进剂和抑制剂？试举几例。

7．按照原料纯度的不同，培养基可以分为哪几种类型？

8．按照物理状态的不同，培养基可以分为哪几种类型？

9．孢子培养基和种子培养基有何异同？

10．发酵培养基营养基质的选择应该遵循什么原则？

11．培养基成分用量的确定有什么规律？

12．试列举 3～5 个发酵培养基配方。

13．淀粉有什么性质？简述其水解原理。

14．淀粉水解一般有几种工艺？各有何特点？

15．简述淀粉酸解法的步骤及水解过程的影响因素。

16．简述 α-淀粉酶的作用方式和来源。

17．简述淀粉双酶水解法的步骤和影响因素。

18．水解糖液质量有何基本要求？

19．简述糖蜜原料的性质和预处理方法。

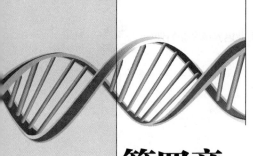

第四章 发酵工程的染菌与灭菌

工业发酵有自然发酵和纯培养发酵等类型，在现代工业发酵生产中，为了获得大量菌体细胞或特定代谢产物，大多数工业发酵都是应用纯种培养技术，也就是要求只能有生产菌的生长繁殖，不允许有其他的微生物共存。外来微生物（杂菌）的污染严重威胁着发酵工业，轻者使得产品质量下降、回收困难，重者造成"倒罐"，导致原料、能源浪费，打乱生产秩序，以致造成巨大的经济损失。为了保证纯种培养，在接种前，要对发酵罐、管道、空气除菌系统及补料系统等设备进行空消，对培养基、消泡剂、补料液和空气需彻底除菌，还要对生产环境进行消毒处理，防止杂菌和噬菌体的大量繁殖。

第一节 发酵异常现象及染菌分析

一、种子培养和发酵的异常现象

发酵过程中的种子培养和发酵的异常现象是指发酵过程中某些理化参数或生物参数发生与原有特性不同的改变，这些改变必然影响发酵水平，使生产蒙受损失。对此应及时查明原因，及时处理。

1. 种子培养异常　　种子培养异常表现为培养的种子质量不合格，这会给发酵带来很大的影响。然而种子培养的时间相对较短，可供分析的数据也较少，因此培养异常的原因较难确定，但是种子培养的异常可以通过培养液理化因子的变化加以确认。

（1）菌体生长缓慢　　种子培养过程中菌体增殖的速度缓慢有以下几种原因：①种子自身的原因，菌种使用时间过长、传代频繁、菌体老化及接种量少；②培养基的原因，批次间原料成分的波动较大、种子培养基营养缺乏；③操作过程中的原因，培养基灭菌不彻底、供氧不足、搅拌差、溶氧不足、温度波动大、酸碱度调节不当。

（2）菌丝结团　　有些丝状菌在培养过程中容易形成菌丝球，菌丝球中央紧密，则造成了传质、传气的阻力大，内部的菌体生长非常缓慢，菌体只在团块的表面生长。菌丝结团的原因很多，如通气不足、溶氧条件差、搅拌的剪切力过大、培养基质量下降、种子冷冻保藏的时间长、泡沫多、培养液黏度低等原因均可造成菌丝结团。

（3）代谢不正常　　代谢不正常表现为糖、氨基酸等的变化不正常，菌体浓度和代谢产物不正常。造成代谢不正常的原因很复杂，包括培养物与培养基不相匹配、培养环境差、接种量少、杂菌污染等原因。

2. 发酵异常

（1）菌体生长差　　种子质量问题或者是种子的保藏时间较长，导致活菌少或孢子萌发率低，延迟期长，发酵液内的菌体数量少。此外，种子质量差、发酵条件差、培养基质量差均可引起糖、氮消耗慢甚至停滞。

（2）pH异常　　表现为pH突然升高或突然降低，主要与培养基原料差、灭菌不彻底、加糖和加油过于集中有关。pH是发酵过程中菌体生长、代谢，培养基成分发生改变共同促使发生变化的综合反映，在不同的发酵阶段，都有一定的规律，因此可以说当pH发生异常时，就可以确定发酵出现了异常。

（3）溶解氧水平异常　　对于特定的发酵过程要求一定的溶解氧水平，而且在不同的发酵阶段溶解氧的水平是不同的。在发酵过程中，如果溶解氧水平发生了异常的变化，一般就是发酵染菌的表现。污染杂菌按照对氧的需求可分为两类，即好气菌和非好气菌。当受到好气性杂菌污染时，溶解氧的变化是在短时间内下降，直至为零，且在较长时间内不能回升；当受到非好气性杂菌污染时，抑制生产菌的生长，减少溶解氧的消耗，使溶氧升高。

（4）泡沫过多　　一般在发酵过程中，泡沫的消长是有一定的规律的。但是，由于菌体生长差、代谢速度慢、接种物幼嫩或种子未及时移接而过老、蛋白质胶体物质多等都会使发酵液在不断通气搅拌的情况下产生大量的泡沫。此外，培养基灭菌温度过高或时间过长，葡萄糖受到破坏或产生的氨基糖会抑制菌体的生长，也会产生大量的泡沫。

（5）菌体浓度过高或过低　　在发酵生产过程中菌体或菌丝的浓度的变化是按其固有的规律进行的。如果换热不及时导致罐温长时间过高，或搅拌不足而造成溶解氧浓度偏低，或培养及灭菌不当导致营养条件差、种子质量差、菌体或菌丝自溶等均会严重影响培养物的生长，导致发酵液中菌体浓度过高或过低，出现异常现象。

二、染菌隐患的检查

种子培养和发酵的异常现象可能是由染菌导致的，但发酵过程是否染菌应以无菌试验的结果作为依据进行判断。在发酵过程中，及早发现杂菌的污染并及时采取措施加以处理，是避免染菌造成严重经济损失的重要手段。因此，生产上要求能准确、迅速地检查出杂菌的污染。目前常用于检查是否染菌的无菌试验方法主要有显微镜检查法、肉汤培养法、平板（双碟）培养法、发酵过程的异常观察法（如溶解氧量）等。

（一）显微镜检查法（镜检法）

用革兰氏染色法对样品进行涂片、染色，然后在显微镜下观察微生物的形态特征，根据生产菌与杂菌的特征进行区别，判断是否染菌。如发现有与生产菌形态特征不一样的其他微生物的存在，就可判断为发生了染菌。此法是检查杂菌最简单、最直接、最常用的方法。必要时还可进行芽孢染色或鞭毛染色。

（二）肉汤培养法

用于检查培养基和无菌空气是否带菌。用葡萄糖酚红肉汤（0.3%牛肉膏、0.5%葡萄糖、0.5%NaCl、0.8%蛋白胨、0.4%酚红溶液，pH为7.2）作为培养基，将待测样品直接接入经完全灭菌后的肉汤培养基中，分别于37℃、28℃进行培养，随时观察微生物的生长情况，并取样进行镜检，判断是否有杂菌。如果肉汤连续三次发生变色反应（红色→黄色）或产生混浊，或平板培养连续三次发现有异常菌落的出现，即可判断为染菌；有时肉汤培养的阳性反应不够明显，而发酵样品各项参数的变化被怀疑出现染菌，并经镜检等其他方法确认连续三次样品中有相同类型的异常菌存在，也应该判断为染菌；一般来讲，无菌试验的肉汤或培养平板应保存并观察至本批（罐）放罐后 12h，确认为无杂菌后才能弃去；无菌试验期间应每 6h 观察一次无菌试验样品，以便能及早发现染菌。

（三）平板划线培养或斜面培养检查法

将待测样品在无菌平板上划线，分别于 37℃、28℃进行培养，一般 24h 后即可进行镜检观察，检查是否有杂菌。有时为了提高平板培养法的灵敏度，也可将需要检查的样品先置于 37℃培养 6~8h，使杂菌迅速增殖后再划线培养。

噬菌体检查可采用双层平板培养法，底层同为肉汁琼脂培养基，上层减少琼脂用量。先将灭菌的底层培养基熔后倒平板，待凝固后，将上层培养基熔解并保持 40℃，接入生产菌作为指示菌，和待测样品混合后迅速倒入底层平板上，置于培养箱中经 12~20h 保温培养，观察有无噬菌斑产生。

三、发酵染菌的原因

发酵染菌的原因可以总结为发酵工艺流程中的各环节漏洞和发酵过程管理不善两个方面。

1. 发酵工艺流程各环节漏洞　　包括：①培养基灭菌不彻底；②空气带菌；③种子带菌；④消泡剂带菌；⑤工艺用水带菌；⑥管道及附属设备或罐体出现渗漏或死角；⑦泡沫逃溢；⑧批次发酵结束后清洗不彻底等。

2. 发酵过程管理不善　　包括：①工人的培训不到位导致操作上的失误；②发酵车间环境卫生差；③设备未定期检修；④管理制度不完善等。

表 4-1 是日本工业技术院发酵研究所于 1965 年对抗生素发酵的染菌原因分析，表 4-2 为某制药企业链霉素发酵染菌的原因分析，表 4-3 为上海某味精厂谷氨酸发酵染菌分析。

表 4-1　日本工业技术院发酵研究所于 1965 年对抗生素发酵染菌的原因分析

染菌原因	染菌率 /%	染菌原因	染菌率 /%
种子带菌或怀疑种子带菌	9.64	接种管穿孔	0.39
接种时罐压跌零	0.19	阀门渗漏	1.45
培养基灭菌不彻底	0.79	搅拌轴密封	2.09
总空气系统有菌	19.9	发酵罐盖漏	1.54
泡沫冒顶	0.48	其他设备渗漏	10.13
夹套穿孔	12.0	操作问题	10.15
盘管穿孔	5.89	原因不明	24.91

表 4-2　某制药企业链霉素发酵染菌的原因分析

染菌原因	染菌率 /%	染菌原因	染菌率 /%
外界带入杂菌	8.20	停电罐压跌零	1.60
设备穿孔	12.36	接种	11.00
空气系统有菌	19.99	压力不够或蒸汽量不足	0.60

续表

染菌原因	染菌率 /%	染菌原因	染菌率 /%
管理问题	7.09	种子带菌	0.60
操作违反规程	1.60	原因不明	35.71

表 4-3　上海某味精厂谷氨酸发酵染菌的原因分析

染菌原因	染菌率 /%	染菌原因	染菌率 /%
空气系统染菌	32.05	补料、取样带菌	4.30
设备问题	15.46	种子带菌	1.72
管理和操作不当	11.34	环境污染及原因不明	35.13

可以看出，不同企业的设备渗漏概率、技术管理环境不同，而使各种原因的染菌百分率有所不同，其中尤以设备渗漏和空气带菌较为普遍且很严重。这里值得注意的是，不明原因的染菌概率为 24.91%~35.71%，这也说明，目前分析染菌原因的水平还有待于进一步提高。

四、染菌分析

发酵染菌之后，我们应该将染菌的情况汇总整理，深入分析，找出原因，总结经验教训。在正式发酵之前就杜绝染菌的发生，将损失减少到最低程度。如果不对染菌的情况作出具体的分析，而盲目地采取"措施"，将会导致很大的损失。

（一）染菌的杂菌种类分析

对于每一个发酵过程而言，污染杂菌种类的影响是不同的，染菌的原因和途径也有差异。表 4-4 是对几种杂菌污染的原因分析。

表 4-4　不同杂菌污染原因分析表

杂菌	原因
耐热的芽孢杆菌	培养基或设备灭菌不彻底、设备存在死角等
球菌、无芽孢杆菌等	种子带菌、空气过滤效率低、除菌不彻底、设备渗漏、操作问题等
真菌	设备或冷却盘管渗漏、无菌室灭菌不彻底、无菌操作不当、糖液灭菌不彻底（糖液放置时间较长）等

（二）发酵染菌的规模分析

从发酵染菌的规模来看，其导致染菌的原因可分为三种情况。

1. 大批量发酵罐染菌　整个工厂中各个发酵罐都出现染菌现象，而且染的是同一种菌，其可能原因见表 4-5。大批发酵罐染菌的现象较少但危害极大。所以对于空气系统必须定期经常检查。

表 4-5　不同时期染菌原因分析表

染菌时期	原因
发酵前期	种子带菌、连消设备染菌
发酵中、后期	如杂菌类型相同，一般是空气净化系统存在空气系统结构不合理、空气过滤介质失效等问题

2. 部分发酵罐染菌　　生产同一产品的几个发酵罐都发生染菌，其可能原因见表4-6。此外，采用培养基连续灭菌系统时，若那些用连续灭菌进料的发酵罐都出现染菌，可能是连消系统灭菌不彻底造成的。

表4-6　不同时期染菌原因分析表

染菌时期	原因
发酵前期	种子带菌、连消系统灭菌不彻底
发酵后期	中间补料染菌，如补料液带菌、补料管渗漏

3. 个别发酵罐染菌　　个别发酵罐的染菌大都是设备渗漏造成的，应仔细检查阀门、罐体、管路、盘管和夹套内是否清洁。如果采用间歇式操作，一般不会发生连续染菌。

（三）不同污染阶段分析

1）染菌发生在种子培养阶段，或称种子培养期染菌。通常是由种子带菌、培养基或设备灭菌不彻底，以及接种操作不当或设备因素等引起染菌。

2）在发酵过程的初始阶段发生染菌，或称发酵前期染菌。大部分也是由种子带菌、培养基或设备灭菌不彻底，以及接种操作不当或设备因素、空气带菌等引起。

3）发酵后期染菌大部分是由空气过滤不彻底、中间补料染菌、设备渗漏、泡沫顶盖及操作问题引起。

综上所述，引起染菌的原因很多。不能机械地认为某种染菌现象必然是从某一途径引起的，应该把染菌的位置、时间和杂菌的类型等各种现象加以综合分析，才能做出正确判断，从而采取相应的对策和措施。

五、染菌隐患的处理

发酵过程中，存在各种可能的染菌隐患，它们对发酵构成潜在的威胁，一旦造成实质性的染菌，将会给发酵带来严重的后果，为此，在正式发酵生产之前，必须做到以下几点：①严格按照生产工艺要求的各项指标、参数、条件进行操作；②投产前进行整个发酵系统的无菌测试；③严格工人的管理，实行操作记录制度；④加强在线检测的技术手段，各种生物传感器、探头要定期校正；⑤定期对设备进行检修。

第二节　染菌对发酵的影响

一、染菌对不同发酵过程的影响

不同的发酵过程由于使用的菌种、培养基的原料及组成、发酵工艺条件、代谢途径的不同，受杂菌污染的危害程度也不相同。例如，青霉素发酵过程中，由于许多杂菌都能产生青霉素酶，因此不管染菌是发生在发酵前期、中期或是后期，都会使青霉素被迅速分解破坏，使目的产物得率降低，危害十分严重。对于核酸或核苷酸的发酵过程，由于所使用的生产菌是多种营养缺陷型的微生物，其生长能力差，所需的培养基营养丰富，因此容易受到杂菌的污染，且染菌后，培养基中的营养成分迅速被消耗殆尽，严重抑制生产菌的生长和代谢产物的形成。对于柠檬酸等有机酸的发酵过程，一般在产酸后，发酵液的 pH 会很低，杂菌生长十分困难，在发酵的中后期不易发生染菌，主要是预防发酵前期染菌。而谷氨酸的发酵过程由于生产菌繁殖快、培养基营养不太丰富，一般较少染菌，但是噬菌体对谷氨酸发酵的威胁很大。在乙醇发酵过程中，玉米原料的霉变，使发酵过程中染菌严重，造成原料、辅料消耗大，产量下降。疫苗深层培养，一旦污染杂菌，无论是活菌还是死菌，必须全部排放。

二、杂菌的种类和性质对发酵过程的影响

不同类型的发酵对不同外来杂菌的敏感程度不同。例如，青霉素的发酵易受细短产气杆菌污染，危害较轻；链霉素的发酵中假单胞菌和产气杆菌的污染比粗大杆菌的污染更有危害；四环素的发酵过程最怕双球菌、芽孢杆菌和荚膜杆菌的污染；柠檬酸的发酵最怕青霉的污染；谷氨酸发酵最怕噬菌体的污染，因为噬菌体蔓延速度快、难以防治且容易造成连续污染；肌苷、肌苷酸发酵中芽孢杆菌污染的危害最大；高温淀粉酶发酵中芽孢杆菌和噬菌体污染的危害较大。

三、染菌发生的时间不同对发酵的影响

1. 种子培养期染菌　　种子培养基主要是使微生物细胞快速生长繁殖，而此时，微生物菌体浓度低，培养基营养丰富很容易染菌，若将染杂菌的种子带入发酵罐，危害极大，因此应该严格防止种子染菌，一旦发现种子染菌，应灭菌后排放，并对种子罐和管道进行仔细检查和彻底灭菌。

2. 发酵前期染菌　　在发酵前期，微生物菌体处于生长繁殖阶段，此时期的代谢产物很少，相对而言这个时期也容易染菌，染菌后的杂菌迅速繁殖，与生产菌争夺营养成分，严重地干扰了生产菌的繁殖和产物的形成。

3. 发酵中期染菌　　发酵中期染菌将会导致培养基中的营养成分大量消耗，并严重干扰生产菌的繁殖和产物的生成。有的杂菌大量繁殖，产生酸性物质，使 pH 下降，加快了糖、氮的代谢，菌体发生自溶，使得发酵液的黏度增大，并产生大量泡沫，代谢产物积累减少或停止；有的染菌会使已生成的代谢产物被利用或破坏。一般而言，发酵中期染菌较难处理，危害性较大，在生产过程中应做到早预防、早发现、早处理。

4. 发酵后期染菌　　发酵后期，培养基中的糖、氮等营养成分所剩无几，且发酵产物也积累较多，如杂菌量不大，对于发酵的影响相对要轻，可继续发酵。如污染严重，可采取措施，提前放罐提取产物。

四、染菌程度对发酵的影响

染菌的程度对发酵影响很大。一般来说，染菌程度越大，发酵罐内的杂菌数量越多，对发酵的危害也越大。当发酵罐污染了少量的杂菌，且生产菌占生长优势时，其对发酵不会带来影响，因为杂菌要增殖到具有危害能力的数目尚需一定的时间，除此之外，占生长优势的生产菌对杂菌也有一定的抑制作用。

第三节　杂菌污染后的挽救和处理

一、种子培养期染菌的处理

若发现种子罐被杂菌污染，应立即停止向发酵罐内输送种子，进行灭菌后排放，然后对与种子罐连接的物料管道、供气管道进行彻底的灭菌。与此同时，采用未受污染的正常种子接入发酵罐中，以保证生产的连续性。如无备用的种子，则可以选择一个适当菌龄的发酵罐中的发酵液作为种子，接入新鲜的培养基中进行发酵，从而保证生产的正常进行。

二、发酵前期染菌的处理

1）当发酵前期发生染菌后，当培养基中的碳、氮源含量还比较高时，可终止发酵，将培养基加热至规定温度，重新进行灭菌处理后，再接入种子进行发酵。

2）如果此时染菌已造成较大的危害，培养基中的碳、氮源的消耗量已比较多，则可放掉部分料液，补充新鲜的培养基，重新进行灭菌处理后，再接种进行发酵。

3）也可采取降温培养、调节 pH、调整补料量、补加培养基等措施进行处理。

三、发酵中、后期染菌的处理

1）发酵中、后期染菌或发酵前期轻微染菌而发现较晚时，可以加入适当的杀菌剂或抗生素及正常的发酵液，以抑制杂菌的生长速度，也可采取降低培养温度、降低通风量、停止搅拌、少量补糖等其他措施，进行处理。

2）如果发酵过程的产物代谢已达到一定水平，此时产物的含量若达一定值，只要明确是染菌，也可放罐。

3）对于没有提取价值的发酵液，废弃前应加热至 120℃以上、保持 30min 后才能排放。

四、染菌后对设备的处理

染菌后的发酵罐在重新使用前，必须在放罐后进行彻底清洗，空罐加热灭菌至 120℃以上、保持 30min 后才能使用。也可用甲醛熏蒸或甲醛溶液浸泡 12h 以上等方法进行处理。

第四节　灭菌常见的方法

由于发酵染菌危害极大，因此在生产中必须有针对性地采取措施，降低染菌出现的概率，最常采用的预防染菌措施是对发酵培养基和发酵设备的灭菌处理。灭菌的英文是"sterilization"，其含意是"失去繁殖能力"，是指采用化学或物理的方法杀灭或去除物料及设备中一切有生命的有机体的过程，对微生物而言，是指杀死一切微生物，不分杂菌或非杂菌、病原微生物或非病原微生物。灭菌实质上可分为杀菌和溶菌两种，前者指菌体虽死，但形体尚存，后者则指菌体被杀死后，其细胞发生溶化、消失的现象。工业生产中常用的灭菌方法有化学灭菌、射线灭菌、干热灭菌、湿热灭菌和过滤除菌。在发酵工业中，大量培养液的灭菌一般应用湿热灭菌，空气的除菌大多采用介质过滤除菌，具体采用何种灭菌方法要根据灭菌的对象、灭菌效果、设备条件和经济指标来定。实际生产中所需的灭菌方式要根据发酵工艺要求而定，要在避免染菌的同时，尽量简化灭菌流程，从而减少设备投资和动力消耗。

一、化学灭菌

化学灭菌是用化学药品直接作用于微生物而将其杀死的方法。一般化学药剂无法杀死所有的微生物，而只能杀死其中的病原微生物，所以是起消毒剂的作用，而不能起灭菌剂的作用。能迅速杀灭病原微生物的药物，称为消毒剂。能抑制或阻止微生物生长繁殖的药物，称为防腐剂。但是一种化学药物是杀菌还是抑菌，常不易严格区分。常用的化学试剂有石炭酸、甲醛、氯化汞、氯气（次氯酸）、高锰酸钾、季铵盐（如新洁尔灭等）、环氧乙烷、碘酒、乙醇等。由于化学药剂会与培养基中的蛋白质等营养物质发生反应，而且加入培养基后还不易去除，因此不适用于培养基的灭菌，主要用于生产车间环境、无菌室空间、接种操作前小型器具及双手的消毒等，但染菌后的培养基可以采用化学药剂处理。化学药品灭菌的使用方法，根据灭菌对象的不同有浸泡、添加、擦拭、喷洒、气态熏蒸等。

二、射线灭菌

射线灭菌（radiation sterilization）是利用紫外线、高能电磁波或放射性物质产生的 γ 射线进行灭菌的方法。波长在 210～313nm 的紫外线具有杀菌作用，其中最常用的是波长为 254nm 的紫外线。商品紫外灯管的波长是 260nm。在紫外灯下直接暴露，一般繁殖型微生物 3～5min、芽孢约 10min 即可被杀灭。但紫外线的透过物质能力差，一般只适用于接种室、超净工作台、无菌培养室及物质表面的灭菌。一般紫外灯开启 30min 就可以达到灭菌的效果，时间长了浪费电力，缩短紫外灯使用寿命，增大 O_3 浓度，影响操作人员的身体健康。紫外线对不同微生物的杀伤能力不同，对杆菌杀灭力强，对球菌次之，对酵母菌、霉菌等较弱，因此为了加强灭菌效果，紫外线灭菌往往与化学灭菌结合使用。

三、干热灭菌

干热灭菌（dry heat sterilization）是指在干燥环境（如火焰或干热空气）进行灭菌的技术。一般有灼烧灭菌法和干热空气灭菌法，也包括红外线灭菌和微波灭菌。

1. 灼烧灭菌　最简单的干热灭菌方法是将金属或其他耐热材料在火焰上灼烧，称为灼烧灭菌法。灭菌迅速彻底，但使用范围有限，多在接种操作时使用，如灭菌时所用的接种针、玻璃棒和锥形瓶等，不适用于药品的灭菌。

2. 干热空气灭菌　干热空气灭菌是指用高温干热空气灭菌的方法。该法适用于耐高温的玻璃和金属制品，以及不允许湿热气体穿透的油脂（如油性软膏、注射用油等）和耐高温的粉末化学药品的灭菌，不适合橡胶、塑料及大部分药品的灭菌。在干热状态下，由于热穿透力较差，微生物的含水率不断降低，其耐热性较强，灭菌所需要的时间比湿热灭菌时间长、温度高。实验室常用的干热灭菌采用电热干燥箱作为干热灭菌器，干热条件为 160℃条件下保温 1h。灭菌物品用纸包扎或带有棉塞时不能超过 170℃。本法主要用于空的玻璃器皿、金属器材和其他耐高温的物品的灭菌。

3. 红外线灭菌　红外线灭菌（infrared sterilization）原理与干热空气灭菌相似，是利用红外线产生的热量达到灭菌的目的。0.77～1000μm 的电磁波具有较好的热效应，其中 1～10μm 的电磁波热效应最强，可用于灭菌。本法多用于医疗器械的灭菌。

4. 微波灭菌　　微波灭菌（microwave sterilization）是利用其热效应，还有的认为其电磁共振效应等也对灭菌起作用。常用的微波有 2450MHz 与 915MHz 两种。微波灭菌多用于食品加工，在医院中用于检验室用品、非金属器具、无菌病室的食品、药杯及其他用品的消毒。

四、湿热灭菌

湿热灭菌（moist heat sterilization）是利用饱和蒸汽进行灭菌。蒸汽冷凝时释放大量潜热，并具有强大的穿透力，在高温蒸汽的作用下，微生物细胞中的蛋白质、酶和核酸分子内部的化学键和氢键受到破坏，致使微生物在短时间内死亡。湿热灭菌的效果比干热灭菌好，这是因为一方面细胞内蛋白质含水量高，容易变性。另一方面高温蒸汽对蛋白质有高度的穿透力，从而加速蛋白质变性而使微生物迅速死亡。一般湿热灭菌的条件为 121℃（约 0.1MPa）维持 20～30min。湿热灭菌常用于培养基、发酵设备、附属设备、管道和实验器材的灭菌。

五、过滤除菌

过滤除菌（filtration sterilization）利用过滤方法阻留微生物从而达到除菌的目的。工业上利用过滤方法大量制备无菌空气，供好气微生物的培养过程使用。

以上几种灭菌方法，有时可以结合使用。例如，在制备含有血清、多种氨基酸、维生素等热敏物质的特殊培养基时，可将其中热不稳定物质的溶液经无菌过滤法除菌，其他物料的溶液则进行蒸汽灭菌。也可将不太稳定的一部分物料在较低温度下或较短时间内灭菌，再与其他部分合并使用。表 4-7 列出了以上几种灭菌方法的特点及适用范围。

表 4-7　几种灭菌方法的特点及适用范围

灭菌方法	特点	适用范围
化学灭菌	使用范围较广，可以用于无法用加热方法进行灭菌的物品	常用于环境空气的灭菌及一些物品表面的灭菌
射线灭菌	使用方便，但穿透力较差，适用范围有限	一般只适用于无菌室、无菌箱、摇瓶间和器具表面的灭菌
灼烧灭菌	方法简单、灭菌彻底，但适用范围有限	适用于接种针、玻璃棒、试管口、锥形瓶口、接种管口等的灭菌
干热空气灭菌	灭菌后物料干燥，方法简单，但灭菌效果不如湿热灭菌	适用于金属与玻璃器皿的灭菌
湿热灭菌	蒸汽来源容易、潜力大、穿透力强、灭菌效果好、操作费用低，具有经济和快速的特点	广泛用于生产设备及培养基的灭菌
过滤除菌	不改变物性而达到灭菌的目的，设备要求高	常用于生产中空气的净化除菌，少数用于容易被热破坏培养基的灭菌

第五节　培养基与发酵设备的灭菌

一、灭菌的基本原理

（一）几种常用灭菌方法的基本原理

化学灭菌的主要机理是一些化学物质（如高锰酸钾、漂白粉、过氧乙酸等）与微生物细胞中的某种成分产生化学反应，如使蛋白质变性、核酸破坏、酶类失活、细胞膜透性的改变而杀灭微生物。紫外线杀菌主要是微生物细胞在紫外线照射下细胞中 DNA 遭到破坏，形成胸腺嘧啶二聚体和胞嘧啶水合物，抑制 DNA 正常复制；空气在紫外线照射下产生的臭氧（O_3）也有一定的杀菌作用。干热灭菌的灭菌机制主要是在干燥高温条件下，微生物细胞内的各种与温度有关的氧化还原反应速度迅速增加，使微生物的致死率迅速增高。

（二）湿热灭菌的原理

不同微生物的生长对温度的要求不同，一般都有一个维持生命活动的最适生长温度范围。在最低温度范围内微生物尚能生长，但生长速度非常缓慢，代谢作用几乎停止，世代时间延长。在最低和最高温度之间，微生物的生长速率随温度升高而增加，超过最适温度后，随温度升高，生长速率下降，最后停止生长，微生物就会死亡。微生物受热死亡的主要原因是高温使微生物体内的一些重要蛋白质发生凝固、变性，从而导致微生物无法生存而死亡。杀死微生物的最低温度称为致死温度。在致死温度下，杀死全部微生物所需的时间称为致死时间。高于致死温度的情况下，随温度的升高，致死时间也相应缩短。一般的微生物营养细胞在 60℃下加热 10min 即可全部被杀死，但细菌的芽孢在 100℃下保温数十分钟乃至数小时才能被杀死。不同微生物对热的抵抗力不同，常用热阻来表示。热阻是指微生物细胞在某一特定条件下（主要是指温度和加热方式）的致死时间。一般评价灭菌彻底与否的指标主要是看能否完全杀死热阻大的芽孢杆菌。表 4-8 列出某些微生物的相对热阻和对灭菌剂的相对抵抗力。

表 4-8　某些微生物的相对热阻和对灭菌剂的相对抵抗力（与大肠杆菌比较）

灭菌方式	大肠杆菌	霉菌孢子	细菌芽孢	噬菌体或病毒
干热	1	2~10	1000	1
湿热	1	2~10	3×10^6	1~5
苯酚	1	1~2	1×10^9	30
甲醛	1	2~10	250	2
紫外线	1	5~100	2~5	5~10

1. 微生物受热的死亡定律——对数残留定律　在一定温度下，微生物的受热死亡遵循分子反应速度理论。在微生物受热死亡过程中，活菌数逐渐减少，其减少量随残留活菌数的减少而递减，即微生物的死亡速率（dN/dt）与任何一瞬时残存的活菌数成正比，称为对数残留定律，用下式表示：

$$-\frac{\mathrm{d}N}{\mathrm{d}t}=kN \tag{4-1}$$

式中，N 为培养基中残存的活菌数（个）；t 为灭菌时间（s 或 min）；k 为灭菌反应速度常数或称为菌比死亡速率（s^{-1} 或 min^{-1}），k 值的大小与灭菌温度和菌种特性有关；$\frac{\mathrm{d}N}{\mathrm{d}t}$ 为活菌数的瞬时变化速率，即死亡速率（个/s 或个/min）。上式通过积分可得

$$\int_{N_0}^{N_t}\frac{\mathrm{d}N}{N}=-k\int_0^t\mathrm{d}t$$

$$\ln\frac{N_0}{N_t}=kt \tag{4-2}$$

$$t=\frac{1}{k}\cdot\ln\frac{N_0}{N_t}=\frac{2.303}{k}\cdot\lg\frac{N_0}{N_t} \tag{4-3}$$

式中，N_0 为灭菌开始时原有的活菌数（个）；N_t 为灭菌结束时残留的活菌数（个）。

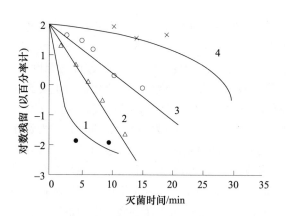

图 4-1　一些微生物的残留曲线

1. 青霉的子囊孢子（ascospores of *Penicillium*），81℃；2. 腐化厌氧菌（putrefactive anaerobe），115℃；3. 大肠杆菌（*E.coli*），51.7℃；4. 青霉的菌核（sclerotium of *Penicillium*），90.5℃

根据上述的对数残留方程式，灭菌时间取决于污染程度（N_0）、灭菌程度（残留的活菌数 N_t）和灭菌反应速度常数 k。如果要求达到完全灭菌，即 $N_t=0$，则所需的灭菌时间 t 无限延长，事实上是不可能的。因此，实际设计时常采用 $N_t=0.001$（即在 1000 批次灭菌中只有 1 批次是失败的）。以活菌的残留数 $\ln N_t/N_0$ 的对数与时间 t 作图，得出一条直线，其斜率为 $-k$。图 4-1 为某些微生物的残留曲线。

菌体死亡属于一级动力学反应［式（4-1）］。灭菌反应速度常数 k 是判断微生物受热死亡难易程度的基本依据。不同微生物在同样的温度下 k 值是不同的，k 值越小，则微生物越耐热。温度对 k 值的影响遵循阿仑尼乌斯定律，即

$$k=Ae^{-\frac{\Delta E}{RT}} \tag{4-4}$$

式中，A 为比例常数（s^{-1}）；ΔE 为活化能（J/mol）；R 为气体常数，4.1868×1.98 J/（mol·K）；T 为绝对温度（K）；e 为自然对数的基数。

培养基在灭菌以前，存在各种各样的微生物，它们的 k 值各不相同。式（4-4）也可以写成

$$\lg k=\frac{-\Delta E}{2.303RT}+\lg A \tag{4-5}$$

这样就得到只随灭菌温度而变的灭菌速度常数 k 的简化计算公式，可求得不同温度下的灭菌速度常数。细菌芽孢的 k 值比营养细胞小得多，细菌芽孢的耐热性要比营养细胞大。同一种微生物在不同的灭菌温度下，k 值不同，灭菌温度越低，k 值越小；灭菌温度越高，k 值越大（图 4-2）。如嗜热脂肪芽孢杆菌 FS1518，104℃时 k 值为 0.0342min^{-1}，121℃时 k 值为

0.77min^{-1}，131℃时 k 值为 15min^{-1}。可见，温度增高，k 值增大，灭菌时间缩短。表 4-9 列出几种微生物 k 值。

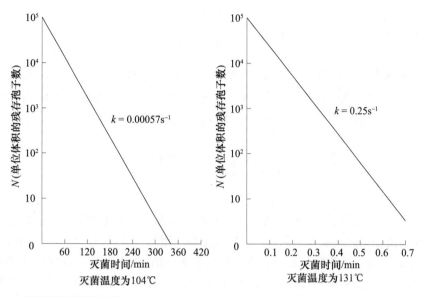

图 4-2　嗜热脂肪芽孢杆菌（*Bacillus stearothermophilus* FS1518）在 104℃和 131℃的残留曲线

表 4-9　121℃时不同细菌的 k 值

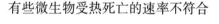

菌种	k 值 /min⁻¹	菌种	k 值 /min⁻¹
枯草芽孢杆菌 FS5230	3.8～2.6	嗜热脂肪芽孢杆菌 FS617	2.9
嗜热脂肪芽孢杆菌 FS1518	0.77	产气梭状芽孢杆菌 PA3679	1.8

2. 微生物受热的死亡定律——非对数残留定律

对数残留定律，得到的残留曲线不是直线。将其 N_t/N_0 对灭菌时间 t 在半对数坐标中标绘，得到的残留曲线不是直线，图 4-3 为嗜热脂肪芽孢杆菌的芽孢在不同温度下的死亡曲线。

呈现热死亡非对数动力学行为的主要是一些微生物的芽孢。具有芽孢的耐热微生物在受热过程中，先转变为对热敏感的微生物然后再受热死亡。因此，耐热微生物受热死亡定律不满足对数残留定律，将其所满足的定律称为非对数残留定律。耐热性芽孢（R型）先转变为对热敏感的中间态芽孢（S型），然后转变成死亡的芽孢（D型）这一过程可用下式表示：

有些微生物受热死亡的速率不符合

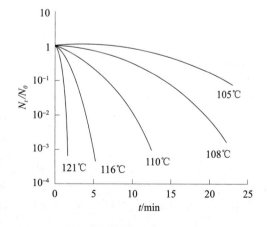

图 4-3　嗜热脂肪芽孢杆菌的芽孢在不同温度下的死亡曲线

$$N_R \xrightarrow{k_R} N_S \xrightarrow{k_S} N_D \tag{4-6}$$

于是有

$$\frac{dN_R}{dt} = -k_R N_R \tag{4-7}$$

$$\frac{dN_S}{dt} = k_R N_R - k_S N_S \tag{4-8}$$

式中，N_R 为耐热性活芽孢数（R 型）；N_S 为敏感性活芽孢数（S 型）；N_D 为死亡的芽孢数（D 型）；k_R 为耐热性芽孢的比死亡速率（s^{-1}）；k_S 为敏感性芽孢的比死亡速率（s^{-1}）。

联立上述微分方程组，可求得其解为（非对数残留定律）

$$\frac{N_t}{N_0} = \frac{k_R}{k_R - k_S} \left\{ \exp\left[k_S t - \frac{k_S}{k_R} \exp(-k_R t) \right] \right\} \tag{4-9}$$

式中，N_t 为任一时刻具有活力的芽孢数，即 $N_t = N_S + N_R$；N_0 为初始的活芽孢数。

这些耐热微生物相对于不耐热的微生物在相同灭菌温度下灭菌所需的时间要长。

3. 杀灭细菌芽孢的温度和时间　　成熟的细菌芽孢除含有大量的吡啶二羧酸钙成分外，还处于脱水状态，成熟芽孢的核心只含有营养细胞水分的 10%～30%。这些特性都大大增加了芽孢的抗热和抵抗化学物质的能力。在相同的温度下杀灭不同细菌芽孢所需的时间是不同的，一方面是因为不同细菌芽孢对热的耐受性是不同的，另一方面培养条件的不同也使其耐热性产生差别。因此，杀灭细菌芽孢的温度和时间一般根据试验确定，也可以推算确定。例如，Rahn 计算在 100～135℃的大多数细菌芽孢的温度系数 Q_{10}（温度每升高 10℃时速度常数与原速度常数之比）为 8～10，以此为基准推算不同温度下的灭菌时间，结果见表 4-10。

表 4-10　多数细菌芽孢的灭菌温度与时间

温度/℃	100	110	115	121	125	130
时间/min	1200	150	51	15	6.4	2.4

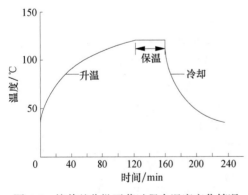

图 4-4　培养基分批灭菌过程中温度变化情况

二、培养基的灭菌

（一）培养基的灭菌方法

工业化生产中培养基的灭菌采用湿热灭菌的方式，主要有两种方法：分批灭菌和连续灭菌。

1. 分批灭菌　　分批灭菌就是将配制好的培养基全部输入发酵罐内或其他装置中，通入蒸汽将培养基和所用设备加热至灭菌温度后维持一定时间，再冷却到接种温度，这一工艺过程也称为实罐灭菌。分批灭菌过程包括升温、保温和冷却三个阶段，图 4-4 为培养基分批灭菌过程中温度变化情况。

在培养基灭菌之前，通常应先将与罐相连的空气分过滤器用蒸汽灭菌并用空气吹干。分批灭菌时，先将输料管路内的污水放掉冲净，然后将配制好的培养基用泵送至发酵罐（种子罐或补料罐）内，同时开动搅拌器进行灭菌。灭菌前先将各排气阀打开，将蒸汽引入夹套或蛇管进行预热，当罐温升至 80～90℃，开始由空气过滤器、取样管和放料管等几路液面下管路同时通入蒸汽。这段预热时间是为了使物料溶胀和受热均匀，预热后再将蒸汽直接通入培养基中，这样可以减少冷凝水量。当温度升到灭菌温度 121℃，罐压为 1×10^5Pa（表压）时，打开接种、补料、消泡剂、酸、碱等液面以上管道阀门进行排汽，并调节好各进汽和排汽阀门，使罐压和温度保持在一定水平上进行保温。生产中通常采用的保温时间为 30min。在保温的过程中应注意凡在培养基液面下的各种入口管道都通入蒸汽，即"三路进汽"，蒸汽从空气进气口、取样口和出料口进入罐内直接加热；而在液面以上的管道口则应排放蒸汽，即"四路出汽"，蒸汽从排气管、接种管、进料管和消泡剂管排气，这样做可以不留灭菌死角。保温结束时，先关闭排汽阀门，再关闭进汽阀门，待罐内压力低于无菌空气压力后，立即向罐内通入无菌空气，以维持罐压。在夹套或蛇管中通冷水进行快速冷却，使培养基的温度降至所需温度。分批灭菌的进气、排汽及冷却水管路系统如图4-5所示。

分批灭菌不需要其他设备，操作简单易行，规模较小的发酵罐往往采用分批灭菌的方法。主要缺点是加热和冷却所需时间较长，增加了发酵前的准备时间，也就相应地延长了发酵周期，使发酵罐的利用率降低。所以大型发酵罐采用这种方法在经济上是不合理的。同时，分批灭菌无法采用高温短时间灭菌，因而不可避免地使培养基中营养成分遭到一定程度的破坏。但是对于极易发泡或黏度很大难以连续灭菌的培养基，即使对于大型发酵罐也不得不采用分批灭菌的方法。

2. 连续灭菌 在培养基的灭菌过程中，除了微生物的死亡外，还伴随着培养基营养成分的破坏，而分批灭菌由于升降温的时间长，因

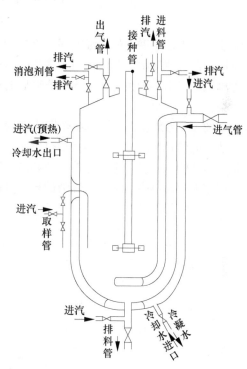

图 4-5 分批灭菌的进汽、排汽及冷却水管路系统

此对培养基营养成分的破坏大，而以高温、快速为特征的连续灭菌可以在一定程度上解决这个问题，从而有利提高发酵产率，蒸汽负荷均匀，发酵罐利用率也高，适宜于自动化控制，降低劳动强度。连续灭菌时，培养基可在短时间内加热到保温温度，并且能很快地被冷却，保温时间很短，有利于减少培养基中营养物质的破坏。连续灭菌是将培养基通过专门设计的灭菌器，进行连续流动灭菌后，进入预先灭过菌的发酵罐中的灭菌方式，也称为连消。图4-6是培养基连续灭菌的基本流程。连续灭菌是在短时间加热使料液温度达到灭菌温度 126～132℃，在维持罐中保温 5～8min，快速冷却后进入灭菌完毕的发酵罐中。

图 4-7 为喷射加热与真空冷却连续灭菌流程。这是由喷射加热，管道维持，真空冷却组成的连续灭菌流程。蒸汽直接喷入加热器与培养基混合，使培养基温度急速上升到预定灭菌

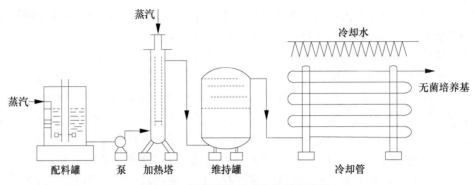

图 4-6　培养基连续灭菌的基本流程

温度，在灭菌温度下的保温时间由维持管道的长度来保证。灭菌后培养基通过膨胀阀进入真空冷却器急速冷却。此流程由于受热时间短，因此不会引起培养基的严重破坏；并能保证培养基先进先出，避免过热或灭菌不彻底的现象。要注意其真空系统要求严格密封，以免重新污染。

图 4-8 为薄板换热器与余热回收连续灭菌流程。在此流程里，培养基在设备中同时完成预热、灭菌及冷却过程，蒸汽加热段使培养基温度升高，经维持段保温一段时间，然后在薄板换热器的另一段冷却。虽然加热和冷却所需时间比使用喷射式连续灭菌稍长，但灭菌周期比间歇灭菌短得多。由于培养液的预热过程也是灭菌过的培养基的冷却过程，因此节约了蒸汽及冷却水的用量。

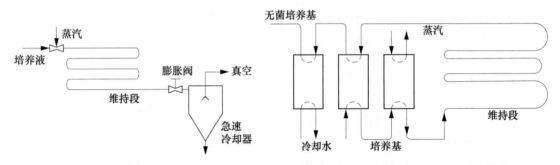

图 4-7　喷射加热与真空冷却连续灭菌流程　　　　图 4-8　薄板换热器与余热回收连续灭菌流程

3. 固体培养基的灭菌　　固体培养基一般为粒状、片状或粉状，流动性差，也不易翻动，加热吸水后变成团状，热传递性能差，降温慢，较少采用常规的湿热灭菌的方法，如果灭菌物品量较大，如大量食用菌培养基的灭菌，则可采用传统的灭菌方法，即自制的土蒸锅。通常用砖砌成灶，放上铁锅，锅的直径为 100～110cm，上面用铁板卷成桶（也可用砖或木料），蒸锅高 1m，附有蒸帘和锅盖。蒸料时采取水开后顶气上料的方法，即先在蒸帘上撒上一层 10cm 厚的干料，以后哪冒气往哪撒料，直到装完为止。但料不要装到桶口，应留有 15cm 左右的空隙，以保证蒸汽流通。用耐高温塑料将桶口包住，外面用绳固定住，塑料布鼓气后呈馒头状，锅内温度达 98℃以上，计时灭菌 2h，自然冷却（闷锅）。这种灭菌方法不能达到完全灭菌的目的，只能达到半灭菌状态。

另一种固体灭菌的设备是转鼓式灭菌器，常用于酱油厂和酒厂。该设备能承受一定的压力，形状如同一个鼓，以 0.5～1.0r/min 转动，培养基能得到较为充分的混匀，轴的中心是一带孔的圆管，蒸汽沿轴中心通入鼓内培养基中进行加热，达到一定温度后，进行保温灭菌。灭菌结束后用真空泵对转鼓抽气，降低鼓内压力和培养基的温度。

4. 分批灭菌与连续灭菌的比较 分批灭菌与连续灭菌相比较各有其优缺点。分批灭菌的优点主要表现在以下几个方面：设备要求低，不需另外的设备进行加热和冷却；操作技术含量低，适用于手动操作；适合于含有固体颗粒或较多泡沫培养基的灭菌；适合于小的发酵罐中培养基的灭菌。与连续灭菌相比较，分批灭菌的不足之处主要是对培养基营养成分破坏较大，在大规模生产过程中破坏更为严重，同时培养基反复的加热与冷却使能耗增加和发酵周期延长，降低了发酵罐的利用率。

但当进行大规模生产或发酵罐较大时，宜采用连续灭菌。连续灭菌的温度较高，灭菌时间较短，培养基的营养成分得到了最大限度的保护，保证了培养基的质量，另外由于灭菌过程不在发酵中进行，提高了发酵设备的利用率，易于实现自动化操作，降低了劳动强度。当然连续灭菌对设备与蒸汽的质量要求较高，还需外设加热、冷却装置，操作复杂，染菌机会多，不适合含有大量固体物料培养基的灭菌。分批灭菌与连续灭菌相比较各有其优缺点，其比较如表 4-11 所示。

表 4-11 分批灭菌与连续灭菌的比较

灭菌方式	优点	缺点
连续灭菌	① 灭菌温度高，可减少培养基中营养物质的损失 ② 操作条件恒定，灭菌质量稳定 ③ 易于实现管道化和自控操作 ④ 避免反复的加热和冷却，提高了热的利用率 ⑤ 发酵设备利用率高	① 对设备的要求高，需另外设置加热、冷却装置 ② 操作较复杂 ③ 染菌的机会较多 ④ 不适合于含大量固体物料的灭菌 ⑤ 对蒸汽的要求较高
分批灭菌	① 设备要求较低，不需另外设置加热、冷却装置 ② 操作要求低，适于手动操作 ③ 适合于小批量生产规模 ④ 适合于含有大量固体物料的培养基的灭菌	① 培养基的营养物质损失较多，灭菌后培养基的质量下降 ② 需进行反复的加热和冷却，能耗较高 ③ 不适合于大规模生产过程的灭菌 ④ 发酵罐的利用率较低

（二）影响培养基灭菌的因素

培养基要达到较好的灭菌效果受多种因素的影响，主要表现在以下几个方面。

1. 培养基成分 培养基中的油脂、糖类和蛋白质会增加微生物的耐热性，使微生物的受热死亡速率变慢，这主要是因为有机物质会在微生物细胞外形成一层薄膜，影响热的传递，所以就应提高灭菌温度或延长灭菌时间。例如，大肠杆菌在水中加热至 60～65℃便死亡；在 10% 糖液中，需 70℃ 4～6min；在 30% 糖液中，需 70℃ 30min。但灭菌时，对灭菌效果和营养成分的保持都应兼顾，既要使培养基彻底灭菌又要尽可能减少培养基营养成分的破坏。低浓度的（1%～2%）NaCl 等无机盐对微生物有保护作用，但随着浓度的增加，其保护作用减弱，当无机盐浓度达到 8% 以上时，则会减弱微生物耐热性。

2. 培养基成分的颗粒度　　培养基成分的颗粒越大，灭菌时蒸汽穿透所需的时间越长，灭菌越难；颗粒小，灭菌容易。一般对小于 1mm 颗粒的培养基，可不必考虑颗粒对灭菌的影响，但对于含有少量大颗粒及粗纤维培养基的灭菌，特别是存在凝结成团的胶体时会影响灭菌效果，则应适当提高灭菌温度或过滤除去。

3. 培养基的 pH　　pH 对微生物的耐热性影响很大。微生物一般在 pH 为 6.0～8.0 时最耐热；pH<6.0，氢离子易渗入微生物细胞内，从而改变细胞的生理反应促使其死亡。培养基 pH 越低，灭菌所需的时间越短。培养基的 pH 与灭菌时间的关系见表 4-12。

表 4-12　培养基的 pH 与灭菌时间的关系

温度 /℃	孢子数 / （个 /mL）	灭菌时间 /min				
		pH 6.1	pH 5.3	pH 5.0	pH 4.7	pH 4.5
120	10 000	8	7	5	3	3
115	10 000	25	25	12	13	13
110	10 000	70	65	35	30	24
100	10 000	340	720	180	150	150

4. 微生物细胞含水量　　微生物含水量越少，灭菌时间越长。孢子、芽孢的含水量少，代谢缓慢，要很长时间的高温才能杀死。因为含水量少，蛋白质不易变性（表 4-13），但在灭菌时，如果是含水量很高的物品，高温蒸汽的穿透效果会降低，所以也要延长时间。

表 4-13　卵蛋白凝固时含水量与温度的关系

含水量 /%	50	25	18	6	0
凝固温度 /℃	56	74～78	80～92	145	160～170

5. 微生物性质与数量　　各种微生物对热的抵抗力相差较大，细菌的营养体、酵母、霉菌的菌丝体对热较为敏感，而放线菌、酵母、霉菌孢子对热的抵抗力较强。处于不同生长阶段的微生物，所需灭菌的温度与时间也不相同，繁殖期的微生物对高温的抵抗力要比衰老时期的抵抗力小得多，这与衰老时期的微生物细胞中蛋白质的含水量低有关。芽孢的耐热性比繁殖期的微生物更强。在同一温度下，微生物的数量越多，则所需的灭菌时间越长，因为微生物在数量比较多的时候，其中耐热个体出现的概率也越大。天然原料尤其是麸皮等植物性原料配成的培养基，一般含菌量较高，而用纯粹化学试剂配制成的组合培养基，含菌量低。

6. 冷空气排除情况　　高压蒸汽灭菌的关键是为热的传导提供良好条件，而其中最重要的是使冷空气从灭菌器中顺利排出。因为冷空气导热性差，阻碍蒸汽接触欲灭菌物品，并且还可减低蒸汽分压，使之不能达到应有的温度。如果灭菌器内冷空气排除不彻底，压力表所显示的压力就不单是罐内蒸汽的压力，还有空气的分压，罐内的实际温度低于压力表所对应的温度，造成灭菌温度不够，如表 4-14 所示。检验灭菌器内空气排除度，可采用多种方法。最好的办法是灭菌锅上同时装有压力表和温度计。

表 4-14 空气排除程度与温度的关系

蒸汽压力 /atm	罐内实际温度 /℃				
	未排除空气	排除 1/3 空气	排除 1/2 空气	排除 2/3 空气	完全排除空气
0.3	72	90	94	100	109
0.7	90	100	105	109	115
1.0	100	109	112	115	121
1.3	109	115	118	121	126
1.5	115	121	124	126	130

注：1atm=1.01×10⁵Pa

7. 泡沫 在培养基灭菌过程中，培养基中产生的泡沫对灭菌很不利，因为泡沫中的空气形成隔热层，使热量难以渗透进去，不易杀死其中潜伏的微生物。所以无论是分批灭菌还是连续灭菌，对易起泡沫的培养基均需加消泡剂，以防止或消除泡沫。

8. 搅拌 在灭菌的过程中进行搅拌是为了使培养基充分混匀，不至于造成局部过热或灭菌死角，在保证不过多地破坏营养物质的前提下达到彻底灭菌的目的。

（三）培养基灭菌时间的计算

1. 分批灭菌 分批灭菌时间的确定应参考理论灭菌时间进行适当的延长或缩短。如果不计升温与降温阶段所杀灭的菌数，把培养基中所有的微生物均看作是在保温阶段（灭菌温度）被杀灭，这样可以简单地利用式（4-3）求得培养基的理论灭菌时间。

例 4-1 某发酵罐内装培养基 $40m^3$，在 121℃下进行分批灭菌。设每毫升培养基中含耐热芽孢杆菌 $2×10^5$ 个，121℃时的灭菌速度常数为 $1.8min^{-1}$。求理论灭菌时间（即灭菌失败概率为 0.001 时所需要的灭菌时间）。

解： $N_0=40×10^6×2×10^5=8×10^{12}$（个）

$N_t=0.001$（个）

$$t=\frac{2.303}{k}·lg\frac{N_0}{N_t}=\frac{2.303}{1.8}lg（8×10^{15}）≈20.34（min）$$

但是在这里没有考虑培养基加热升温对灭菌的贡献，特别是培养基加热到 100℃ 以上时，这个作用更为明显。也就是说保温开始时培养基中的活微生物不是 N_0。另外，降温阶段对灭菌也有一定的贡献，但现在普遍采用迅速降温的措施，时间短，在计算时一般不予以考虑。

在升温阶段，培养基温度不断升高，菌体死亡速度常数也在不断增加，灭菌速度常数与温度的关系为式（4-5），在计算时，一般取抵抗力较大的芽孢杆菌的 k 值进行计算，这时的 A 可以取作 $1.34×10^{36}s^{-1}$，ΔE 可以取 $2.844×10^5J/mol$，因此式（4-5）可写为

$$lgk=\frac{-14\,845}{T}+36.12 \tag{4-10}$$

利用式（4-10）可求得不同灭菌温度下的速度常数。若欲求得升温阶段（如温度从 T_1 升至 T_2）的平均菌死亡速度常数 k_m，可用下式求得：

$$k_m=\frac{\int_{T_1}^{T_2}kdT}{T_2-T_1} \tag{4-11}$$

若培养基加热时间（一般以100℃至保温的升温时间）t_p已知，k_m已求得，则升温阶段结束时，培养基中残留菌数（N_p）可从下式求得：

$$N_p = \frac{N_0}{e^{k_m \cdot t_p}} \qquad (4\text{-}12)$$

再由下式求得保温所需时间：

$$t = \frac{2.303}{k} \cdot \lg \frac{N_p}{N_t} \qquad (4\text{-}13)$$

例 4-2 例4-1中，灭菌过程的升温阶段，培养基从100℃上升至121℃，共需15min。求升温阶段结束时，培养基中的芽孢数和保温所需的时间。

解： $T_1 = 373K$ $T_2 = 394K$

根据式（4-6）求得373K至394K之间若干k值，$k\text{-}T$关系如表4-15所示。

表 4-15   k-T 关系

T/K	373	376	379	382	385	388	391	394
k/s^{-1}	2.35×10^{-4}	4.57×10^{-4}	1.03×10^{-4}	2.09×10^{-4}	4.08×10^{-4}	8.14×10^{-4}	1.62×10^{-4}	2.87×10^{-4}

用图解积分法得

$$\int_{T_1}^{T_2} k\mathrm{d}T \approx 0.128 \ (\mathrm{K/s})$$

$$k_m = \frac{\int_{T_1}^{T_2} k\mathrm{d}T}{T_2 - T_1} = \frac{0.128}{394 - 373} \approx 0.0061 \ (\mathrm{s^{-1}})$$

$$N_p = \frac{N_0}{e^{k_m \cdot t_p}} = \frac{8 \times 10^{12}}{e^{0.0061 \times 15 \times 60}} = \frac{8 \times 10^{12}}{e^{5.49}} \approx 3.3 \times 10^{10} \ (\text{个})$$

保温时间：$t = \dfrac{2.303}{k} \cdot \lg \dfrac{N_p}{N_t} = \dfrac{2.303}{1.8} \cdot \lg \dfrac{3.3 \times 10^{10}}{10^{-3}} \approx 17.3 \ (\text{min})$

由此可见，考虑升温阶段的灭菌作用后，保温时间比不考虑的减少了14.9%。所以发酵罐体积越大，其分批灭菌的升温时间越长，升温阶段对灭菌的贡献就越大，相应的保温时间就越短。

2. 连续灭菌   连续灭菌的理论灭菌时间的计算仍可采用对数残留定律，如果忽略升温的灭菌作用，则灭菌保温的时间：

$$t = \frac{2.303}{k} \cdot \lg \frac{C_0}{C_t} \qquad (4\text{-}14)$$

式中，C_0为单位体积培养基灭菌前的含菌数（个/mL）；C_t为单位体积培养基灭菌后的含菌数（个/mL）。

例 4-3 若将例4-1中的培养基采用连续灭菌，灭菌温度为131℃，此温度下灭菌速度常数为15min^{-1}，求灭菌所需的维持时间。

解： $C_0 = 2 \times 10^5$（个/mL）

$$C_t = \frac{1}{40 \times 10^6 \times 10^3} = 2.5 \times 10^{-11} \ (\text{个/mL})$$

$$t=\frac{2.303}{15} \cdot \lg \frac{2\times10^{5}}{2.5\times10^{-11}} \approx 0.15\times15.9 \approx 2.39 \ (\text{min})$$

可见，灭菌温度升高 10℃后采用连续灭菌则保温时间大大缩短。但在维持罐内的物料会有返混，实际灭菌时间常采取理论灭菌时间的 3～5 倍。

三、发酵设备的灭菌

（一）发酵设备和管道的灭菌方法

发酵设备的灭菌包括发酵罐、管道和阀门、空气过滤器、补料系统、消泡剂系统等的灭菌。通常选择 0.15～0.2MPa 的饱和蒸汽，这样既可以较快使设备和管路达到所要求的灭菌温度，又使操作安全。对于大型的发酵设备和较长的管路，可根据具体情况使用压强稍高的蒸汽。另外，灭菌开始时，必须注意把设备和管路中的空气排尽，否则达不到应有的灭菌温度。

发酵罐是发酵工业生产最重要的设备，是生化反应的场所，对无菌要求十分严格。实罐灭菌时，发酵罐与培养基一起灭菌。培养基采用连续灭菌时，发酵罐需在培养基灭菌之前，直接用蒸汽进行空罐灭菌。空消之后立即冷却，先用无菌空气保压，待灭菌的培养基输入罐内后，才可以开冷却系统进行冷却。除发酵罐外，培养基的贮罐也要求洁净无菌。

发酵罐的附属设备有空气分过滤器、补料系统、消泡剂系统等。通气发酵罐需通入大量的无菌空气，这就需要空气过滤器以过滤除去空气中的微生物。但过滤器本身必须经蒸汽加热灭菌后才能起除菌过滤以提供无菌空气的作用。空气分过滤器在发酵罐灭菌之前进行灭菌。排出过滤器中的空气，从过滤器上部通入蒸汽，并从上、下排气口排气，保持压力 0.174MPa，维持 2h。灭菌后用空气吹干备用。补料罐的灭菌温度根据料液不同而异，如淀粉料液，121℃保温 30min；尿素溶液，121℃保温 5min。补料管路、消泡剂管路可与补料罐、油罐同时进行灭菌，但保温时间为 1h。移种管路灭菌一般要求蒸汽压力为 0.3～0.45MPa，保温 1h。上述各管路在灭菌之前，要进行气密性试验确保无渗漏，以防泄漏。

（二）"死角"的灭菌

所谓设备、管道的"死角"是指灭菌时的某些原因使灭菌温度达不到或不易达到的局部区域。发酵罐及其管路如有死角存在，则死角内潜伏的杂菌不易被杀死，会造成连续染菌，影响生产的正常进行。经常出现的死角区域及其处理如下。

1. 法兰连接的死角 如果对染菌的概念了解不够，按照一般化工厂管路的常规加工方法来焊接和安装管道，法兰就会造成死角。发酵工厂的有关管路要保持光滑、通畅、密封性好，以避免和减少管道染菌的机会。例如，法兰与管子焊接时受热不匀使法兰翘曲密封面发生凹凸不平现象就会造成死角（图 4-9C）。垫片的内圆比法兰内径大或比较小及安装时没有对准中心也会造成死角（图 4-9A、B）。

2. 渣滓在罐底与用环式空气分布管所形成的死角 培养基中如果含有钙盐类及固形物，在发酵罐的搅拌功率较小和采用环式空气分布管的情况下，由于在灭菌时培养基得不到强有力的翻动，罐底会形成一层 1～2mm 甚至更厚的膜层（图 4-10）。这种膜层具有一定程度的绝热作用，所以膜层下潜伏的耐热菌不易被杀死。对这种情况的发酵罐必须定期铲除罐

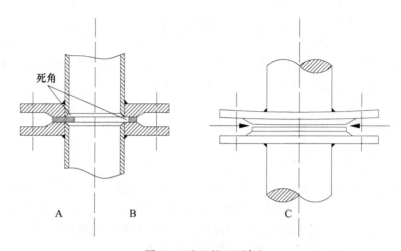

图 4-9　法兰的"死角"
A. 垫圈内圆过小；B. 垫圈内圆过大；C. 法兰不平造成泄漏与"死角"

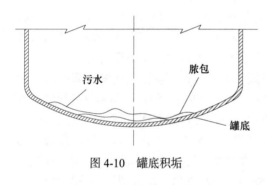

图 4-10　罐底积垢

底积垢。大的发酵罐，为了减少搅拌轴的摆动，罐底装有底轴承，轴承支架处也容易堆积菌体。如果在底轴承下增设一个小型搅拌桨就可以适当改善罐底积垢的情况（图 4-11）。环式空气分布器在整个环管中空气的速度并不一致，靠近空气进口处流速最大，远离进口处的流速减小，当发酵液进入环管内时，菌体和固形物就会逐渐堆积在远离进口处的部分形成死角，严重时甚至会堵塞喷孔（图 4-12）。

　　发酵罐中除了上述容易造成死角的区域外，其他还有一些容易造成死角的区域，如挡板（或冷却列管）与罐身固定的支撑板周围和不能在灭菌时排气的百肠管、温度计接头等，对于这些部位每次放罐后的清洗工作应要特别注意，经常检查。仔细清洗才能避免因死角而产生的发酵过程严重污染情况的发生。

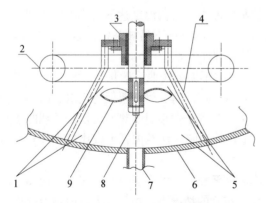

图 4-11　罐底轴承下的小搅拌桨
1，5. 死角区；2. 气体分布管；3. 轴承；4. 支撑架；6. 罐体；
7. 排料管；8. 搅拌轴；9. 小螺旋桨

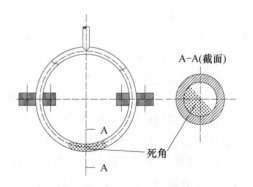

图 4-12　空气分布管中的死角

3. 不锈钢衬里的死角　　某些有机酸的发酵对碳素钢有腐蚀时，小型发酵罐通常采用不锈钢制造。对于大型发酵罐，为了节约不锈钢材料，一般都采用不锈钢衬里的方法，即在碳钢制造的壳体内加衬一层薄的不锈钢板（厚 1～3mm）。如果不锈钢衬里加工焊接不好，在钢板和焊缝处有裂缝，或在操作时不注意，使不锈钢皮鼓起后产生裂缝，发酵液就会通过裂缝进入衬里和钢板之间，窝藏在里面形成死角（图 4-13）。不锈钢皮之所以会鼓起的原因是，作为衬里的不锈钢皮较薄，在培养液分批灭菌或空罐灭菌时，发酵罐经加热后再行冷却，如果此时不及时通入无菌空气保持一定压力，那么会因蒸汽的突然冷凝体积减小而形成真空将衬里吸出，严重者造成破裂。所以对于不锈钢衬里设备加工时应该尽可能增加衬里的刚度，其办法是每隔一定距离用点焊增加衬里与钢制壳体的连接强度，减少鼓起的可能性。操作时要注意避免罐内发生真空现象。发生这种事故后，如衬里钢板尚未破裂，可用罐内加水压的方法将其恢复原状（水的压力不应超过设备的允许使用压力），应尽可能避免锤击，锤击的方法使钢板受力不匀易造成破损。衬里与外壳之间的夹层中可用水压或气压方法检查其是否渗漏。

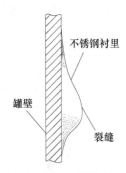

图 4-13　不锈钢衬里破裂造成的死角

采用复合钢板（将两种不同材质的钢板轧合为一体的钢板）制造发酵罐，因为两层钢板紧密结合在一起，中间没有空隙，所以不会产生上述问题，是一种理想的材料。

4. 接种管路的死角　　接种一般采用以下两种方法：①压差接种法。存种子的血清瓶上装有橡皮管，在火封下与罐的接种口相连接，利用两者的压力差使种子进入罐内，要求瓶与橡皮管的连接不漏，橡皮管与接种口的大小一致。②微孔接种法。利用注射器在罐的接种口橡皮膜上注入罐内进行接种，在操作时要注意防止注射器针孔堵塞。

采用种子罐时，是利用压力差将种子罐中培养好的种子输入发酵罐内，种子罐与发酵罐的一段连接管路的灭菌是与发酵罐的灭菌同时进行的。如图 4-14A 所示有一小段管路存在蒸汽不流通的死角，所以应在阀 1 的半截上装设旁通，焊上一个小的放气阀，如图 4-14B 所示，此段管路即可得到蒸汽的充分灭菌。

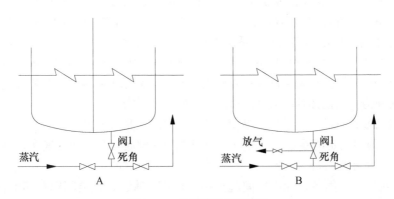

图 4-14　种子罐的接种管路

5. 排气管的死角　　罐顶排气管弯头处如有堆积物，其中沉积的杂菌不容易被彻底消灭，而当发酵时受搅拌的震动和排气的冲击就会一点点地剥落下来造成污染。另外排气管的直径太大，灭菌时蒸汽流速小也会使管中部分耐热菌不能被全部杀死。试验表明，将排气管做成每节可拆卸的，灭菌后将各节拆下分别检查就发现某些未被杀死的耐热菌。因此，排气管要与罐的尺寸有一定比例，不宜过大或过小。

6. 不合理补料管配置造成的死角　　如图 4-15、图 4-16 所示。

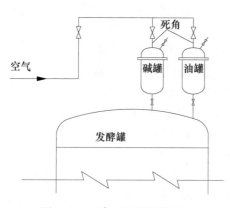

图 4-15　不合理的补料管配置

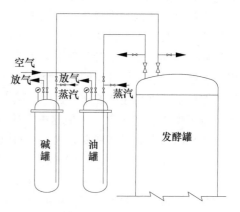

图 4-16　合理的补料管配置

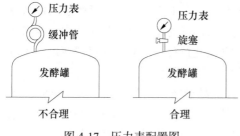

图 4-17　压力表配置图

7. 压力表安装不合理形成的死角　　如图 4-17 所示。

（三）定期检测发酵设备及管道

1. 发酵设备的定期检查　　发酵罐是发酵生产的主要设备。在使用之前，需要对发酵罐进行认真检查，如检查其搅拌系统转动有无异常，机械密封是否严密，罐内的螺丝是否松动，罐内的管道有无堵塞，夹层或罐内盘管是否泄漏，以及罐体连接阀门是否严密等。

目前，机械密封在发酵罐上得到广泛应用，其取代了以前搅拌轴的填料密封形式，但是如果安装精度不高或选用的机械密封系统不合适，仍然会发生轴封泄露，造成染菌。因此，在安装搅拌轴时要注意对中。据报道，某发酵企业的某发酵车间采用拉杆固定可调的中间轴承，通过调整中间轴承的位置来减少搅拌轴的摆动，并采用多弹簧平衡型机械密封，利用不同方向的弹簧弹力抵消搅拌轴的部分偏移，有效地实现了密封。

发酵罐气密性检查的方法是维持温度不变，观察罐压是否恒定。

2. 管道、阀门的定期检查　　管道及阀门本身的彻底安全灭菌是确保发酵工程生产高效率、安全生产的重要一环。

1）管道在发酵车间各单元操作间起连接的作用。管道、各类阀门及其他管件（弯头、三通、变径、活接头、堵头等）一同组成了管路系统，该系统将发酵的物质约束起来，控制它们的流量、流向。工艺条件的要求及主体设备位置的确定，决定了管路系统中管路较长、阀门及各类管件偏多，流体阻力很大。因此，会出现以下问题：管道与阀门及主体设备的连接处、变径连接处、与管件的连接处由于热胀冷缩、物料腐蚀等作用容易发生渗漏，有些管径较小，管路中流体的流量大，在弯头处的流体阻力相当大，时间长了会造成磨损最后导致染菌。

管道的检查方法是，在管路系统内压入碱液，然后在可疑的地方用浸渍酚酞的白布擦拭，如出现红色，则为渗漏点。

2）阀门是在发酵设备中使用最多的附属设备，其中使用最多的是截止阀。阀门对介质的密封性可分为4级，即公称级、低漏级、蒸汽级和原子级。公称级与低漏级密封适用于关闭要求不严密的阀门，如用于控制流量的阀门。蒸汽级密封适用于蒸汽和大部分其他工业用阀门的阀座、阀杆和阀体连接部的密封。原子级密封适用于介质密封性要求极高的场合，如宇宙飞船和原子能动力设备等。由于发酵工业中使用高温蒸汽对发酵设备进行灭菌，因此阀门对介质的密封性要求是蒸汽级密封。

由于在发酵过程中阀门开启频繁，经常受介质腐蚀、冲刷和气蚀的损害，因此对于阀门副结构，即阀座与关闭件互相接触进行关闭的部分的选择较为关键。阀门副结构的密封分为软密封和硬密封两种。硬密封的密封副结构是靠阀座与关闭件互相挤压发生微小弹塑性变形而形成一条闭合的圆形密封接触线。虽然这类阀门在应用初期密封效果良好，但是发酵阀门开启比较频繁，容易磨损先前形成的接触线，或者管道不清洁而使密封面产生压痕而损坏。而硬密封的密封副结构弹塑性变形量很小，形成新的密封接触线很困难，因此长期使用可能导致阀门泄漏，使发酵失败。软密封的阀门关闭件一般采用软质垫片，利用垫片较大的弹塑性形变形成较宽的环形密封接触带，以填塞密封面上的不平、消除间隙形成密封。其加工精度一般要求不高，如有特殊要求，阀体材料可采用不锈钢，软密封关闭件用可更换的聚四氟乙烯垫片，这样可通过经常更换聚四氟乙烯垫片来保证阀门的密封性。

如果截止阀的阀杆和阀体内孔的加工质量不好，或因长期使用导致磨损而使填料与阀杆的配合间隙增大，都会导致介质由阀杆处泄漏，这种现象被称为阀门"上密封泄露"。然而，在发酵生产中，阀门的上密封检查经常被忽视。2003年，阀门的上密封泄漏事故就曾使新疆某虫草发酵车间连续1个月染菌倒罐，企业经济损失很大。因此，对发酵用的阀门不仅要重视密封副结构的泄漏，更要重视上密封泄漏。

在发酵生产中，由于发酵工艺的要求，一些阀门并不是按流体流向安装的。例如，在一些发酵罐中，取样阀是靠近发酵罐的第一阀门，为了在取样前对该阀门进行灭菌，阀门的安装和发酵液流向是相反的，这样可在取样阀底部加装一个小的附加阀门使蒸汽流通。该取样阀的上密封结构的密封要求非常高，否则发酵液可能渗入该取样阀的上密封结构中，甚至从上密封结构中泄漏，从而造成发酵染菌。

目前，国产截止阀多为多层填料结构，且填料结构中还附加了硬质隔环，或密封环上部具有碟形弹簧，从而提高了密封力自调节的能力，改善了密封性能。如发生上密封泄漏，而改动国产阀门的上密封结构比较困难，可以通过更换填料种类来解决泄漏问题。例如，用目前新型膨胀聚四氟乙烯密封填料替代常规的石棉和膨胀石墨填料，其耐磨、耐腐蚀，密封效果都很好。

第六节　空气的除菌

绝大多数工业发酵均是利用好氧微生物进行纯种培养，无论是生长还是合成代谢产物都需要消耗大量的溶解氧，用于基质同化、菌体生长和产物代谢。这些氧气的来源是空气，但空气中含有各种各样的微生物，它们一旦随空气进入发酵液，便会在适合的条件下大量繁殖，并与目的微生物竞争性消耗培养基中的营养物质，产生各种副产物，从而干扰甚至破坏预定发酵的正常进行，严重的会使发酵彻底失败，造成严重的经济损失。空气除菌不彻底是发酵染菌的主要原因之一。例如，一个通气量为 $40m^3/min$ 的发酵罐，一天所需的空气量高达 $5.76 \times 10^4 m^3$，假如所用的空气中含菌量为 $10^4/$ 个 m^3，那么一天将有 5.76×10^8 个微生物细胞进入发酵罐，如此多的杂菌带入，完全可以导致发酵失败。因此空气的除菌就成为好氧发酵工程上的一个重要环节。空气除菌的方法很多，如过滤除菌、静电除菌、加热灭菌、辐射灭菌等，各种除菌方法的除菌效果、设备条件、经济指标各不相同。实际生产中所需的除菌程度要根据发酵工艺而定，既要避免染菌，又要尽量简化除菌流程，以减少设备投资和正常运转的动力消耗。如酵母培养过程中，无菌程度要求不严格，采用离心式鼓风机通风就可以。而一些氨基酸、抗生素等的发酵，耗氧量大，无菌程度要求也严格，并要求有一定的温度和压力，空气必须经过严格的处理后才能通入发酵罐。

一、发酵使用的净化空气的标准

空气主要是由氮气、氧气、二氧化碳、惰性气体、水蒸气及悬浮在空气中的尘埃等组成的混合物。通常微生物在固体或液体培养基中繁殖后，很多细小而轻的菌体、芽孢或孢子会随水分的蒸发、物料的转移被气流带入空气中或黏附于灰尘上随风飘浮。它们在空气中的含量和种类随地区、高低、季节、空气中尘埃多少和人们活动情况而变化。一般寒冷的北方比温暖、潮湿的南方含菌量少；离地面越高含菌量越少；农村比工业城市空气含菌量少。空气中的微生物以细菌和细菌芽孢为主，也有酵母、霉菌、放线菌和噬菌体。据统计一般城市的空气中含菌量为 $10^3 \sim 10^4$ 个 $/m^3$。

不同的发酵工业生产中，由于所用菌种的生产能力强弱、生长速度的快慢、发酵周期的长短、产物的性质、培养基的营养成分和 pH 的差异等，对所用的空气质量有不同的要求。其中，空气的无菌程度是一项关键指标。例如，酵母培养过程，因它的培养基是以糖源为主，利用无机氮源、有机氮源比较少，适宜的 pH 较低，在这种条件下，一般细菌较难繁殖，而酵母的繁殖速度较快，在繁殖过程中能抵抗少量的杂菌影响，所以对空气无菌程度的要求不如氨基酸、液体曲、抗生素发酵那么严格。而氨基酸与抗生素发酵因周期长短不同，对无菌空气的要求也不同。总的来说，影响因素比较复杂，需要根据具体的工艺情况而决定。发酵工业生产中应用的"无菌空气"，是指通过除菌处理使空气中含菌量降低到零或极低，从而使污染的可能性降低至极小。一般按染菌率为 10^{-3} 来计算，即 1000 次发酵周期所用的无菌空气只允许 1 次染菌。

对不同的生物发酵生产和同一工厂的不同生产区域（环节），应有不同的空气无菌度的要求。空气无菌程度是用空气洁净度来表示，空气洁净度是指洁净环境中空气含尘（微粒）量多少的程度，含尘浓度高则洁净度低，含尘浓度低则洁净度高。空气洁净度的具体高低是用空气洁净度级别来区分的，而这种级别又是用操作时间内空气的计数含尘量（就是单位体积空气中所含某种大小微粒的数量）来表示的，也就是从某一个低的含尘浓度起到不超过另一个高的含尘浓度为止，这一含尘浓度范围定为某一个空气洁净级别。我国参考美国、日本等的标准也提出了空气洁净级别，如表 4-16 所示。

表 4-16 环境空气洁净度级别

生产区分类	洁净度级别[①]	每升空气中≥0.5μm 尘粒数	每升空气中≥5μm 尘粒数[②]	菌落数[③]/个
控制区	100 000 级	≤3 500	≤25	≤10
	10 000 级	≤350	≤2.5	≤3
洁净区	1 000 级	≤35	≤0.25	≤2
	100 级	≤3.5	0	≤1

注：①洁净室空气洁净度级别的检验，应以动态条件下测试的尘粒数为依据；②对于空气洁净度为 100 级的洁净室内≥5μm 尘粒的计算应进行多次采样，当其多次出现时，方可认为该测试数值是可靠的；③ 9cm 双碟露置 0.5h，37℃培养 24h

发酵使用的无菌空气除对空气的无菌程度有要求外，还要充分考虑空气的温度、湿度与压力。

要通过准确测定空气中的含菌量来决定过滤设备或查定经过过滤的空气的含菌量（或无菌程度）是比较困难的，一般采用培养法和光学法测定其近似值。前者在微生物学中已有介绍，后者是用粒子计数器通过微粒对光线的散射作用来测量粒子的大小和含量。这种仪器可以测量空气中直径为 0.3～0.5μm 微粒的各种浓度，比较准确，但它只是微粒观念，不能反映空气中活菌的数量。

二、空气净化的方法

空气净化就是除去或杀灭空气中的微生物。破坏生物体活性的方法很多，如辐射灭菌、加热灭菌、化学药物杀菌，都是将有机体蛋白质变性而破坏其活力。而静电除菌和过滤除菌的方法是把微生物的粒子用分离的方法除去。

空气净化的方法有以下几种。

（一）加热灭菌

加热灭菌是将空气加热到一定温度后保温一定时间，基于加热后微生物体内的蛋白质热变性而实现。加热灭菌是有效的、可靠的杀菌方法，但是如果采用蒸汽或电热来加热大量的空气，以达到杀菌目的，则要消耗大量的能源和增加大量的换热设备，这是十分不经济的。利用空气压缩时放出的热量进行保温杀菌，这就比较经济，见图 4-18。

空气进口温度若为 21℃，空气的出口温度则为 187～198℃，压力为 0.7MPa。可见，若是空气经压缩后温度升高用于干热灭菌是完全可行的，对制备大量无菌空气具有特别的意义。但在实际应用时，对培养装置与空气压缩机的相对位置、连接压缩机与培养装置之间的管道的灭菌及管道的长度等问题都必须加以考虑。从压缩机出口到空气贮罐过程进行保温，使空气达到高温后保持一段时间，从而使微生物死亡。为了延长空气的高温时间，防止空气在贮罐中走短路，最好在贮罐内加装导管筒。一般来说，欲杀死空气中的杂菌，在不同的温度下所需的时间如表 4-17 所示。

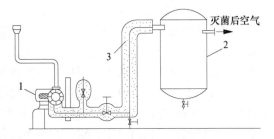

图 4-18 加热灭菌流程
1. 压缩机；2. 贮罐；3. 保温层

表 4-17　杀菌温度与所需时间之间的对应关系

温度 /℃	所需杀菌时间 /s	温度 /℃	所需杀菌时间 /s
200	15.1	300	2.1
250	5.1	350	1.05

采用加热灭菌装置时，还应装空气冷却器，排除冷凝水，以防止其在管道设备死角积聚而造成杂菌繁殖的场所。在进入发酵罐前应加装分过滤器以保证安全，但采用这样系统的压缩机能量消耗会相应增大，压缩机耐热性能要增加，它的零部件也要选用耐热材料加工。

（二）辐射灭菌

从理论上来说，α射线、β射线、γ射线、紫外线和超声波等从理论上都能破坏蛋白质等生物活性物质，从而起到杀菌作用。辐射灭菌目前仅用于一些表面的灭菌及有限空间内空气的灭菌，对大规模空气的灭菌还不能采用此种方法。

（三）静电除菌

静电除菌是利用静电引力来吸附带电粒子而达到除尘灭菌的目的。悬浮于空气中的微生物，其孢子大多带有不同的电荷，约有 75% 的孢子带负电，15% 的孢子带正电，其余 10% 的孢子为中性。没有带电荷的微粒进入高压静电场时都会被电离成带电微粒，但对于一些直径很小的微粒，它所带的电荷很小，当产生的引力等于或小于气流对微粒的作用力或微粒布朗扩散运动的动量时，则微粒不能被吸附而沉降，所以静电除尘灭菌对很小的微粒效率较低。图 4-19 为静电除菌灭菌器示意图。

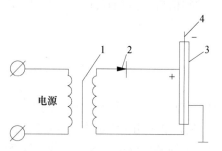

图 4-19　静电除菌灭菌器示意图
1. 升压变压器；2. 整流器；3. 沉淀电极；4. 电晕电极

静电除菌效率不很高，一般在 85%～99% 之间，但由于它消耗能量小，若使用得当，每处理 1000m³ 的空气每小时仅耗电 0.2～0.8kW，因此静电除菌法已被广泛使用。静电除菌常用于洁净工作台、洁净工作室所需无菌空气的第一次除菌，配合高效过滤器使用。

（四）过滤除菌

过滤除菌法是让含菌空气通过过滤介质以阻截空气中所含微生物，而取得无菌空气的方法。通过过滤处理的空气可达无菌，并有足够的压力和适宜的温度以供耗氧培养过程之用。该法是目前广泛用来获得大量无菌空气的常规方法。常用的过滤介质有棉花、活性炭或玻璃纤维、有机合成纤维、有机、无机和金属烧结材料等。由于被过滤的微生物粒子很小，一般只有 0.5～2μm，而过滤介质的材料一般孔隙直径都大于微粒直径的几倍到几十倍，因此过滤机理比较复杂。同时，由于空气在压缩过程中带入的油雾和水蒸气冷凝的水雾的影响，过滤的因素变化更多。过滤除菌按其机制不同而分为绝对过滤和深层过滤。绝对过滤是利用微孔滤膜，其孔隙直径小于 0.5μm，甚至小于 0.1μm（一般细菌大小为 1μm），将空气中的细菌除去，主要特点是过滤介质孔隙小于或大大小于被过滤的微粒直径。深层过滤又分为两种：①以纤维（棉花、玻璃纤维、尼龙等）或颗粒状（活性炭）介质为过滤层，这种过滤层比较深，其孔隙直径一般大于 50μm，即远大于细菌，因此这种除菌不是真正意义上的过滤作用，而是靠静电、扩散、惯性和阻截等作用将细菌截留在滤层中。②用超细玻璃纤维（纸）、石棉板、烧结金属板、聚乙烯醇、聚四氟乙烯等为介质，这种滤层比较薄，但是孔隙直径仍大于 0.5μm，因此仍属于深层过滤的范畴。

绝对过滤易于控制过滤后的空气质量，节约能量和时间，操作简便，是多年来受到国内外科学工作者注意和研究的问题。它是采用很细小的纤维介质制成，介质孔隙直径小于 0.5μm，如纤维素酯微孔滤膜（孔径≤0.5μm，厚度为 0.15nm）、聚四氟乙烯微孔滤膜（孔径为 0.2μm 或 0.5μm，孔率为 80%）。我国也已研制成功微孔滤膜，有混合纤维素酯微孔滤膜和醋酸纤维素微孔滤膜，后者的热稳定性和化学稳定性均比前者好。孔径为 0.45μm 的微孔滤膜，对细菌的过滤效率可达 100%，微孔滤膜用于滤除空气中的细菌和尘埃，除有滤除作用外，还有静电吸附作用。在空气过滤之前应将空气中的油、水除去，以提高微孔滤膜的过滤效率和使用寿命。

三、介质过滤除菌的材料及原理

（一）介质过滤除菌的材料

过滤介质是过滤除菌的关键，它的好坏不但影响介质的消耗、过滤过程动力消耗、操作劳动强度、维护管理等，而且决定设备结构、尺寸，还关系到运转过程的可靠性。过滤介质的要求是吸附性强、阻力小、空气流量大、能耐干热。过去的过滤介质一直采用棉纤维或玻璃纤维结合活性炭使用，由于缺点很多，因此近年来很多研究者正致力于新过滤介质的研究和开发，并已获得一定成绩。例如，超细玻璃纤维、各种合成纤维、微孔烧结材料和微孔滤膜等各种新型过滤介质，正在逐渐取代原有的棉花-活性炭过滤介质而得到开发应用。下面对各种过滤介质作以介绍。

1. 棉花　　棉花是最早使用的过滤介质，棉花随品种的不同，过滤性能有较大的差别，一般选用纤维细长且疏松的新棉花为过滤介质，同时是未脱脂的棉花（脱脂棉易于吸水而使体积变小），压缩后仍有弹性。棉纤维的直径为 16～21μm，装填时要分层均匀铺放，最后压紧，装填密度以 150～200kg/m³ 为宜。装填均匀是最重要的一点，必须严格做到，否则将会严重影响过滤效率。为了使棉花装填平整，可先将棉花弹成比筒稍大的棉垫后再放入器内。

2. 玻璃纤维　　作为散装充填过滤器的玻璃纤维，一般直径为 8～19μm，而纤维直径越小越好，但由于纤维直径越小，其强度越低，很容易断碎而造成堵塞，增大阻力。因此充填系数不宜太大，一般采用 6%～10%，它的阻力损失一般比棉花小。如果采用硅硼玻璃纤维，则可得到较细直径（0.5μm）的高强度纤维。玻璃纤维的过滤效率随填充密度和填充厚度增大而提高（表 4-18）。玻璃纤维充填的最大缺点是更换过滤介质时易造成碎末飞扬，使皮肤发痒，甚至出现过敏现象。

表 4-18　玻璃纤维的过滤效率

纤维直径 /μm	填充密度 /（kg/m³）	填充厚度 /cm	过滤效率	纤维直径 /μm	填充密度 /（kg/m³）	填充厚度 /cm	过滤效率
20	72	5.08	22%	18.5	224	10.16	99.3%
18.5	224	5.08	97%	18.5	224	15.24	99.7%

3. 活性炭　　活性炭有非常大的表面积，吸附力较强，通过吸附作用捕集微生物。通常采用直径为 3mm、长 5～10mm 的圆柱状活性炭。因其粒子间空隙很大，故阻力很小，仅为棉花的 1/12，但它的过滤效率很低。目前常与棉花联合使用，即在二层棉花中夹一层活性炭，以降低滤层阻力。活性炭的好坏还取决于它的强度和表面积，表面积小，则吸附性能差，过滤效率低；强度不足，则很容易破碎，堵塞孔隙，增大气流阻力，它的用量约为整个过滤层的 1/3～1/2。

4. 超细玻璃纤维纸　　超细玻璃纤维是利用质量较好的无碱玻璃，采用喷吹法制成的直径很小的纤维，直径仅为 1～2μm，纤维特别细小，不宜散装充填，而采用造纸的方法做成 0.25～1mm 厚的纤维纸。它所形成的网格孔隙直径为 0.5～5μm，比棉花小 10～15 倍，故具有高的过滤效率。超细玻璃纤维纸属于高速过滤介质。在低速过滤时，它的过滤机理以拦截扩散作用为主。当气流速度超过临界速度时，属于惯性冲击，气流速度越高，效率越高。生产上操作的气流速度应避开效率最低的临界气速。

超细玻璃纤维滤纸虽然有较高的过滤效率，但由于纤维细短，强度很差，容易受空气冲击而破坏，特别是受湿以后，这样细短的纤维间隙很小，水分在纤维间因毛细管表面力作用，使纤维松散，强度大大下降。为增加强度可采用树脂处理，用树脂处理时要注意所用树脂的浓度，树脂过浓，则会堵塞网格小孔，降低过滤效率和增加空气的阻力损失。一般只用 2%～5% 的 2124 酚醛树脂的 95% 乙醇溶液进行浸渍、搽抹或喷洒处理，可提高机械强度，防止冲击穿孔，但还能湿润，如果同时采用硅酮等疏水剂处理可防湿润，强度更大。采用加厚滤纸可提高强度，同时也可提高过滤效率，但增大了过滤阻力。

目前，国内多数都是多层复合使用超细纤维滤纸，目的是增加强度和进一步提高过滤效率。但实际上过滤效率并无显著提高，虽是多层使用，但滤层间并无重新分布空气的空间，故不可能达到多层过滤的要求。紧密叠合的多层滤纸，形成稍厚的超细纤维滤垫，过滤效率不但没有提高，反而大大增加压力损失。

超细纤维滤纸的一个很大的弱点就是抗湿性能差，一旦滤纸受潮，强度和过滤效率就会明显下降。目前已研制成 JU 型除菌滤纸，它是在制纸过程中加入适量疏水剂处理，起到抗油、水、蒸汽等作用。这种滤纸还具有坚韧、不怕折叠、抗湿强度高等特点；同时又具有很高的过滤效率和较低的过滤阻力等优点。但其机械强度较差，容污量也较小，一般用作分过滤器的过滤介质。

5. 烧结材料　　烧结材料过滤介质种类很多，有烧结金属（蒙乃尔合金、青铜等）、烧结陶瓷、烧结塑料等。制造时用这些材料微粒末加压成型，使其处于熔点温度下黏结固定，由于只是表面粉末熔融黏结，内部粒子间的间隙仍得以保持，因此形成的介质具有微孔通道，能起到微孔过滤的作用。还有采用烧结聚合物的材料，如聚乙烯醇过滤板（PVA）是以聚乙烯醇烧结基板。

目前我国生产的蒙乃尔合金粉末烧结板（或烧结管）是由钛锰合金金属粉末烧结而成，具有强度高、寿命长、能耐高温、使用方便等优点。它的过滤性能与孔径大小无关，而孔径又随粉末的粒度及烧结条件而异，一般为 5～10μm（压汞法测定），过滤效率中等。

6. 石棉滤板　　石棉滤板是采用 20% 的蓝石棉和 80% 的纸浆纤维混合打浆而成。由于纤维直径比较粗，纤维间隙比较大，虽然滤板较厚（3～5mm），但过滤效率还是比较低，只适宜用于分过滤器。其特点是湿强度较大，受潮时也不易穿孔或折断，能耐受蒸汽反复杀菌，使用时间较长。

7. 微孔滤膜　　随着科学技术的发展和发酵条件的不断提高，目前已研制成功一些新型的过滤介质，微孔滤膜便是其中的一种。微孔滤膜是由高分子聚合物经压制、热熔黏结或在适当溶剂、添加剂和成孔剂中成膜制成的薄膜，孔径均匀，过滤精度高，可达 0.1～0.01μm，小于菌体粒子，能有效地将其去除，可反复蒸汽灭菌，容尘空间大，折叠后制成的滤芯过滤面积大、阻力小、更换方便、处理量大，越来越普遍地用于分过滤器过滤介质，保证无菌空气的质量。使用微孔滤膜，必须同时使用粗过滤器，目的是先把空气中的大粒子固体物除去，减轻微孔滤膜的负荷和防止大颗粒堵塞滤孔。传统的棉花活性炭、超细玻璃纤维、维纶、金属烧结过滤器由于无法保证绝对除菌，且系统阻力大、装拆不便，已逐渐被新一代的微孔滤膜介质所取代。新型过滤介质的高容尘空间引出了"高流（high flow）"的概念，改变了以往过滤器单位过滤面积处理量低的状况。过滤介质被制成折叠式大面积滤芯，使过滤器的结构更为合理、装拆方便，从而被生物制药和发酵行业所接受。

表 4-19 列出了几种传统过滤器的适用条件及性能比较。表 4-20 列出了新一代微孔滤膜过滤器的适用条件及性能比较。

表 4-19　传统过滤器的适用条件及性能比较

过滤器类型	适用条件及性能
棉花-活性炭	可以反复蒸汽灭菌，但介质经灭菌后过滤效率降低，装拆劳动强度大，环保条件差。活性炭对油雾的吸附效果较好，故可作为总过滤器以去除油雾、灰尘、管垢和铁锈等
超细玻璃纤维纸	可以蒸汽灭菌，但重复次数有限，装拆不便，装填要求高，可作为终端过滤器，但不能保证绝对除菌
维纶	不需蒸汽灭菌，靠过滤介质本身的"自净"作用。要求有一定的填充密度和厚度，管路设计有一定要求，介质一旦受潮易失效。可作为总过滤器及微孔滤膜过滤器的预过滤
金属烧结介质	耐高温，可反复蒸汽灭菌，过滤介质孔隙直径为 5～30μm，过滤阻力小，可作为终端过滤器，但无法保证绝对除菌

表 4-20　新一代微孔滤膜过滤器的适用条件及性能比较

滤膜材料	适用条件及性能
硼硅酸纤维	亲水性，不需蒸汽灭菌，95% 容尘空间，过滤精度 1μm，介质受潮后处理能力和过滤效率下降；适合无油干燥的空压系统，可作为预过滤器，除尘、管垢及铁锈等；过滤介质经折叠后制成滤芯，过滤面积大、阻力小、更换方便、容尘空间大、处理量大
聚偏二氟乙烯	疏水性，可反复蒸汽灭菌，65% 容尘空间，过滤精度 0.01～0.1μm；可以作为无菌空气的终端过滤器；过滤介质经折叠后制成滤芯过滤面积大、阻力小、更换方便
聚四氟乙烯	疏水性，可反复蒸汽灭菌，85% 容尘空间，过滤精度 0.01μm，可 100% 去除微生物；可以作为无菌空气的终端过滤器，无菌槽、罐的呼吸过滤器及发酵罐尾气除菌过滤器；过滤介质经折叠后制成滤芯面积大、阻力小、更换方便

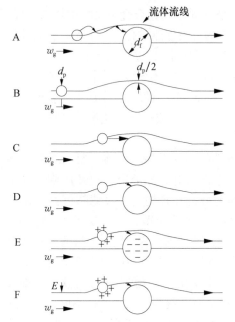

图 4-20　过滤除菌时各种除菌机理示意图
A：扩散；B：拦截；C：惯性；D：重力；E：静电；
F：外加电场。d_f 为纤维直径；d_p 为微粒直径；
E 为电场强度；ω_g 为空气流速

（二）介质过滤除菌的原理

过滤除菌的原理套用的是空气过滤理论。以棉花、玻璃纤维、尼龙等纤维类或者活性炭作为介质填充成一定厚度的过滤层，或者将玻璃纤维、聚乙烯醇、聚四氟乙烯、金属烧结材料制成过滤层，其介质间的孔隙大于被滤除的尘埃或微生物。那么悬浮于空气中的微生物菌体何以能被过滤除去呢？当气流通过滤层时，基于滤层纤维的层层阻碍，迫使空气在流动过程中出现无数次改变气速大小和方向的绕流运动，从而使微生物微粒与滤层纤维间产生撞击、拦截、布朗扩散、重力及静电引力等作用，将其中的尘埃和微生物截留在介质层内，达到过滤除菌的目的。图 4-20 所示为过滤除菌时各种除菌机理。

1. 布朗扩散截留作用　直径很小的微粒（小于 1μm）在很慢的气流中能产生不规则的直线运转，称为布朗扩散。布朗扩散的运动距离很短，在较快的气速、较大的纤维间隙中是不起作用的，但在很慢的气流速度和较小的纤维间隙中布朗扩散作用大大增加微粒与纤维的接触滞留机会。假设微粒扩散运动的距离为 x，则离纤维表面距离小于等于 x 的气流微粒会因为扩散运动而与纤维接触，截留在纤维上。布朗扩散截留作用的存在，往往使较小的微粒凝集为较大的微粒，大大增加了纤维的截留效率。

扩散作用捕集效率可用拦截作用捕集效率的经验公式计算，但其中微粒的直径则应以扩散距离代入计算，故得下式：

$$\eta_3 = \frac{1}{2(2.0 - \ln \mathrm{Re})}\left[2\left(1+\frac{x}{d_f}\right)\ln\left(1+\frac{x}{d_f}\right) - \left(1+\frac{x}{d_f}\right) + \frac{1}{1+\dfrac{x}{d_f}}\right] \tag{4-15}$$

式中，η_3 为布朗扩散运动捕集效率；x 为微粒扩散运动的最大距离（m）；Re 为气流的雷诺数；d_f 为纤维直径。

2. 拦截截留作用　在一定条件下，空气速度是影响截留速度的重要参数，改变气流的流速就是改变微粒的运动惯力。通过降低气流速度，可以使惯性截留作用接近于零，此时的气流速度称为临界气流速度。气流速度在临界气流速度以下，微粒不能因惯性截留于纤维上，截留效率显著下降，但实践证明，随着气流速度的继续下降，纤维对微粒的截留作用又回升，说明有另一种机理在起作用。

因为微生物微粒直径很小，质量很轻，它随气流流动慢慢靠近纤维时，微粒所在主导气流流线受纤维所阻改变流动方向，绕过纤维前进，并在纤维的周边形成一层边界滞留区。滞留区的气流流速更慢，进到滞留区的微粒慢慢靠近和接触纤维而被黏附截留。这种拦截滞留

作用对微粒的捕获效率 η_2 与气流的雷诺数和微粒同纤维的直径比的关系为

$$\eta_2 = \frac{1}{2(2.00 - \ln Re)}\left[2(1+R)\ln(1+R) - (1+R) + \frac{1}{1+R}\right] \qquad (4\text{-}16)$$

式中，η_2 为拦截截留作用对微粒的捕集效率；R 为微粒与纤维的直径比。

3. 惯性撞击截留作用　过滤器中的滤层交织着无数的纤维，并形成层层网格，随着纤维直径的减小和填充密度的增大，所形成的网格也就越细致、紧密，网格的层数也就越多，纤维间的间隙就越小。当含有微生物颗粒的空气通过滤层时，空气流仅能从纤维间的间隙通过，由于纤维纵横交错，层层叠叠，迫使空气流不断地改变运动方向和速度大小。空气中的微粒在运动中与气流具有一致的方向，当达到某一速度时，微粒具有了一定的惯性力。鉴于微生物颗粒的惯性大于空气，因而当空气流遇阻而绕道前进时，微生物颗粒不能及时改变运动方向，其结果便将撞击纤维并被截留于纤维的表面。图 4-21 表示的是一条纤维对气流的影响。

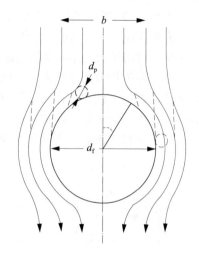

图 4-21　单纤维空气流线图
d_f 为纤维直径；d_p 为微粒直径；
b 为气流宽度；—空气流线；---颗粒流线

图 4-21 中纤维能滞留微粒的宽度区域 b 与纤维直径 d_f 之比，称为单纤维的惯性撞击捕获效率 η_1，即

$$\eta_1 = \frac{b}{d_f} \qquad (4\text{-}17)$$

纤维滞留微粒的宽度 b 的大小由微粒的运动惯性所决定，微粒的运动惯性越大，它受气流换向干扰越小，b 值就越大。同时实践证明，捕获效率是微粒惯性力的无因次准数 φ 的函数，关系为

$$\eta_1 = f(\varphi) \qquad (4\text{-}18)$$

准数 φ 与纤维的直径、微粒的直径、微粒的运动速度的关系为

$$\varphi = \frac{c p_p d_p v_0}{18 \mu d_f} \qquad (4\text{-}19)$$

式中，c 为层流滑动修正系数；v_0 为微粒（即空气）的流速（m/s）；d_f 为纤维直径（m）；d_p 为微粒直径（m）；p_p 为微粒密度（kg/m³）；μ 为空气黏度（N·s/m²）。

由式（4-19）可见，空气流速是影响捕获效率的重要参数。惯性撞击截留作用的大小取决于颗粒的动能和纤维的阻力，其中尤以气流的流速更为重要。惯性力与气流流速成正比，当空气流速过低时惯性撞击截留作用很小，甚至接近于零；当空气的流速增大时，惯性撞击截留作用起主导作用。

4. 重力沉降作用　重力沉降起到一个稳定的分离作用，当微粒所受的重力大于气流对它的拖带力时微粒就沉降。就单一的重力沉降情况来看，大颗粒比小颗粒作用显著，对于小颗粒只有气流速度很慢时才起作用。一般它是配合拦截截留作用的，即在纤维的边界滞留区内微粒的沉降作用提高了拦截截留的效率。

5. 静电吸引作用　空气在非导体物质进行相对运动时，由于摩擦会产生诱导电荷，

特别是纤维和树脂处理过的纤维更为显著。悬浮在空气中的微生物颗粒大多带有不同的电荷，当菌体所带的电荷与介质所带的电荷相反时，就会发生静电吸引作用。带电的微粒会受带异性电荷的物体吸引而沉降。此外表面吸附也归属于这个范畴，如活性炭的大部分过滤作用是表面吸附的作用。

在过滤除菌中，有时很难分辨上述各种机理各自所做出贡献的大小。随着参数（颗粒性质、介质性质、气流速度、尘埃或微生物和介质所带电荷）的变化，各种作用之间有着复杂的关系，目前还未能作准确的理论计算。当气流速度小时，惯性截留作用不明显，以重力沉降作用和布朗扩散的作用为主，此时随气流速度增大而降低，当气流速度增大到某个值时，除菌效率最低，此速度称为临界速度（V_c）。临界速度与纤维直径 d_f、微粒直径 d_p、气体物理性质有关。空气温度为 20℃，微粒密度 $\gamma_p = 1.0 \text{g/cm}^3$ 时，不同直径纤维的空气流速的临界速度见图 4-22。图 4-23 为空气流速对过滤效率的影响。

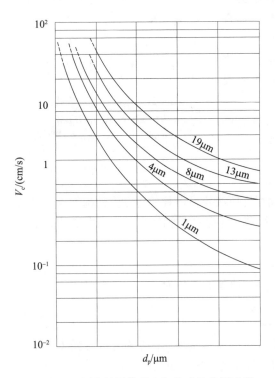

图 4-22　不同直径纤维的空气流速的临界速度

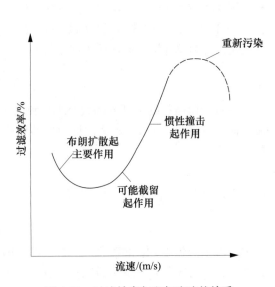

图 4-23　过滤效率与空气流速的关系

四、空气预处理

无菌空气制备的整个过程包括两部分内容：①对进入空气过滤器的空气进行预处理，达到合适的空气状态（温度、湿度）；②对空气进行过滤处理，以除去微生物颗粒，满足生物细胞培养需要。图 4-24 是空气除菌设备流程图，这一流程中空气过滤器以前的部分就是空气预处理过程。空气过滤除菌的工艺过程一般是将吸入的空气先经前过滤，再进空气压缩机，从压缩机出来的空气先冷却至适当的温度，经分离除去油水，再加热至适当的温度，使其相对湿度为50%～60%，再经过空气过滤器除菌，得到合乎要求的无菌空气。因此空气的预处理是保证空气过滤器效率能否正常发挥的重要部分。

空气预处理主要围绕两个目的来进行：①提高压缩空气的洁净度，降低空气过滤器的负荷；②去除压缩后空气中所带的油水，以合适的空气湿度和温度进入空气过滤器。

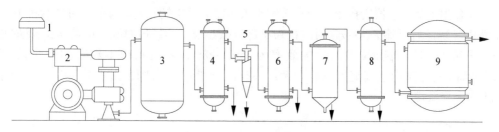

图4-24　空气除菌设备流程图

1. 粗过滤器；2. 空气压缩机；3. 空气贮罐；4，6. 空气冷却器；5. 旋风分离器；7. 丝网除沫器；8. 加热器；9. 空气过滤器

（一）采风塔

空气中的微生物通常不单独游离存在，而是依附在尘埃和雾滴上。提高压缩前空气的洁净度的主要措施是提高空气吸入口的位置和加强吸入空气的前过滤。一般认为，高度每上升10m，空气中的微生物量下降一个数量级，因此，空气吸入口一般都选在比较洁净处，并尽量提高吸入口的高度，以减少吸入空气的尘埃含量和微生物含量。在工厂空气吸入口的安装位置选择时，应选择在当地的上风口地点，并远离尘埃集中处，高度一般在10m左右，设计流速为8m/s，可建在空压机房的屋顶上。

（二）粗过滤器

吸入的空气在进入压缩机前先通过粗过滤器（或前置高效过滤器）过滤，可以保护空气压缩机，延长空气压缩机的使用寿命，滤去空气中颗粒较大的尘埃，减少进入空气压缩机的灰尘和微生物含量及压缩机的磨损，并减轻主过滤器的负荷，提高除菌空气的质量。对于这种前置过滤器，要求过滤效率高、阻力小、容尘量大，否则会增加压缩机的吸入负荷和降低压缩机的排气量。通常采用布袋过滤器、填料过滤器、油浴洗涤和水雾除尘装置等，流速为0.1～0.5m/s。

采用布袋过滤结构最简单，只要将滤布缝制成与骨架相同形状的布袋，紧套于焊在进气管的骨架上，并缝紧所有会造成短路的空隙。其过滤效率和阻力损失要视所选用的滤布结构情况和过滤面积而定。布质结实细致，则过滤效率高，但阻力大。采用毛质绒布效果较好，现多采用合成纤维滤布。气流速度越大，则阻力越大，且过滤效率也低。滤布要定期换洗，以减少阻力损失和提高过滤效率。

填料式粗过滤器一般用油浸铁回丝、玻璃纤维或其他合成纤维等作填料，过滤效率比布袋过滤稍好，阻力损失也较小，但结构较复杂，占地面积也较大，内部填料经常换洗才能保持一定的过滤作用，操作比较麻烦。

油浴洗涤装置是在空气进入装置后要通过油箱中的油层洗涤，空气中的微粒被油黏附而逐渐沉降于油箱底部而被除去，经过油浴的空气因带有油雾，需要经过百叶窗式的圆盘，分离较大粒油雾，再经过滤网分离小颗粒油雾后，由中心管吸入压缩机。这种洗涤器效果比较好，当有分离不彻底的油雾进入压缩机时也无影响，阻力也不大，但耗油量大。

水雾除尘装置是空气从设备底部进入，经上部喷下的水雾洗涤，将空气中的灰尘、微生物微粒黏附沉降，从器底排出。带有微细小水雾的洁净空气经上部过滤网过滤后排出，进入压缩机经洗涤后可除去大部分的微粒和小部分微小粒子，一般对 $0.5\mu m$ 粒子的除去效率为 $50\%\sim70\%$，对 $1.0\mu m$ 粒子的除去效率为 $55\%\sim88\%$，对 $5\mu m$ 以上粒子的除去效率为 $90\%\sim99\%$。洗涤室内空气流速不能太大，一般在 $1\sim2 m/s$，否则带出水雾太多，会影响压缩机工作，降低排气量。

（三）空气压缩机

为了克服输送过程中过滤介质等阻力，吸入的空气必须经空气压缩机压缩，目前常用的空气压缩机有涡轮式压缩机、往复式压缩机和螺杆式压缩机等。空气经压缩后，温度会显著上升，压缩比越高，温度也越高。由于空气的压缩过程可看作是绝热过程，因此压缩后的空气温度与被压缩后的压强的关系符合压缩多变公式。

涡轮式压缩机一般由电机直接带动涡轮，靠涡轮高速旋转时所产生的"空穴"现象吸入空气，并使空气获得高速离心力，再通过固定的导轮和涡轮形成机壳，使部分动能转变为静压后输出。涡轮式压缩机的特点是输气量、输出空气压力稳定、效率高、设备紧凑、占地面积小、输出的空气不带油雾等。在选择涡轮式压缩机时应选择出口压力较低但能满足工艺要求的型号，这样可以减少动力消耗。

往复式压缩机是靠活塞在汽缸内的往复运动而将空气抽吸和压出的，因此出口压力不够稳定，且汽缸内要加入润滑油以润滑活塞，这样又容易使空气中带进油雾。

螺杆式压缩机是容积式压缩机中的一种，空气的压缩是靠装置于机壳内相互平行啮合的阴阳转子的齿槽的体积变化而沿着转子轴线由吸入侧推向前排出侧，完成吸入、压缩、排气三个工作过程。螺杆压缩机具有优良的可靠性能，如机组质量轻、振动小、噪声低、操作方便、易损件少，运行效率高等。

（四）空气贮罐

空气贮罐的作用是消除空气压缩机排出空气量的脉动，维持稳定的空气压力，同时也可以利用重力沉降作用分离部分油雾。大多数是将贮罐紧接着空气压缩机安装，虽然由于空气温度较高，容器要求稍大，但对设备防腐、冷却器热交换都有好处。空气贮罐的结构较简单，是一个装有安全阀、压力表的空罐壳体，有些单位在罐内加装冷却蛇管，利用空气冷却器排出的冷却水进行冷却，提高冷却水的利用率。也有在贮罐内加装导筒，使进入贮罐的热空气沿一定路线流过，增加一定加热灭菌效果。

（五）空气冷却器

空气压缩机出口温度一般在 $120℃$ 左右，若将此高温压缩空气直接通入空气过滤器，会引起过滤介质的炭化或燃烧，而且还会增大培养装置的降温负荷，给培养过程温度的控制带来困难，同时高温空气还会增加培养液水分的蒸发，对微生物的生长和生物合成都是不利的，因此要将压缩空气降温。另外在潮湿地域和季节，空气中含水量较高，为了避免过滤介质受潮而失效，冷却还可以达到降湿的目的。用于空气冷却的设备一般有列管式换热器和翅板式换热器两种。列管式换热器进行冷却时，其传热系数大约为 105J/（$m^2 \cdot s \cdot K$）。翅板式换热器则以强制流动的冷空气冷却，其总传热系数可达 350J/（$m^2 \cdot s \cdot K$）。

一般中小型工厂采用两级空气冷却器串联来冷却压缩空气。在夏季，第一级冷却器可用循环水来冷却压缩空气，第二级冷却器采用9℃左右的低温水来冷却压缩空气。由于空气被冷却到露点以下会有凝结水析出，因此冷却器外壳的下部应设置排出凝结水的接管口。

（六）气液分离器

经冷却降温后的空气相对湿度增大，超过其饱和度时（或空气温度冷却至露点以下时），就会析出水来，使过滤介质受潮失效，因此压缩后的湿空气要除水，同时由于空气经压缩机后不可避免地会夹带润滑油，因此除水的同时尚需进行除油。在实际操作中，将空气压缩后，经过冷却，就会有大量水蒸气及油分凝结下来，经油水分离器分离后再通过过滤器。油水分离器有两类：①利用离心力进行沉降的旋风分离器；②利用惯性进行拦截的介质过滤器。旋风分离器是利用气流从切线方向进入容器，在容器内形成旋转运动时产生的离心力场来分离重度较大的微粒。介质过滤器是利用填料的惯性拦截作用，将空气中的水雾和油雾分离出来。填料的成分有焦炭、活性炭、瓷环、金属丝网、塑料丝网等，分离效率随表面积增大而增大。

（七）空气的加热

压缩空气冷却到一定温度，分去油水后，空气的相对湿度仍为100%，若不加热升温，只要湿度稍有所降低，便会再度析出水分，使过滤介质受潮而降低或丧失过滤效能。所以必须将冷却除水后的压缩空气加热到一定温度，使相对湿度降低，才能输入过滤器。压缩空气加热温度的选择对保证空气干燥、保证空气过滤器的除菌效率十分关键。一般来讲，降温后的温度与升温后的温度温差在10～15℃，即能保证相对湿度降低至一定水平，满足进入过滤器的要求。空气的加热一般采用列管式换热器来实现。

五、空气净化的工艺流程

空气净化一般是把吸气口吸入的空气先经过压缩前的过滤，然后进入空气压缩机。从空气压缩机出来的空气（一般压力在 1.96×10^5Pa 以上，温度120～150℃），先冷却到适当的温度（20～25℃）除去油和水，再加热至30～35℃，最后通过总过滤器和分过滤器除菌，从而获得洁净度、压力、温度和流量都符合要求的无菌空气。具有一定压力的无菌空气可以克服空气在预处理、过滤除菌及有关设备、管道、阀门、过滤介质等的压力损失，并在培养过程中能够维持一定的罐压。因此过滤除菌的流程必须有供气设备——空气压缩机，对空气提供足够的能量，同时还要具有高效的过滤除菌设备以除去空气中的微生物颗粒。要保持过滤器在比较高的效率下进行过滤，并维持一定的气流速度和不受油、水的干扰，则要有一系列的加热、冷却及分离和除杂设备来保证。空气过滤除菌有多种工艺流程，下面分别介绍几种较典型流程。

（一）空气压缩冷却过滤流程

图 4-25 是一个设备较简单的空气冷却过滤流程，它由空气压缩机、空气贮罐、空气冷却器和过滤器组成。它只能适用于那些气候寒冷、相对湿度很低的地区。由于空气的温度低，经压缩后它的温度也不会升高很多，特别是空气的相对湿度低，空气中绝对含湿量很小，虽然空气经压缩并冷却到培养要求的温度，但最后空气的相对湿度还能保持在 60% 以下，这就能保证过滤设备的过滤除菌效率，满足微生物培养对无菌空气要求。但是室外温度低到什么程度和空气的相对湿度低到多少才能采用这种流程，需要空气中的相对湿度来确定。

这种流程在使用涡轮式空气压缩机或无油润滑空气压缩机的情况下效果是好的，但采用普通空气压缩机时，可能会引起油雾污染过滤器，这时应加装丝网分离器先将油雾除去。

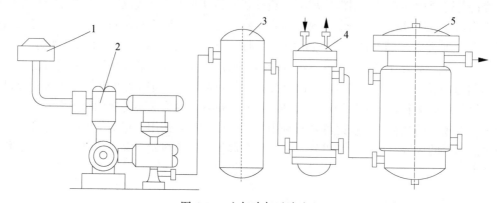

图 4-25　空气冷却过滤流程

1. 粗过滤器；2. 空气压缩机；3. 空气贮罐；4. 空气冷却器；5. 主过滤器

（二）两级冷却、加热的空气除菌流程

这是一个比较完善的空气除菌流程。它可以适应各种气候条件，能充分地分离空气中含有的水分，使空气在低的相对湿度下进入过滤器，提高过滤除菌效率。

这种流程的特点是两次冷却、两次分离、适当加热。两次冷却、两次分离油水的主要优点是可节约冷却用水，油和水雾分离除去比较完全，保证干过滤。经第一次冷却后，大部分的水、油都已结成较大的雾粒，且雾粒浓度比较大，故适宜用旋风分离器分离。第二级冷却器使空气进一步冷却后析出较小的雾粒，宜采用丝网分离器分离，这类分离器可分离较小直径的雾粒且分离效果好。经两次分离后，空气带的雾沫就较小，两级冷却可以减少油膜污染对传热的影响。图 4-24 为两级冷却、加热除菌流程示意图。

两级冷却、加热除菌流程尤其适用于潮湿地区，其他地区可根据当地的情况，对流程中的设备作适当的增减。

（三）高效前置过滤空气除菌流程

高效前置过滤空气除菌流程采用了高效率的前置过滤设备，利用压缩机的抽吸作用，使空气先经中、高效过滤后，再进入空气压缩机，这样就降低了主过滤器的负荷，经高效前置过滤后，空气的无菌程度已经相当高，再经冷却、分离，进入主过滤器过滤，就可获得无菌程度很高的空气。此流程的特点是采用了高效率的前置过滤设备，使空气经多次过滤，因而所得空气的无菌程度很高。图 4-26 为高效前置过滤空气除菌的流程。

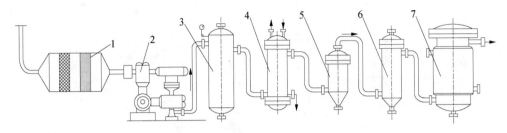

图 4-26　高效前置过滤空气除菌的流程

1. 高效前置过滤器；2. 空气压缩机；3. 空气贮罐；4. 空气冷却器；5. 丝网分离器；6. 加热器；7. 主过滤器

（四）利用热空气加热冷空气的流程

图 4-27 为利用热空气加热冷空气的流程。利用压缩后的热空气和冷却后的冷空气进行热交换，使冷空气的温度升高，降低相对湿度。此流程对热能的利用比较合理，热交换器还可兼作空气贮罐，但由于气-气换热的传热系数很小，加热面积要足够大才能满足要求。

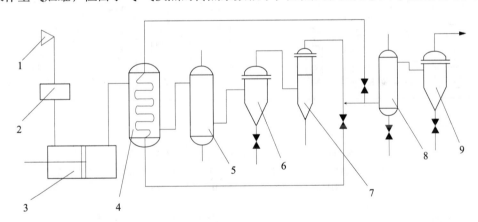

图 4-27　利用热空气加热冷空气的流程

1. 高空采风；2. 粗过滤器；3. 空气压缩机；4. 热交换器；5. 空气冷却器；6，7. 析水器；
8. 空气总过滤器；9. 空气分过滤器

（五）将空气冷却至露点以上的流程

图 4-28 是将空气冷却至露点以上的流程。该流程将压缩空气冷却至露点以上，使空气在相对湿度 60%～70% 及以下进入过滤器。此流程适合北方和内陆气候干燥地区。

（六）一次冷却和析水的空气过滤流程

图 4-29 为一次冷却和析水的空气过滤流程。该流程将压缩空气冷却至露点以下，析出部分水分，然后升温使相对湿度达到 60% 左右，再进入空气过滤器，采用一次冷却一次析水。

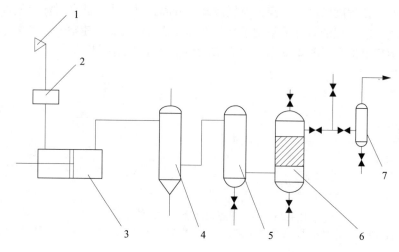

图4-28　将空气冷却至露点以上的流程

1. 高空采风；2. 粗过滤器；3. 空气压缩机；4. 空气冷却器；5. 空气贮罐；6. 空气总过滤器；7. 空气分过滤器

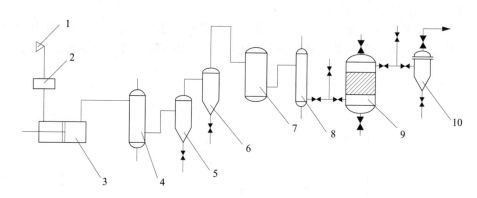

图4-29　一次冷却和析水的空气过滤流程

1. 高空采风；2. 粗过滤器；3. 空气压缩机；4. 空气冷却器；5，6. 析水器；7. 空气贮罐；
8. 加热器；9. 空气总过滤器；10. 空气分过滤器

（七）新型空气过滤除菌工艺流程

由于粉末烧结金属过滤器、薄膜空气过滤器等的出现，空气净化工艺流程发生了一些改变，如图4-30所示。采用两个过滤器 A Ⅰ和 A Ⅱ对大气中大量尘埃、细菌进行初级过滤，以提高空气压缩机进气口的空气质量。B Ⅰ是以折叠式面积滤芯作为过滤介质的总过滤器，具有过滤面积大、压力损耗小、在过滤效率的可靠性和安全使用寿命等方面优于棉花-活性炭总过滤器等优点。B Ⅱ处理后的净化空气基本达到无菌指标。C 端为高精度终端过滤器（GS-NB 型），使压缩空气进一步净化，过滤效率（0.01μm）为99.9999%。

以上几个除菌流程都是根据目前使用的过滤介质的过滤性能，结合环境条件，从提高过滤效率和使用寿命来设计的。

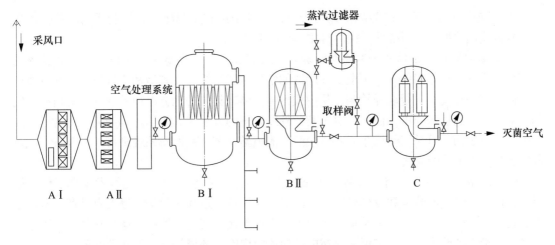

图4-30 新型空气过滤除菌工艺流程

AⅠ.袋式过滤器；AⅡ.折叠式过滤器；BⅠ.总过滤器；BⅡ.预过滤器；C.终端过滤器

第七节 预防噬菌体危害

噬菌体（bacteriophage）的感染力非常强，极易感染用于发酵的细菌和放线菌，传播蔓延的速度非常快，且很难防治，对发酵生产有巨大的威胁。

噬菌体是原核生物的"病毒"，非常微小，可以通过环境污染、设备的渗漏或死角、空气系统、培养基灭菌过程、补料、取样及其他操作过程进入发酵系统中。它的繁殖过程一般可以分为五个阶段，噬菌体吸附到寄主细胞上、噬菌体的头部核酸通过尾管注入寄主细胞中、以寄主细胞内物质为原料复制合成噬菌体自身的部件、完成组装、分泌酶水解细胞壁使细胞破裂。

还有一种温和的噬菌体，进入寄主细胞后，自身的DNA只整合到寄主的染色体上，并可长期随寄主DNA的复制而进行同步复制，因而在一般情况下不引起寄主细胞的裂解，该种被噬菌体感染但不裂解的菌种成为溶原菌。

1. 症状 菌体生长受到影响，发酵液光密度（OD值）不上升或回降；pH逐渐上升；氨利用停止；糖耗、温升缓慢或停止；产生大量泡沫，使发酵液呈黏胶状；镜检时菌体数量显著减少，甚至找不到完整菌体；发酵周期延长、产物生成量减少或停止等。菌体感染了噬菌体，导致发酵不正常进行，甚至倒罐。

2. 原因 环境污染噬菌体是造成噬菌体感染的主要根源。噬菌体在环境中分布很广，在土壤、空气、腐烂的有机物中均有存在。其传播的因素包括噬菌体、活体菌、两者的接触及适宜的生长环境。噬菌体是专一性的活菌寄生体，脱离了寄主，噬菌体不能自行生长繁殖，由于寄主菌体的大量存在，且噬菌体有相当强的耐干特性，有时噬菌体在脱离寄主菌体时也能够长期存活，因此，必须防止环境中的噬菌体进入发酵系统中。

3. 防治 噬菌体的防治是一项系统工程，从培养基的制备、培养基的灭菌、种子培养、空气净化系统、环境卫生、设备、管道、车间布局及职工工作的责任心等方面，分段把关，才能有效地防治噬菌体的危害。严禁活菌体排放，切断噬菌体的"根源"；做好环境卫生，消灭噬菌体与杂菌；严防噬菌体与杂菌进入种子罐或发酵罐内；抑制罐内噬菌体的生长；轮换使用菌种或使用抗性菌株。具体包括以下措施。

（1）定期检查噬菌体并采取有效措施消灭噬菌体　　当发酵生产中已经发现噬菌体的危害后，应立即在车间的各个工段及发酵罐的空气过滤系统、发酵液和排气口、污水排放处及车间周围的环境中进行取样检测，从中找出噬菌体较集中的地方继而采取相应的措施。例如，对种子室和摇床间可采用甲醛熏蒸及紫外线处理的方法消灭噬菌体和杂菌。对常用器皿及发酵罐体表面，可采用新洁尔灭及石炭酸溶液喷雾或擦洗。发酵系统则可采取改进空气过滤装置和蒸汽灭菌的方法。

（2）检查生产系统，消除各种不安全因素　　在发酵生产中，当连续发生噬菌体污染后，往往在空气过滤装置和发酵罐底部、内壁、夹层及管道和阀门接口等处容易存在蒸汽不能直接进入灭菌的死角，必须及早查出隐患，定期更换空气过滤器中过滤材料并改进工艺和设备，杜绝发酵液中的活菌和可能存在的噬菌体向周围的环境排放，彻底消除各种不安全因素，保证生产的正常进行。

（3）选育抗噬菌体菌株和轮换使用生产菌株　　选育抗噬菌体菌株是一种有效的手段，所获得的抗性菌株既要有较全面的抗性，又能保持原有的生产能力。对有的菌种在选育中很难做到既有抗性又能保持原有的生产能力。在可能情况下，针对噬菌体对侵染寄主具有专一性的特点，采用轮换使用生产菌株的方法，也可防止噬菌体的蔓延和危害，使生产得以正常进行。

4. 应急的挽救措施　　在发酵生产中发现噬菌体污染时，首先必须取样检查，并根据各种异常现象作出正确的判断，尽可能快地采取相应的挽救措施。常用的应急方法有以下几种。

1）加入少量药物用以阻止噬菌体吸附或抑制噬菌体蛋白质的合成及增殖。前者多是螯合剂，如草酸及柠檬酸等；后者是一些抗生素，仅适用于耐药的生产菌株，由于成本较高，无法在较大的发酵罐中使用。

2）当生产进行中污染了噬菌体时，可补入适量的新鲜发酵培养基或促使菌种生长的生长因子（如玉米浆、酵母膏等），有利于菌种生长，抑制噬菌体的增殖，使发酵得以顺利进行。

3）大量补接种子液或重新接种抗性菌种培养液，以便继续发酵至终点，防止倒罐，尽可能地减少因噬菌体污染所造成的损失。在补种之前也可对已感染噬菌体的发酵液低温灭菌。

复习思考题

1. 发酵异常的原因包括哪几个方面？
2. 工业上检查发酵系统是否染菌的方法有哪些？
3. 生产过程中，杂菌的污染途径有哪些？
4. 培养基灭菌的方法有哪些？
5. 为什么干热灭菌与湿热灭菌相比温度高、时间长？
6. 连续灭菌和分批灭菌相比有何优缺点？

7. 在相同的温度下，微生物的 k 值越小，说明耐热性越强。为什么？

8. 影响培养基灭菌的因素有哪些？

9. 试述工业上采用高温瞬时灭菌的理论依据。

10. 固体培养基的灭菌方法有哪些？

11. 试根据对数残留定律，简述如何确定培养基的灭菌时间。

12. 培养基灭菌过程中如何保护营养成分不受破坏而又达到灭菌的目的？

13. 发酵使用空气净化的标准是什么？

14. 列出空气除菌的方法，比较其优缺点。

15. 简述空气过滤除菌预处理的目的及工艺流程。

16. 介质过滤除菌的原理是什么？

17. 常用的过滤介质有哪些？有何特点？

18. 影响介质过滤除菌的因素有哪些？

19. 某制药厂现有一发酵罐，内装 80t 发酵培养基，在 121℃下进行分批灭菌。如果每毫升培养基中含有耐热的芽孢数为 2×10^7 个，在 121℃时灭菌速度常数为 $0.0287s^{-1}$。请问灭菌失败概率为 0.001 时所需的灭菌时间是多少？

20. 空气除菌流程中，空气为什么先要降温然后又升温？

21. 噬菌体污染的途径和危害是什么？

22. 如何预防噬菌体污染？

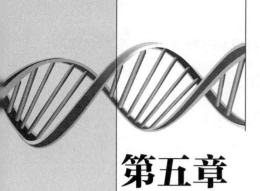

第五章　发酵机制及发酵动力学

　　由于微生物的种类、遗传特性和环境条件不同，微生物所能积累的产物不同，主要有微生物菌体、微生物酶和代谢产物。微生物具有极其精确的代谢控制系统，能确保细胞内所有生化反应有条不紊地进行和制止中间产物和终产物的过量积累。

　　微生物的代谢产物很多，主要有乙醇、丙酮-丁醇、有机酸、氨基酸、核苷酸类、蛋白质、抗生素、维生素、脂肪、多糖类等。这些产物中有些是某种微生物在一定的条件下所生成的，如乙醇、乳酸。也有许多产物是生理正常的微生物不能过量积累的，必须是具有特异的生理特征的微生物才能积累，人为地改变微生物的代谢调控机制，使有用中间代谢产物过量积累，这种发酵称为代谢控制发酵。

第一节　发酵工程微生物的基本代谢及产物

一、微生物初级代谢及产物

　　初级代谢是指微生物从外界吸收各种营养物质，通过分解代谢和合成代谢，生成维持生命活动所需要的物质和能量的过程。这一过程的产物，如糖、氨基酸、脂肪酸、核苷酸，以及由这些化合物聚合而成的高分子化合物（如多糖、蛋白质、酯类和核酸等），即初级代谢产物。

二、微生物次级代谢及产物

　　次级代谢是指微生物在一定的生长时期，以初级代谢产物为前体物质，合成一些对微生物的生命活动无明确功能的物质的过程，这一过程的产物，即次级代谢产物。也有人把超出生理需求的过量初级代谢产物看作次级代谢产物。次级代谢产物大多是一类分子结构比较复杂的化合物。其中重要的次级代谢产物包括抗生素、毒素、激素、色素等。

　　1. 抗生素　　抗生素是由某些微生物合成或半合成的一类次级代谢产物或衍生物，是能抑制其他微生物生长或杀死它们的化合物。抗生素主要是通过抑制细菌细胞壁合成、破坏细胞膜、作用于呼吸链以干扰氧化磷酸化、抑制蛋白质和核酸合成等方式来抑制微生物的生长或杀死它们。因此，抗生素是临床上广泛使用的化学治疗剂。

　　2. 毒素　　有些微生物在代谢过程中，能产生某些对人或动物有毒害的物质，称为毒素。微生物产生的毒素有细菌毒素和真菌毒素。

细菌毒素主要分为外毒素和内毒素两大类。外毒素是细菌在生长过程中不断分泌到菌体外的毒性蛋白质，主要由革兰氏阳性细菌产生，其毒力较强，如破伤风痉挛毒素、白喉毒素等。大多数外毒素不耐热，加热至70℃毒力即被破坏。内毒素是革兰氏阴性细菌的外壁物质，主要成分是脂多糖（LPS），因其在活细菌中不分泌到体外，仅在细菌自溶或人工裂解后才释放，故毒力较外毒素弱，如沙门菌属（*Salmonella*）、大肠杆菌属（*Escherichia*）某些种所产生的内毒素。大多数内毒素较耐热，许多内毒素加热至80～100℃ 1h才能被破坏。

真菌毒素是指存在于粮食、食品或饲料中由真菌产生的能引起人或动物病理变化或生理变态的代谢产物。目前已知的真菌毒素有数百种，有10余种能致癌，其中的2种是剧毒致癌剂，它们是由部分黄曲霉（*Aspergillus flavus*）产生的黄曲霉毒素 B_2 和由某些镰孢菌（*Fusarium* spp.）产生的单端孢霉烯族毒素 T-2。

3. 激素　　某些微生物能产生刺激动物生长或性器官发育的激素类物质，称为激素。目前已发现微生物能产生15种激素，如赤霉素、细胞分裂素、生长素等。

4. 色素　　许多微生物在生长过程中能合成不同颜色的色素。有的在细胞内，有的分泌到细胞外。色素是微生物分类的一个依据。微生物所产生的色素，根据它们的性状区分为水溶性和脂溶性色素。水溶性色素，如绿脓菌素、蓝乳杆菌（*Bacterium syncyaneum*）色素、荧光杆菌（*Fluorescent bacilli*）的荧光色素等。脂溶性色素，如八叠球菌属（*Sarcina*）的黄色素、灵杆菌（*B. prodigiosum*）的红色素等。有的色素可用于食品，如红曲霉属（*Monascus*）的红曲色素。

第二节　微生物代谢调控机制

微生物具有稳定的个体遗传组成，但是微生物能惊人地改变细胞组成和代谢作用，以适应环境的变化。微生物体内成千上万种酶和其他物质组成了一套完整的代谢调节机制。某一种物质的代谢往往需要经过若干步反应才能完成，前一步反应的产物成了后一步反应的底物，于是组成了一条反应链，反应链的各个酶构成了这条链的多酶体系。在多酶体系中，反应链的总速度取决于其中反应速度最慢的反应。反应链中速度最慢的反应即为限速步骤。多酶体系的第一步反应往往是限速步骤，它限制着反应链的全部反应。

微生物通过酶的诱导生成，以及对酶生成的阻遏或对酶活性的抑制，特别是对限速步骤的酶的影响，使细胞内物质代谢速度按照自身的需要加以变化，即使环境条件强烈变化也不让代谢物过多形成，从而保证了细胞内各种物质需要的平衡。

微生物细胞膜的渗透屏障可以使细胞保留某些代谢物和各种细胞组成物质，并有选择地吸收必需的营养物，而代谢调节可以防止细胞内超量形成生活必需的代谢物与大分子物质。如果能够人为地控制这些代谢物的合成和分泌，就可以使发酵工业得到增产。

微生物的代谢调节包括与酶生成有关的诱导作用、分解代谢物（降解物）的阻遏作用、合成代谢终产物的反馈阻遏作用、与酶的活性有关的合成代谢终产物的反馈抑制作用、酶的共价修饰作用、RNA合成的氨基酸调节及能量负荷调节等。在细胞内，这些调节方式往往密切配合、协调进行，以达到最佳调节效果。

一、微生物初级代谢的调节

（一）酶活性的调节

酶活性的调节是指通过对已存在酶的活性的改变，影响代谢速率。这是一种快速调节，依靠酶分子结构的改变而实现，主要方式有反馈抑制和酶的共价修饰两种，包括酶活性的激活和抑制两个方面。

1. 酶活性的激活   最常见的酶活性的激活是前体激活。它常见于分解代谢途径，即代谢途径中后面的反应可以被该途径较前面的一个产物所促进。例如，粪链球菌（*Streptococcus faecalis*）的乳酸脱氢酶活性被前体物质果糖-1，6-二磷酸所促进。

2. 酶活性的抑制   酶活性的抑制主要是反馈抑制。反馈抑制是指合成途径的末端产物（即终产物）过量时，这个产物对该途径前段的某一个酶活性的抑制现象。通常抑制的是反应途径的第一个酶。由于合成途径第一步反应的酶活性受抑制而下降，于是整个反应链的速度受到限制而降低。促使整个反应过程减慢或停止，从而避免了末端产物的过多累积。通过这种调节，合成途径最终产物的数量被控制在最适水平。反馈抑制是一种变构抑制，其机理与酶动力学中竞争性抑制的机理不同，其抑制剂是终产物，与底物在大小、形状或电荷方面不必相似，被抑制的酶是两个蛋白质亚基（带有活性中心的结合底物的亚基和具有结合反馈抑制剂的中心的调节亚基）组成的变构酶，终产物占据抑制中心，使酶分子改变构象，于是干扰了底物在酶的结合中心上的结合（变构作用），从而影响酶的活性。

（1）**直链式代谢途径中的反馈抑制**   直链式代谢途径的反馈抑制比较简单，过量的终产物抑制途径的第一个酶，就能很好地控制整个反应过程。但是生物合成大多数是分支式代谢途径，产生一种以上的终产物，其反馈抑制情况比较复杂。某一终产物的反馈调节将会妨碍其余终产物的形成，从而导致细胞中某些物质的缺乏。对于这种危机，微生物往往在分支式代谢途径上以多种调节方式避免其发生。合成代谢终产物对酶活性的反馈抑制，是一种最简单的反馈抑制类型。例如，大肠杆菌（*E. coli*）在合成异亮氨基酸时，当异亮氨酸过多时，可抑制途径中第一个酶苏氨酸脱氢酶的活性，从而使α-酮丁酸及其后一系列中间代谢产物都无法合成，最终导致异亮氨酸合成的停止（图5-1）。

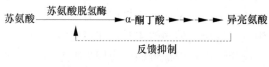

图 5-1 异亮氨酸对苏氨酸脱氢酶活性的反馈抑制

（2）**分支式代谢途径中的反馈抑制**   在有两种或两种以上的末端产物的分支代谢途径中，调节方式较为复杂。为避免在一个分支上的产物过多，影响另一分支上产物的供应，微生物有下列多种调节方式（图5-2）。

1）同工酶反馈抑制：同工酶（isoenzyme）是指能催化同一种化学反应，但其酶蛋白本身的分子结构组成有所不同的一组酶。同工酶调节的特点是在分支代谢途径中的第一个酶有几种结构不同的一组同工酶，每一分支代谢产生的终产物只对一种同工酶具有反馈抑制作用，只有当几种终产物同时过量时，才能完全阻止反应的进行。

2）协同反馈抑制：在分支代谢途径中，几种末端产物同时都过量时，才对途径中的第一个酶具有抑制作用。若某一末端产物单独过量则对途径的第一个酶无抑制作用。例如，多黏芽孢杆菌（*Bacillus polymyxa*）的天冬氨酸激酶受末端产物苏氨酸和赖氨酸协同反馈抑制，这种抑制在苏氨酸或赖氨酸单独过量存在时并不会发生。

3）累积反馈抑制：在分支代谢途径中，任何一种末端产物过量时都能对共同途径中第一个酶起抑制作用，而且各种末端产物的抑制作用互不干扰。当各种末端产物同时过量时，它们的抑制作用是累加的。

4）顺序反馈抑制：分支代谢途径中的两个末端产物，不能直接抑制代谢途径中的第一个酶，而是分别抑制分支点后的反应步骤，造成分支点上中间产物的积累，这种高浓度的中间产物再反馈抑制第一个酶的活性。因此，只有当两个末端产物都过量时，才能对途径中的第一个酶起到抑制作用。例如，枯草芽孢杆菌合成芳香族氨基酸的代谢途径就采取这种方式进行调节。

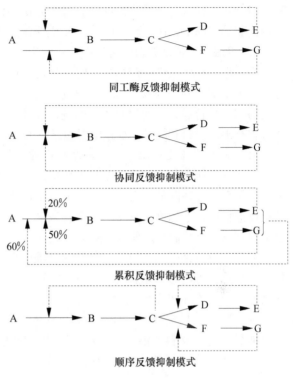

图 5-2 酶的反馈抑制调节模式
虚线表示反馈抑制

（二）酶合成的调节

酶合成的调节是指酶在数量上和种类上的调节。这是一种缓慢调节，通过改变酶分子合成的速度实现代谢速率的变化。这种调节共有两种方式：①酶生成的诱导，是指促进细胞内酶的合成；②代谢产物对酶生成的阻遏，是指细胞内酶的合成停止，包括分解代谢物阻遏和末端产物的反馈阻遏。

1. 诱导 凡是能促进酶生物合成的现象，称为诱导（induction）。根据酶的生成与环境中所存在的该酶底物或其有关物的关系，可把酶划分成组成酶（constitutive enzyme）和诱导酶（inducinle enzyme）两类。组成酶是细胞固有的酶类，其合成是在相应的基因控制下进行的，它不因分解底物或其结构类似物的存在而受影响。在微生物产生的数千种酶中，许多酶是细胞固有的酶（组成酶）。例如，催化葡萄糖转化为丙酮酸的各种酶，总是以相当大的浓度存在细胞中。

诱导酶是细胞为适应外来底物或其结构类似物而临时合成的一类酶，即只有当它的作用底物及其类似的化合物（诱导物）在培养基中存在时才被诱导形成。例如，许多分解代谢反应酶（降解酶）能因某些物质存在而增加成百上千倍。

能促进诱导酶产生的物质称为诱导物（inducer），它可以是该酶的底物，也可以是底物类似物或底物前体物质。底物是很好的诱导物，但最有效的诱导物常常是底物的类似物（这些物质不被酶作用或很少被酶作用）。例如，异丙基硫代-β-*D*-半乳糖苷诱导 β-半乳糖苷酶的生成比底物乳糖诱导的效果大 1000 倍。有时，产物也可以作酶的诱导物，如脂肪酸是脂肪酶的诱导物。此外，诱导物的前体有时也起诱导作用。诱导作用可保证能量与氨基酸不耗用在制造非必需酶上，而当环境中存在某种所需要的营养物时，才迅速地产生相应的酶。

2. 阻遏　凡是能阻碍酶生物合成的现象，称为阻遏（repression）。在微生物代谢过程中，当代谢途径中某末端产物过量时，除可以用反馈抑制的方式抑制代谢途径中关键酶的活性，减少末端产物的合成外，还可通过反馈阻遏作用来阻碍代谢途径中包括关键酶在内的一系列酶的生物合成，从而控制代谢的进行和减少末端产物的合成。反馈阻遏作用有利于生物体节省有限的养料和能量。反馈阻遏包括下面两种类型。

（1）末端产物反馈阻遏　末端产物反馈阻遏是指合成代谢途径末端产物过量时对参与该途径反应所需的一个或多个酶的生成起阻遏作用。由于反馈阻遏作用，酶的生成受到阻遏，于是反应速率降低，可见这种调节也可使终产物的数量控制在最适水平。但是，这种调节比反馈抑制调节速度慢得多。终产物浓度超过一定水平时，它必须调节酶的合成速度，而反馈抑制可以直接而快速地调节酶的活性。

末端产物反馈阻遏是对合成氨基酸、维生素、核苷酸及其他大分子物质的一种普遍调节作用。例如，嘌呤核苷酸的生物合成途径中终产物 AMP 和 GMP 反馈阻遏第一个酶［磷酸核糖基焦磷酸（PRPP）转氨酶］。

反馈阻遏与反馈抑制一样，也是通过对酶作用的影响，使代谢产物合成不过量，从而避免能量和有关材料的浪费。例如，菌体内维生素的需要量比氨基酸需要量少，如果产生维生素的酶和合成氨基酸的酶形成的数量相同，活性也一样，则会导致维生素无必要的过量合成。

（2）分解代谢物阻遏　分解代谢物阻遏是指细胞内同时存在两种碳源（或两种氮源）时，利用快的那种碳源（或氮源）会阻遏利用慢的那种碳源（或氮源）的有关酶合成的现象。分解代谢物阻遏作用，并非由于快速利用的碳源（或氮源）本身直接作用的结果，而是通过碳源（或氮源）在其分解过程中产生的中间代谢物质所引起的阻遏作用。例如，大肠杆菌（*E. coli*）在含有乳糖和葡萄糖的培养基上生长时，优先利用葡萄糖，并在葡萄糖耗尽后才开始利用乳糖，这就产生了在两个对数生长期中间隔着一个生长延迟期的"二次生长现象"（diauxic growth）。其原因是，葡萄糖分解的中间代谢产物阻遏了分解乳糖酶系的合成，这一现象又称为葡萄糖效应（图 5-3）。

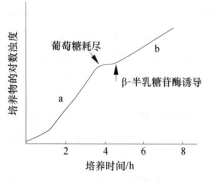

图 5-3　大肠杆菌在葡萄糖和乳糖混合碳源上的二次生长

a. 靠葡萄糖生长，葡萄糖阻遏 β-半乳糖苷酶的合成；b. 靠乳糖合成

如果其他分解代谢物作碳源，也可以发生阻遏作用。例如，柠檬酸作碳源会阻遏葡萄糖分解代谢酶的生成，这是一种对组成酶生成的阻遏作用。偶尔还有诱导物被迅速分解，其降解物发生阻遏作用的情况，如蔗糖阻遏转化酶的生成。

如果在产生分解代谢物阻遏时加入高效诱导物，则被阻遏的碳源降解酶仍会产生。因此，高效诱导物可以逆转分解代谢物的阻遏作用。可见，细胞中的诱导作用保证了诱导酶只有在基质存在时才产生，而分解代谢物的阻遏作用保证了几种基质同时存在时，只产生最合适的基质降解酶，其他基质的降解酶不产生，不致浪费能量和氨基酸去合成非必需酶。

（三）能量负荷调节

许多中间代谢反应都以 ATP 作为能量储存形式。所谓能量负荷调节，就是对利用 ATP 的合成代谢途径的酶活性或形成 ATP 的分解代谢途径的酶活性的调节，于是 ATP 含量的变化将引起与这些合成酶、分解酶相关的代谢反应的变化，由此调节某些产物的生物合成。例如，在金霉素的生物合成过程中，高浓度的 ATP 能控制糖代谢的一些关键分支酶活性。其中，磷酸果糖激酶、异柠檬酸脱氢酶受抑制，丙酮酸羧化酶、乙酰辅酶 A 羧化酶得到激活。

此外，在金霉素的生物合成过程中，菌体在生长期，胞内 ATP 的浓度很高，金霉素的合成因无机磷酸盐的存在而显著减少；直到磷酸盐耗尽才开始金霉素的合成，ATP 的含量迅速下降，并一直维持在较低水平。同样，其低产菌株（200μg/mL）的 ATP 含量始终比高产菌株（2000μg/mL）的 ATP 含量高 2～4 倍，且 ATP 浓度的高峰要高得多。所有这些都说明细胞内 ATP 含量很可能是调控抗生素基因表达的一种效应剂；磷酸盐的有害作用并不是磷酸酶的反馈抑制或阻遏的缘故，而是过量磷酸盐引起高能负荷抑制生物合成。

二、微生物次级代谢的调节

次级代谢产物的合成，至少有一部分取决于与初级代谢产物无关的遗传物质，并和由这类遗传物质信息形成的酶所催化的代谢途径有关，它们多数是菌株所特异的。其调节方式有下列几种。

（一）初级代谢对次级代谢的调节

次级代谢与初级代谢类似。它在调节过程中也受到酶活性的激活和抑制及酶合成的诱导和阻遏。次级代谢产物的生物合成途径是初级代谢产物生物合成途径的延长或者分支。由于次级代谢以初级代谢产物为前体，因此次级代谢必然会受到初级代谢的调节。例如，青霉素的合成会受到赖氨酸的强烈抑制，而赖氨酸合成的前体 α-氨基己二酸可以缓解赖氨酸的抑制作用，并能刺激青霉素的合成。这是因为 α-氨基己二酸是合成青霉素和赖氨酸的共同前体，如果赖氨酸过量，它就会抑制这个反应途径中的第一个酶，导致 α-氨基己二酸的产量减少，从而进一步影响青霉素的合成（图 5-4）。

（二）分解代谢物的调节控制

次级代谢产物一般在菌体对数生长后期或稳定期合成。这是因为在菌体生长阶段，快速利用的碳源的分解物阻遏了次级代谢酶系的合成。因此，只有在对数生长后期或稳定期，这类碳源被消耗完之后，解除了阻遏作用，次级代谢产物才能得以合成。例如，葡萄糖分解物阻遏了青霉素环化酶的合成，使它不能把 α-氨基己二酸-半胱氨酸-缬氨酸三肽转化为青霉素 G。分解代谢物对次级代谢的影响特别大。迄今研究过的所有参与次级代谢产物合成途径的酶都受分解代谢物的阻遏，如合成放线菌素的四种酶和合成头孢菌素的三种酶，参与嘌呤霉素生物合成过程的所有酶都受葡萄糖的阻遏。

1. 碳源分解代谢物的调节

（1）环腺苷酸在调节次级代谢产物合成中的作用　　环腺苷酸（cAMP）和 cAMP 受体

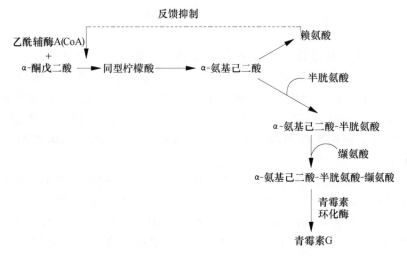

图 5-4　产黄青霉（*Penicillium*）合成青霉素与赖氨酸的关系

蛋白（CRP）不是分解代谢物阻遏作用的唯一介入者，还有一种与 cAMP 无关的分解代谢物调制因子（CMF）也会干扰操纵子的表达。因而有人提出，微生物细胞中存在分解代谢物阻遏作用的两重调节假说，由 CMF 施加的反向控制和 cAMP 施加的正向控制。

有人认为，在这类微生物中可能有一类高度磷酸化的核苷酸，代替 cAMP 参与分解代谢物阻遏的正向控制作用。因为这种化合物在受阻遏的细胞中不存在，但在未受阻遏的细胞中堆积。cAMP 不能逆转葡萄糖对青霉素合成的阻遏作用，但可以解除葡萄糖对卡那霉素链霉菌中 N-乙酰-卡那霉素氨基水解酶的阻遏作用，灰色链霉菌细胞中的 cAMP 含量跌到生长期峰值的 10% 后，链霉素的合成才开始。这些说明高浓度的 cAMP 并不能逆转碳源分解代谢物对抗生素合成的阻遏作用，相反，它却关闭了参与抗生素合成的酶的合成。

（2）碳源分解代谢物对次级代谢产物生物合成的影响　　许多次级代谢产物的合成受葡萄糖的抑制，表 5-1 列出了一些受葡萄糖抑制的抗生素生产。葡萄糖引起的抑制作用并不是葡萄糖本身的直接作用，而是葡萄糖作为一种易被利用碳源促进了抗生素产生菌的生长所致。抗生素的产率与菌体生长速率大致成反比。除而葡萄糖外，凡是能够促进抗生素产生菌迅速生长的碳源，也能够抑制抗生素等次级代谢产物的合成作用。

表 5-1　受葡萄糖抑制的抗生素生产

抗生素	产生菌	抗生素	产生菌
放线菌素	抗生素链霉菌	卡那霉素	卡那霉素链霉菌
杆菌肽	地衣芽孢杆菌	丝裂霉素	头状链霉菌
头孢菌素	顶头孢霉	链霉素	灰色链霉菌
氯霉素	委内瑞拉链霉菌	青霉素	产黄青霉

2. 氮源分解代谢物的调节

（1）氮源与次级代谢产物的合成　　有些抗生素的合成受氨和其他能被迅速利用的氮源的阻遏。例如，红霉素的合成在氮受限制的情况下可一直进行到发酵液中的氮源耗竭为止。如在生产过程中添加易利用的氮源，红霉素的合成会立即停止。青霉素发酵常采用玉米浆的原因之一就是，其中氮源的分解速率正好满足菌的生长和合成产物的需要。黄豆饼粉降解成氨基酸或氨的速度很慢，不至于抑制抗生素的合成，因此抗生素工业发酵常采用它作为氮源。

（2）初级氮代谢物及铵盐的调节　　某些氨基酸除了直接参与生长和作为次级代谢产物的前体外，还有调节次级代谢产物合成的功能。例如，向麦角碱产生菌的发酵液添加色氨酸，可诱导麦角碱生物合成的第一个酶（二甲烯基丙基色氨酸合成酶）的合成，增加该酶的活力。甲硫氨酸提高头孢菌素 C 产量的作用也是一种调节效应，而不是作为硫源。研究表明，谷氨酰胺合成酶（GS）与丙氨酸脱氢酶（ADH）的比值与利福霉素 SV 的产量存在正相关性。氨浓度高时，其比值小，利福霉素 SV 的发酵单位也低。谷氨酰胺是利福霉素 SV 的芳香部分 3-氨基-5-羟基苯甲酸（GN）的氨基给体。从 GS 水平与利福霉素合成的正相关性推测，高活性的 GS 为谷氨酰胺合成，进而为 GN 的合成创造了有利条件，并有助于利福霉素的合成。为了获得在 GN 合成中耐色氨酸、铵离子反馈调节与利福霉素合成中耐终产物反馈调节的突变株，筛选的耐氯化铯和色氨酸的突变株，获得了部分解除反馈调节的突变株，产量提高 10%。

3. 磷酸盐的调节作用　　磷酸盐是很重要的抗生素产生菌的生长限制养分。在四环素、杀念珠菌素、万古霉素等许多抗生素的生物合成中只要发酵液中的磷酸盐未耗竭，菌的生长就继续进行，几乎没有抗生素合成；一旦磷酸盐耗竭，抗生素合成便开始。即使抗生素的合成已在进行，若向发酵液添加磷酸盐，抗生素的合成会迅速终止。绝大多数抗生素的工业生产在限制无机磷的条件下进行，磷酸盐浓度在 0.3～300mmol/L 内不会妨碍细胞的生长，但无机磷浓度超过 10mmol/L 时，许多抗生素和其他次级代谢产物的生物合成便受到抑制。磷酸盐过量对生产不利，但过少会影响菌的生长。因为抗生素总的合成量取决于产生菌细胞的数量和比生产速率。磷酸盐的调节作用可归纳如下。

（1）无机磷促进初级代谢，抑制次级代谢　　无机磷在很多初级代谢过程中作为一种反应因子，除控制抗生素产生菌的 DNA、RNA 和蛋白质的合成外，也控制糖的代谢、细胞的呼吸和胞内 ATP 水平。大量事实表明，磷是微生物进行平衡生长的限制因素之一。在磷充足时细胞生长处于平衡状态，次级代谢被抑制；在磷的供应不足时细胞生长处于不平衡状态，次级代谢便被激活。

（2）无机磷对比生长速率、产物合成速率的影响　　生二素链霉菌的螺旋霉素的生产能力受其生长速率的影响，而生长速率又取决于初磷浓度。螺旋霉素的比生长速率（随初磷浓度升高）与比生产速率成反比，而菌的生产能力在初磷浓度为 1.8mol/L 时最强。试验发现在1.8mmol/L 浓度下，发酵 40h 菌丝体干重只有约 1.2g/L，而发酵 40～144h，生长继续增长到约 3.3g/L，螺旋霉素在此期间迅速合成，从零增长到约 90mg/L。

（3）无机磷与糖分解代谢途径的关系　　无机磷浓度增加时戊糖磷酸途径的代谢活性降低，而糖酵解途径的活性大幅度提高。在某些情况下酵解作用的抑制剂（如氟化物、碘乙酸、硫氰酸苄酯）会刺激金霉素的合成。由于戊糖磷酸途径是提供 $NADPH_2$ 的主要途径，$NADPH_2$ 不足就会影响次级代谢产物的合成。对于含芳香环结构的次级代谢产物，如戊糖磷酸途径受阻就会造成芳香化合物的前体赤藓糖-4-磷酸的不足，从而影响这类次级代谢产物的合成。

（4）磷限制次级代谢产物合成的诱导物的合成　　有些物质在生长期加入发酵培养基中会诱导次级代谢产物的形成，而在生产期加入，则对产物形成没有任何影响。这说明它们不是次级代谢产物的前体或激活剂，而是一种诱导剂。色氨酸是麦角碱的前体，也是麦角碱的诱导物。磷通过抑制麦角碱合成的诱导物的生成来抑制麦角碱的生物合成。过量的磷引起色氨酸量减少可以解释为磷过量使糖的戊糖磷酸降解途径受到抑制，而造成色氨酸的合成因缺乏前体赤藓糖-4-磷酸而受到抑制。

（5）过量的磷抑制次级代谢产物前体的形成　　四环素、多烯类抗生素和非多烯类大环内酯及其他聚酮类抗生素等通过乙酰 CoA 和丙二酰 CoA 的缩合形成的抗生素，对过量的磷是极其敏感的，金霉素高产菌株的三羧酸循环途径的酶的活性比低产菌株的低，由于这种抗生素生物合成所需的三碳中间产物不是通过三羧酸循环产生的，在磷过量时菌株呼吸加强，使生物大分子合成量增加，因此三羧酸循环途径的活性也增加。这样一来，能供给抗生素合成的中间产物量就减少了。

（6）磷抑制或阻遏次级代谢产物合成所必需的磷酸酯酶　　链霉素、紫霉素、新霉素等的合成途径中的中间产物都是磷酸化的化合物，因此，在它们的生物合成中必须有磷酸酯酶参与。链霉素的生物合成对磷极其敏感，在链霉胍的形成中至少有三个需磷酸酯酶参与的步骤：

$$D\text{-肌型-肌醇-1-P} \longrightarrow D\text{-肌型-肌醇} + Pi$$
$$O\text{-磷酸-}N\text{-脒基-青蟹型肌胺} \longrightarrow N\text{-脒基-青蟹型肌醇胺} + Pi$$
$$6\text{-磷酸链霉素} \longrightarrow 链霉素 + Pi$$

在过量无机磷酸盐存在下，灰色链霉菌的培养基中大量积累无抗菌活性的链霉素磷酸酯。链霉素磷酸酯酶是一种在链霉素合成期才出现的酶，而且只有能合成链霉素的菌株中才具有这种酶，其活性受磷酸的抑制，但其合成不受磷的阻遏。

（三）诱导作用及终产物的反馈抑制

1. 参与次级代谢产物合成作用的酶诱导作用　　许多研究工作表明，参与抗生素类次级代谢产物的合成的酶是通过诱导作用合成的。目前只研究过少数与抗生素合成有关的酶，这主要是因为它们在细胞中的量很少，不易分离提纯，而且这些酶只在生长期转到次级代谢产物生产期时才在细胞中出现。试验证明，具有诱导作用的物质只有在菌体的生长末期加入时对次级代谢产物的合成才有作用；在生产菌的旺盛生长期或次级代谢产物合成期加入则不起作用。这些事实证明次级代谢产物合成酶类是通过诱导产生的，并且参与次级代谢作用的酶的合成也与菌体的生长速率有关。因此，菌体生长速率的降低也是一种诱导因素。首先，这表明细胞生长受到外界环境条件（多是营养条件）的限制，说明为细胞生长繁殖而进行的初级代谢活动已不能平衡地进行，结果造成一些中间产物积累，从而诱导参与次级代谢的酶的合成。其次，细胞生长速率下降时可能会使细胞内已合成的生物大分子物质的转化作用加强，造成具有诱导作用的低分子物质的浓度升高而产生诱导作用。例如，巴比妥虽不是利福霉素的前体，也不掺入利福霉素，但具有促进将利福霉素 SV 转化为利福霉素 B 的能力。同样，次级代谢终产物的过量积累也能像初级代谢那样，反馈抑制其酶的活性。例如，用委内瑞拉链霉菌（*Streptomyces venezuelae*）产生氯霉素，当氯霉素大量积累时，则芳香胺合成酶受到终产物氯霉素的反馈抑制，活性急剧下降，影响了氯霉素的生物合成。

2. 初级代谢的末端代谢产物反馈抑制作用　　在生长期结束时，胞内初级代谢途径的中间产物或末端产物，对次级代谢产物合成酶产生诱导作用，从而启动次级代谢活动。这就为初级代谢产物开辟了一条避免在胞内积累的通道。因其积累不仅会产生有害作用，也会因反馈抑制作用关闭其合成途径。次级代谢的进行把积累的初级代谢产物转化为次级代谢产物，便可以消除这种反馈抑制作用。

向发酵液中添加次级代谢产物的前体，并不一定能够促进次级代谢产物的合成，其原因可能有四个：①前体物质可能不能被细胞吸收，或者不能到达次级代谢产物合成的部位；②添加的物质可能对细胞本身的合成产生反馈抑制作用，而添加的物质又不是次级代谢合成所需的直接前体；③添加的前体不是次级代谢产物合成过程中起限制作用的物质；④次级代谢产物合成过程的启动包含几种控制机制。除上面提到的调节机制外，尚有两种机制：一种是细胞中的一些小分子效应物起辅阻遏物或抑制剂的作用，只有当这些辅阻遏物或抑制剂被初级代谢耗竭后，次级代谢产物的合成才被启动。这种调节机制可用来解释碳源分解代谢物的调节、氮源分解代谢物的调节和磷酸盐的控制作用。另一种是细胞在次级代谢启动前，必须合成一类起诱导作用或激活作用的物质，在链霉素和利福霉素生物合成中分别起重要作用的 A 因子和 R 因子就是这类物质。

三、微生物发酵中的代谢调控

在发酵工业中，为了大量积累人们所需要的某一代谢产物，常人为地打破微生物细胞内的自动代谢调节机制，使代谢朝人们所希望的方向进行，这就是所谓的代谢调控。例如，把色氨酸加入生物碱的发酵液中，以诱导参与生物碱合成酶的生成。为了避免磷对参与次级代谢产物合成的磷酸酯酶的阻遏作用，在发酵液中应特别注意限制磷的含量。为了避免葡萄糖等能被迅速利用的糖类对参与次级代谢产物合成酶类的阻遏作用，可通过分批流加的方式将其缓慢地加入发酵液中，然而，次级代谢产物合成的每一种调控机制都是由生产菌的遗传特性决定的。因此，诱变作用对于次级代谢产物的生产有着非常重要的作用。例如，通过诱变作用使菌株缺失一种在代谢过程中起关键作用的酶，然后再通过诱变作用使之发生回复突变，从而得到对细胞代谢调控不敏感的高产菌株。这一原理同样可用于次级代谢过程的人工调控。其方法是，首先将抗生素产生菌诱变成为不产抗生素的突变体，然后再使之发生回复突变，从而得到高产抗生素的优良菌株。当次级代谢产物自身对生产菌是一种代谢抑制剂时，通过选育对次级代谢产物具有抗性的菌株，也可以使之高产，这种方法已经在链霉素和其他抗生素的优良生产株的选育过程中得到应用。

常用的控制微生物发酵途径的方法有控制发酵条件、改变细胞膜的通透性及改变微生物的遗传特性等。

（一）控制发酵条件

微生物发酵过程中，发酵条件既影响菌体的生长，又影响代谢产物的合成。例如，谷氨酸发酵时，发酵条件不同，合成的代谢产物也不同（表 5-2）。

表 5-2　不同发酵条件对谷氨酸产生菌代谢方向的影响

发酵条件	代谢方向
通气	乳酸或琥珀酸 $\underset{\text{不足}}{\overset{\text{适量}}{\rightleftharpoons}}$ 谷氨酸
NH_4^+	α-酮戊二酸 $\underset{\text{不足}}{\overset{\text{适量}}{\rightleftharpoons}}$ 谷氨酸 $\underset{\text{过量}}{\overset{\text{适量}}{\rightleftharpoons}}$ 谷氨酰胺
pH	谷氨酰胺+N-乙酰谷氨酰胺 $\underset{\text{酸性}}{\overset{\text{中性、弱碱性}}{\rightleftharpoons}}$ 谷氨酸
磷酸	缬氨酸 $\underset{\text{不足}}{\overset{\text{适量}}{\rightleftharpoons}}$ 谷氨酸
生物素	乳酸或琥珀酸 $\underset{\text{过量}}{\overset{\text{亚适量}}{\rightleftharpoons}}$ 谷氨酸

（二）改变细胞膜的通透性

微生物的细胞膜对物质的通透性具有选择性，细胞内的代谢产物不能随意通过细胞膜而分泌到细胞外。一些代谢产物累积在细胞内，而过量的代谢产物就会通过反馈抑制作用而控制代谢产物的进一步合成。如果能够改变细胞膜通透性，使代谢产物不断地分泌到细胞外，就能解除终产物的反馈抑制作用，增加发酵产量。

例如，在谷氨酸发酵中，如果将生物素浓度控制在亚适量，可以增加谷氨酸棒杆菌（*Corynebacterium glutamicum*）细胞膜的通透性，使谷氨酸不断地分泌到细胞外。由于解除了过量谷氨酸对谷氨酸脱氢酶的反馈抑制，因此提高了谷氨酸产量。

生物素影响细胞膜通透性是由于它是脂肪酸生物合成中乙酰 CoA 羧化酶的辅基，此酶可催化乙酰 CoA 的羧化，并生成丙二酰 CoA，进而合成细胞膜磷脂的主要成分——脂肪酸。因此，控制生物素的含量就可以影响细胞膜的成分，从而改变细胞膜的通透性。反之，如果培养基内生物素含量丰富，乙酰 CoA 羧化酶的活性正常，使细胞合成完整的细胞膜，结果限制了谷氨酸向细胞外分泌，产生了末端产物的反馈抑制作用，进而影响谷氨酸的进一步合成。

应用谷氨酸生产菌油酸缺陷型菌株在限量添加油酸的条件下，也能使谷氨酸不断地分泌到细胞外，提高谷氨酸产量。这是因为油酸是含单烯的不饱和脂肪酸，是细菌磷脂的重要脂肪酸。因此油酸缺陷型菌株不能合成油酸，就影响了细胞膜的完整性，增加了细胞膜的通透性，提高了谷氨酸产量。

（三）改变微生物的遗传特性

促进微生物代谢产物大量积累的另一重要途径是改变微生物的遗传特性，影响细胞原有的代谢调控机制，常用的方法是选育营养缺陷型菌株，解除终产物的反馈抑制和反馈阻遏作用，或者选育抗反馈调节突变株，使细胞内的调节酶不受过量的终产物的反馈阻遏，从而提高发酵产量。

1. 利用营养缺陷型菌株 氨基酸发酵生产中，多数利用营养缺陷型菌株。例如，利用谷氨酸棒杆菌高丝氨酸缺陷型菌株进行赖氨酸发酵。赖氨酸是通过分支途径合成的，它的前体是天冬氨酸。天冬氨酸先经天冬氨酸激酶催化，生成天冬氨酸磷酸，再经一系列反应，最后合成三个产物：苏氨酸、甲硫氨酸和赖氨酸。其中苏氨酸和赖氨酸协同反馈抑制共同途径的第一个酶——天冬氨酸激酶的活性。如果使用高丝氨酸缺陷型菌株，由于该菌株高丝氨酸脱氢酶缺陷，因此丧失了合成高丝氨酸的能力，也就不能合成苏氨酸，从而也解除了对天冬氨酸激酶的协同反馈抑制，这样就能大量合成赖氨酸（图5-5）。

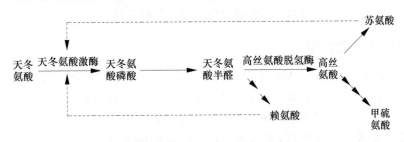

图 5-5　谷氨酸棒杆菌的代谢调节与赖氨酸生产

2. 选育抗反馈调节的突变株 解除微生物的代谢调控，使发酵产物积累的另一个方法是选育抗反馈调节的突变株，这种突变株也称为抗代谢类似物变异株。

微生物生长时常需要一些代谢物，如氨基酸、维生素、嘌呤和嘧啶化合物等用于细胞的生物合成。如果将这些代谢物的结构类似物（抗代谢物）添加于培养基内，由于它可以和正常的代谢物竞争同一酶系，因此微生物不能够再将正常的代谢物用于细胞的生物合成，结果使菌体不能正常生长。如果将菌体诱变，获得在抗代谢物存在时也能够正常生长的突变株，则证明该突变株的有关酶系对某抗代谢物已不敏感了。在一般情况下，该突变株的有关酶系对相应的代谢物也不敏感了，这样也就解除了某些代谢物对有关酶系的反馈抑制和阻遏。

例如，利用苏氨酸和异亮氨酸的结构类似物 α-氨基-β-羟基戊酸（AHV）培养钝齿棒杆菌（*C. crenatum*）时，由于 AHV 干扰了该菌株的高丝氨酸脱氢酶、苏氨酸脱氢酶及二羧酸脱水酶的作用，因此该菌不能正常生长。采用亚硝基胍进行诱变，结果获得了抗 AHV 的能够产苏氨酸和异亮氨酸的突变株。研究发现，这些突变株的高丝氨酸脱氢酶或苏氨酸脱氢酶和二羧酸脱水酶的结构基因发生了突变，所以不再受苏氨酸或异亮氨酸的反馈抑制，因而可大量积累苏氨酸和异亮氨酸。

第三节　微生物发酵动力学

发酵动力学主要是研究微生物生长、发酵产物合成、底物消耗之间动态定量关系，确定微生物生长速率、发酵产物合成速率、底物消耗速率及其转化率等发酵动力学参数特征，以及各种理化因子对这些动力学参数的影响，并建立相应的发酵动力学过程的数学模型，从而揭示微生物发酵过程动力学特征及其变化规律，用于指导发酵过程优化与控制。因此，发酵动力学研究是基于整个发酵体系中微生物细胞群体展开，包括发酵体系中生长细胞、休眠细胞（休止期细胞或静止期细胞）及死亡细胞等几种类型的细胞群体形成产物过程的定量研究。

　　发酵动力学研究内容主要针对微生物发酵的表观动力学，通过研究微生物群体的生长、代谢，定量反映细胞群体酶促反应体系的宏观变化速率，主要包括细胞生长动力学、底物消耗动力学、产物合成动力学。重点定量研究底物消耗与细胞生长、产物合成的动态关系，分析参数变化速率，优化主要影响因素。但研究过程中将涉及分子、细胞和反应器三个层次的研究方法，达到认识微生物本质特征、解决发酵工业问题的目的。

　　发酵可作为分批、连续和补料分批过程进行，操作模式在很大程度上取决于生产的产品类型。本节将考虑分批、连续和补料分批过程的动力学和应用。

一、分批培养动力学

　　分批培养（batch culture）是一个封闭的培养系统，指一次性投料、接种直到发酵结束，属于典型的非稳态过程。在分批培养下，随着生物量浓度和代谢物浓度的不断变化，微生物的生长过程依次可分为六个不同的生长阶段，即延迟期、加速期、对数生长期、衰减期、稳定期和衰亡期。这里我们分作五个阶段进行讨论，如图5-6所示。

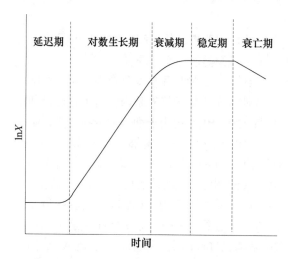

图5-6　分批条件下典型微生物培养的生长曲线

（一）细胞生长动力学

　　1. 延迟期　　当细胞由一种培养基转到另一种培养基时，细胞几乎没有生长，数目并没有增加，这时，细胞有一个适应过程，这段时间被称为延迟期，也可称为适应期。在此时期，细胞内必须诱导产生新的营养物运输系统，基本的辅助因子可能要扩散到细胞外，参与初级代谢的酶必须调节好以适应新的环境。接种物的生理状态是延迟期长短的关键。如果接种物处于对数生长期，很可能不存在延迟期，而立即生长；如果所用的接种物已经停止生长，那么，就需要更长的时间，以适应新环境。此外，接种物的浓度对延迟期长短也有影响。因此，在商业生产过程中，应尽可能缩短延迟期的时长，这可以通过使用适当的接种物和最优的培养条件来实现。

　　2. 对数生长期　　在细胞生长速率逐渐增加之后，单位时间内细胞的数目或重量的增加维持恒定，并达到最大值，即细胞以恒定的最大速率生长，这一时期被称为对数生长期或指数生长期，此时生物量浓度的增加将与初始生物量浓度成正比，即

$$\frac{dX}{dt} \propto X$$

式中，X是微生物生物量浓度（g/L）；t是时间（h）。

　　这个比例关系可以通过引入一个参数比生长速率（μ），即单位生物量单位时间内产生的

生物量，因此

$$\frac{\mathrm{d}X}{\mathrm{d}t}=\mu X \tag{5-1}$$

对式（5-1）积分，可得

$$X_t=X_0\mathrm{e}^{\mu t} \tag{5-2}$$

式中，X_0 是初始生物量浓度；X_t 是一定时间间隔后的生物量浓度；t 是时间；e 是自然对数的基数。

取自然对数时，式（5-2）变成：$\ln X_t=\ln X_0+\mu t$

因此，生物量浓度的自然对数对时间作图可获得一条直线，其斜率等于 μ。

如果 $X=2X_0$，所需要的时间：

$$t_\mathrm{d}=\frac{\ln 2}{\mu}=\frac{0.693}{\mu} \tag{5-3}$$

式中，t_d 为倍增时间，即细胞重量增加一倍所需要的时间。一般来说，细菌的 t_d 为 15～60min，酵母的 t_d 为 45～120min，霉菌的 t_d 为 2～8h。

在指数期，营养过剩，假定无抑制作用存在，微生物将以其最大比生长速率（μ_max）生长。因此，μ_max 的值会受到培养基组成、pH 和温度等因素的影响，表 5-3 列出了系列微生物典型的 μ_max 值。

表 5-3　系列生物体典型的 μ_max 值

生物体	$\mu_\mathrm{max}/\mathrm{h}^{-1}$	参考文献
需钠弧菌（Vibrio natriegens）	4.24	Eagon，1961
甲烷甲基单胞菌（Methylomonas methanica）	0.53	Dostalek et al.，1972
构巢曲霉（Aspergillus nidulans）	0.36	Trinci，1969
产黄青霉（Penicillium chrysogenum）	0.12	Trinci，1969
禾谷镰孢菌（Fusarium graminearum Schwabe）	0.28	Trinci，1992
悬浮培养的植物细胞（plant cells in suspension culture）	0.01～0.046	Petersen and Alfermann，1993
动物细胞（animal cells）	0.01～0.05	Lavery，1990

3. 衰减期和稳定期　在对数期，之前的方程预测到生长将无限期地持续下去。然而，生长导致营养的消耗和微生物产物的分泌，由此将会影响生物体的生长。因此，经过一段时间后，培养物的生长速率下降，直到生长停止。

当所有细胞停止分裂，或细胞分裂速度与死亡速度达到平衡，就进入了稳定期。这时，细胞重量基本维持恒定，但活细胞数目可能下降。由于细胞溶解作用，新的营养物（糖类、蛋白质）又释放出来，它们又可作为细胞能源，使存活的细胞发生缓慢生长，通常称为二次生长或隐性生长。二次生长时所形成的产物主要是次级代谢产物。生长的停止可能是由于培养基中一些必需营养物的耗尽（底物限制）、微生物体内某些自身毒性产物的积累（毒素限制）或两者的结合。生长限制的本质可以通过在存在一系列底物浓度的情况下使生物体生长，然后对稳定期的生物量浓度与初始底物浓度作图来探索，如图 5-7 所示。

从图 5-7 可以看出，从 A 区到 B 区，在稳定期，初始底物浓度的增加使生物量成比例地增加，这表明底物受到限制，这种情况可以用以下方程来描述：

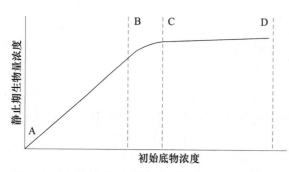

图 5-7 分批培养中稳定期开始时初始底物浓度对生物量浓度的影响

$$X=Y(S_R-S) \qquad (5\text{-}4)$$

式中，X 是所生成的生物量浓度；Y 是得率因子（生成的生物量/消耗单位底物）；S_R 是初始底物浓度；S 是残留底物浓度。

图 5-7 中从 A 区到 B 区，在停止生长点处 S 等于零。因此，式（5-4）可用于预测由一定量的底物产生的生物量。从 C 区到 D 区，初始底物浓度的增加并不能使生物量成比例地增加。这可能是由于另一种底物的耗尽或毒性产物的积累；从 B 区到 C 区，底物的利用受到积累的毒素或另一种底物利用率的不利影响。

得率因子（Y）是衡量任意一个底物转化为生物量的效率的指标，可用于预测产生一定生物量浓度所需的底物浓度。然而，Y 并不是一个常数，它将根据生长速率、pH、温度、限制性底物和过量底物的浓度而变化。

由于底物耗尽，生长速率降低和生长停止可以用比生长速率（μ）和残余生长限制性底物之间的关系来描述，此关系可用 Monod 方程来表示：

$$\mu=\mu_{max}\frac{S}{K_S+S} \qquad (5\text{-}5)$$

式中，S 是生物体存在时的底物浓度；K_S 是底物利用常数，数值等于当 μ 等于 μ_{max} 一半时的底物浓度，可用来测定微生物对其底物亲和力大小。

图 5-8 中的区域 A 到 B 相当于分批培养中的对数生长期，此时底物浓度过量，生长处于 μ_{max}；区域 C 到 A 相当于分批培养的衰减期，此时微生物的生长导致底物消耗到生长限制浓度而达不到 μ_{max}。如果微生物对限制性底物具有很高的亲和力（较低的 K_S 值），则在底物浓度降至非常低的水平之前，生长速率不会受到影响。因此，这种培养的衰减期将很短。然而，如果微生物对底物的亲和力较低（K_S 值较高），则在相对较高的底物浓度下，生长速率将受到不利影响。因此，这种培养的衰减期相对较长。表 5-4 显示了某些微生物和基质的 K_S 代表值，从中可以看出，这些值通常很小，说明其对底物的亲和力很高。可以理解，对数生长期结束时的生物量浓度是最高的，因此，底物浓度的下降将非常迅速，其接近 K_S 的时间段非常短。虽然 K_S 的概念有助于定量描述比生长速率与底物浓度之间的关系，但不应将其视为真正的常数。在许多碳和氮代谢的培养中，高亲和力（低 K_S）系统在限制条件下表达，低亲和力（高 K_S）系统在营养过剩条件下表达，从而使生物体在营养物胁迫条件下"清除"底物。

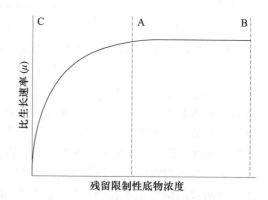

图 5-8 残留限制性底物浓度对假想细菌比生长率的影响

表 5-4　某些微生物和基质的 K_S 代表值

生物体	底物	K_S/（mg/L）	参考文献
大肠杆菌（Escherichia coli）	葡萄糖	6.8×10^{-2}	Shehata and Marr，1971
酿酒酵母（Saccharomyces cerevisiae）	葡萄糖	25.0	Pirt and Kurowski，1970
假单胞菌（Pseudomonas sp.）	甲醇	0.7	Harrison，1973

次级代谢物的产生现象强化了稳定期细胞在生理上不同于对数生长期细胞的概念。本章第一节介绍了初级和次级代谢产物的性质，并指出能够分化的微生物通常也是次级代谢产物的多产者，这些化合物通常在对数生长期不产生。从生物体的生理活动方面来看稳定期是一个误称，应把这个阶段称为最大种群期（maximum population phase）。1965 年 Bu'Lock 等提出了营养期的概念，指的就是对数生长期；分化期是指产生次级代谢产物的稳定期，其被描述为继对数生长期之后的一个时期，在此期间，次级代谢产物被合成。然而，现在明显的是培养条件可以被操纵在对数生长期间诱导次级代谢，如通过使用碳源，可降低最大生长速率。

4．衰亡期　在此阶段，细胞的能量储备已经消耗完，细胞开始死亡。在稳定期和衰亡期之间时间间隔的长短，取决于微生物的种类和所用的培养基。在工业生产上，通常在对数生长期的末期或衰亡期开始以前，结束发酵过程。

5．其他动力学模型　除 Monod 方程外，其他作者也提出过一些类似的动力学方程，表 5-5 列出了其中的一部分，但是在大多数情况下，实验数据与 Monod 方程更为接近。因此，Monod 方程的应用也更为广泛。

表 5-5　微生物生长的动力学方程

提出者	动力学方程	时间
Monod	$\mu = \dfrac{\mu_{max} S}{K_S + S}$	1942 年
Teissier	$\mu = \mu_{max}（1 - e^{-S/K_S}）$	1936 年
Moser	$\mu = \mu_{max} \dfrac{S^n}{K_S + S^n}$	1958 年
Contois	$\mu = \mu_{max} \dfrac{S}{K_S \cdot X + S}$	1959 年
藤本	$\mu = \mu_{max} \dfrac{S}{K_S \cdot X + S}$	1963 年

（二）底物消耗动力学

1．得率系数及其估算　在分批发酵过程中，营养物逐渐消耗，而微生物数量和代谢产物数量得到增加。这种转化过程的效率可用得率系数表示。得率系数指消耗单位营养物所生产的细胞或产物数量。得率系数的大小取决于生物学参数（生物量浓度、比生长速率）和化学参数（溶解氧量、碳氮比、磷量等）。在对数生长期内，生长得率系数为常数。

目前常用的生长得率系数有三种。

1）$Y_{X/S}$、Y_{X/O_2}、$Y_{X/kcal}$，分别表示消耗每克营养物、每克分子氧和每千卡能量所生成的细胞克数。

2）$Y_{X/C}$、$Y_{X/P}$、$Y_{X/N}$、Y_{X/Ave^-}，分别表示消耗每克碳、每克磷、每克氮和每个有效电子生成的细胞克数。

3）$Y_{X/ATP}$ 表示消耗每克分子的三磷酸腺苷生成的细胞克数。

常用的产物得率系数主要有 $Y_{P/S}$、$Y_{CO_2/S}$、$Y_{ATP/S}$、Y_{CO_2/O_2} 等，分别表示消耗每克营养物（S）或每克分子氧（O_2）生成的产物（p）或 ATP 和 CO_2 克数。在实际工作中，最常用的得率系数是 $Y_{X/S}$、$Y_{X/ATP}$、$Y_{P/S}$。由于细胞的生长直接与细胞从分解代谢中获得能量（生成 ATP）的数量成正比，因此用 $Y_{X/ATP}$ 表示生长得率系数比用 $Y_{X/S}$ 表示生长得率系数更好。得率系数在动力学的研究中很有用，如连续培养中一些稳定态方程的计算。

细胞或产物的得率系数仅指发酵过程中一定时间周期内单位重量营养物转化成细胞或产物的数量，即一定时间范围内的营养物转化效率。其中，营养物转化成细胞的关系或生长速率与营养物消耗速率的关系如前所述：

$$\frac{dX}{dt} = -Y_{X/S}\frac{dS}{dt}$$

$$X - X_0 = Y_{X/S}(S_0 - S)$$

于是，得率系数可由下式计算：

$$Y_{X/S} = \frac{X - X_0}{S_0 - S} = \frac{\Delta X}{\Delta S} \tag{5-6}$$

$$Y_{P/S} = \frac{P - P_0}{S_0 - S} = \frac{\Delta P}{\Delta S} \tag{5-7}$$

只要测定发酵过程中一定时间周期内细胞或产物的生成量及营养物质的消耗量，即可从式（5-6）、式（5-7）算出细胞和产物的得率。对于已了解某些分解代谢途径的发酵，细胞得率可用 $Y_{X/ATP}$ 计算。尽管发酵过程中 ATP 的数量因生长条件和细胞维持需要的影响而有所变化，但是已观察到许多微生物从相同效率的分解代谢途径中得到的 ATP 和细胞，都是 10.5g 细胞 /mol ATP，此数已被作为估算细胞的理论得率常数。

上述产物得率（由碳源表示的 $Y_{P/S}$）由产物比合成速率（q_P）和底物比消耗速率（q_S）计算而来：

$$q_p = \frac{1}{X} \cdot \frac{dT}{dP} \ ; \ q_S = \frac{1}{X} \cdot \frac{dS}{dT}$$

$$\frac{q_P}{q_S} = \frac{dP}{dS} = Y_{P/S} \tag{5-8}$$

另外，有些发酵产物的得率还可按产物生成的化学反应式计算，如发酵乙醇：

$$C_6H_{12}O_6 \longrightarrow 2C_2H_5OH + 2CO_2$$

理论上 1mol 葡萄糖的最大转化率是 2mol 乙醇，即 0.51g 乙醇 /g 葡萄糖。实际上营养物还进入细胞物质组成中，理论得率比实际得率略大些。得到的乙醇得率经常比较接近理论得率，是理论得率的 90%～95%。

2. 底物利用方程式　　在分批发酵中，对碳源和能源的利用可分为三部分：一部分形成细胞物质，一部分产生能量供细胞维持生命活动，一部分形成产物。它们之间的关系如下：

$$\frac{\mathrm{d}S}{\mathrm{d}t} = \frac{1}{Y_{X/S}} \cdot \frac{\mathrm{d}X}{\mathrm{d}t} + mX + \frac{1}{Y_{P/S}} \cdot \frac{\mathrm{d}P}{\mathrm{d}t} \tag{5-9}$$

式中，$Y_{X/S}$、$Y_{P/S}$ 分别是细胞得率系数和产物得率系数；m 为细胞维持系数。由于培养基中碳源的消耗（占总底物消耗）数量最大，因此 $Y_{P/S}$ 可由 $Y_{P/C}$ 表示。$Y_{P/C}$ 是以碳源表示的产物得率系数。

式（5-9）是底物（S）利用和生长、生命活动维持、产物生成的物料平衡方程式，此式反映了底物消耗与生长、产物生成、维持之间的相互关系。

（三）产物形成动力学

1975 年，Pirt 从生长偶联产物和非生长偶联产物的角度讨论了微生物培养物的产物形成动力学。生长偶联可被认为等同于由生长细胞合成的初级代谢产物，而非生长偶联可被认为等同于次级代谢产物。按产物的生成与营养物质的利用之间的关系，可将发酵分为三种类型，如表 5-6 所示。

表 5-6 产物的生成与营养物质的利用关系

类型	关系	发酵的例子
I	产物的生成直接与营养物质的利用有关	乙醇发酵
II	产物的生成间接与营养物质的利用有关	柠檬酸的发酵
III	产物的生成表面上与营养物质的利用有关	青霉素的发酵

在微生物的分批培养中，产物的形成与微生物细胞生长关系的动力学模式有三种，图 5-9 表示营养物质以化学计量关系转化为单一产物（P），产物形成速度与生长速度的关系。

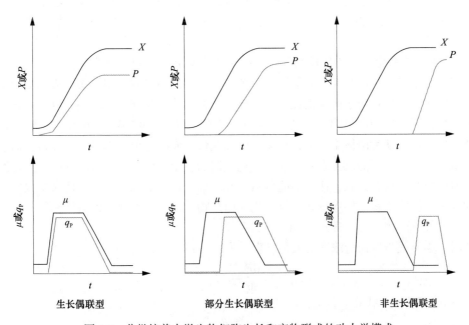

图 5-9 分批培养中微生物细胞生长和产物形成的动力学模式

1. 生长偶联型　　生长偶联型的产物生成是微生物细胞主要能量代谢的直接结果。在此模式中，产物直接由碳源（糖）氧化而来，糖利用速率的变化与产物生成速率的变化相平行，产物生成和糖的利用有直接的化学计量关系，产物生成与生长相偶联，如利用酵母菌的乙醇发酵和通气生产酵母菌体都属于这一类型。

生长偶联产物的生成可由以下方程式描述：

$$\frac{\mathrm{d}P}{\mathrm{d}t}=q_{\mathrm{P}}X \tag{5-10}$$

式中，P 是产物浓度；q_{P} 是产物合成比速率［mg 产物 /（g 生物量 · h）］。

此外，产物合成与生物量生产有关，方程式如下：

$$\frac{\mathrm{d}P}{\mathrm{d}X}=-Y_{\mathrm{P/X}} \tag{5-11}$$

式中，$Y_{\mathrm{P/X}}$ 是产物对生物量的得率（g 产物 /g 生物量）。

将公式（5-11）乘以 $\mathrm{d}X/\mathrm{d}t$，则

$$\frac{\mathrm{d}X}{\mathrm{d}t} \cdot \frac{\mathrm{d}P}{\mathrm{d}X}=-Y_{\mathrm{P/X}} \cdot \frac{\mathrm{d}X}{\mathrm{d}t}$$

$$\frac{\mathrm{d}P}{\mathrm{d}t}=-Y_{\mathrm{P/X}} \cdot \frac{\mathrm{d}X}{\mathrm{d}t}$$

由于 $\frac{\mathrm{d}X}{\mathrm{d}t}=\mu X$，因此

$$\frac{\mathrm{d}P}{\mathrm{d}t}=-Y_{\mathrm{P/X}} \cdot \mu X$$

代入式（5-10），所以 $q_{\mathrm{P}} \cdot X=Y_{\mathrm{P/X}} \cdot \mu X$，即

$$q_{\mathrm{P}}=Y_{\mathrm{P/X}} \cdot \mu \tag{5-12}$$

从式（5-12）可以看出，当产物合成与生长相关时，产物合成比速率随比生长速率而增大。因此，分批培养的生产率在 $\mu_{\max}$ 时最大，并且通过增加 μ 和生物量浓度来提高产物产量。

2. 非生长偶联型　　非生长偶联模式中，产物形成速率与生长速率无关联，即与细胞能量代谢不直接相关，而只与细胞的浓度有关，此时，细胞具有控制产物形成速度的组成酶系统，产物生成量远远低于碳源消耗量，产物生成在菌体生长和基质消耗完以后才开始，与生长不偶联，所形成的产物均是次级代谢产物。例如，青霉素和链霉素的发酵，整个过程分为两个时期：第一期为菌体生长期，积累菌体和能量代谢的各个方面都极为旺盛，而抗生素的生成量极微；第二期为抗生素合成期，氧化代谢的各个方面较弱，而产物的积累逐渐达到高峰，但两个时期也有关联，往往不能截然分开。属于这类发酵的产物包括大多数抗生素和微生物毒素、植物激素（如赤霉素）等支流代谢产物，以及葡萄糖淀粉酶等酶制剂和某些糖类发酵主流代谢产物（延胡索酸、丙酮-丁醇等）。

这时产物形成与生物量浓度的关系可表示为

$$\frac{\mathrm{d}P}{\mathrm{d}t}=\beta X \tag{5-13}$$

代入式（5-10），可得

$$q_{\mathrm{P}}=\beta$$

式中，β 为非生长偶联的产物形成常数 [g产物/(g细胞·h)]。

因此，分批培养中生产率的提高应与生物量的增加相关。然而，需要记住的是，非生长偶联的次级代谢产物只有在某些生理条件下才能产生，主要是在特定底物的限制下，这样生物量必须处于正确的"生理状态"才能实现生产。

3. 部分生长偶联型 在此模式中，产物间接由能量代谢生成，不是底物的直接氧化产物，而是菌体内生物氧化过程的主流产物（与初级代谢紧密关联）。底物既供生长又供产物生成，利用率高，产物形成的量也较多，底物的利用在最高生长期和最大产物合成期最多，但与产物合成无直接计量关系，产物生成与生长部分偶联，取决于细胞生长偶联和非偶联的两种形式，如柠檬酸等有机酸和氨基酸等的发酵生产。产物形成与细胞生长的关系可用 Luedeking-Piret 方程表达，如下：

$$\frac{\mathrm{d}P}{\mathrm{d}t}=\alpha\mu X+\beta X \tag{5-14}$$

将式（5-10）代入上式，可得

$$q_{\mathrm{P}}=\alpha\mu+\beta$$

式中，α 为与菌体生产相关的产物生成系数；β 为与菌体浓度相关的产物生成系数。

（四）分批培养动力学应用

分批培养可用于生产生物量、初级代谢产物和次级代谢产物。对于生物量生产，可使用保持最快生长速率和最高细胞生长量的培养条件；对于初级代谢产物生产，可设法延长伴随产物分泌的对数生长期的条件；对于次级代谢产物的生产，可设法快速提高菌体生物量，提供缩短对数生长期、延长稳定期的条件，或提供对数生长期生长速率下降导致次级代谢产物较早形成的条件，或采用两阶段培养法。

（五）分批培养的优缺点

分批培养过程相比其他操作方式操作简单，投资少，运行周期短，染菌机会减少，生产过程、产品质量较易控制。但其不利于测定过程动力学，存在底物限制或抑制问题，会出现底物分解阻遏效应及二次生长现象；对底物类型及初始高浓度敏感的次级代谢产物，如一些抗生素等就不适合用分批培养（生长与合成条件差别大）；养分会耗竭快，无法维持微生物继续生长和生产；非生产时间长，生产率较低。

二、连续培养动力学

连续培养指在发酵过程中，连续向发酵罐流加培养基，同时以相同流量从发酵罐中取出培养液的培养过程。其特点是在流加培养基的同时，放出等体积的培养液，形成连续生产过程，获得相对稳定的连续发酵状态。根据对系统的稳定状态的控制方式可分为恒化器、恒浊器、恒 pH 法和恒定产物浓度法等。

恒浊器是指在反应器体积一定时，通过测定反应器中的细胞浓度，调节培养基进料流速，使培养液中细胞浓度保持恒定的连续培养方法。其特点是基质过量，菌以最高速率生长，但工艺复杂、烦琐。

恒化器是指以恒定流速使营养物质浓度恒定而保持菌体生长速率恒定的方法。其原理是依据动态平衡的稳定性，以某种生长限制因子（如碳源、氮源、生长因子、无机盐等）的浓度来控制菌的生长速度。其特点是以维持营养成分的低浓度来控制微生物生长速率。

恒 pH 法是指将葡萄糖等生理酸性物质与控制 pH 的酸或碱液分开加料，测量培养液的 pH，用反馈控制方式调节生理酸性物质的加料速率，使 pH 保持恒定的连续培养方法。

恒定产物浓度法是指通过测量培养液中的产物浓度，用反馈方式调节加料速率，使产物浓度保持恒定的连续培养方法。

恒化器的控制较简单，不依靠任何反馈控制机构。而对恒浊器、恒 pH 法和恒定产物浓度法，需要通过传感器作参数检测以控制加料，需要配置反馈控制机构。目前大多数研究工作者都利用恒化器进行连续培养的研究，根据其操作方式，还可分为单级连续培养和多级连续培养。

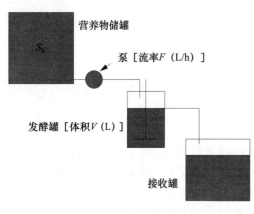

图 5-10　单级连续培养

（一）单级连续培养

在容器中加入新鲜的培养基可以延长分批培养的指数生长。如果培养基被设计成生长受限于底物（即由培养基的某些成分造成的），而不受毒素限制，则指数生长将继续进行，直到外加的底物被耗尽。这种情况可以重复，直到容器装满为止。然而，如果在发酵罐上安装了溢流装置，使添加的培养基从容器中置换出等量的培养基，则可以实现细胞的单级连续生产（图 5-10）。如果以适当的速率将培养基连续地补入这样的培养物中，最终会达到稳态，即培养物所新生成的生物量与容器中损失的细胞达到平衡。

培养基进入发酵罐的流量与发酵罐的体积有关，用稀释率 D 表示，即单位时间内连续流入发酵罐中的新鲜培养基体积与发酵罐内的培养液总体积的比值，可用下式表示：

$$D = \frac{F}{V} \tag{5-15}$$

式中，F 是流率（L/h）；V 是体积（L）。因此，D 的单位为 1/h。

细胞在发酵罐中的理论停留时间 t_L 可用下式表示：

$$t_L = \frac{1}{D}$$

一段时间内细胞浓度的净增量可以表示为

积累的细胞（净增量）＝ 流入的细胞－流出的细胞＋生长的细胞－死亡的细胞

$$\frac{dX}{dt} = \frac{F}{V}X_{in} - \frac{F}{V}X_{out} + \left(\frac{dX}{dt}\right)_G - \alpha X = DX_{in} - DX_{out} + \mu X - \alpha X$$

对于单级恒化器连续培养，$X_{in} = 0$，且通常有 $\mu \gg \alpha$，所以

$$\frac{dX}{dt} = (\mu - D)X \tag{5-16}$$

在稳态条件下，细胞浓度保持恒定，因此$\dfrac{\mathrm{d}X}{\mathrm{d}t}=0$，此时

$$\mu X=DX \tag{5-17}$$

$$\mu=D \tag{5-18}$$

因此，在稳态条件下，比生长速率由实验变量稀释率D控制。

在不稳定状态下，当$\mu>D$时，$\dfrac{\mathrm{d}X}{\mathrm{d}t}>0$，生物量浓度降低；当$\mu<D$时，$\dfrac{\mathrm{d}X}{\mathrm{d}t}<0$，生物量浓度增加。

在分批培养条件下，生物体将以其最大的比生长速率生长，因此，显然只有在低于最大比生长速率的稀释率下才能进行连续培养。所以，在一定限制内，稀释率可以用来控制培养物的生长速率。在这种类型的连续培养中，细胞的生长受培养基中限制生长的化学成分的利用率控制，因此，该系统被定义为恒化器。稀释率控制效应的机制本质上是式（5-5）中表达的关系：

$$\mu=\mu_{\max}\frac{S}{K_{S}+S}$$

稳态时，$\mu=D$，因此，

$$D=\mu_{\max}\frac{\overline{S}}{K_{S}+\overline{S}}$$

式中，$\overline{S}$是恒化器中底物的稳态浓度，并且

$$\overline{S}=\frac{K_{S}D}{\mu_{\max}-D} \tag{5-19}$$

式（5-19）预测底物浓度由稀释率决定，实际上，这是通过细胞的生长将底物消耗到保持生长速率等于稀释率时的浓度来实现的。如果底物耗尽到由稀释率决定的生长速率的水平以下时，则会按以下顺序进行：①细胞的生长速度将小于稀释速度，并以大于产出的速率从容器中洗出，从而导致生物量浓度降低；②容器内的底物浓度会升高，因为容器内残留细胞较少不足以消耗底物；③容器中底物浓度的增加将导致细胞以大于稀释率的速率生长，生物量浓度将增加；④稳态将重建。

因此，恒化器是一种营养受限的自平衡培养系统，可以在很宽的亚最大比生长速率范围内保持稳定状态。恒化器中细胞在稳态时的浓度由下式描述：

$$\overline{X}=Y(S_{R}-\overline{S}) \tag{5-20}$$

式中，$\overline{x}$是恒化器中的稳态细胞浓度。

通过整合式（5-19）和式（5-20），可得

$$\overline{X}=Y\left(S_{R}-\frac{K_{S}D}{\mu_{\max}-D}\right) \tag{5-21}$$

因此，稳态下的生物量浓度由操作变量S_{R}和D决定。如果S_{R}增加，X将增加，但$\overline{S}$（恒化器中新稳态下的残留底物浓度）将保持不变。如果D增加，则μ将增加（$\mu=D$），并且新稳态下的残留底物将增加，以支持高的生长速率；因此，可转化为生物量的底物将减少，从而导致生物量稳态值降低。

恒化器的另一种连续培养形式是浊度计，即通过控制培养基的流量，使培养液的浊度保持在一定的窄限内，从而使培养液中的细胞浓度保持恒定。这可以通过用光电管监测生物量并将信号馈送到供应底物至培养液中的泵来实现，从而在生物量超过设定点时打开泵，在生

物量低于设定点时关闭泵。系统除浊度以外，还可用二氧化碳浓度或 pH 等来检测生物量浓度，在这种情况下，将培养物称为生物稳定剂（biostat）更为正确。恒化器是一种更常用的系统，因为它比生物稳定剂具有不需要复杂的控制系统来保持稳定状态的优势。但是生物稳定剂可能有助于持续富集培养，从而避免培养物在早期全部流失。

生物体的动力学特征（恒化器中）可以通过"常数"Y、μ_{max} 和 K_S 的数值来描述。但 Y 和 K_S 不是真正的常数，其值可能因培养条件而异。Y 值影响稳态时生物量浓度；μ_{max} 值影响可采用的最大稀释率，K_S 值影响残留底物浓度（进而影响生物量浓度）和可使用的最大稀释率。图 5-11 显示了与初始浓度相比，限制性底物浓度的变化接近具有低 K_S 值的设想细菌的连续培养行为。随着稀释率的增加，残留底物浓度仅略有增加，当 S 显著增加时，D 接近 μ_{max}。X 等于 0 时（即细胞已被冲出系统）的稀释率被称为临界稀释率（D_{crit}），并由以下方程给出：

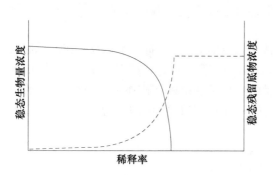

图 5-11　稀释率对较低 K_S 值的限制底物恒化器培养微生物的稳态生物量和残留底物浓度的影响

$$D_{crit}=\frac{\mu_{max}S_R}{K_S+S_R} \tag{5-22}$$

因此，D_{crit} 受常数 μ_{max} 和 K_S 及变量 S_R 的影响；S_R 越大，D_{crit} 越接近 μ_{max}。然而，在简单的稳态恒化器中不能达到 μ_{max}，因为必须始终以底物限制条件为准。

基础恒化器可以通过多种方式进行修正，但最常见的修正是补加额外的阶段（容器）和将生物量反馈到容器中。

（二）多级系统

多级系统如图 5-12 所示。多级恒化器的优点是在不同的阶段有不同的条件，这可能有助于利用多种碳源，并在不同阶段将生物量生产与代谢物分离。例如，在生产次级代谢产物和生物燃料方面，当产气克雷伯菌（*Klebsiella aerogenes*）生长在葡萄糖和麦芽糖的混合物中时，葡萄糖在第一阶段被利用，麦芽糖则在第二阶段被利用。次级代谢可能发生在二元系统的第二阶段，其中第二阶段作为一个贮槽，其生长速率远小于第一阶段。例如，在 11 级连续工艺生产生物乙醇时，每个容器的容量均为 480 000L。第一个发酵罐通气，从而使生物量快速发展，而其余的发酵罐为厌氧操作，促进乙醇生产。

（三）反馈系统

带有生物量反馈的恒化器，其生物量可高于单一恒化器中的浓度，即大于 $Y(S_R-S)$。其可通过以下方法实现。

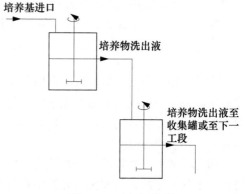

图 5-12　多级恒化器

内部反馈：限制恒化器生物量的流出，可使流出物流中的生物量浓度比恒化器中更小。

外部反馈：在流出物流中接入沉降或离心等生物量分离过程，并将部分浓缩的生物量返回生长容器中。

1. 内部反馈 内部反馈系统的示意图如图 5-13A 所示。排出物从容器中分为两股物料流，一股经过过滤后产生的稀释液流（而反应器中的生物量被浓缩），另一股未滤，通过过滤器的流出比和过滤器的效率即决定回流的程度。培养基的流入流速为 F（L/h），未经过滤的流出部分为 c；因此未经过滤的流出速率为 cF，过滤后的流出速率为 $(1-c)F$。发酵罐和未经过滤的物料流中的生物量浓度为 X，过滤后物料流中生物量浓度是 hX，系统的生物量平衡为

生物量变化＝生长量－未过滤物料流的输出－过滤后物料流的输出

可表示为

$$\frac{dX}{dt}=\mu X-cDX-(1-c)DhX \tag{5-23}$$

稳态时，$dX/dt=0$，因此

$$\mu=D\left[c(1-h)+h\right]$$

如果"$c(1-h)+h$"用"A"表示，则

$$\mu=AD \tag{5-24}$$

当过滤出的液流无细胞时，$h=0$（h 为过滤系数，数值为 $0\sim1$），$A=c$。然而，如果过滤器去除的生物量很少，则 h 将接近 1，当 $h=1$ 时，没有反馈，$A=h$。因此，A 值的范围为 c 到 h，当反馈发生时，$A<1$，这意味着 $\mu<D$。

稳态下容器中生长限制底物的浓度由下式给出：

$$\overline{S}=\frac{K_S AD}{(\mu_{max}-AD)} \tag{5-25}$$

稳态时生物量浓度可由下式给出：

$$\overline{X}=\frac{Y}{A(S_R-\overline{S})} \tag{5-26}$$

2. 外部反馈 外部反馈系统的示意图如图 5-13B 所示。来自发酵罐的流出液流通过分离器（如连续离心机或过滤器）进行输送，该分离器产生两个流出液流：浓缩生物量液流和稀释生物量液流。然后，浓缩液流的一部分返回容器。培养基储液器的流率为 F(L/h)；分离器上游的流出流率为 F_S（L/h），流出液流（发酵罐）中的生物量浓度为 X；回流到发酵罐的流量比为 a，分离器浓缩生物量的因子为 g；发酵罐内的培养液体积为 V（L）。

系统中的生物量衡算：变化量＝生长－输出＋反馈。

或

$$\frac{dX}{dt}=\mu X-\frac{F_S X}{V}+\frac{aF_S gX}{V} \tag{5-27}$$

恒化器的培养液流出（分离前）F_S 为：$F_S=F+aF_S$，或 $F_S=\dfrac{F}{1+a}$。

用 $F/(1-a)$ 代替公式（5-27）中的 F_S，并记作 $D=F/V$，则

$$\frac{dX}{dt}=\mu X-\frac{Dx}{1-a}+\frac{agDX}{1-a} \tag{5-28}$$

如果所有的细胞都回到发酵罐，那么生物量将继续在罐中积累。但是，如果是部分反馈，则可达到稳态，$dX/dt=0$，并且

$$\mu = BD \quad\quad\quad (5\text{-}29)$$

式中，$B=(1-ag)/(1-a)$。

有反馈的发酵罐中，稳态时底物和生物量浓度的方程如下：

$$\bar{S} = \frac{BDK_S}{\mu_{max} - D} \quad\quad\quad (5\text{-}30)$$

$$\bar{X} = \frac{Y}{B(S_R - S)} \qu\quad\quad (5\text{-}31)$$

从描述具有外部或内部反馈的发酵罐中 μ、S 和 X [式（5-24）~式（5-26）、式（5-29）~式（5-31）] 的方程可以看出以下几点。

1）稀释率大于生长速率。

2）罐内生物量浓度增加。

3）与单一恒化器相比，生物量增加造成残留底物减少。

4）生物量和产物的最大输出量增加。

5）由于 $\mu < D$，临界稀释率（发生洗出时的稀释率）增加。

生物量反馈在污水处理系统中有着广泛的应用，其反馈优点对处理效率有着重要的影响。在采用不同浓度混合底物的污水处理系统中，出水底物浓度较低，生物量的反馈可以提高系统的稳定性，该系统还将提高微生物产物的生产率，在实验室规模生物量循环发酵中乳酸的生产率非常高，厌氧过程特别适合于反馈式连续培养，因为高的生物量不易受氧限制。

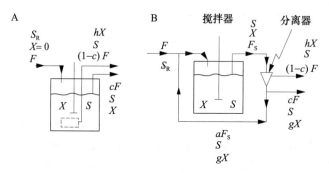

图 5-13　具有反馈的恒化器示意图（Pirt，1975）

A. 内部反馈。F，输入培养基的流率（L/h）；c，未过滤的流出部分；X，容器和未过滤中的生物量浓度；hX，过滤流中的生物量浓度；S_R，培养基贮存器中的底物浓度。B. 外部反馈。F，培养基贮存器的流率（L/h）；F_S，分离器上游流出物的流率；X，容器和分离器上游的生物量浓度；hX，分离器稀释流中的生物量浓度；g，分离器浓缩生物量的系数；a，回流到发酵罐的流量比；S，容器和排出管线中的底物浓度；S_R，培养基贮存器中的底物浓度

三、补料分批培养动力学

1973 年 Yoshida 等引入了"补料分批培养"一词，用以描述在不去除培养液的情况下，用连续或顺序补加培养基的分批培养。先以分批模式开始，然后根据以下补料策略之一进行补料，建立补料分批培养：①补加与分批培养相同的培养基，导致体积增加；②补加与初始培养基中相同浓度的限制性底物溶液，导致体积增加；③以小于①和②中的速率补加限制性

底物的浓缩溶液，导致体积增加；④以小于①、②和③中的速率添加高度浓缩的限制性底物溶液，导致体积的微小增加。

采用策略①和②的补料分批系统可视为体积可变，而采用策略④的系统可视为体积固定。采用策略③则介于体积可变和固定这两个极端之间。现在将描述两种基本类型的补料分批培养（体积可变和体积固定）的动力学。

（一）体积可变补料分批培养

考虑到某个分批培养过程，其中生长受一种底物浓度的限制；任意时间点的生物量将由以下方程描述：

$$X_t = X_0 + Y(S_R - S) \tag{5-32}$$

式中，X_t 是经过时间 t 后的生物量浓度；X_0 是接种物浓度。

当 $S=0$ 时产生的最终生物量浓度可被描述为 X_{max}，前提是 X_0 与 X_{max} 相比较小。

$$X_{max} \approx Y \cdot S_R \tag{5-33}$$

如果在 $X=X_{max}$ 时，开始补加培养基，使稀释率小于 μ_{max}，则几乎所有底物在进入培养基时都会被快速消耗，因此

$$F \cdot S_R \approx \mu \left(\frac{N}{Y} \right) \tag{5-34}$$

式中，F 是补加培养基的流率；N 是培养物中总生物量，用 $N=XV$ 表示，其中 V 是在时间 t 时培养基在容器中的体积。

从式（5-34）可以得出结论，输入的底物约等于细胞消耗的底物，因此，$dS/dt \approx 0$。尽管培养物中的总生物量（N）随时间而增加，但生物量浓度（X）实际上保持恒定，即 $dS/dt=0$，因此 $\mu=D$，这种情况称为准稳态。随着时间的推移，稀释率将随着体积的增加而降低，D 可表示为

$$D = \frac{F}{V_0 + Ft} \tag{5-35}$$

式中，V_0 是原始体积。因此，根据 Monod 动力学，随着 D 降低，残留底物减少，生物量浓度增加。然而，在补料分批培养的大多数 μ 范围内，S_R 将比 K_S 大得多，因而在所有实际应用中，残留底物浓度的变化将非常小，可以认为是零。所以，如果 D 小于 μ_{max} 且 K_S 远小于 S_R，则可以实现准稳态，准稳态如图 5-14A 所示。恒化器的稳态和分批培养的准稳态之间主要的区别在于 μ 在恒化器中是恒定的，而在补料分批培养中是减少的。

因此，产物浓度根据生产速率和补料稀释率之间的平衡而变化。然而，在恒化器的真正稳态下，稀释率和生长速率是恒定的；而在补料分批准稳态下，它们随发酵时间而变化。恒化器中的产物浓度将达到稳态，但在补料分批系统中，产物浓度随发酵时间的变化将取决于 q_P 和 μ（以及 D）之间的关系。如果 q_P 与生长密切相关，那么它将随着 μ 随 D 的变化而变化，因此，产物浓度将保持恒定。但是，如果 q_P 恒定且不依赖于 μ，则当 DP 大于 $q_P X$ 时，产物浓度在循环开始时降低，但随着时间的推移，D 减小且 $q_P X$ 大于 DP，产物浓度将升高。这些关系如图 5-15A 所示。如果 q_P 以复杂的方式与 μ 有关，则产物浓度将根据该关系而变化。因此，将根据 q_P 与 μ 之间的关系来优化补料分批系统的补料策略。

与连续培养类似，体积可变补料分批培养中产物浓度的变化为：

$$\frac{dP}{dt} = q_P X - DP$$

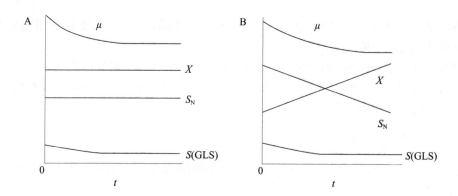

图 5-14 补料分批培养的时间曲线（Pirt，1979）

A.体积可变补料分批培养；B.体积固定补料分批培养

μ，比生长速率；X，生物量浓度；S（GLS），生长限制性底物浓度；S_N，除 S（GLS）外的任何其他底物的总浓度

（二）体积固定补料分批培养

考虑到某一分批培养，在这种培养中，过程微生物的生长将限制性底物耗尽到一个限制性水平。如果将限制性底物添加到浓缩补料液中，使发酵液体积几乎保持恒定，则

$$\frac{\mathrm{d}X}{\mathrm{d}t}=GY \tag{5-36}$$

式中，G 是底物补料速率 [g/（L·h）]；Y 是得率因子。

由于 $\mathrm{d}X/\mathrm{d}t=\mu X$，因此在式（5-36）中代入 $\mathrm{d}X/\mathrm{d}t$ 得出：$\mu X=GY$，因此

$$\mu=\frac{GY}{X} \tag{5-37}$$

如果 GY/X 不超过 $\mu_{\max}$，那么一旦限制性底物进入发酵罐就会被消耗尽，此时 $\mathrm{d}X/\mathrm{d}t=0$，但 $\mathrm{d}X/\mathrm{d}t$ 不会等于零，因为生物量浓度和发酵罐中的总生物量都会随着时间的推移而增加。生物量浓度由以下方程给出：

$$X_t=X_{0_a}+GYt \tag{5-38}$$

式中，X_t 为补料分批培养时间 t 后的生物量；X_{0_a} 为补料分批培养开始时的生物量浓度。

根据式（5-37），随着生物量的增加，比生长速率将下降。体积固定补料分批培养的行为如图 5-14B 所示，由此可以看出 μ 下降，限制性底物浓度几乎保持不变，生物量增加，非限制性营养物浓度下降。

体积固定补料分批系统中的产物衡算可描述为

$$\frac{\mathrm{d}P}{\mathrm{d}t}=q_P X$$

如果 q_P 与生长速率严格相关，则产物浓度与生物量呈线性关系。但是，如果 q_P 是恒定的，那么也就是说，随着时间的推移和 X 的增加，产物浓度的增长率将随着生长速率的下降而上升。这些关系如图 5-15B 所示。如果 q_P 以复合方式与 μ 有关，则产物浓度将根据该关系而变化。与体积可变补料分批的情况一样，补料分布将根据 q_P 和 μ 之间的关系进行优化。

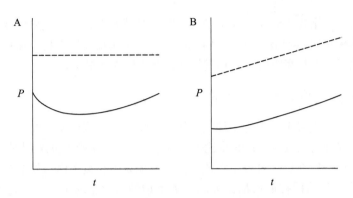

图 5-15　补料分批培养过程中产物的变化曲线

A. 体积可变补料分批培养；B. 体积固定补料分批培养。

示当 q_P 与生长相关（-------）时或非生长相关即 q_P 恒定（——）时，补料分批培养中的产物浓度（P）

（三）恒定比生长速率的补料分批培养

通过在发酵过程中以指数方式增加补料速率，均可以在恒定比生长速率下操作体积可变和体积固定的补料分批培养，其动力学如下：

$$G_t = F_t \cdot S_t = \left(\frac{\mu}{Y_{X/S}} + m \right) X_t \cdot V_t$$

式中，G_t 是时间 t 时补料的质量流率（g/h）；F_t 是时间 t 时的体积流率（L/h）；S_t 是时间 t 时补料培养基中的底物浓度（g/L）；μ 是比生长速率（1/h）；$Y_{X/S}$ 是得率因子（g 底物 /g 生物量）；m 是维持系数 ［g 底物 /（g 生物量·h）］；X_t 是时间 t 时的生物量浓度（g/L）；V_t 是时间 t 时发酵罐中的培养物体积（L）。

根据如下方程，在以恒定比生长速率（μ）生长的过程中，发酵罐中的总生物量（$X_t \cdot V_t$）随时间呈指数增长为

$$X_t \cdot V_t = X_0 \cdot V_0 \cdot e^{\mu t}$$

式中，X_0 是生物量的初始浓度；t 是时间；V_0 是培养物的初始体积。因此

$$G_t = F_t \cdot S_t = \left(\frac{\mu}{Y_{X/S}} + m \right) X_0 \cdot V_0 \cdot e^{\mu t}$$

该方程的应用假设得率因子和维持系数是常数，如前所述，这一假设并不总是成立的。如果维持系数非常低，则可将其忽略。

（四）循环补料分批培养

通过提取一部分培养物并将剩余培养物用作进一步补料分批过程的起点，可延长体积可变补料分批发酵的寿命，使其超过充满发酵罐所需的时间。体积的减少导致稀释率的显著增加（假设流量保持不变），从而最终造成比生长速率的增加。然后，μ 的增加随后逐渐减少至重新建立准稳态。这样的循环可以重复几次，促成一系列补料分批发酵。因此，生物体的生长速率会经历一个周期性的上移，然后逐渐下移。当生物量达到在好氧条件下无法维持的浓度时，可通过在体积固定补料分批系统中稀释培养物来实现这种生长速率的周期性，稀释导

致 x 下降，因而，根据式（5-37），μ 将增加。随后继续补料，生长速率将逐渐下降，生物量增加，并在容器中再次达到最大合理利用，此时可以再次稀释培养物。稀释可通过提取培养物并用无菌水或不含补料底物的培养基重新补充至原始水平来实现。

（五）补料分批培养的应用实例

补料分批培养在发酵工业中有两种主要用途：①控制过程中微生物的氧摄取速率，使其需氧量不超过发酵罐的供氧能力；②将比生长速率控制在产物形成的最佳值。

这两种方法也可以在单一过程中实现。例如，如果生长速率由添加浓缩补料液控制，那么生物量会随着时间的推移而增加，因此，微生物的需氧量增加，发酵过程有氧限制的危险，然后低溶解氧浓度可用作警报信号使得生长速率降低，从而将需氧量限制在发酵罐的供应能力范围内。

1915 年面包酵母的补料分批生产过程是最早的需氧量控制的范例。人们认识到，培养基中麦芽过多会导致生长速率过快，使得需氧量超过设备所能满足的需氧量，这导致了厌氧条件的发展和乙醇的形成，但牺牲了生物量的生产。因此，该微生物生长在初始浓度较低的培养基中，添加的培养基以低于微生物可利用的最大速率加入，可视为准稳态，即底物限制培养和使用相当于小于 μ_{max} 的稀释率的补料速率。现在认识到面包酵母对游离葡萄糖非常敏感，呼吸活动可能在浓度约为 $5\mu g/L$ 时受到抑制，这种现象被称为 Crabtree 效应。因此，高糖浓度抑制呼吸活动，并导致高的生长速率，无法满足其氧气需求。在现代酵母补料分批生产过程中，根据前面讨论的原理，引入了反馈控制策略，糖蜜的补料是通过自动测量发酵罐废气中的微量乙醇来控制的，虽然这样的系统可能导致低生长速率，但生物量得率接近理论上可获得的最大值。后来又开发了一种控制算法来控制流率（从而控制生长速率和需氧量），使乙醇浓度保持在最低水平。还有人采用表示产生的二氧化碳与消耗氧气的比率的间接变量呼吸商（RQ），有氧时碳水化合物利用的化学反应式是

$$（CH_2O）+O_2 \longrightarrow CO_2+H_2O$$

因此，RQ 应该是 1.0。RQ 高于 1.0 表明系统氧限制，部分碳水化合物被厌氧消耗。可通过比较入口和出口气体的成分来计算 RQ。使用神经网络控制系统将生长速率与比氧摄取速率［mmol 氧/（g 生物量·h）］和比二氧化碳生成速率［mmol 二氧化碳/（g 生物量·h）］之间的差异联系起来，该方法比控制 RQ 更佳。

毕赤酵母是一种利用甲醇的酵母，已被用作异源蛋白质生产的宿主，而补料分批培养又是首选的发酵方案。异源蛋白质的表达受乙醇氧化酶基因（AOX1）启动子的控制，其表达是甲醇诱导的，从而为开启产物形成提供了一个方便的系统。该过程包括三个阶段。

1）以甘油为碳源的分批培养。

2）以甘油为碳源的补料分批培养。

3）以甲醇为碳源的补料分批培养。

生物量在前两个阶段积累，外源蛋白质在第三阶段合成，从而将生长和产物形成分离开。甲醇是一种高还原性底物，因此它的利用造成了高的需氧量。为了控制补料分批发酵，采用了指数流加保持生长速率恒定、限制生长速率控制氧摄取速率、控制补料速率保持甲醇浓度恒定等策略。

青霉素发酵是利用补料系统生产次级代谢产物的一个极好的例子。发酵可分为两个阶

段，即"快速生长"阶段（在此期间培养物以 μ_{max} 生长）和"缓慢生长"或"生产"阶段，葡萄糖补料可用于控制生物体在这两个阶段的代谢。在快速生长阶段，葡萄糖过量会导致酸的积累和生物量需氧量大于发酵罐的通气量；而葡萄糖缺乏则可能导致培养基中的有机氮被用作碳源，从而导致高 pH 和生物量形成的不足。在早期青霉素发酵的过程中，通过在简单的分批培养中使用缓慢水解的碳水化合物（如乳糖）来防止己糖的积累。在快速生长阶段，利用计算机控制葡萄糖补料，使溶解氧或 pH 保持在一定范围内，从而大大提高了生产率。这两个控制参数基本上测量相同的活性，当葡萄糖过量时，由于呼吸速率增加和当呼吸速率超过发酵罐的通气能力时有机酸的积累，氧气浓度和 pH 都会下降。这两种系统在快速生长阶段似乎都能很好地控制补料速率。在青霉素发酵的生产阶段，所使用的补料速率应限制生长速率和耗氧，以获得高的青霉素合成速率，并在培养基中提供足够的溶解氧。这一阶段的控制因素通常是溶解氧，因为溶解氧对青霉素合成的影响比 pH 大，而 pH 对生长的影响则大于溶解氧。随着补料分批过程的进行，总生物量、黏度和需氧量会增加，直到最终发酵受到氧限制。但是，随着发酵过程的进行，通过降低补料速率可以延迟限制，这可以通过使用计算机控制系统来实现。许多工作者已经发展青霉素发酵过程的数学模型，从而能够更精确地控制补料分批过程。

许多酶受到分解代谢阻遏，酶的合成被快速利用的碳源阻止。显然，在酶发酵过程中必须避免这种现象，补料分批培养是实现这一目的的主要技术。将浓缩培养基补入培养物中，使碳源不达到分解代谢阻遏的阈值。例如，以二氧化碳生成为控制因子，利用里氏木霉的补料分批培养来控制纤维素酶的生产；利用二氧化碳生成来控制油脂的补料，实现了荧光假单胞菌脂肪酶的高产；采用分批补料培养优化了皱褶假丝酵母产脂肪酶，棕榈油的补料速率呈指数增长，以达到固定的生长速率，在低的 0.05/h 比生长速率下酶收率最高，在较高的 μ 值下，碳将被转移以支持更高的生长速率，而牺牲酶的生产。

在补料分批培养中高细胞密度培养大肠杆菌以生产异源蛋白质已经取得成功。常用的控制方法有恒速补料、程序补料、指数补料，以及常采用 pH 和溶解氧作为控制参数的反馈控制等。关键的问题是避免代谢溢流，从而避免以牺牲碳源为代价排出乙酸，建议采用相对较低的比生长速率（0.2～0.35/h）以避免乙酸盐积累。这些过程的另一个特点是生长期和蛋白质生产期的分离。因此，可以在诱导异源蛋白质之前优化生长阶段以促进高生物量浓度。高异源蛋白质水平可以诱导细胞生长静止期的胁迫响应，因此在发酵易受此类扰动之前，最好产生大量生物量。

复习思考题

1. 名词解释

能量负荷调节、初级代谢、次级代谢、反馈抑制、阻遏、同工酶、协同反馈抑制、营养缺陷型、抗性突变株、分解代谢物阻遏、代谢控制发酵、恒化器、恒浊器、恒 pH 法、恒定产物浓度法、稀释率

2. 简述磷酸盐在抗生素发酵过程中的调节作用。

3. 说明微生物细胞内 NH_4^+ 参与分解与合成代谢的途径。

4. 微生物的代谢调节有哪些途径？简述酶合成和酶活性调节的内容和方式。

5. 发酵动力学的主要概念和研究内容是什么？

6．在分批发酵过程中，微生物生长可分为几个阶段？次级代谢产物通常在什么阶段开始合成？

7．什么是 Monod 方程？其使用条件是什么？请说明各参数的意义。

8．影响分批发酵过程中总产率的因素有哪些？简述生产上提高发酵产率的有效方法。

9．什么是连续培养？连续培养和分批培养比较有哪些优缺点？

10．补料分批发酵有哪些策略？其有哪些用途？

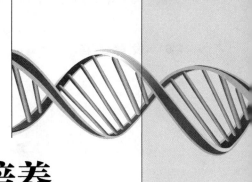

第六章　种子的扩大培养

随着对发酵产品需求量的增加，现代发酵工业的生产规模也逐年扩大，发酵罐的体积也不断增大。而在尽可能短的时间内让微生物将底物转化为发酵产物，这就需要有足够数量的微生物细胞。微生物菌种扩大培养的一个重要目的就是通过向微生物提供生长繁殖所需的最佳环境条件，让其快速大量繁殖，最终为发酵生产提供健壮、没有杂菌污染、代谢旺盛和数量足够的微生物菌种。由此得到的菌种除了总体积和浓度要满足生产要求之外，其生理状态也必须稳定，转接至发酵罐后，能够迅速生长繁殖。因此适宜的微生物种子能缩短发酵周期，提高发酵罐的利用率，减少杂菌污染的风险，并且还能够提高发酵产物的品质和得率。

第一节　种子扩大培养方法

生产上将保存在砂土管、冷冻干燥管中处于休眠状态的生产菌种接入试管斜面活化后，再经过扁瓶或摇瓶及种子罐逐级放大培养而获得一定数量和质量的纯种的过程称为种子的扩大培养，所获得的培养物称为种子。种子扩大培养的目的就是要为每次发酵罐的投料提供相当数量、代谢旺盛的种子。但是如何保证种子生产性能稳定、发酵产量较高、不被其他杂菌污染，这是种子制备工艺的关键。例如，在实验室发酵过程中所产生的菌种变异在很大程度上是发酵起始阶段所接种的种子数量不足所致。因此，无论发酵规模如何，必须认识到菌种的活性、生理状态和发酵过程本身同等重要。所以发酵工业生产过程中所接种的种子必须满足以下条件：①菌种必须处于健康、活跃的状态，这样才能使后续发酵的延迟期较短；②必须有足够大的体积，以保证最佳的接种量；③生理状态稳定；④无杂菌污染；⑤保持稳定的生产能力。

在发酵生产过程中，微生物菌种需要经过多次转接培养，其数量才能满足生产的需求，而将微生物种子制备过程中逐级扩大培养的次数称为种子扩大培养级数。由于孢子的萌发速度、菌体的繁殖速度、菌体的生长特性和发酵罐容积的不同，不同发酵生产所用的种子扩大培养级数可能会有差异。但无论是几级种子扩大培养，其制备过程基本可分为两个阶段：实验室种子制备阶段和生产车间种子制备阶段（图 6-1）。

一、实验室种子制备

实验室种子的制备一般采用两种方式：对于产孢子能力强的及孢子发芽、生长繁殖快的菌种可以采用固体培养基培养孢子，孢子可直接作为种子罐的种子，这样操作简便，不易污染杂菌。对于产孢子能力不强或孢子发芽慢的菌种，可以用液体培养法。

1. 孢子的制备　　由于孢子数量多、抗逆性强，它既可以产生营养菌类型的种子，又

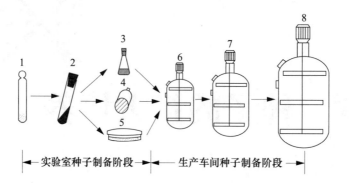

图 6-1　种子扩大培养流程图

1. 菌种；2. 斜面活化；3. 液体摇瓶培养；4. 茄子瓶斜面培养；

5. 固体培养基培养；6. 较小种子罐培养；7. 较大种子罐培养；8. 发酵罐

可以直接接种用于生产发酵，因此孢子的质量、数量对以后菌丝的生长、繁殖和发酵产物的形成都有明显的影响。不同菌种的孢子制备工艺有其不同的特点。

（1）霉菌孢子的制备　　霉菌孢子的制备通常以大米、小米、玉米、麸皮、麦粒等农产品为培养基，这些天然固体培养基有较大的表面积，同时含有适合霉菌孢子形成的营养条件。接种后在 25～28℃条件下培养 4～14d，可以获得大量耐热、生存能力强的孢子。

（2）放线菌孢子的制备　　放线菌的孢子制备一般采用琼脂斜面培养基，其中的营养成分不宜太丰富，通常将培养基中的碳源控制在 1% 左右，氮源控制在 0.5% 左右。如果碳源较多，容易产生有机酸而抑制放线菌菌丝生长和孢子产生，而氮源太多则容易导致菌丝过度生长、孢子形成较少。因此常在培养基中添加麸皮、豌豆浸汁、蛋白胨和无机盐等一些有利于形成孢子的营养成分，然后在 28℃条件下培养 5～14d。在某些情况下也可以通过限制水分和营养来诱导放线菌孢子的形成。

最终将制备的孢子转移到种子罐可采取两种方法。第一种方法是将培养出的孢子制成孢子悬浮液后转入种子罐，此即孢子进罐法。该方法操作简便、有利于控制孢子质量、可减少不同生产批次之间的差异。第二种方法是将培养出的孢子接种到摇瓶使其形成菌丝，然后再将菌丝接入种子罐，此为摇瓶菌丝进罐法，这种方法对生长比较缓慢的菌种比较适用。同时在用孢子进罐法制备种子时，既可以将母斜面上的孢子接种到种子罐，也可以将母斜面转接到子斜面，最后再将子斜面孢子接入种子罐（图 6-2）。一般来说采用母斜面孢子接入液体培养基有利于防止菌种变异，采用子斜面孢子接入液体培养基可节约菌种用量。但在具体的发酵生产过程中，采用哪个阶段的孢子作为接种剂视生产工艺、菌种特性和发酵规模而定。

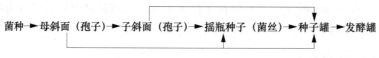

图 6-2　孢子制备及进罐流程图

2. 液体种子制备　　对于不产生孢子的细菌、产孢子能力弱或孢子发芽较慢的菌适合用液体种子制备方法。将固体培养基上培养出的菌体或者孢子转移到装有液体培养基的摇瓶中继续培养，从而使菌体大量繁殖或使孢子萌发形成大量菌丝。摇瓶就相当于一个缩小版的种子罐，其中的培养基营养成分比较完全，这有利于菌体或菌丝的快速生长。通常最后一级摇瓶的培养基成分含量比母瓶稍高一些，并且培养基的组成和种子罐较为接近，这样将摇瓶种子转入种子罐后会大大缩短延迟期。在液体种子制备过程中，根据菌种对氧气需求的不同可以分为两种培养方法。

（1）好氧培养　　对于产孢子能力不强或孢子发芽慢、主要进行好氧呼吸的菌种，如产链霉素的灰色链霉菌（*Streptomyces griseus*）、产卡那霉素的卡那链霉菌（*S. kanamyceticus*）可以用摇瓶液体培养法。将孢子接入含液体培养基的摇瓶中，于摇瓶机上恒温振荡培养，获得菌丝体，作为种子。其主要过程为：试管斜面→摇瓶（母瓶）→摇瓶（子瓶）→种子罐。

（2）静置培养　　对于某些需在厌氧条件下进行的发酵过程，可将斜面或克氏扁瓶中的菌种接种到装有液体培养基的锥形瓶中静置培养即可，其种子的制备过程为：试管斜面→锥形瓶静置培养→卡式培养罐→种子罐。

例如，生产啤酒的酵母菌一般保存在麦芽汁琼脂或 MYPG 培养基（培养基配方：麦芽浸出物 3g，酵母浸出物 3g，蛋白胨 5g，葡萄糖 10g，琼脂 20g 溶于 1L 水中）的斜面上，于 4℃冰箱内保藏，每隔 3～4 个月移种 1 次。将保存的酵母菌种接入含 10mL 麦芽汁的 50～100mL锥形瓶中，于 25℃培养 2～3d 后，再扩大至含有 250～500mL 麦芽汁的 500～1000mL 锥形瓶中，25℃培养 2d 后，移种至含有 5～10L 麦芽汁的卡式培养罐中，15～20℃培养 3～5d 即可作100L 麦芽汁的发酵罐种子。从锥形瓶到卡式培养罐培养期间，均需定时摇动或通气，使酵母菌液与空气接触，以有利于酵母菌的增殖。

二、生产车间种子制备

实验室制备的孢子或摇瓶种子移种至种子罐扩大培养，种子罐的培养基虽因不同菌种而异，但其原则是采用易被菌利用的成分，如葡萄糖、玉米浆、磷酸盐等。如果是需氧菌，同时还需供给足够的无菌空气，并不断搅拌，使菌（丝）体在培养液中均匀分布，获得相同的培养条件。

1. 种子罐的作用　　主要是使孢子发芽，生长繁殖成菌（丝）体，接入发酵罐能迅速生长，达到一定的菌体量，以利于产物的合成。

2. 种子罐级数的确定　　将制备的孢子悬浮液或者摇瓶种子转接到体积比较小的种子罐中进行培养，最后形成大量的菌（丝）体，这些培养物被称为一级种子，将一级种子接种到发酵罐中进行发酵，称为二级发酵。但如果把一级种子继续转接到体积更大的种子罐培养，所形成数量更多的菌（丝）体称作二级种子，将二级种子接入发酵罐中称作三级发酵。类似的采用三级种子的发酵称为四级发酵。可以看出，从保存的菌种开始，必须经过多级种子扩大的培养才能为生产阶段提供足够接种体积的种子液。究竟采用几级种子培养方案主要取决于最终发酵罐的体积。但这并不是说发酵罐体积越大，种子扩大培养级数就越多，因为在从种子活化到发酵终止的整个过程中，微生物都有污染和退化的可能性，摇瓶、种子罐和生产发酵罐之间的级数越多，发酵罐污染和菌株退化的风险就越大。在实际生产过程中具体采用几级发酵工艺主要取决于两方面。

1）菌种生长特性、孢子发芽及菌体繁殖速度。

2）所采用发酵罐的容积。

例如，细菌和酵母菌的生长繁殖速度快，种子用量比例相对来说比较少，采用的种子级数也可适当减少，常用二级发酵，即：茄子瓶→一级种子罐→发酵罐。

霉菌的生长较慢，种子用量的比例比较大，可用三级发酵。例如，利用青霉菌进行青霉素发酵，其流程为：斜面母瓶→大米孢子→一级种子罐（27℃，40h孢子发芽，产生菌丝）→二级种子罐（27℃，10～24h，菌体迅速繁殖，粗壮菌丝体）→发酵罐。

放线菌生长则更慢，种子用量比例更大，可采用四级发酵，即：孢子悬液→一级种子罐→二级种子罐→三级种子罐→四级种子罐→发酵罐。

3. 确定种子罐级数需注意的问题

1）种子级数越少越好，可简化工艺和控制，减少染菌机会。

2）种子级数太少，接种量小，发酵时间延长，降低发酵罐的生产率，增加染菌机会。

3）虽然种子罐级数随产物的品种及生产规模而定，但也与所选用工艺条件有关。例如，改变种子罐的培养条件，加速了孢子发芽及菌体的繁殖，也可相应地减少种子罐的级数。

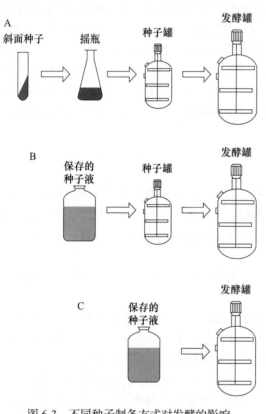

图6-3　不同种子制备方式对发酵的影响

国外提出了一个简化种子罐级数的细菌种子扩大培养流程，只需稍加修改就可以适用于多种菌体种子的制备。这种方法是将细菌纯菌种接种到液体培养基后培养至对数生长期，然后把它转移到19倍体积的新鲜液体培养基中继续培养到对数生长期，最后将培养物分装成20mL/管并保存于−20℃。所保存的样品管至少3%进行检测并证明其纯度和生产能力没有问题后，剩余的样品就可作为后续发酵的起始接种物。例如，采用了三种方案以大肠杆菌生产人类免疫缺陷病毒（HIV）DNA疫苗。这三种方案如图6-3所示，方案A包含菌种活化、摇瓶培养、种子罐培养几个阶段，方案B和方案C分别将冷冻保存的300mL或更大体积的种子液直接接种到种子罐或发酵罐中（种子液由30L发酵液分装而来，保存时以甘油作为低温保护剂）。与方案A相比，后两种工艺的优点都是消除了摇瓶培养阶段及接种过程中可能带来的污染风险。发酵结束后对各个工艺进行了综合评判，证明减少种子扩大培养级数（方案C）是可行的。

4. 种子扩大培养实例　青霉素发酵的菌种扩大培养。种子制备过程：冷冻管→斜面孢子→大米孢子→一级种子→二级种子→发酵。

（1）斜面孢子　将保存的青霉菌孢子在斜面培养基（葡萄糖、甘油、蛋白胨）上活化，培养条件为25～26℃，培养6～8d后转接到新的斜面培养7d得斜面孢子。然后将孢子转移到大米固体培养基上（大米、玉米浆），于25℃培养7d。大米培养基要控制加水量，使米粒之间要保持疏松，以提高氧的传递和增加表面积，有利于大量形成孢子，最终每粒大米上的孢子多于10^6个，培养结束后抽去瓶中水分，使培养基含水量低于10%并保存于4℃冰箱备用。同时对每个阶段培养的孢子必须进行摇瓶试验，测定孢子是否染菌及发酵液的效价。

（2）一级种子培养　　在一级种子罐中装入培养基（葡萄糖、蔗糖、乳糖、玉米浆、碳酸钙、玉米油消泡剂），接种大米孢子后，通入无菌空气，通气比为1∶3，在27℃、转速为300～350r/min的条件下搅拌培养40～50h。此阶段的培养基中含有比较丰富且容易被利用的碳源和氮源，有利于产生大量健壮的菌丝体。

（3）二级种子培养　　将一级种子转接到二级种子罐中（培养基成分：葡萄糖、玉米浆），无菌空气通气比为1∶1.5～1∶1，在25℃、转速为250～280r/min的条件下搅拌培养14h。此阶段培养基中的主要成分接近发酵培养基，产生大量呈丝状的菌丝，菌丝球比较少。

第二节　种子质量的控制

一、影响孢子和种子质量的因素

（一）影响孢子质量的因素

影响孢子质量的因素通常有培养基、培养条件、培养时间和冷藏时间及接种量等。

1. 培养基　　生产过程中经常出现孢子质量不稳定的现象，其主要原因是配制培养基的原材料质量波动。例如，在四环素、土霉素生产中，配制产孢子斜面培养基用的麸皮，因小麦产地、品种、加工方法及用量的不同对孢子质量产生不同影响。蛋白胨加工原料不同对孢子影响也不同，如鱼胨或骨胨。此外，原料中所含的无机离子种类、含量的差异也会对孢子质量产生较大影响，如 Mg^{2+}、Cu^{2+}、Ba^{2+} 能刺激孢子的形成。磷含量太多或太少也会影响孢子的质量。种子培养基的配方不同对种子质量也有极大的影响，种子罐中培养基成分比较复杂、营养比较丰富时菌丝长得比较分散，而在合成培养基中则容易形成菌丝球。这主要是因为营养丰富的培养基中孢子的萌发率比合成培养基高，从而有效地增加了种子液的浓度。

水质的影响：地区不同、季节变化和水源污染，均可造成水质波动，影响种子质量。

菌种在固体培养基上可呈现多种不同代谢类型的菌落，氮源种类越多，出现的菌落类型也越多，不利于生产的稳定。

解决措施：①培养基所用原料要经过发酵试验，合格才可使用；②严格控制灭菌后培养基的质量；③斜面培养基使用前，需在适当温度下放置一定时间；④供生产用的孢子培养基要用比较单一的氮源，作为选种或分离用的培养基则采用较复杂的有机氮源。

2. 培养条件

（1）温度　　温度对多数品种斜面孢子质量有显著的影响。例如，土霉素生产菌种在高于37℃培养时，孢子接入发酵罐后出现糖代谢变慢、氨基氮回升提前、菌丝过早自溶、效价降低等现象。一般各生产单位都严格控制斜面孢子的培养温度。

（2）湿度　　制备斜面孢子培养基的湿度对孢子的数量和质量有较大的影响。例如，土霉素生产菌种龟裂链霉菌，在孢子培养过程中发现：在北方气候干燥地区孢子斜面长得较快，在含有少量水分的试管斜面培养基下部孢子长得较好，而斜面上部由于水分迅速蒸发呈干疤状，孢子稀少。在气温高和湿度大的地区，斜面孢子长得慢，主要由于试管下部冷凝水太多而不利于孢子的形成。从表6-1中可以看出，相对湿度在40%～45%时龟裂链霉菌的孢子数量最多，且孢子颜色均匀，质量较好。

表 6-1   不同相对湿度对龟裂链霉菌斜面生长的影响

相对湿度 /%	斜面外观	活孢子计数 / (亿 / 支)
16.5~19	上部稀薄、下部稠略黄	1.2
25~36	上部薄、中部均匀发白	2.3
40~45	一片白, 孢子丰富, 稍皱	5.7

3. 培养时间和冷藏时间

（1）培养时间   一般来说，衰老的孢子不如年轻的孢子，因为衰老的孢子已在逐步进入发芽阶段，核物质趋于分化状态。过于衰老的孢子会导致生产能力的下降。而孢子过于年轻，冷藏过程中容易自溶。

解决措施：孢子培养的时间应该控制在孢子量多、孢子成熟、发酵产量正常的阶段终止培养。

（2）冷藏时间   斜面冷藏对孢子质量的影响与孢子成熟程度有关。例如，土霉素生产菌种孢子斜面培养 4d 左右即放于 4℃冰箱保存，发现冷藏 7~8d 菌体细胞开始自溶。而培养 5d 以后冷藏，20d 未发现自溶。冷藏时间对孢子的生产能力也有影响。例如，在链霉素生产中，斜面孢子在 6℃冷藏两个月后的发酵单位比冷藏 1 个月降低 18%，冷藏 3 个月后降低 35%。

4. 接种量
接种量是指转移到发酵罐中的种子液体积和接种后培养液体积的比例。接种量大小影响到培养基中孢子的数量，进而影响菌体的生理状况。

另外，在种子扩大培养过程中，接种量大小对菌丝形态也能产生较大影响。较高的接种量有利于形成分散菌丝，而较低的接种量则趋向于形成菌丝球。当种子液中菌体呈丝状时，菌丝在培养基中分散比较均匀，但培养液非常黏稠，氧气传递速率稍差；而菌体以菌丝球的形式存在时，培养液的黏度较小，但菌丝球在培养基中分布不均匀。由于扩散的限制，菌丝球中心的菌丝可能会缺乏营养和氧气，其生物量几乎不会增长，菌体生长被限制在外层，进而导致生产力降低。为了最大限度地增加生物量和发酵产物的产量，大多数工业都是以均匀、分散的丝状培养方式进行种子培养的，如以 *Streptomyces griseus* 发酵生产链霉素。然而，也有研究表明菌丝球的生长形式有利于一些菌合成有机体产物，如红色糖多孢菌（*Saccharopolyspora erythraea*）合成红霉素，阿维链霉菌（*Streptomyces avermitilis*）合成阿维菌素。表 6-2 是一些孢子接种量对真菌和放线菌菌丝形态的影响。可以看出，在真菌和放线菌工业发酵生产中选择合适的孢子接种浓度是获得所需菌丝形态的关键因素，随着接种孢子浓度的增加，菌丝球的直径逐渐减小，最终形成分散的菌丝。所以生产发酵中无论是用孢子悬浮液直接接种发酵罐，还是先用孢子接种摇瓶产生摇瓶菌丝种子，再以后者接种发酵罐，必须根据生产对菌丝形态的要求来确定孢子接种量。例如，橘青霉（*Penicillium citrinum*）可以合成降胆固醇药物普伐他汀的前体 ML-236B。当菌丝体生长成紧密的球状时，产物的生成量最大。所以在种子扩大培养过程中通过控制孢子接种量使种子罐中短丝状菌体数量维持在最佳水平，从而能保证菌丝在最终发酵过程中以菌丝球形式存在。

表 6-2   孢子接种量对菌丝形态的影响

菌种	发酵产物	接种浓度 / (个孢子 /mL)	菌丝形态
产黄青霉（*Penicillium chrysogenum*）	青霉素	$<10^6$ $>10^6$	菌丝球 菌丝

续表

菌种	发酵产物	接种浓度 /（个孢子 /mL）	菌丝形态
黑曲霉（*Aspergillus niger*）	柠檬酸	$10^7 \sim 10^8$	菌丝球
		$10^{11} \sim 10^{12}$	菌丝
土曲霉（*A. terreus*）	洛伐他汀	$> 2 \times 10^6$	小球状
天蓝色链霉菌（*Streptomyces coelicolor*）	放线菌素	10^8	大球状，数量少，抗生素生成延迟
		10^{10}	小球状，数量多，抗生素产生较早
红霉素链霉菌（*S. erythreus*）	红霉素	$10^6 \sim 10^7$	菌丝球
		$10^8 \sim 10^{10}$	菌丝球

（二）影响种子质量的因素

生产过程中影响种子质量的因素通常有孢子的质量、培养基、培养条件、种龄、接种量、种子转接时期。

1. 培养基　获得活力旺盛和足够体积菌种的一个关键因素是培养基的选择。必须指出的是，选择哪一种种子扩大培养基取决于利用该培养基所得种子在后续发酵过程中的生产性能。对于发酵培养基的选择不仅要满足微生物生长的营养需求，还要满足形成最大量发酵产物及发酵生产的成本的局限性。但在种子扩大培养过程中，菌种的繁殖不是最终目的，因此种子扩大培养基可能与发酵培养基的组成不同。但最后一级种子培养基应与发酵培养基有足够的相似之处，以尽量减少菌种对发酵培养基的适应时间，从而减少延迟期和发酵时间。

概括起来，进行种子制备时的培养基应满足以下要求。

1）营养成分适合种子培养的需要。

2）选择有利于孢子发芽和菌体生长的培养基。

3）营养上要易于被菌体直接吸收和利用。

4）营养成分要适当丰富和完全，氮源和维生素含量要高。

5）营养成分要尽可能与发酵培养基相近。

表 6-3 列出了几种工业发酵的种子培养基和发酵培养基的比较。

表 6-3　几种工业发酵的种子培养基和发酵培养基比较

发酵产物	种子培养基		发酵培养基	
	培养基成分	含量 /（g/L）	培养基成分	含量 /（g/L）
维生素 B_{12}	糖蜜	70	糖蜜	105
	蔗糖	—	蔗糖	15
	甜菜碱	—	甜菜碱	3
	$NH_4H_2PO_4$	0.8	$NH_4H_2PO_4$	—
	（NH_4）$_2SO_4$	2	（NH_4）$_2SO_4$	2.5
	$ZnSO_4$	0.02	$ZnSO_4$	0.08
	5,6- 二甲基苯并咪唑	0.005	5,6- 二甲基苯并咪唑	0.025
赖氨酸	甘蔗糖蜜	0.05	甘蔗糖蜜	0.2
	玉米浆	0.01	玉米浆	—
	$CaCO_3$	0.01	$CaCO_3$	—
	豆粕水解液	—	豆粕水解液	0.018

续表

发酵产物	种子培养基		发酵培养基	
	培养基成分	含量 / (g/L)	培养基成分	含量 / (g/L)
克拉维酸	大豆粉	0.01	大豆粉	0.015
	糊精	0.02	糊精	—
	KH$_2$PO$_4$	—	KH$_2$PO$_4$	0.001
	聚醚 L-81	0.0 003	聚醚 L-81	—

注："—"表示培养基中没有添加该成分

2. 培养条件

（1）温度　　微生物在生长过程中能适应的温度范围是比较宽的，一般来说，在微生物生长的温度范围内每升高 10℃，微生物生长速度会增加 1 倍，但菌体中催化不同代谢反应的酶类的最适温度是有差异的。所以种子培养只有选择最适温度，菌种的生理状态才能保持最佳，使其有较好的生产能力。

（2）通气量　　在种子罐中培养的种子除保证供给易被利用的培养基外，有足够的通气量可以提高种子质量。例如，青霉素的生产菌种在制备过程中将通气充足和不足两种情况下得到的种子分别接入发酵罐内，它们的发酵单位可相差 1 倍。但也有例外，如土霉素生产菌，一级种子罐的通气量小对发酵有利。

（3）pH　　由于种子罐培养基的 pH 会影响接入孢子或菌丝表面关键官能团的离子化程度，从而改变菌丝表面的电荷，因此其对某些菌丝的聚集和菌丝球的形成有显著的影响。一般情况下，酸性有利于菌丝分散，而碱性有利于菌丝球的形成，不同菌丝形态的种子液对后续发酵时间和产物生产都有较大影响。例如，用黑曲霉孢子接种时，pH<2.3 时会产生分散的菌丝，在较高的 pH 下产生菌丝球。

3. 种龄　　种龄是指种子罐中培养的菌（丝）体开始移入下一级种子罐或发酵罐时的培养时间。通常种龄是以处于生命力极旺盛的对数生长期，菌体量还未达到最大值时的培养时间较为合适。时间太长，菌种趋于老化，生产能力下降，菌体自溶；种龄太短，造成发酵前期生长缓慢。

不同菌种或同一菌种工艺条件不同，种龄是不一样的，一般需经过多种试验来确定。例如，嗜碱芽孢杆菌生产碱性蛋白酶，12h 最好（图 6-4）。

4. 接种量　　接种量是指移入的种子液体积和接种后培养液体积的比例。接种量的大小取决于生产菌种在发酵罐中生长繁殖的速度。通常情况下，细菌接种量在 1%～5%，酵母菌 5%～10%，霉菌 7%～15%，有时为 20%～25%。相对较大的接种量能明显缩短延迟期，并在短时间内使发酵罐中的微生物数量达到最大，使产物的形成提前到来，从而提高设备的利用效率，并可减少杂菌的生长机会。但接种量过大会引起溶氧不足，影响产物合成；而且会过多移入代谢废物，也不经济；接种量过小会

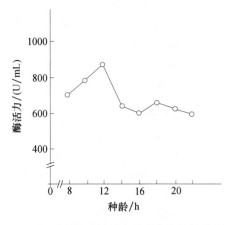

图 6-4　种龄与碱性蛋白酶活力之间的关系

延长培养时间，降低发酵罐的生产率（图6-5）。

在确定接种量时需要考虑的另外一个因素是种子培养的经济性。尽管一些研究表明当种子液的接种量控制在总培养体积的10%左右时，菌体的延迟期较短、生长速度较快、发酵周期较短，但是这个接种量的经济性必须要通过实际的生产来验证。这主要是因为有很多产物的形成都是通过大规模连续发酵来进行的，一般情况下连续发酵在稳定状态下可运行100d以上。和分批发酵相比较，向连续发酵罐接种的次数要少很多。在这种情况下，适当地减少接种量而不是投资一个更大的种子罐，并容忍发酵罐中菌体有一段相对较长的生长期才达到最大生物量，可能是更经济的做法。

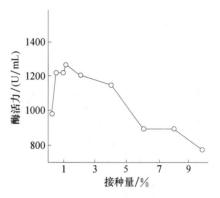

图6-5 接种量对碱性蛋白酶产生的影响

5. 种子转接时期 将上一级种子转接到下一级种子罐时的生理条件对发酵性能有重要影响。转接的最佳时期必须通过测定细胞体积、干重、溶解氧、pH及CO_2等来确定。其中在线监测CO_2生成率（CPR）是衡量转接时期最方便的指标之一。例如，对链霉菌种子制备过程中CPR进行检测发现，不同时期转接种子对生产发酵过程中生物量的影响不大，但对抗生素的形成影响极大（图6-6）。

二、种子质量的控制措施

（一）种子质量控制

种子质量的最终指标是考查其在发酵罐中所表现出来的生产能力。所以，首先是必须保证生产菌种的稳定性，其次是提供种子培养的适宜环境，保证无杂菌侵入，以获得优良种子。因此在生产过程中通常采取以下措施。

1. 菌种稳定性的检查 生产中所用的菌种必须保持稳定的生产能力，不能有变异种。尽管变异的可能性很小，但不能完全排除这一危险。所以，定期检查和挑选稳定菌株是必不可少的一项工作。方法是将保藏菌株溶于无菌的生理盐水中，逐级稀释，然后在培养皿琼脂固体培养基上划线培养，长出菌落，选择形态典型的菌落接入锥形瓶进行液体摇瓶培养，检测出生产率高的菌种备用。这一分离方法适用于所有的保藏菌种，并且一年左右必须进行一次。

2. 杂菌检查 在种子制备过程中，每移种一次都需要进行杂菌检查。一般的方法是显微镜观察或平板培养试验，即将种子液涂在平板培养皿上划线培养，观察有无异常菌落，定时检查，防止漏检。此外，也可对种子液的生化特性进行分析，如取样测其营养消耗速度、pH变化、溶解氧利用情况、色泽和气味是否异常等。

3. 在种子培养过程中进行质量检测 将活化好的菌种接种到较小的摇瓶培养，然后再将这种培养物依次接种到更大的摇瓶或种子罐，期间需要尽可能早地对每一阶段培养物是否有污染进行检测。虽然种子液在进入发酵罐之前某些时期种子液的质量检测结果可能还没有出来，但是一旦发现在生产过程中出现了异常，至少知道是在哪个阶段发生了污染，可以在以后的生产中注意这些问题。所以国外一些工厂在种子扩大培养时采用低于菌种最佳生长温度的条件进行培养。在这种情况下，接种菌种后的潜伏期必然延长，但是这为将种子接种

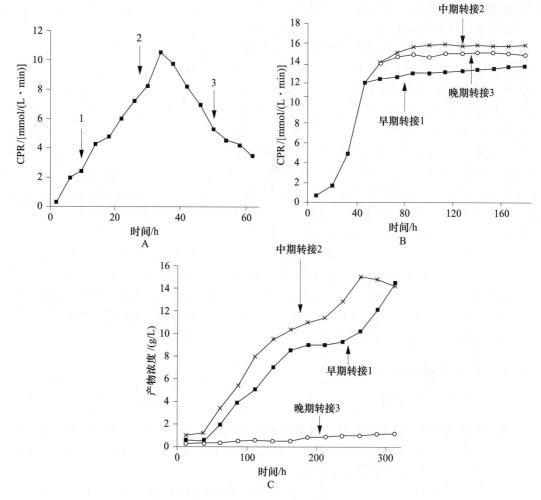

图 6-6　种子转接时期对 CPR 和产物浓度的影响

A. 从发酵液 CPR 不同的 3 个时期取样作为接种剂；B. 用上述 3 个时期种子接种后发酵液 CPR；

C. 用上述 3 种种子接种后不同时期发酵液中目的产物浓度

到发酵罐之前能检测出菌种是否受到污染留出了足够的时间。因此，为了确保启动工业发酵生产前所接种的菌种是足够安全的，通过稍低温度培养以减慢种子的生长速率在一定程度上也是可以接受的。

（二）种子质量标准

1. 细胞或菌体　菌丝形态、菌丝浓度和培养液外观（色素、颗粒等）。

单细胞：菌体健壮、菌形一致、均匀整齐，有的还要求有一定的排列或形态。

霉菌、放线菌：菌丝粗壮、对某些染料着色力强、生长旺盛、菌丝分枝情况和内含物情况好。

2. 生化指标　种子液的糖、氮、磷的含量和 pH 变化。

3. 产物生成量　在抗生素发酵中，产物生成量是考查种子质量的重要指标，因为种子液中产物生成量的多少间接反映种子的生产能力和成熟程度。

4. 酶活力　种子液中某种酶的活力，与目的产物的产量有一定的关联。

（三）种子异常分析

种子培养异常表现为培养的种子质量不合格。种子质量差会给发酵带来较大的影响。然而种子内在质量常被忽视，由于种子培养的周期短，可供分析的数据较少，因此种子异常的原因一般较难确定，这也使得由种子质量引起的发酵异常原因不易查清。种子培养异常的表现主要有菌体生长缓慢、菌丝结团及代谢不正常。

1. 菌体生长缓慢　种子培养过程中菌体数量增长缓慢的原因很多。培养基原料质量下降、菌体老化、灭菌操作失误、供氧不足、培养温度偏高或偏低、酸碱度调节不当等都会引起菌体生长缓慢。此外，接种物冷藏时间长或接种量过低而导致菌体量少，或接种物本身质量差等也都会使菌体数量增长缓慢。

2. 菌丝结团　在培养过程中有些丝状菌容易产生菌丝球，菌体仅在表面生长，菌丝向四周伸展，而菌丝球的中央结实，使内部菌丝的营养吸收和呼吸受到很大影响，从而不能正常地生长。菌丝结球的原因很多，诸如通气不良或停止搅拌导致溶解氧浓度不足；原料质量差或灭菌效果差导致培养基质量下降；接种的孢子或菌丝保藏时间长而菌落数少，培养液泡沫多；罐内装料小、菌丝粘壁等会导致培养液的菌丝浓度比较低；此外，接种物种龄短等也会导致菌体生长缓慢，造成菌丝结团。

3. 代谢不正常　代谢不正常表现出糖、氨基氮浓度等变化不正常，菌体浓度和代谢产物浓度不正常。造成代谢不正常的原因很复杂，除与接种物质量和培养基质量差有关外，还与培养环境条件差、接种量小、杂菌污染等有关。

复习思考题

1. 什么是种子的扩大培养？
2. 种子扩大培养的目的与要求是什么？
3. 简述种子扩大培养的一般步骤。
4. 在大规模发酵的种子制备过程中，实验室阶段和生产车间阶段在培养基和培养物选择上各有何特点？
5. 什么是发酵级数？发酵级数对发酵有何影响？
6. 影响种子质量的因素有哪些？如何保证种子的质量？
7. 什么是种龄和接种量？

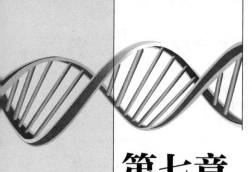

第七章 发酵条件及过程控制

微生物发酵是一个复杂的生化过程，涉及诸多因素，如微生物的菌种、培养基的质量、发酵条件的控制等。其中发酵条件的控制是决定能否最大限度发挥菌种生产潜力、最大限度地提高产量和效益的重要因素。对发酵生产企业而言，低投入、高产出是大家追求的目标，这就要求寻找发酵生化反应的最优化控制条件。

第一节　发酵控制条件的优化

所谓优化就是在一定的约束条件下，求出使目标函数为最大（或最小）的解。对发酵企业或生产过程来讲，就是寻找低成本高效益的一种技术。发酵控制条件优化的主要工作就是通过实验数据和结果分析找到一系列适合生产过程的最佳参数和控制方法。

制约发酵产品工业化进程的关键因素是目标产物的产量、目标产物对底物的产率和底物消耗速度。高产量有利于产物的后提取，而高产率则有利于降低原料成本，在保证一定产量和产率的基础上加速底物消耗，可缩短发酵时间、降低能耗，并提高生产率。因此，优化过程不仅是产率最大化的问题，还需考虑生产成本和发酵周期。现代数学理论模型的建立是目前工业发酵优化的良好解决途径，Monod、Contois 等数学模型的建立为人们研究微生物生长、代谢及有关产物形成等的动力学研究奠定了基础；而随着以生产为目标的发酵过程优化技术研究的深入，在动力学数学模型的基础之上又引进了一系列现代控制理论，包括静态和动态优化、系统识别、自适应控制、专家系统、模糊控制、神经元网络等。发酵过程优化的目标就是使细胞生理调节、细胞环境、反应器特性、工艺操作条件与反应器控制之间这种复杂的相互作用尽可能简化，并对这些条件和相互关系进行优化，使之最适于特定发酵过程。具体来说，优化控制主要包括发酵培养基配方优化和发酵工艺参数的优化两个方面的内容。

一、发酵培养基配方优化

培养基配方优化即为了提高发酵产率而寻找最优的配方组成，如研究不同碳源、氮源、维生素、金属离子种类及其在发酵中的重要作用，针对这些物质的浓度及供给方式进行优化，使得目标产物产量明显提高，或可确定培养基组分的最小用量，避免底物的过量或不足，造成原料的浪费。

培养基设计与优化过程一般要经过以下几个步骤：①根据前人的经验和培养基成分确定时一些必须考虑的问题，初步确定可能的培养基成分；②通过单因子实验最终确定出最为合适的培养基组成分及其最适浓度；③最后通过多因子实验进一步优化培养基的各种成分及其最适浓度。

培养基最终的成分和浓度都是通过实验获得的。一般首先是通过单因子实验确定培养基组分，然后通过多因子实验确定培养基各组分及其适宜浓度。为了精确确定主要影响因子的适宜浓度，也可以进行进一步的单因子实验。对于多因子实验，为了通过较少的实验次数获得所需的结果，常采用一些实验方法设计，如正交实验设计、响应面分析、均匀设计方法、因素重构分析法及中心组合设计等。

二、发酵工艺参数的优化

工艺参数优化即生产过程中应用已优化的培养基配方，为获得最大的生产率而确定的发酵最优操作参数，如通过研究发酵过程中温度、pH、搅拌速率及供氧等参数对发酵生产目标代谢产物的影响，采取控制合适参数的控制策略可有效地提高目标产物的产量、转化率和生产强度。

工艺研究常用的手段是建立发酵动力学数学模型，只有建立模型才能够通过优化工艺和管理将发酵控制在最佳状态，如控制温度、pH、溶解氧浓度等，最终实现目标值。用于发酵工艺控制和优化的模型多种多样，大致可将它们分成三类。第一类模型是包含代谢网络模型在内的、细致到考虑细胞内构成成分变化的构造性模型。这类模型可以最真实可靠地把握过程的内在本质和特征，但由于涉及过多的状态方程式和模型参数，以及胞内物质测量的困难等问题，难于直接将这类模型用于过程的控制和优化中。第二类模型是完全基于生物过程状态变量和操作变量时间序列数据的模型。此种模型考虑的是发酵过程某一时段内状态变量和操作变量之间的表观动力学特性，而不考虑过程的本质和各类反应的机理和机制，因此，此种模型是一种纯粹的黑箱性质的模型。在发酵过程控制和优化中，回归模型和人工神经网络模型这两种黑箱性质的模型得到了广泛应用。第三类模型是介于第一类和第二类模型之间的所谓非构造式数学模型。这类模型是在发酵过程控制和优化中使用最广泛的模型。

第二节　发酵过程的精确检测

发酵过程的好坏完全取决于良好生产环境的创造和控制。而要实现发酵过程的有效控制，必须对发酵过程的各参数进行精确测量。参数检测是发酵生产的眼睛。发酵工艺条件对过程的影响是通过各种检测参数反映出来的，这些参数可作为发酵过程生产菌的代谢方向、补料、供氧等工艺控制的主要依据，同时为研究发酵动力学及进一步优化控制提供了可能。

一、直接状态参数和间接状态参数

生物发酵控制系统主要检测和控制的参数非常多，包括物理参数〔温度、搅拌转速、空气压力、空气流量、溶解氧、表观黏度、排气氧（二氧化碳）浓度等〕、化学参数（基质浓度、pH、产物浓度、核酸量等）和生物参数（菌丝形态、菌浓度、菌体比生长速率、呼吸强度、基质消耗速率、关键酶活力等）。根据获得的途径不同，发酵过程的参数可分为直接状态参数和间接状态参数。

直接状态参数是指能直接反映发酵过程中微生物的生理代谢状况的参数，如 pH、溶解氧（DO）、溶解 CO_2、尾气 O_2、尾气 CO_2、黏度、菌体浓度等。在各种直接状态参数中，pH 和溶解氧可能是最重要和广泛使用的。可以通过控制酸碱或碳源的流加速度来调节 pH，而溶解氧的调节通常采用改变通气量、搅拌速度、罐压、通气成分（纯氧或富氧）和加糖、补料等方法。尾气分析和空气流量的在线测定同样十分重要。采用红外和顺磁氧分析仪可分别测定尾气 CO_2 和 O_2 含量，另外也可以用一种快速、不连续的、能同时测定多种组分的质谱仪测定。

间接状态参数是指那些采用直接状态参数计算求得的参数，如比生长速率（μ）、摄氧速率（OUR）、CO_2 释放速率（CER）、呼吸商（RQ）、体积氧传质系数（$K_L\alpha$）、氧得率系数（$Y_{X/O}$）等（表 7-1）。

表 7-1 通过直接状态参数求得的间接状态参数

监测对象	所需参数	换算公式
摄氧速率（OUR）[1]	空气流量 V（mmol/h），发酵液体积 W（L），进气和尾气 O_2 含量 C_{O_2in}，C_{O_2out} [5]	$OUT = V(C_{O_2in} - C_{O_2out})/W$
呼吸强度（Q_{O_2}）[2]	OUR，菌体浓度 X	$Q_{O_2} = OUR/X$
氧得率系数（$Y_{X/O}$）[3]	Q_{O_2}，μ 基质得率系数 Y_S [6]，基质分子质量 M	$1/Y_{X/O} = 16[(2C+H/2-O)/Y_{X/S}M + O/1600 + C/600 - N/933 - H/200]$
CO_2 释放速率（CER）	空气流量 V（mmol/h），发酵液体积 W，进气和尾气 CO_2 含量 C_{CO_2in}，C_{CO_2out} [7]	$CER = V(C_{CO_2out} - C_{CO_2in})/W$
比生长速率（μ）[4]	Q_{O_2}，$Y_{X/O}$，Q_{OM} [8]	$\mu = (Q_{O_2} - Q_{OM})Y_{X/O}$
菌体浓度（X_t）	Q_{O_2}，$Y_{X/O}$，Q_{OM}，X_{0t}	$X_t = e^{Y_{X/O}(Q_{O_2} - Q_{OM})t} \cdot X$
呼吸商（RQ）	进气和尾气 O_2 和 CO_2 含量	$RQ = CER/OUR$
体积氧传质系数（$K_L\alpha$）	OUR，C_L，C^* [9]	$K_L\alpha = OUR/(C^* - C_L)$

注：①OUR 指单位体积发酵液，单位时间的耗氧量（又称摄氧量）（mmol/h）；②Q_{O_2} 指单位质量的干菌体，单位时间的耗氧量（又称呼吸强度）[(mmol/g)/h]；③$Y_{X/O}$ 为菌体对氧的得率系数，$Y_{X/O} = \triangle X/\triangle C$；④$\mu$ 指单位体积的菌体，单位时间增长的菌体量，$\mu = dX/Xdt$；⑤C_{O_2in}、C_{O_2out} 分别为进出口氧含量；⑥$Y_{X/S}$ 为菌体对基质的得率系数，$Y_S = \triangle X/\triangle S$；⑦$C_{CO_2in}$、$C_{CO_2out}$ 分别为进出口 CO_2 含量；⑧Q_{OM} 指 $\mu=0$ 时的呼吸强度；⑨C_L、C^* 分别为液体中的 DO 浓度和换算为 O_2 饱和浓度的无菌空气氧分压

二、在线仪器监测和离线分析

参数的检测是发酵过程控制的重要依据，通常采用以下两种方式：①在线仪器监测；②发酵样品离线分析和数据整理。

最常用到的在线监测仪器包括标准化检测装置、传感器、气体分析仪、高效液相色谱等。标准化检测装置的大部分仪表用于温度、压力、搅拌转速、功率输入、流加速率和质量等物理参数的检测。对发酵液中的 pH、溶解氧、尾气 O_2 和尾气 CO_2 等化学参数的检测可采用 pH 电极、溶氧电极、CO_2 电极、膜管传感器等传感器和气体分析仪等（表 7-2）。

表 7-2 常用的工业发酵监测仪器

分类	测量对象	传感器	控制方式	评价
就地使用的探头	温度	Pt 热电偶	盘管内冷水打循环。注入蒸汽加热	也可用热敏电阻，采用小型的加热元件
	pH	玻璃与参比电极、凝胶复合电极	加酸、碱或糖、氨水	发酵罐内常用复合电极，需耐蒸汽灭菌，有一定寿命

续表

分类	测量对象	传感器	控制方式	评价
就地使用的探头	溶解氧（DO）	极谱型 Pt 与 Ag/AgCl 或原电池型 Ag 与 Pb 电极	对搅拌转速、空气流量、气体成分或罐压有反应	极谱型电极一般更贵和牢靠
其他在线仪器	泡沫	电导探头／电容探头	开关时加入适量消泡剂	也采用消泡桨
	搅拌	转速计、功率计	改变转速	小规模发酵罐不测量功率
	空气流量	质量流量计、转子流速计	流量控制阀	
	液位	应变规、压电晶体、测压元件（差压变送器）	溢流或流入液体	用于小规模设备的测压元件
	压力	弹簧隔膜	压力控制阀	小规模设备不常用
	料液流量	电磁流量计，工业控制计算机补料系统	流量控制阀，电子秤	用于监控补料和冷却水
气体分析	O₂ 含量	顺磁氧分析仪／质谱仪		主要用于计算呼吸数据
	CO₂ 含量	红外分析仪／质谱仪		

近年来，随着计算机技术和传感器技术的快速发展，一系列新型的仪器设备，如激光浊度计、流动注射式分析仪、生物传感器等对菌体量、基质浓度和产物浓度等参数可实现在线监测。这些装置多已实现商品化生产，但还存在无法耐受高温高压灭菌、可靠性低、稳定性差等原因，现在仅在实验室和中试规模下使用。我们相信随着计算机技术和新型检测技术的突飞猛进，越来越多的在线监测仪器将会应用于工业生产。

由于缺乏可靠的生物传感器或一种能够无菌取样的系统，一直以来菌体量、发酵液中的基质（糖、脂质、盐、氨基酸）浓度和代谢产物（抗生素、酶、有机酸和氨基酸）浓度等参数，较难采用在线仪器监测，而多是采用人工取样和离线分析，虽然结果具有明显的不连贯和滞后性，但对发酵工艺的控制和优化仍然十分重要。目前所使用的离线分析方法主要包括湿化学法、分光光度分析、红外光谱分析、原子吸收、高效液相色谱（HPLC）、气相色谱（GC）、气相色谱-质谱联用（GCMS）及核磁共振（NMR）等。离线测定生物量的方法见表 7-3。

表 7-3　离线测定生物（菌和细胞）量的方法

方法	原理	评价
压缩细胞体积	离心沉淀物的体积	粗糙和快速
测定干重	悬浮颗粒干后的重量	如培养基含固体，难以解释
测定光密度	浊度	要保持线性，需稀释，缺点同测定干重法
显微观察	血球计数器上作细胞计数	费力，通过成像分析可最大化
荧光或其他化学法	分析与生物量有关的化合物，如 ATP、DNA、蛋白质等	只能间接测量，校正困难
平板活菌计数	经适当稀释，数平板上的菌落	测量存活的菌，需长时间培养

第三节　温度的影响及其控制

温度是影响微生物生长和代谢活动的重要因素，微生物的生长繁殖和产物的合成都需要在一定的温度范围内进行，并且这两个温度通常是不同的。温度直接影响微生物体内各种酶的活性，因此，在发酵过程中保证稳定和适宜的温度范围，对稳定发酵过程、缩短发酵周期、提高产量有着重要的意义。

一、影响发酵温度的因素

发酵热（$Q_{发酵}$）是在发酵过程中产生的净热量，它是引起发酵过程中温度变化的原因。发酵过程中，随着菌体对培养基的利用，氧化分解有机质，以及机械搅拌的作用，将会产生一定的热量。同时，因发酵罐壁的散热、水分蒸发等也会带走部分热量。各种产生的热量和各种散失的热量的代数和就叫作净热量，即发酵热。因此通常可以将发酵热看作生物热、搅拌热、辐射热和蒸发热几部分热量的组合。

（一）生物热

生物热（$Q_{生物}$）是指微生物在生长繁殖过程中，培养基质中的碳水化合物、脂肪和蛋白质被氧化分解为二氧化碳、水和其他物质时释放出能量，这些释放出的能量一部分用来合成高能化合物，供微生物合成和代谢活动的需要，一部分用来合成代谢产物，其余部分则以热的形式散发出来，这种散发出来的热就叫作生物热。

发酵过程中的生物热与菌株和培养基成分有关。通常，菌株对营养物质的利用速度越快，培养基营养越丰富，产生的生物热也就越多。例如，微生物进行有氧呼吸产生的热比厌氧发酵产生的热多。发酵过程中的生物热具有时间性，即在不同的培养阶段，菌体的代谢活动强度不同，所产生的热量也不同。在发酵初期，菌体处在适应期，菌数少，呼吸作用缓慢，产生的热量较少。当菌体处在对数生长期，菌体繁殖旺盛，菌体数量多，呼吸作用强烈，产生的热量多，温度升温快。因此，生产上必须严格控制温度。在发酵后期，菌体开始衰老，基本停止繁殖，主要是靠胞内酶进行发酵作用，产热较少，温度变化不大，且逐渐减弱。

（二）搅拌热

搅拌热（$Q_{搅拌}$）是指在机械搅拌通气发酵罐时，由于机械搅拌带动发酵液做机械运动，造成液体之间、液体与搅拌器等设备之间的摩擦而产生的热。搅拌热与搅拌轴的功率有关，计算公式为

$$Q_{搅拌} = P \times 3601 \ (\text{kJ/h}) \tag{7-1}$$

式中，P 为搅拌轴的功率（kW）；3601 为机械能转变为热能的热功当量 [kJ/（kW·h）]。

（三）蒸发热

蒸发热（$Q_{蒸发}$）是指发酵过程中通气时引起发酵液水分的蒸发，被空气和水分带走的热量，也称为汽化热。这部分热量在发酵过程中先以蒸汽形式散发到发酵罐的液面，再由排气管带走，可按式（7-2）计算：

$$Q_{蒸发} = q_m \ (H_{出} - H_{进}) \tag{7-2}$$

式中，q_m 为干空气的质量流量（kg/h）；$H_{出}$、$H_{进}$ 分别为发酵罐排气、进气的热焓（kJ/kg）。

（四）辐射热

辐射热（$Q_{辐射}$）是指由于发酵罐液体温度与罐外环境温度不同，发酵液中部分热向外辐射或外界向发酵液辐射所产生的热。辐射热的大小取决于罐内外温度差。

（五）发酵热的计算

根据发酵热（$Q_{发酵}$）的定义，发酵热的通式表示为

$$Q_{发酵}=Q_{生物}+Q_{搅拌}-Q_{蒸发}\pm Q_{辐射} \qquad (7\text{-}3)$$

式中，$Q_{生物}$、$Q_{搅拌}$和$Q_{蒸发}$在发酵过程中是随时间变化的，因此发酵热在整个过程中也是随时间变化的。为了使发酵过程维持在适当的温度下进行，必须采取措施，也就是在温度高时，通过循环冷却水加以控制；在温度低时，通过加热使夹套或蛇管中的循环水达到一定的温度，从而实现对发酵温度进行有效控制。

发酵热一般可通过下式进行计算。

1）通过测量一定时间内冷却水的流量和进出冷却水的温度，用式（7-4）计算：

$$Q_{发酵}=q_{V}C\,(T_2-T_1)\,/V \qquad (7\text{-}4)$$

式中，q_V为冷却水的体积流量（kg/h）；C为水的比热容 [kJ/（kg·℃）]；T_1、T_2分别为进、出冷却水的温度（℃）；V为发酵液体积（m^3）。

2）通过罐温度的自动控制，先使罐温达到恒定，再关闭自动装置，测量温度随时间上升的速率，按式（7-5）求出发酵热：

$$Q_{发酵}=(M_1C_1+M_2C_2)\,u \qquad (7\text{-}5)$$

式中，M_1为发酵液的质量（kg）；M_2为发酵罐的质量（kg）；C_1为发酵液的比热容 [kJ/（kg·℃）]；C_2为发酵罐材料的比热容 [kJ/（kg·℃）]；u为温度上升速率（℃/h）。

经过实测，一般抗生素发酵过程的发酵热为3000～5000kJ/（m^3·h）；谷氨酸发酵过程中的发酵热为7000～8000kJ/（m^3·h）。实际上，由于测定时操作条件、发酵条件不同，测定结果略有不同。

二、温度对发酵的影响

（一）温度影响微生物的生长

温度是影响微生物生长繁殖的各种因素中最为重要的因素。温度通过影响生物体内的各种酶的活性、影响有机大分子物质稳定性及改变细胞膜流动性等方式影响整个生物体的生命活动。每种微生物在一定的条件下都有一个最适的生长温度范围，在此温度范围内，微生物生长繁殖最快，这个温度范围可用最适温度、最高温度、最低温度来表征（图7-1）。最适温度是指最适合于菌体生长的温度，超过最高温度微生物即受到抑制或死亡，在最低温度范围内微生物尚能生长，但生长非常缓慢，世代时间无限延长。在最低和最高温度之间，微生物的生长速率随温度升高而增加，超过最适温度后，随温度升高，生长速率下降，最后停止生长，引起死亡。在最适温度下微生物比生长速率最高。大多数微生物的最适生长温度都在25～27℃，由于微生物种类不同，所具有的酶系及其性质也不同，因此所要求的温度也不同，如细菌的最适生长温度大多比霉菌高些。嗜冷菌、嗜温菌、嗜热菌和嗜高温菌的最适生长温度分别为18℃、37℃、55℃和85℃左右。此外，同一种微生物，培养条件不同，最适生长温度也不同。如果生产菌相对耐高温一些，会对发酵过程有促进作用，这是由于耐高温特点不仅可以减少污染杂菌的机会，还可减少夏季培养所需的降温辅助设备，降低成本，因此培育耐高温的菌株具有重要的意义。

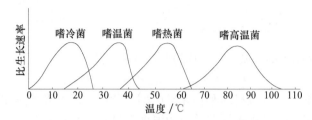

图 7-1　温度对微生物比生长速率的影响

温度和微生物的生长有密切关系。一方面在最适温度范围内，生长速率随温度升高而增加，适当提高温度，可以缩短微生物的生长周期；另一方面不同生长阶段的微生物对温度的反应不同。处于生长缓慢期的细菌对温度十分敏感，因此，最好将其置于最适生长温度范围内，这样可以缩短其生长的缓慢期和孢子萌发的时间。通常情况下，在最适温度范围内提高对数生长期的培养温度，既有利于菌体的生长，又可避免热作用的破坏。例如，在一项针对枯草芽孢杆菌的发酵条件研究中，发现该菌株在 28～40℃ 都生长良好，其中在发酵温度为 34℃ 时，菌体浓度最高，如果温度继续上升，则会导致菌株死亡。

（二）温度影响酶活性

从本质上看，温度对微生物生长的影响，主要是通过其对与生长代谢相关的酶进行调节实现的。除了与生长相关的酶外，温度也会对与特定产物合成相关的酶产生影响。培养温度往往决定着特定酶的合成，同一种微生物在不同的温度下其酶系组成往往是不同。例如，用米曲霉制曲时，温度对蛋白酶、糖化酶和纤维素酶活性的影响都不同。此外，从酶反应动力学来看，温度升高，酶反应速度加快。但是，温度越高，酶失活越快，表现为细胞容易衰老，发酵周期缩短，会从整体上降低微生物的生物量和产品产量。由于生长和合成酶系对温度的响应不同，因此发酵中同一菌种的生长和产物合成的最适温度也往往不同。例如，青霉素产生菌生长的最适温度为 30℃，而合成青霉素的最适温度为 25℃；用兽疫链球菌发酵生产透明质酸，在 36℃ 条件下菌体量最多，在 38℃ 条件下透明质酸产量最高。但同一种菌最适合于细胞生长和产物生成的温度并非都是一致的。例如，在谷氨酰胺转氨酶的摇瓶发酵试验中，细胞生长和产酶的最适宜温度都是 30℃。

（三）温度的其他影响

除了直接影响酶的合成和活性外，温度还能通过其他方式间接对发酵产生影响，如通过改变发酵液黏度，进而调节溶解氧影响发酵。在这些影响的综合作用下，温度能改变发酵的方向。例如，金色链霉菌在温度低于 30℃ 时，合成金霉素能力较强，温度升高，合成四环素的比例也增加，温度达到 35℃ 时，则只产生四环素而金霉素合成几乎停止。近年来对代谢调节的基础研究发现，温度与菌体的调节机制关系密切。例如，在 20℃ 时，氨基酸合成途径的终产物对前端酶的反馈抑制比在 37℃ 时更大。所以，可考虑在抗生素发酵后期降低发酵温度，使蛋白质和核酸的正常合成途径提早关闭，从而使发酵代谢转向目的产物合成。

三、发酵过程温度的控制

为了使微生物的生长速率最高，代谢产物的产率最高，在发酵过程中必须根据菌种的特性，严格选择和控制最适合的温度。不同的菌种和不同的培养条件，以及不同的酶反应和不同的生长阶段，最适合的温度均有所不同。

因为最适合菌体生长的温度与最适合产物合成的温度有时存在差异，所以，在整个发酵过程中，往往不能仅控制在同一个温度。一般来说，在发酵前期由于菌量少，发酵目的是要尽快达到大量的菌体，因此采用稍高的温度，能促进菌的呼吸与代谢，使菌生长迅速。在中期菌量已达到合成产物的最适量，发酵需要延长中期，从而提高产量，因此中期温度要稍低一些，可以推迟衰老。此外，稍低的温度能关闭蛋白质和核酸的合成途径，有利于其他代谢产物的合成。发酵后期，产物合成能力降低，延长发酵周期没有必要，就又需要提高温度，刺激产物合成到放罐。

温度的选择还要参考其他发酵条件综合掌握。例如，在通气条件较差的情况下，最适合的发酵温度也可能比正常良好通气条件下低一些。这是由于在较低的温度下，氧溶解度相对大些，菌体的生长速率相对小些，从而弥补了因通气不足而造成的代谢异常。又如，培养基成分和浓度也对改变温度的效果有一定的影响。在使用较稀或易被利用的培养基时，降低培养温度，限制微生物的生长繁殖，可防止养料过早耗竭，菌丝过早自溶，从而提高代谢产物的产量。

例如，在克拉维酸发酵中，前期培养温度过低会导致延滞期较长；对数生长期也是产物合成的主要时期，如果采用较低的培养温度，可以延长这一时期；后期升高温度有利于发挥细胞剩余的合成能力。针对这种情况，可以采用变温控制方案：前期温度控制在26℃或28℃以缩短延滞期，在对数生长期，待菌浓增长到一定浓度后，降低温度以便放缓菌丝的生长速度、延长菌丝的生长时间，同时解决对数生长期供氧紧张的问题，最后阶段恢复到26℃或28℃。可见，对各种生产菌的培养，其各个发酵阶段适合温度的选择要从各方面因素综合考虑，通过试验和实际生产过程研究其规律性，从而有效提高代谢产物产量。

第四节　pH 的影响及其控制

pH 是微生物生长和产物合成非常重要的参数，是代谢活动的综合指标，对于发酵过程具有十分重要的意义。不同种类的微生物对 pH 的要求不同，大多数细菌的最适 pH 为 6.5～7.5，霉菌一般是 4.0～5.8，酵母菌为 3.8～6.0，放线菌为 6.5～8.0。如果 pH 范围不合适，则微生物的生长和产物的合成都要受到抑制。在不同 pH 的培养基中，其代谢产物往往也不完全相同。在生产中通过观察 pH 变化规律可以了解发酵的正常与否。调节 pH 范围，也可以达到抑制杂菌生长的目的。因此，发酵中调节和控制 pH，使之有利于发酵的进行非常重要。

一、发酵过程中影响 pH 的因素

在发酵过程中，pH 往往处于动态变化之中。pH 的这种变化取决于微生物的种类、基础培养基的组成和发酵条件。引起 pH 发生变化的原因主要有以下几方面。①微生物利用发酵培养基中的酸性物质或碱性物质从而引起发酵液的 pH 变化。培养基的氮源类型对发酵中 pH 的变化有重要影响。如以 NO_3^- 作为氮源，NO_3^- 还原为 $R-NH_3^+$，H^+ 被消耗，pH 上升；如以氨基酸作为氮源，氨基酸被利用后产生 H^+，pH 下降。培养基中的 pH 变化有时还是波动的。例如，培养基中的蛋白质、其他含氮有机物或谷氨酸发酵中的尿素被脲酶水解放出氨，pH 可迅速上升，当氨被菌体利用后，pH 则又会下降。如果用氨水补料，发酵液的 pH 先迅速上升，当氨

开始被利用后，pH 又逐渐下降。②微生物通过代谢活动分泌有机酸，如乳酸、乙酸、柠檬酸等，或者一些碱性物质，从而导致发酵环境的 pH 变化。例如，在发酵中一次加糖或油过多，氧化不完全就会使有机酸积累，造成 pH 下降。如果发酵产物是抗生素类物质，则因为其呈碱性导致 pH 的上升。③其他一些因素也会导致发酵 pH 的阶段性变化。例如，发酵后期随着大量菌体细胞发生自溶，其内含物的释放往往会导致发酵液 pH 的快速上升。实际上，发酵液内测得的 pH 变化是各种反应的综合性结果。

二、pH 对发酵过程的影响

pH 能通过以下几种方式直接影响微生物的繁殖和产物的形成。①原生质膜具有胶体性质，在不同的环境 pH 条件下其所带电荷会发生改变，并进一步引起原生质膜对某些离子渗透性的改变，从而影响微生物对培养基营养物质的吸收和代谢产物的泄漏，影响新陈代谢的正常进行。②与对温度的需求一样，每种酶均有其最适合的 pH，所以在不适宜的 pH 下，微生物细胞中某些酶的活性受到抑制，微生物的生长繁殖和新陈代谢也会因此而受到影响。③微生物对很多营养物质的利用能力与这些物质在环境中的解离状态有关，而氢离子的浓度对这些物质的解离影响很大，因此发酵液的 pH 可以直接影响培养基中某些重要的营养物质和中间代谢产物的解离，从而影响微生物对这些物质的利用。

通过以上机制，pH 的改变往往引起微生物的代谢活性和过程发生改变，从而影响代谢产物的质量和产量。最显著的表现是同一种微生物在不同的 pH 条件下发酵会形成不同的发酵产物。例如，黑曲霉在 pH 为 2~3 时发酵产生柠檬酸，而在 pH 接近中性时则产生草酸；酵母菌在 pH 为 4.5~5.0 时产生乙醇，但在 pH 为 8 时，发酵产物不仅有乙醇，还有乙酸和甘油，即酵母菌Ⅲ型发酵。所以，根据不同微生物和产物的特性，在发酵过程中控制 pH 是非常重要的。

发酵中除了要考虑 pH 对酶活性和代谢方向的这种影响外，还必须注意微生物菌体生长的最适 pH 和产物合成的最适 pH 往往不一定相同（但也有一致的）。例如，丙酮-丁醇梭菌生长的最适 pH 为 5.5~7.0，而发酵的最适合 pH 为 4.3~5.3。青霉素产生菌生长的最适 pH 为 6.5~7.2，而青霉素合成的最适 pH 为 6.2~6.8。这不仅与菌种特性有关，也与产物的化学性质有关。

此外，控制一定的 pH 不仅是保证微生物正常生长的主要条件之一，还是防止杂菌污染的一个有效措施。例如，当采用黄孢原毛平革菌（*Phanerochaete chrysosporium*）的孢子作为种子在非灭菌环境进行培养时，pH 为 3.6 和 4.4 时能抑制细菌侵染，但对酵母菌无抑制作用，在 5.6 时既不能抑制细菌也不能抑制酵母菌感染。

三、发酵过程中 pH 的控制

发酵过程中，由于微生物不断地吸收、同化营养物质并排出代谢产物，因此其环境 pH 不断变化，而这种 pH 的变化又会反作用于发酵菌种，改变代谢活性和方向。因此，发酵过程中不断调节 pH 并将其控制在有利于发酵进行的范围之内就非常重要。

（一）发酵 pH 调节的策略

由于不同的微生物菌株或者同一菌株的不同生长阶段所需的最适 pH 都是不同的，因此做好 pH 调控应首先通过试验确定生产中各阶段所应采用的 pH 范围，然后以此为基础进行过程的 pH 调控。例如，在透明质酸发酵中，控制 pH 为 7.00 时适合菌体生长，而在产物合成阶段更高的 pH 条件（8.00）下透明质酸比生成速率更高。据此，设计了分段和周期性改变发酵过程 pH 的调控模式。分段模式为发酵前 6h，维持 pH 为 7.00，之后控制过程的 pH 为 8.00 或 8.50 直到发酵结束；周期模式为发酵前 6.00h，pH 保持为 7.00，之后每隔 1h 调节 pH 在 7.00、8.00 或 8.50 之间做周期性改变，都可以显著提高发酵产量。可见，为了使微生物能在最适 pH 范围内生长繁殖和发酵，应根据微生物的特性，不仅要在原始培养基中控制适当的 pH，还要在整个发酵过程中随时检查 pH 的变化情况，并进行相应的调控。

（二）发酵 pH 调节的方法

在确定某种发酵过程中合适的 pH 之后，就要采用各种方法来控制。首先，需要考虑和试验发酵培养基的基础配方，保证发酵过程中的 pH 变化在合适的范围内。例如，苏云金芽孢杆菌发酵，初始 pH 为 7.0 左右时，芽孢萌发率最高，当 pH<6.5 或 pH>8.0 时，萌发率均在 45% 以下。其次，因为基础培养基中含有代谢产酸［如葡萄糖、$(NH_4)_2SO_4$］和产碱（如尿素、$NaNO_3$）的物质，它们在发酵过程中要影响 pH 的变化，为缓解这种变化，常会在培养基中加入缓冲剂（如 $CaCO_3$）等成分。例如，$CaCO_3$ 能与酮酸等反应，而起缓冲作用，是在分批发酵中常用来控制 pH 变化的方法。乳酸的发酵中就常采用添加 $CaCO_3$ 调节 pH，防止因 pH 下降而引起的乳酸产量降低。最后，当发酵过程中的 pH 变化过大，超出缓冲剂调节范围时，可以采用直接加酸碱调节，或者补料调节的方式。其中通过补料调控 pH 法的应用非常广泛。该方法将 pH 控制与代谢调节相结合，通过补料实现养分补充和控制 pH 的双重目的。常见的方法如下。

1. 氨水流加法　在发酵过程中，根据 pH 的变化流加氨水调节 pH，同时作为氮源供给 NH_4^+。例如，链霉素发酵采用氨水流加法控制 pH，既调解了 pH 使其在适合于链霉素合成的范围内，又补充了产物合成所需的氮源。氨水价格便宜，来源容易，是非常理想的发酵原料。但要注意，氨水作用快，对发酵液的 pH 波动影响大，应采用少量多次流加，以免造成 pH 过高，可抑制菌体生长，也可防止 pH 过低、NH_4^+ 不足等现象的出现。具体的流加方法应根据菌种特性、长菌情况、耗糖等情况来确定，一般控制 pH 在 7.0～8.0，最好采用自动控制连续流加方法。发酵过程中使用氨水来调节 pH 需谨慎，过量的氨会使微生物中毒，导致呼吸强度急速下降。因此在需要用通氨水来调节 pH 或补充氮源的发酵过程中，可通过监测溶解氧浓度的变化防止菌体出现氨过量中毒。

2. 尿素流加法　此法是目前国内味精厂普遍采用的方法。以尿素作为氮源进行流加调节 pH，pH 变化具有一定的规律性，且易于操作控制。流加尿素后，首先会因为通风、搅拌和菌体中脲酶作用使尿素分解放氨，引起 pH 上升；然后氨和培养基成分被菌体利用并形成有机酸等中间代谢产物，pH 降低，这时就需要及时流加尿素，以调节 pH 和补充氮源。如此反复进行流加以维持一定的 pH。流加时除主要根据 pH 的变化外，还应当考虑菌体生长、耗糖、发酵的不同阶段来采取不同的流加策略。当残糖量很少，接近放罐时，以不加或少加为好，以免造成浪费。

在实际生产中，调节控制 pH 的方法应根据具体情况加以选用。例如，调节培养基的原始 pH，或加入缓冲剂（如磷酸盐）制成缓冲能力强、pH 改变不大的培养基（必须注意灭菌对 pH 的影响），若能使盐类和碳源的配比平衡，则不必加缓冲剂。也可在发酵过程中加弱酸或弱碱调节 pH，合理地控制发酵条件。此外，若仅用酸或碱调节 pH 不能改善发酵情况，进行补料则是一个较好的办法，既可调节培养液的 pH，又可补充营养，增加培养基的浓度，减少阻遏作用，从而进一步提高发酵产物的产率。

第五节　通气和搅拌

好氧微生物的生长发育和产物的合成都需要消耗氧气，它们只有在氧分子存在的情况下才能完成生物氧化作用，因此，供氧对好氧微生物必不可少。微生物只能利用溶解于液体中的氧，而氧在水中的溶解度很低，这就使溶解氧（DO）成为发酵过程中的重要的控制因素。在 28℃时氧在发酵液中的 100% 空气饱和度只有 7mg/L 左右，比糖的溶解度小 7000 倍。在对数生长期，即使发酵液中的溶解氧能达到 100% 空气饱和度，若此时中止供氧，发酵液中的溶解氧可在几分钟之内便耗竭，使溶解氧成为限制因素。

一、氧对发酵的影响

（一）溶解氧对发酵的影响

溶解氧对发酵的影响因发酵类型而异，这主要取决于菌体生长和产物合成对氧气的依赖程度。

一般来说，不同种类的微生物需氧量不同，一般为 25～100mmol/（L·h）；同一种微生物的需氧量，随菌龄和培养条件的不同而异。通常幼龄菌生长旺盛，其呼吸强度大，但是种子培养阶段由于菌体浓度低，总的耗氧量也比较低；但在发酵阶段，由于菌体浓度高，则耗氧量大。晚龄菌的呼吸强度则较弱。据报道，黑曲霉生长的最大耗氧速率为 50～55mmol/（L·h），而在后期产 α-淀粉酶时的最大耗氧速率为 20mmol/（L·h）；谷氨酸生产菌在种子培养 7h 的耗氧速率为 13mmol/（L·h），发酵 13h 的耗氧速率为 50mmol/（L·h），发酵 18h 的耗氧速率为 51mmol/（L·h）。为避免发酵过程供氧不足，需要考查每一种发酵产物的临界氧浓度和最适氧浓度，并使发酵过程保持在最适浓度。最适溶解氧浓度的大小与菌体和产物合成代谢的特性有关。

溶解氧除了影响菌体生长外，也会对产物合成产生影响。通常来说菌体进行产物合成时的耗氧量不同于其生长的耗氧量，而且不同产物合成的耗氧量也不相同。以较为常见的初级代谢产物氨基酸为例，其需氧量的大小与氨基酸的合成途径密切相关。根据发酵需氧要求不同可将氨基酸发酵分为三类：第一类包括谷氨酸、谷氨酰胺、精氨酸和脯氨酸等谷氨酸系氨基酸发酵，它们在菌体呼吸充足的条件下，产量最大。如果供氧不足，氨基酸合成就会受到强烈抑制，大量积累乳酸和琥珀酸。第二类包括异亮氨酸、赖氨酸、苏氨酸和天冬氨酸，即天冬氨酸系氨基酸发酵。供氧充足可达到最高产量，但供氧受限，产量受到的影响并不明显。第三类包括亮氨酸、缬氨酸和苯丙氨酸发酵。仅在供氧受限、细胞呼吸受到抑制时，才能获得最大的氨基酸产量。如果供氧充足，产物形成反而受到抑制。这种因生物合成途径不同引起的发酵需氧不同，主要是因为不同氨基酸代谢途径会产生不同数量的 NAD（P）H，对这些 NAD（P）H 进行氧化所需溶氧量也就不同。第一类氨基酸是经过乙醛酸循环和磷酸烯醇式丙酮酸羧化系统两个途径形成的，产生的 NADH 量最多。这些 NADH 氧化反应的需氧量也最多，因此供氧越多，合成氨基酸越顺利。第二类氨基酸的合成途径是产生 NADH 的乙醛酸循环或消耗 NADH 的磷酸烯醇式丙酮酸羧化系统，产生的 NADH 量不多，因而与供氧量关系不明显。第三类氨基酸的合成，并不经 TCA 循环，NADH 产量很少，过量供氧反而起抑制作用。由此可见，溶解氧与合成途径密切相关并影响着产物合成。除了氨基酸等初级代谢产物外，溶解氧也会影响次级代谢产物的合成。例如，薛氏丙酸杆菌发酵生产维生素 B_{12}，维生素 B_{12} 的组成部分咕啉醇酰胺（B 因子）的生物合成前期的两种主要酶会受到氧的阻遏，限制氧的供给才能积累大量的 B 因子，B 因子在供氧的条件下才能转变成维生素 B_{12}，因而采用厌氧和好氧发酵相结合的方法有利于维生素 B_{12} 的合成。溶解氧也影响着抗生素发酵。有研究表明使用产黄青霉发酵生产青霉素时，溶解氧浓度超过 $0.06\sim0.08$mmol/L 时产率稳定，溶解氧浓度较低时比生产速率下降，进一步将溶解氧浓度降至 0.019mmol/L 会导致青霉素生产能力丧失，当溶解氧浓度重新调整至 0.08mmol/L 以上时青霉素产量立即恢复。

（二）临界溶解氧浓度

如上所述，不同微生物在生长和代谢的不同阶段对氧气消耗的需求量是不同的。为反映这种差异，我们可以引入呼吸强度（Q_{O_2}）这一概念。呼吸强度即单位时间内单位数量的微生物细胞所消耗的氧气量。

$$Q_{O_2} = \frac{(Q_{O_2})_m C_L}{K_O + C_L} \qquad (7\text{-}6)$$

式中，Q_{O_2} 为呼吸强度或比耗氧速率［mol O_2/（kg 干细胞·s）］；$(Q_{O_2})_m$ 为最大比耗氧速率［mol O_2/（kg 干细胞·s）］；C_L 为溶解氧浓度（mol/m³）；K_O 为氧的米氏常数（mol/m³）。

式（7-6）表明呼吸强度与发酵液的溶解氧浓度相关。一般来说，当溶解氧浓度小于某一特定值时，呼吸强度随溶解氧浓度的增大而增大；当溶解氧浓度大于这一特定值时，呼吸强度达到了该条件下的最高值。这一溶解氧浓度的特定值，即临界溶解氧浓度 $C_{L临界}$，其也可以看作不影响微生物呼吸的最低溶氧浓度，是微生物对发酵液中溶解氧浓度的最低要求。

发酵生产对溶解氧的基本要求就是高于临界溶解氧浓度。不同种类微生物要求的临界溶解氧浓度相差很大，如细菌和酵母为 3%～10%，放线菌为 5%～30%，霉菌为 10%～15%。微生物的呼吸临界溶解氧浓度不一定与产物合成的相同。例如，卷曲霉素和头孢菌素的生产菌呼吸临界溶解氧浓度分别为 13%～23% 和 5%～7%，而抗生素合成的临界溶解氧浓度分别为 8% 和 10%～20%。青霉素发酵的临界溶解氧浓度为 5%～10% 空气饱和度（相当于 $0.013\sim0.026$mmol/L），低于此临界值时，青霉素的生物合成将受到不可逆的损害。当溶解氧高于 30% 时，青霉素的比生产速率达到最大。此外，生物合成的临界溶解氧浓度并不等于其最适溶解氧浓度。前者是指溶解氧浓度不能低于其临界溶解氧浓度，后者是指生物合成有一最适溶解氧浓度范围。溶解氧浓度并非越高越好，如卷曲霉素发酵，40～140h 维持溶解氧浓度在 10% 显然比 0 或 45% 的产量要高。过高的溶解氧浓度对微生物生长不利的原因是形成超氧化物基、过氧化物基或羟自由基，破坏细胞及细胞膜，而有些带有巯基的酶对高浓度的氧十分敏感。

判断溶解氧是否能够满足微生物的需求，最简便又有效的方法是就地检测发酵液中的溶解氧浓度。从溶解氧变化的情况可以了解氧的供需规律及其对生长和产物合成的影响。溶解氧浓度的检测包括化学直接测定和溶氧电极测定等多种方法。但从实际生产情况考量，目前的发酵溶解氧浓度测定最常用的是基于极谱原理的复膜电极测定氧饱和度百分比。这种方法要求在一定的条件下，在同样的温度、罐压、通气搅拌下进行比较。因此，在应用时，必须在接种前标定电极。方法是在一定的温度、罐压、通气搅拌下以消毒后培养基被空气100%饱和为基准。其中零点标定一般用饱和Na_2SO_3作无氧状态的溶液，将氧电极放入该溶液中，显示仪表上可见溶解氧浓度下降，待下降稳定后，调节零点旋钮显示零值。饱和校正（满刻度标定）是将电极放入培养液中，通气搅拌一段时间，显示仪上可见溶解氧浓度上升，待上升稳定，调节满刻度旋钮至100%即为饱和值。

二、影响溶解氧变化的因素

发酵过程对氧气调控的核心要求是保持溶解氧在一定的水平范围内，而溶解氧又是处于动态变化之中的，其变化不但取决于设备的供氧能力，还取决于微生物的需氧状况。所以，溶解氧的调控必须要从氧的供给和需求两方面进行考虑。

（一）需氧方面的影响

可以用摄氧速率反映发酵中微生物的需氧情况。摄氧速率即在单位时间内单位体积发酵液消耗的氧气量，可用式（7-7）表达：

$$OUR = Q_{O_2} \cdot X \tag{7-7}$$

式中，OUR为摄氧速率$[mol\ O_2/(m^3 \cdot s)]$；Q_{O_2}为呼吸强度$[mol\ O_2/(kg\ 干细胞 \cdot s)]$；$X$为生物量浓度（$kg/m^3$）。

式（7-7）表明发酵中需氧量与菌体细胞数量和代谢活性相关。

在发酵开始时，生产菌快速繁殖，代谢活性高，呼吸强度大，但发酵液菌体浓度较低，所以摄氧速率也较低，发酵需氧量不大，发酵液溶解氧浓度较高。之后，随着菌体浓度迅速增加，且呼吸强度一直维持在比较高的水平，摄氧速率的值迅速增高，需氧量不断增大。一般在对数生长期的中后期，摄氧速率会出现一个高峰。如果此时供氧量不足，发酵液溶解氧浓度会明显下降，并出现一个低谷。实际生产中，溶解氧浓度出现低谷的时间段对氧气供需控制非常重要，而低谷出现的时间和低谷溶解氧浓度随菌种、工艺条件和设备供氧能力的不同而异，如谷氨酸发酵的溶解氧浓度低谷在6~20h，而抗生素发酵的溶解氧浓度低谷在10~70h。之后，由于营养供给和环境限制，微生物的生长进入稳定期，代谢活性降低，呼吸强度减弱，如不补加基质，发酵液的摄氧速率变化不大，溶解氧浓度变化也不大。当外界进行补料（包括碳源、前体、消泡油）时，则溶解氧浓度发生改变，其变化大小和持续时间的长短随补料时的菌龄、补入物质的种类和剂量不同而异。例如，补加糖后，发酵液的摄氧速率增加，引起溶解氧浓度下降，经过一段时间后又逐步回升；继续补糖，甚至降至临界溶解氧浓度以下，因而成为生产上的限制因素。在生产后期，由于菌体衰老，呼吸强度减弱，溶解氧浓度也会逐渐上升，一旦菌体自溶，溶解氧浓度更会明显上升。影响需氧的工艺条件见表7-4。

表 7-4　影响需氧的工艺条件

项目	工艺条件	项目	工艺条件
菌种特性	好气程度 菌龄、数量 菌的聚集状态，如絮状或小球状	温度 溶解氧与尾气 O_2 及 CO_2 水平	恒温或阶段变温控制 按生长或产物合成的临界值 控制
培养基的性能	基础培养基组成、配比 物理性质：黏度、表面张力等	消泡剂或油 表面活性剂	种类、数量、次数和时机 种类、数量、次数和时机
补料或加糖	配方、方式、次数和时机		

（二）供氧方面的影响

可以用体积传氧速率反应发酵的供氧能力。体积传氧速率即在单位时间内传递到单位体积发酵液的氧气量。

$$N_V = K_L a \left(C^* - C_L \right) \qquad (7\text{-}8)$$

式中，N_V 为体积传氧速率 $[\text{mol}/(\text{m}^3 \cdot \text{s})]$；$K_L$ 为氧传质系数（m/s）；a 为比表面积（m^2/m^3）；C^* 为换算成浓度的无菌空气的氧分压（mol/m^3）；C_L 为发酵液中溶解氧浓度（mol/m^3）。

由于发酵中对溶解氧浓度有一定的工艺要求（如高于临界溶解氧浓度），因此式（7-8）中 $K_L a$ 和 C^* 的值对供氧能力具有决定性影响，凡是使 $K_L a$ 和 C^* 增加的因素都能使发酵供氧改善。具体到生产中，可以从以下几方面提升设备的供养能力。

1. 通风和搅拌　好气性发酵罐通常设有通风搅拌装置，该装置是现代大规模液态深层发酵工业建立的重要技术基础。在使用该装置提高供氧量时，需要考虑以下几点。

（1）通入无菌空气的氧分压　C^* 相当于通入发酵罐的无菌空气的氧分压，增加 C^* 可采用以下方法：①在通气中掺入纯氧或富氧，使氧分压提高；②提高罐压，这虽然能增加 C^*，但同时也会增加 CO_2 的浓度，因为后者在水中的溶解度是氧的 30 倍，这会影响 pH 和菌的生理代谢，还会增加对设备的强度要求。

（2）空气分布管的形式、喷口直径及管口与罐底的相对位置　在发酵罐中采用的空气分布装置有单管、多孔环形管及多孔分支管等几种。当通风量小（0.02～0.5vvm）时，气泡的直径与空气喷口直径的 1/3 次方成正比，就是说，喷口直径越小，气泡直径越小，溶氧系数就越大。但是，一般发酵工业的通风量都远远超过这个范围。这时，气泡直径与通风量有关，而与喷口直径无关。即在通风量大时，采用单管或环形管，其通风效应不受影响。因为环形管的小口极易堵塞，所以发酵工业大多采用单管空气分布器，空气分布器在搅拌器下方的罐底中间位置，管口向上，使空气喷出后就被搅拌器打碎，从而提高了通气效率。管口与罐底的距离根据发酵罐的形式具体确定。根据经验数据，当搅拌器直径／发酵罐内径（d/D）为 0.3～0.4 及以上时，管口距罐底 20～40mm；当 d/D 为 2.5～0.3 时，管口距罐底 40～60mm。管径可按空气流速 20m/s 左右计算，环形管的环径以等于 0.8d 为好，小孔直径为 5～8mm，小孔总面积大致与通风截面积相等。

（3）通风量　通风是为了供给需氧或兼性需氧微生物适量的空气，以满足菌体生长繁殖和积累代谢产物的需要。当增加通风量时，空气线速度相应增加，从而增大溶解氧；但是，只增加通风量而转速不变时，功率会降低，又会使溶氧系数降低。同时，空气线速度过大时，会发生"过载"现象，这时，桨叶不能打散空气，气流形成大气泡在轴的周围逸出，使搅拌效率和溶氧效率的大大降低。所以在通气量较小的情况下增加空气流量，溶解氧的提高效果显著，但在流量较大的情况下再提高空气流速，对溶解氧的提高不明显，反而使泡沫大量增加，导致逃液。

（4）搅拌转速　　相较于通风，搅拌操作对供氧能力提升作用更为明显。搅拌的作用是把气泡打碎，强化流体的湍流程度，使空气与发酵液充分混合，气、液、固三相更好地接触，一方面增加溶氧速率，另一方面使微生物悬浮混合一致，促进产物代谢。然而，过度强烈的搅拌，产生的剪切作用大，对细胞造成损伤，特别是对不同发酵类型的丝状菌，更应考虑剪切力对菌体细胞的损伤。青霉素发酵中，搅拌对菌丝形态影响较大，为保证生产的正常，发酵前期即菌丝生长期采用高搅拌、低通气量，产青霉素期采用低搅拌高通气。另外，搅拌器的形式、直径大小、转速、组数、间距及其在罐内的相对位置等因素都对氧的传递有影响。

2. 发酵罐的设计　　除了通风搅拌装置外，发酵罐内的液柱高度和发酵罐体积也是影响溶解氧的重要因素。一般在不增加功率消耗和空气流量时，发酵液体积增大会使通风效率下降，特别是在通风量较小时更显著。而在空气流量和单位发酵液体积消耗功率不变时，通风效率随 H/D（发酵罐高度和直径之比）的增加而增加。根据经验数据，当 H/D 从 1 增加到 2 时，K_La 可增加 40% 左右；当 H/D 从 2 增加到 3 时，K_La 增加 20% 左右。由此可见 H/D 小则氧的利用率差，因而国外倾向于采用较高的 H/D。据报道，国外通常采用 $H/D=3\sim5$，国内有些工厂采用 $H/D=3$，使用效果良好。但 H/D 太大，溶氧系数反而增加不大；相反，由于罐身过高，罐内液柱过高，液柱压差增大，气泡体积缩小，有气液界面积小的缺点，且 H/D 太大，厂房要求也提高，所以一般发酵罐 H/D 在 $2\sim3$ 为宜。

3. 发酵液的物理性质　　在发酵过程中，微生物分解并利用培养液中的基质，大量繁殖菌体、积累代谢产物等都引起发酵液物理性质的改变，特别是黏度、表面张力、离子浓度等，从而影响气泡的大小、气泡的稳定性和氧的传递速率。此外，发酵液黏度的改变，还影响液体的湍流性、界面或液膜阻力，从而影响溶氧速率。特别是非牛顿流体的霉菌的发酵液，其溶氧系数和培养基的组成有关。通常，发酵液浓度增大、黏度增大时，K_La 值降低。发酵过程中产生大量泡沫，菌体与泡沫会形成稳定的乳浊液，影响氧的传递。此时，可加入适量的消泡剂进行消泡。

三、发酵溶解氧的调控

（一）根据发酵过程微生物需氧变化规律采用多种手段对供氧进行调控

氧气供需调节的根本目的是满足微生物在生长和代谢的各阶段对发酵液溶解氧浓度的需求。因此，对供氧的调控必须考虑微生物需氧的变化规律及其与供氧的平衡。参考上述对影响需氧和供氧两个过程的相关因素的分析，可以看到除了发酵罐结构外，通风和搅拌是工业发酵中通过供氧对溶解氧调控最主要的手段。例如，在赤霉素发酵中，溶解氧水平对产物合成有很大的影响。通常在发酵 $15\sim50h$ 溶解氧下降到 10% 空气饱和度以下。此后如补料不匹配，使溶解氧长期处于较低水平，导致赤霉素的发酵单位停滞不前。为此，将搅拌转速从 155r/min 提高到 180r/min，结果使氧的传质提高，有利于产物合成。值得注意的是，溶解氧开始回升的时间因搅拌加快而提前 24h，赤霉素生物合成的启动也提前 1d，到 158h 时发酵单位已超过对照放罐的水平。搅拌加快后很少遇到因溶解氧不足而"发酸"和发酵单位不升的现象。此外，改善发酵液的黏度能有效地提高氧气传递能力，从而提高溶解氧。据报道泰乐菌素的发酵生产，在气升式生物反应器中，通过改变培养基成分，降低黏度，提高了溶解氧，从而使泰乐菌素的发酵单位增加 2.5 倍。此外，控制溶解氧也可采用分段式调节的方法。例如，用多黏芽孢杆菌发酵生产多黏菌素时，培养前期与后期对氧的需求就不尽相同。从发酵开始到 15h 期间，提供较高溶解氧有利于菌丝生长；发酵进行 15h 后，适当降低供氧量，最终发酵单位比控制恒定溶解氧浓度提高 9.78%。

需要注意的是，一套发酵设备的供氧能力是有上限的。在微生物需氧量超过供氧能力上限的情况下，供氧的调控已无法满足控制溶解氧的要求。这时就需要通过其他工艺措施，如控制加糖或补料速率、改变发酵温度等对微生物的需氧量进行控制，以平衡供需过程，改善溶解氧状况，如限制养分的供给以降低菌的生长速率，限制菌对氧的大量消耗，从而提高溶解氧水平。这看来有些"消极"，但从总的经济效益来看，在设备供氧不理想的情况下，控制菌量，使发酵液的溶氧值不低于临界溶氧值，从而提高菌的生产能力，也能达到高产目标。溶解氧控制措施的比较见表 7-5。

表 7-5　溶解氧控制措施的比较

措施	作用参数	投资	运转成本	效果	对生产作用	备注
搅拌转速	K_La	高	低	高	好	在一定限度内，避免过分剪切
挡板	K_La	中	低	高	好	设备上需改装
空气流量	C^*, a	低	低	低	好	可能引起泡沫
气体成分	C^*	低到中	高	高	好	高氧可能引起爆炸，适合小型发酵
罐压	C^*	中	低	中	好	罐强度、密封要求高，溶解 CO_2 问题
养分浓度	需求	中	低	高	不肯定	响应较慢，需及早行动
表面活性剂	K_L	中	低	高	不肯定	需试验确定
温度	需求，C^*	低	低	变化	不肯定	不是常有用

值得一提的是，溶解氧只是发酵参数之一。它对发酵过程的影响还必须与其他参数配合起来分析。例如，搅拌对发酵液的溶解氧和菌的呼吸有较大的影响，但分析时还要考虑它对菌丝形态、泡沫的形成、CO_2 的排除等其他因素的影响。对溶解氧参数的检测、发酵过程溶解氧的变化规律研究、改变设备或工艺条件、配合其他参数的应用，必然会对发酵产生控制、增产节能等方面起重要作用，产生较大的效益。

（二）发酵过程中溶解氧的异常

在发酵过程中，有时会出现溶解氧明显上升或下降的异常变化，常见的是溶解氧下降。造成异常变化的原因有两个方面：耗氧或供氧发生异常或发生障碍。

据已有资料报道，引起溶解氧异常下降可能有下列原因：①污染了好气性杂菌，大量的溶解氧被耗掉，可能在短时间内（一般 2~5h）使溶解氧接近于零，并长时间不回升。②菌体代谢发生异常现象，需氧量增加，使溶解氧下降。③某些设备或工艺控制发生故障或变化，如搅拌功率消耗变小或搅拌速度变慢，影响供氧能力，使溶解氧降低。又如消泡剂因自动加油器失灵或人为加入量过多，也会引起溶解氧迅速下降。其他影响供氧的工艺操作，如停止搅拌、罐排气封闭等，都会使溶解氧发生异常变化。

在供氧条件没有发生变化的情况下，引起溶解氧异常升高的原因，主要是耗氧出现改变，如菌体代谢出现异常，耗氧能力下降，使溶解氧上升，直到菌体破裂后，完全失去呼吸能力，溶解氧直线上升。

因此，根据发酵液中溶解氧浓度的变化，就可以了解微生物生长代谢是否正常、工艺控制是否合理、设备供氧能力是否充足等问题，查出发酵不正常的原因，控制好发酵生产。

第六节　泡沫的影响及其控制

在微生物发酵过程中，为了适应微生物的生理特性，并取得较好的发酵效果，要通入大量的无菌空气。同时，为了加速氧在水中的溶解度，必须加以剧烈的搅拌，使气泡分割成无数小气泡，以增加气液接触面积，并保证气泡在培养液中停留足够长的时间以完成氧气的交换。同时菌体代谢会产生 CO_2 等气体，加上发酵液中富含大分子的糖、蛋白质及多种表面活性剂类的助泡物质，最终会使发酵液含有一定数量的泡沫。泡沫过多时会对发酵产生很多不利影响，因此必须在发酵中对泡沫进行控制。

一、发酵过程中泡沫的产生

（一）泡沫的定义

泡沫是气体被分散在少量液体中的胶体体系，泡沫间被一层液膜隔开而彼此不相连通。发酵过程中所遇到的泡沫，其分散相是无菌空气和代谢气体，连续相则是发酵液。其中气体是"主体"，在整个体系中体积分数一般大于90%。

（二）泡沫的分类

发酵中产生的泡沫可以分为两大类：一类存在于发酵液的液面上，这种泡沫气相所占比例特别大，并且泡沫与它下面的液体之间有能分辨的界线，如在某些稀薄的前期发酵液或种子培养液中所见到的；另一种泡沫出现在黏稠的菌丝发酵液当中，这种泡沫分散很细、很均匀、很稳定，泡沫与液体间没有明显的界线，在鼓泡的发酵液中气体分散相所占的比例由下而上逐渐增加。

（三）发酵泡沫的形成和变化规律

发酵液的理化性质对泡沫的形成起决定性的作用。气体在纯水中鼓泡，生成的气泡只能维持瞬间，这是由于其热力学上的不稳定性和围绕气泡的液膜强度很低。能形成稳定泡沫的液体体系中通常都含有起泡剂或者大分子物质等能阻止气泡快速破裂的因素。多数起泡剂是表面活性物质，它们具有疏水基团和亲水基团，其分子带极性的一端向着水溶液，非极性一端向着空气，能在气液表面定向排列，通过降低气泡合并速度、维持液膜厚度、增加液膜机械强度等方式维持泡沫系统的稳定。大分子物质的存在能增高液体的黏度，对维持液膜厚度和弹性非常有利。因此，起泡剂和大分子物质的存在有助于降低泡沫破灭速度，当泡沫破灭速度小于起泡速度时，泡沫就能稳定存在并不断增多。

发酵生产中，泡沫的产生与通风搅拌和细胞代谢特征有关。其中通风和搅拌操作导致外来的空气与发酵液剧烈混合，产生大量小气泡，而一些菌株的代谢过程也会产生气体代谢产物并释放产生气泡，这些都是发酵泡沫的主要来源。通风和搅拌越剧烈，菌体代谢越活跃，发酵产生泡沫的速度就越快。发酵泡沫的稳定性与培养基所用的原材料的性质有关，蛋白质原料，如蛋白胨、玉米浆、黄豆粉、酵母粉等是主要的起泡因素。其起泡能力随品种、产地、加工、贮藏条件而有所不同，还与培养基配方有关。通常培养基的配方含蛋白质多，浓度高，黏度高，容易起泡，且泡沫多而持久稳定。胶体物质多、黏度大的培养基更容易产生泡沫，如糖蜜原料，发泡能力特别强，泡沫多而持久稳定。多糖的水解不完全，糊精含量多，也容易引起泡沫的产生。此外，培养基的灭菌方法、灭菌温度和时间依然会改变培养基的性质，从而影响培养基的起泡能力。例如，糖蜜培养基的灭菌温度从110℃升高到130℃，灭菌时间为0.5h，发泡系数几乎增加一倍，这是由于其形成了大量黑色素和5-羟甲基糠醛。

发酵过程中培养液的性质，因微生物的代谢活动而处于运动变化中，也会影响泡沫的形成和消长。例如，霉菌在发酵过程中的代谢活动所引起的培养液的液体表面性质变化直接影响泡沫。发酵初期，由于培养基的浓度大、黏度高、营养料丰富，因此泡沫的稳定性与高的表面黏度和低的表面张力有关（图7-2）。随着发酵进行，碳源、氮源被利用，起稳定泡沫作用的蛋白质被降解，发酵液表面黏度下降，表面张力上升，泡沫寿命逐渐缩短。另外，细菌的繁殖，尤其是细菌本身具有稳定泡沫的作用，在发酵最旺盛时泡沫形成比较多，在发酵后期菌体自溶导致发酵液中可溶性蛋白质增加，又有利于泡沫的产生。此外，发酵过程中污染杂菌而使发酵液黏度增加，也会产生大量泡沫。

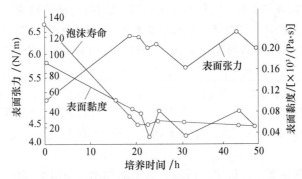

图7-2 霉菌发酵过程中液体表面性质与泡沫寿命之间的关系

二、泡沫对发酵的影响

生产过程中过多的持久性泡沫的存在会给发酵带来许多的不利影响。主要表现为：①发酵罐装料系数的减少。装料系数是装量与容量之比，发酵罐的装料系数一般取0.7左右，通常充满余下空间的泡沫约占所需培养基的10%，且其成分也不完全与主体培养基相同。②若泡沫过多不加以控制，还会造成排气管有大量逃液，导致产物损失。泡沫升到罐顶有可能从封轴渗出，增加污染杂菌的机会。③泡沫严重时会影响通气搅拌的正常运行，妨碍菌体的呼吸，造成代谢异常，并导致终产物产量下降或菌体提早自溶，后一过程还会促使更多的泡沫形成。④泡沫的产生增加了菌群的非均一性，由于泡沫高低的变化和处在不同生长周期的微生物随泡沫漂浮或黏附在罐壁上，这部分菌体有时在气相环境中生长，引起菌体的分化甚至自溶，从而影响了菌群的整体效果。⑤消泡剂的加入有时会影响发酵或给下游提取工作带来困难。

三、泡沫的消除和控制

由于泡沫会给发酵过程造成许多不利的影响，因此，必须控制和消除发酵过程中的泡沫，这也是能否取得高产的重要控制环节。微生物工业中常用的两种消泡方式是化学消泡和机械消泡。近年来，也有从生产菌种本身的特性着手，预防泡沫的形成，如在单细胞蛋白生产中，筛选在生长期不易形成泡沫的突变株。也有用产碱杆菌、土壤杆菌同莫拉菌一起培养来控制泡沫的形成，这是一种菌产生的泡沫形成物质被另一种菌协作同化的缘故。

（一）化学消泡

化学消泡是一种使用化学消泡剂的消泡法，也是目前应用最广的一种消泡方法。其优点是来源广泛、消泡效果好、作用迅速可靠，尤其是合成消泡剂效率高、用量少、安装测试装置后容易实现自动控制等。

1. 化学消泡的原理　　很多化学消泡剂本身也具有表面活性剂性质，其消泡作用的主要机制是抵消起泡剂的作用，破坏其维持泡沫稳定的作用，加速气泡破灭。具体表现在以下几个方面：①化学消泡剂替代起泡剂分布在气泡液膜上，使气泡膜局部的表面张力降低，力的平衡受到破坏，此处被周围表面张力比较大的膜所牵引，因而气泡破裂，产生气泡合并，最后导致泡沫破裂。②当起泡层液膜表面存在着极性的表面活性物质而产生电荷斥力阻止液膜变薄时，可以加一种具有相反电荷的消泡剂，抵消电荷斥力，加速液膜变薄。③当一些消泡剂替代起泡剂分布在液膜上时，能促使液膜排液，破坏膜弹性而加速气泡破灭。

2. 消泡剂选择的原则　　选择消泡剂时要根据消泡原理和发酵液的性质进行选择。消泡剂必须具有以下特点：①消泡剂是表面活性剂，具有较低的表面张力，消泡作用迅速，效率高。②消泡剂在气液界面的扩散系数必须足够大，才能迅速发挥它的消泡活性，这就要求消泡剂具有一定的亲水性。③消泡剂在水中的溶解度较小，以保证其持久的消泡或抑泡性能。④对发酵过程无毒，对人、畜无害，不被微生物同化，对菌体生长和代谢无影响，不影响产物的提取和产品质量。⑤不干扰溶解氧、pH 等测定仪表的使用，最好不影响氧的传递。

3. 常用的消泡剂种类　　许多物质都具有消泡作用，但消泡程度不同。微生物工业上常用的消泡剂主要有天然油脂类、高级醇类、脂肪酸和酯类、聚醚类、硅酮类。常用的天然油脂有玉米油、豆油、米糠油、棉籽油、鱼油和猪油等，这些原料除作消泡剂外，还可作为碳源，其消泡能力不强，需注意油脂的新鲜程度，以免使菌体生长和产物合成受到抑制。应用较多的消泡剂是聚醚类的聚氧丙烯甘油和聚氧乙烯氧丙烯甘油（俗称泡敌）等，用量为0.03% 左右，消泡能力比植物油大 10 倍以上。泡敌的亲水性好，在发泡介质中易铺展，消泡能力强，但其溶解度也大，消泡活性维持时间较短，在黏稠的发酵液中使用效果比在稀薄的发酵液中更好。十八醇是高级醇类中常用的一种，可单独或与载体一起使用。它与冷榨猪油一起使用能有效地控制青霉素发酵中的泡沫。聚硅氧烷类消泡剂的代表是聚二甲基硅氧烷及其衍生物。其不溶于水，单独使用效果差，常与分散剂一起使用，也可与水配成 10% 的纯硅酮乳液。这类消泡剂适用于微碱性的放线菌和细菌发酵。此外，氟化烷烃是一种潜在的消泡剂，它的表面能小于烃类、有机硅类。

消泡剂，特别是合成消泡剂的消泡效果与使用方法密切相关。消泡剂加入发酵罐内能否很快产生效果取决于该消泡剂的性能和扩散能力。增加消泡剂的扩散可通过机械分散，也可借助某种称为载体或分散剂的物质，使消泡剂更易于分布均匀。载体一般为惰性液体，消泡剂能溶于载体或分散于载体当中，如聚氧丙烯甘油以豆油为载体的增效作用相当明显。多种消泡剂混合使用效果更好，如 0.5%～3% 硅酮、20%～30% 植物油或矿物油、5%～10% 聚乙醇二油酸酯、1%～4% 多元醇脂肪酸与水组成的消泡剂，可有效增强消泡作用。消泡剂也可通过乳化作用来增效，如聚氧丙烯甘油用吐温 -80 为乳化剂的增效作用，在庆大霉素和谷氨酸发酵中，消泡能力提高 1～2 倍。

4. 影响消泡作用的因素　消泡作用的持久性除了与本身的性能有关外，还与加入量和加入的时间有关。在青霉素发酵中，曾用滴加玉米油的方式防止泡沫的大量形成，有利于产生菌的代谢和青霉素的合成，且减少了油的用量。使用天然油脂时应注意不能一次加得太多，过量的油脂固然能迅速消泡，但也抑制气泡的分散，使 $K_L a$ 中的气液比表面积 a 减小，从而显著影响氧的传质速率，使溶解氧迅速下跌甚至到零。油还会被脂肪酶等降解为脂肪酸和甘油，并进一步降解为各种有机酸使 pH 下降。有机酸的氧化需要大量的氧，使溶解氧下降，因此可通过加强供氧减轻这种不利作用。油脂与铁还会形成各种过氧化物，对四环素、卡那霉素等抗生素的生物合成有害。在豆油中添加 0.1%～0.2% α- 萘酚或萘胺等抗氧化剂可有效防止过氧化物的产生，消除其对发酵的不良影响。

现有的实验数据还难以评定消泡剂对微生物的影响。过量的消泡剂通常会影响菌的呼吸活性和物质（包括氧）透过细胞壁的运输。用电子显微镜观察消泡剂对培养了 24h 的短杆菌的生理影响时发现，其细胞形态特征（如膜的厚度、透明度和结构功能）与在氧受限制条件下是相似的，几乎所有的细胞结构形态都在改变。据此，应尽可能减少消泡剂的用量。在应用消泡剂前需做比较性试验，找到一种对微生物生理、产物合成影响最小，消泡效果最好，且成本低的消泡剂。另外，化学消泡剂应制成乳浊液，以减少同化和消耗。此外，在使用化学方法控制泡沫的同时要利用机械方式来消泡，并采用自动监控系统。

（二）机械消泡

机械消泡是一种物理作用，靠机械强烈振动、压力的变化促使气泡破裂，或借机械力将排出气体中的液体加以分离和回收。其优点是不用在发酵液中加入其他物质，节省原料（消泡剂），减少由于加入消泡剂所引起的污染机会。缺点是效果往往不如化学消泡迅速可靠，需要一定的设备和消耗一定的动力，并且不能从根本上消除引起泡沫稳定的因素。

理想的机械消泡装置必须满足以下几个条件：动力小、结构简单、坚固耐用、清洗杀菌容易、维修保养费用少。机械消泡的方法有：①在发酵罐内将泡沫消除；②将泡沫引出发酵罐外，当泡沫消除后，再将液体返回发酵罐内。

罐内消泡法的最常用的消泡装置是耙式消泡桨（图 7-3）。它装于发酵罐内搅拌轴上，齿面略高于液面，当产生少量小泡时耙齿随时将泡沫打碎；但当产生大量泡沫、上升很快时，耙桨来不及将泡沫打碎，就失去消泡作用，此时需添加消泡剂。所以这种装置的消泡作用并不完全，只是一种简单的措施而已。消泡桨的直径一

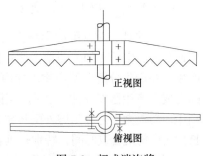

正视图

俯视图

图 7-3　耙式消泡桨

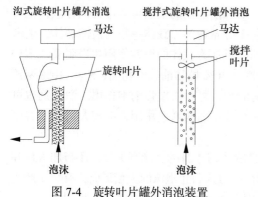

沟式旋转叶片罐外消泡　　　搅拌式旋转叶片罐外消泡

马达　　　　　　　　　　　马达

旋转叶片　　　　　　　　　搅拌叶片

泡沫　　　　　　　　　　　泡沫

图 7-4　旋转叶片罐外消泡装置

一般取 0.8～0.9 倍罐径，以不妨碍旋转为原则。除了耙式消泡桨外，罐内机械消泡的方法还有旋转圆板式的机械消泡、流体吹入式消泡、气体吹入管内吸引消泡、冲击反射板消泡、超声波消泡等。

罐外消泡法最常用的消泡装置是旋转叶片（图 7-4）。这是一种最简单的罐外机械消泡装置。它的工作原理是将泡沫引出罐外，罐外消泡装置的旋转叶片由马达带动，利用旋转叶片所产生的冲击力和剪切力进行消泡，消泡后，液体再回流到发酵罐内。其他的罐外消泡方法还包括喷雾消泡、离心力消泡、旋风分离器消泡、转向板消泡等。

第七节　营养基质的影响及其控制

营养基质是指供微生物生长及产物合成的原料，也称为底物，主要包括碳源、氮源、无机盐、微量元素及生长调节物质等。在发酵过程中，营养基质是生产菌种代谢的基础，既关系到菌种的生长情况，又关系到代谢产物的形成。不同的菌种，以及同一种菌种在不同的条件下对营养基质的种类和浓度都有不同的要求。在分批发酵过程中，若培养基过于丰富，会使菌体生长过盛，发酵液黏度增大，影响传质和传热状况，影响溶氧，还使细胞不得不花费许多能量来维持其生存环境，用于非生产的能量增高，最终不利于代谢产物的合成。若培养基浓度过低，会使菌体营养不足，影响菌体生长和产物的合成，使设备利用率降低。所以在发酵过程中选择合适的营养基质和控制适宜的营养基质浓度是提高产物产量的重要方法。

一、碳源种类和浓度的影响及其控制

碳源是构成菌体成分的重要元素，也是产生各种代谢产物和细胞内贮藏物质的主要原料，同时又是化能异养型微生物的能量来源。碳源主要有单糖中的己糖（以葡萄糖为主），寡糖中的蔗糖、麦芽糖、棉籽糖，多糖中的淀粉、糖蜜、纤维素、半纤维素、甲壳质和果胶质等。除了上述糖类外，油脂、有机酸和低碳醇也是工业发酵中常用的碳源，如利用重组毕赤酵母生产碱性果胶酶时会选用甘油、山梨醇、乳酸与甲醇等作为碳源。

（一）碳源种类的影响及其控制

碳源的种类对发酵的影响主要取决于其性质，即快速利用的碳源还是缓慢利用的碳源。快速利用的碳源（如葡萄糖）能较快地参与微生物的代谢、菌体细胞内物质的合成、能量的产生，并产生分解代谢产物（如丙酮酸等），对菌体生长有利，但有的分解代谢产物对产物的合成会产生阻遏作用；缓慢利用的碳源多数为聚合物（如淀粉），不能被微生物直接吸收利用，需要微生物分泌胞外酶将聚合物分解成小分子物质，因此被菌体利用缓慢，有利于延长代谢产物的合成时间，特别是延长抗生素的分泌期。

不同微生物发酵需要的碳源类型不同，选择合适的碳源对提高代谢产物的产量非常重

要。例如，在对青霉素发酵的早期研究中，人们就认识到了碳源的重要性。在快速利用的碳源葡萄糖培养基中，菌体生长良好，但合成的青霉素很少；而在缓慢利用的碳源乳糖培养基中，菌体生长缓慢，青霉素的产量却有明显的提高（图7-5）。同样的例子还有，葡萄糖会阻遏拟康氏木霉的纤维素酶合成，因此生产上会筛选并使用抗高浓度葡萄糖阻遏的菌株提高纤维素酶产量。因此，控制使用有阻遏作用的碳源是非常重要的。在工业发酵中，培养基中常采用快速利用和缓慢利用的混合碳源，就是根据这个原理来控制菌体的生长和产物的合成。但并不是所有的快速利用碳源都对产物的合成有阻遏作用。例如，发酵产生透明质酸（HA）时，以淀粉的葡萄糖水解液作为碳源，发酵液中HA的含量最高，其后依次是果糖、蔗糖，而乳糖、半乳糖和麦芽糖的利用情况不好。

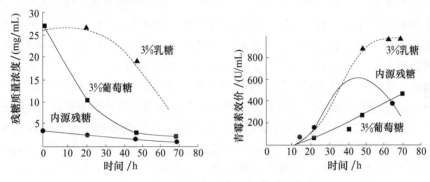

图 7-5　糖对青霉素生物合成的影响

（二）碳源浓度的影响及其控制

碳源的浓度对菌体生长和产物的合成有着明显的影响。一般来说每种微生物都有一个碳源浓度的耐受范围，如培养基中碳源含量超过 5%，细菌的生长会因细胞脱水而开始下降。酵母或霉菌可耐受更高的葡萄糖浓度，达 20% 左右，这是由于它们对水的依赖性较低。此外，一定浓度的碳源还会对酶产生阻遏作用，影响代谢活动的进行。因此控制碳源浓度对发酵的正常进行非常重要。

碳源浓度的优化控制，通常要依据经验和发酵动力学分析结果，在发酵过程中采用中间补料等方法进行。在实际生产中，要根据多个不同的发酵参数来分析菌体生长和代谢的情况，确定补糖时间、补糖量、补糖方式。例如，头孢菌素 C 生物合成途径中的一个关键酶——脱乙酰氧头孢菌素 C 合成酶对碳分解代谢阻遏物很敏感。葡萄糖阻遏头孢菌素 C 生物合成中的 δ（α- 氨基己二酰）- 半胱氨酰-缬氨酸合成酶。避免分解代谢物阻遏的一种办法是使补入碳源的速率等于其消耗的速率，另一种办法是使用非阻遏性碳源（如除葡萄糖以外的其他单糖、寡糖、多糖或油）。再如酵母的 Crabtree 效应，即酵母生长在高糖浓度下，即使溶解氧充足，它还是会进行厌氧发酵，从葡萄糖产生乙醇。为了阻止乙醇的生成需控制生长速率和葡萄糖浓度。在这种情况下采用补料-分批或连续培养可以避免 Crabtree 效应的出现。一般需要通过试验确定发酵最佳碳源浓度。例如，在解淀粉芽孢杆菌 YF03 生产蛋白酶发酵条件优化时，通过比较不同碳源浓度发现，当使用玉米粉含量为 5% 时，发酵产生的中性蛋白酶活力最高，玉米粉含量高于或低于该浓度，酶活性都会下降。

二、氮源种类和浓度的影响及其控制

氮是构成微生物细胞蛋白质和核酸的主要元素，所以在发酵过程中，调节氮的种类和浓度对菌体生长和产物合成有着至关重要的作用。

（一）氮源种类的影响及其控制

氮源可分为无机氮和有机氮。发酵工业中常用的无机氮包括硝酸盐、铵盐、氨水等；有机氮包括豆饼粉、花生饼粉、玉米浆、蛋白胨、酵母粉、酒糟、尿素等。和碳源一样，也可以把氮源分为可快速利用氮源和缓慢利用氮源。前者包括氨基（或铵态）氮的氨基酸（或硫酸铵等）和玉米浆等；后者包括黄豆饼粉、花生饼粉、棉籽饼粉等蛋白质。可快速利用氮源容易被菌体所利用，有利于菌体生长，但对某些代谢产物的合成，特别是对某些抗生素的合成产生调节作用而影响产量。例如，链霉菌的竹桃霉素发酵中，采用促进菌体生长的铵盐浓度，能刺激菌丝生长，但抗生素的产量反而减少。铵盐对柱晶白霉素、螺旋霉素同样产生类似的调节作用。缓慢利用氮源对延长次级代谢产物的分泌期、提高产物的产量是有好处的。但一次性投入也容易促进菌体生长和养分过早耗尽，导致菌体过早衰老而自溶，从而缩短产物的分泌期。考虑到上述原因，发酵培养基一般选用含有快速和缓慢利用的混合氮源。例如，氨基酸发酵用铵盐（硫酸铵或醋酸铵）和麸皮水解液、玉米浆作为氮源；链霉素发酵采用硫酸铵和黄豆饼粉作为氮源；红霉素发酵采用硫酸铵和黄豆饼粉作为碳源。

发酵中所用的很多氮源物质除了供应氮素外，还有一些特殊的考量。例如，赖氨酸生产中，培养基中甲硫氨酸和苏氨酸的存在可提高赖氨酸的产量，但由于纯氨基酸价格昂贵，生产中常用黄豆水解液来代替。谷氨酸生产中，使用尿素作为氮源，尿素可发生氨基化，从而提高谷氨酸的产量。一些有机氮源还可以作为产物的前体，如缬氨酸、半胱氨酸和 α- 氨基己二酸是合成青霉素和头孢菌素的主要前体。此外，很多氮源，特别是一些无机氮源的使用必须考虑其对发酵液 pH 的影响。

（二）氮源浓度的影响及其控制

与碳源相似，氮源的浓度过高，会导致细胞脱水死亡，且影响传质；浓度过低，菌体营养不足，影响产物的合成。不同产物的发酵中，所需氮源的浓度也不同。例如，谷氨酸发酵需要的氮源比一般的发酵多得多。一般的发酵工业碳氮比为 100：2.0～100：0.2，谷氨酸发酵的碳氮比为 100：21～100：15，当碳氮比为 100：11 以上时，才开始积累谷氨酸。在谷氨酸发酵中，用于合成细胞内物质的氮仅占总耗用氮的 3%～6%，而 30%～80% 用于合成谷氨酸。在实际生产中，采用尿素或氨水作为氮源时，由于一部分用于调节 pH，一些分解而逸出，往往实际用量很大。例如，实际发酵培养基中糖浓度为 12.5%，总尿素用量为 3%，此时碳氮比为 100：28。但氮源浓度也并非越高越好，在菌体生长阶段，如 NH_4^+ 过量会抑制菌体生长；在谷氨酸合成阶段，如 NH_4^+ 不足，α- 酮戊二酸不能还原氨基化而积累 α- 酮戊二酸，如 NH_4^+ 过量，谷氨酸转化为谷氨酰胺，都会影响谷氨酸的产量。在一株产表面活性剂菌株的培养基优化试验中，发现不同种类氮源的浓度对菌体浓度影响的变化趋势不同，对于效果最好的硫酸铵来说，6g/L 能获得最高菌浓度，低于或高于该值培养效果都不好。

此外，为了调节菌体生长和防止菌体衰老自溶，除了基础培养基中的氮源外，有时还需要补加氮源来控制浓度。生产上常用的方法有补有机氮源和补无机氮源两种：①补加有机氮源，根据微生物的代谢情况，添加某些具有调节生长代谢的有机氮源，如酵母粉、玉米浆、尿素等。例如，青霉素发酵中，后期出现糖利用缓慢、菌体浓度变稀、菌丝展不开，pH下降的现象，补加尿素水溶液就可改变这种状况并提高产量。②补加无机氮源，工业中常用的方法是补加氨水或硫酸铵，其中氨水既可作为无机氮源，又可调节 pH。在抗生素的发酵工业中，补加氨水可提高产量，如果与其他条件配合，有些抗生素的发酵单位可提高 50%。例如，在红霉素的发酵生产中加入氨水调节 pH，并且可作为无机氮源，能提高红霉素的产率和有效组分的比例。

三、磷酸盐浓度的影响及其控制

磷是构成蛋白质、核酸和 ATP 的必要元素，是微生物生长繁殖所必需的成分，也是合成代谢产物所必需的营养物质。在发酵过程中，微生物从培养基中摄取的磷一般以磷酸盐的形式存在。因此，在发酵工业中，磷酸盐的浓度对菌体的生长和产物的合成有一定的影响。微生物生长良好时，所允许的磷酸盐浓度为 0.32～300mmol/L，但次级代谢产物合成良好时所允许的磷酸盐的最高平均浓度仅为 1.0mmol/L，当浓度提高到 10mmol/L 时，可明显抑制产物合成。因此，控制磷酸盐浓度对微生物次级代谢产物发酵的意义非常大。例如，杆菌肽发酵中无机磷酸盐的浓度应控制在 0.1～1mmol/L，这时可以合成杆菌肽，不受其影响。但是如果浓度高于 1mmol/L，则杆菌肽合成明显受到抑制。又如，在利用芽孢杆菌生产 α- 淀粉酶的发酵中，低浓度的磷酸盐会导致芽孢杆菌的细胞浓度降低、酶合成延滞，而高浓度的磷酸盐在芽孢杆菌产酶过程中也会降低 α- 淀粉酶的产量。

磷酸盐浓度的控制方法，通常是在基础培养基中采用合适的浓度给予控制，并在发酵过程中根据需要进行补加。高浓度磷酸盐对许多抗生素，如链霉素、新霉素、四环素、土霉素、金霉素、万古霉素等的合成具有阻遏和抑制作用，但磷酸盐浓度太低时，菌体生长不够，也不利于抗生素合成。因此，常采用生长亚适量（对菌体生长不是最适合但又不影响生长的量）的磷酸盐浓度。磷酸盐最适浓度取决于菌种特性、培养条件、培养基组成和原料来源等因素，并结合具体条件和使用的原材料进行试验来确定。培养基中的磷含量还可能因配制方法和灭菌条件不同而有所变化，在使用时应特别小心。在发酵过程中，若发现代谢缓慢、耗糖低的情况，可适量地补充磷酸盐。

总之，控制基质的种类及其各成分的浓度是决定发酵是否成功的基础，必须根据生产菌的特性和产物合成的要求进行深入细致的试验研究，以取得最满意的效果。

第八节 二氧化碳和呼吸商

二氧化碳（CO_2）是微生物细胞的代谢产物，也是重要的代谢指标。几乎所有的发酵都产生 CO_2，因此可以将 CO_2 生成量与细胞量相关联，通过碳质量平衡可推算细胞生长速率和细胞量。CO_2 也是某些代谢过程进行生物合成的必要物质。例如，在以氨甲酰磷酸为前体之一的精氨酸的合成过程中，无机化能营养菌能以 CO_2 作为唯一的碳源加以利用。异养菌在需要时可利用补给反应来固定 CO_2，细胞本身的代谢途径通常能满足这一需要。若发酵前期大量通气，可能出现 CO_2 减少，导致停滞期延长。

一、CO_2 与发酵

（一）CO_2 对发酵的影响

CO_2 对菌体的生长有直接影响，表现在碳水化合物的代谢及微生物的呼吸速率等方面。其作用机制是影响细胞的膜结构。溶解 CO_2 主要作用于细胞膜的脂溶性部位，而 CO_2 溶于水后形成的 HCO_3^- 则影响细胞膜上亲水性部位，如膜磷脂或膜蛋白等。当细胞膜的脂质相中 CO_2 浓度达到一临界值时，膜的流动性及表面电荷密度发生变化，这将导致许多基质的跨膜运输受阻，影响细胞膜的运输效率，使细胞处于"麻醉"状态，生长受到抑制。大多数微生物适应低含量 CO_2（$0.02\%\sim0.04\%$）。当尾气 CO_2 含量高于 4% 时，微生物的糖代谢与呼吸速率下降。

CO_2 对产物合成也有一定的影响，不同浓度的 CO_2 能抑制或刺激特定的代谢过程。例如，在紫苏霉素的生产中，在空气进口通入 1% 的 CO_2，发现微生物对基质的代谢极慢，菌丝增长速度降低，紫苏霉素的产量比对照组降低 33%；而通入 2% 的 CO_2，紫苏霉素的产量比对照组降低 85%；若通入 CO_2 的含量超过 3% 时，则不产生紫苏霉素。

CO_2 对发酵的影响有时并不会因为供氧条件而改变。在充分供氧条件下，即使细胞的最大摄氧速率得到满足，发酵液中的 CO_2 浓度对精氨酸和组氨酸发酵仍有影响。组氨酸发酵中 CO_2 分压大于 0.05×10^5Pa 时，其产量随 CO_2 分压的提高而下降。精氨酸发酵中有一最适 CO_2 分压，即 1.25×10^5Pa，高于此值对精氨酸合成有较大影响。因此即使供氧充足，还应考虑通气量，以控制发酵液中的 CO_2 含量。特别是当发酵工业中使用增加罐压的方法提高溶解氧时，也会增加 CO_2 的分压，从而影响产物的产量。典型的例子就是纤维素的发酵，为了提高溶解氧，增加罐压，结果使 CO_2 的分压也增加，高浓度的 CO_2 使菌体的生长或呼吸受到抑制，从而降低了纤维素的产量。

（二）CO_2 浓度变化和调控

CO_2 在发酵液中的浓度变化没有一定的规律。它的大小受到许多因素的影响，如菌体的呼吸强度、发酵液流变学特性、通气、搅拌程度和外界压力大小等因素。设备规模大小对其也有影响，由于 CO_2 的溶解度随压力的增加而增加，大发酵罐中的静压可达 1×10^5Pa 以上，若处在正压发酵阶段，可使罐底部压强达 1.5×10^5Pa。如不改变搅拌转速，CO_2 就不易排出，而在罐底形成碳酸（必要时可用碱中和），进而影响菌体的呼吸和产物的合成。为了控制 CO_2 的影响，必须考虑 CO_2 在培养液中的溶解度、温度和通气情况。

对 CO_2 浓度的调控应根据其对发酵的影响而定。如果 CO_2 对产物的合成有抑制作用，应设法降低其浓度；如有促进作用，则应提高其浓度。通气和搅拌转速的大小可调节 CO_2 溶解度。在发酵罐中不断通入空气，既可保持溶解氧在临界值以上，又可随废气排出所产生的 CO_2，使之低于能产生抑制作用的浓度。所以，通气搅拌是抑制 CO_2 浓度的一种方法。例如，在 $3m^3$ 发酵罐中进行四环素发酵试验，发酵 40h 以前，通气量减小到 $75m^3/h$，搅拌转速为 $80r/min$，以提高 CO_2 的浓度；40h 以后，通气量和搅拌转速分别提高到 $110m^3/h$ 和 $140r/min$，以降低 CO_2 浓度，四环素的产量可提高 $25\%\sim30\%$。

二、呼吸商与发酵

类似用摄氧速率（OUR）描述发酵液的耗氧速度，可以用 CO_2 的释放率（CER）描述发酵中 CO_2 的释放速度。由于在发酵中氧气的消耗和 CO_2 的生成通常具有一定的联系，因此使用呼吸商 RQ 值（RQ=CER/OUR）来描述两者之间的关系，判断菌的生长、代谢途径、基质利用和产物生成等情况。其中摄氧速率（OUR）和 CO_2 的释放率（CER）的数值可以用尾气 O_2 和 CO_2 等参数通过以下两个公式求得：

$$\text{OUR}=Q_{O_2}X=F_{in}/V\{C_{O_2,in}-[C_{inert}C_{O_2,out}]/[1-(C_{CO_2,out}+C_{O_2,out})]\}f \qquad (7-9)$$

$$\text{CER}=Q_{CO_2}X=F_{in}/V\{[C_{inert}C_{CO_2,out}]/[1-(C_{CO_2,out}+C_{O_2,out})]-C_{CO_2,in}\}f \qquad (7-10)$$

式中，Q_{O_2} 为呼吸强度 $[mol/(g \cdot h)]$；Q_{CO_2} 为比 CO_2 释放率 $[mol/(g \cdot h)]$；X 为菌体干重（g/L）；F_{in} 为进气流量（mol/h）；C_{inert}、$C_{O_2,in}$、$C_{CO_2,in}$ 分别为进气中惰性气体、O_2、CO_2 含量（%）；$C_{CO_2,out}$、$C_{O_2,out}$ 分别为尾气中 CO_2、O_2 含量（%）；V 为发酵液体积（L）；f 为系数。

RQ 值可以反映菌体的代谢情况。菌体在不同生产时期，利用不同基质时，其 RQ 值也不同，如大肠杆菌以各种化合物为基质时的 RQ 值见表 7-6。在抗生素发酵中生长、维持和产物形成阶段的 RQ 值也不一样，如青霉素发酵中生长、维持和产物形成阶段的理论 RQ 值分别为 0.909、1.0 和 4.0。若发酵过程中加入消泡剂，由于它具有不饱和性和还原性，使 RQ 值偏低。例如，青霉素发酵中，RQ 值为 0.5～0.7，且随葡萄糖与消泡剂加入量之比而波动。此外，产物的形成对 RQ 值的影响较明显。如果产物的还原性比基质的还原性大，其 RQ 值就增加；当产物的氧化性比基质氧化性大时，其 RQ 值就减小。其偏离程度取决于单位菌体利用基质形成产物的量。

表 7-6　大肠杆菌以各种化合物为基质时的 RQ 值

基质	延胡索酸	丙酮酸	琥珀酸	乳酸	葡萄糖	乙酸	甘油
RQ 值	1.44	1.26	1.12	1.02	1.00	0.96	0.80

实际生产中测定的 RQ 值明显低于理论值，这可能是因为发酵过程中存在着除葡萄糖以外的其他碳源。例如，油的存在使 RQ 值远低于以葡萄糖为唯一碳源的 RQ 值，为 0.5～0.7，其随葡萄糖与油量之比波动。

第九节　发酵终点的判断

发酵类型不同，需要达到的目标也不同，因而对发酵终点的判断标准也不同。无论哪一种类型的发酵，发酵终点判断的准确性对提高产物的生产能力和经济效益至关重要。生产能力是指单位时间内单位罐体积的产物积累量。生产过程要求将生产力和产品成本结合起来考虑，既要有高产量又要降低成本。

一、影响放罐时间的因素

无论是初级代谢产物还是次级代谢产物发酵，到了发酵末期，菌体的分泌能力都要下降，产物的生产能力也相应下降或停止。有的菌体衰老进入自溶阶段，释放出体内的分解酶会破坏已经形成的产物，因此要及时终止发酵进行放罐。放罐过早或者过晚都会造成损失，如何确定合理的放罐时间一般需要考虑以下几个方面的因素。

（一）经济因素

放罐时间的确定需要考虑经济因素，即以最低的综合成本来获得最大生产能力的时间为最适放罐时间。在实际生产中，有时并未达到发酵的最高产量，此时延长发酵虽然略能提高产物浓度，但产率下降，且消耗每千瓦电力、每吨冷却水所得的产量也下跌，成本提高。这种情况下，就应该选择综合成本最低的时刻作为最合适的放罐时间。

（二）产品质量因素

放罐时间对后续工艺和产品质量有很大的影响。如果放罐过早，可能会有过多尚未代谢的营养物质（如糖、可溶性蛋白质、脂肪等）残留在发酵液中。这些物质对下游操作的分离纯化等工序都不利。但如果发酵时间太长，菌体会自溶，释放出的菌体蛋白质和体内水解酶又会显著地改变发酵液的性质，增加过滤工序的难度，甚至使一些不稳定的活性产物遭到破坏。所有这些都可能导致产物的质量下降及产物中杂质含量的增加，故必须考虑发酵周期长短对分离纯化工序的影响。

（三）特殊因素

在个别发酵情况下，还要考虑特殊因素。例如，对老品种的发酵已掌握其放罐时间，在正常情况下，可根据作业计划按时放罐。但在异常情况下，如染菌、代谢异常（糖耗缓慢等）时，就应根据不同的情况进行适当处理。有时为了降低异常情况的不利影响，需要提前放罐，有时为了能够得到尽量多的产物，应该采取措施（如改变温度或补充营养等），适当拖后放罐时间。

合理的放罐时间是由试验确定的，即根据不同发酵时间所得到的产物量计算出发酵罐的生产能力和产品成本，采用生产力高而成本低的时间作为放罐时间。

二、发酵终点的判断和操作

发酵的类型不同，要求达到的目标也不同，对发酵终点的判断标准也应有所不同。一般当原材料成本是整个产品成本的主要部分时，则要追求的是提高产物得率；当生产成本是整个产品成本的主要部分时，所追求的是提高生产率和发酵系数；当下游技术成本占整个产品成本的主要部分，而产品价格又较贵时，追求的是较高的产物浓度。此外，计算放罐时间还应考虑体积生产率（单位体积发酵罐单位时间获得的产物量）等因素。临近放罐时加糖、补料或加消泡剂要慎重，因残留物对提炼有影响。补料可根据糖耗速率计算得出放罐时允许的残留量来控制。对于抗生素发酵，一般在放罐前约 16h 便应停止加糖或消泡剂，并掌握在菌体自溶前放罐，极少数品种在菌丝部分自溶后放罐，以便胞内抗生素释放出来。而一般放罐的主要指标有产物浓度、氨基氮、菌体形态、pH、培养液的外观、黏度等。放罐时间可根据作业计划进行，但在异常发酵时，就应当机立断，以避免倒罐。而对于新产品发酵，更需要摸索合理的发酵时间。总之，发酵终点的判断要综合分析考虑各方面因素。

第十节　发酵过程的计算机控制

传统发酵工业的工艺管理和控制多数采用人工操作的方式，严重影响和制约了工艺水平和管理水平的提高，并导致生产不稳定、发酵转化率低、能耗大、高成本等问题的产生。20世纪60年代以来，计算机控制技术开始应用于发酵工业生产，不仅解决了上述存在的问题，还能减轻工人的劳动强度，使经济效益最大化，极大地推进了发酵工业的发展和革新。

一、计算机控制系统的应用

随着大型计算机造价的降低和微型计算机使用的普及、生物传感器技术的发展、发酵动力学模型研究的完善，越来越多的发酵工业过程和产品采用计算机控制技术，目前已广泛应用于抗生素、啤酒、谷氨酸及酶制剂等众多与工农业、医药生产密切相关的产品的发酵生产。其主要应用在以下几方面。

（一）过程数据的存储

此项任务由数据获得系统完成，即顺序地扫描传感器的信号，将其数据条件化，过滤后以一种有序并易找到的方式存储，这也是计算机最简单的任务，只要在发酵罐上安装适当的仪表与计算机相连，即可连续记录发酵罐的多个参数。

（二）过程数据的分析

由数据分析系统完成，即从测得的数据中采用规则系统提取所需信息，求得间接（衍生）参数，可反映出发酵的状态和性质，分析好的信号可以通过过程管理控制器打印、输入数据库或显示。

（三）过程控制

由计算机程序来完成，即计算机的信号被送至泵、阀门或经由接口的开关等执行元件，对发酵过程进行控制。通常控制器需完成按事态发展或超出控制回路设定点的控制，过程灭菌、投料、放罐阀门的有序控制和常规的反应器环境变量的闭环控制三项任务。

二、计算机控制系统的组成和功能

（一）计算机控制系统的组成

计算机发酵过程控制系统是由计算机控制系统和被控对象组成。其中计算机控制系统由控制硬件和操作软件组成。控制硬件包括计算机主机、常规外部设备、过程输入输出通道、测量变送仪表、调节阀或执行机构及允许操作台等部分，这几个部分通过主机的系统总线和接口电路相互连接，主要完成数据的采集、输送及信号的输出，还可完成数据显示、电传打字或报警等功能。计算机控制系统的操作软件部分则主要提供人和机器的职能交换及数据的处理、传输工作。被控对象包括发酵罐、发酵液和发酵的菌种，由计算机控制系统进行控制，实现发酵过程的最优化控制，从而使得企业获得最大的经济效益。

（二）计算机控制系统的功能

计算机控制系统的功能主要包括数据信息的采集和处理、发酵过程的操作控制。数据信息的采集和处理是发酵过程控制的前提，主要利用计算机的传感器及各种仪表获得大量的数据，并对其进行存储和处理。发酵过程的操作控制是通过采用不同的控制系统，所采用的控制系统主要包括直接数字控制系统（direct digital control system，DDC）、计算机设定值控制系统（set point computer control system，SPC）、集散控制系统（distributed control system，DCS）。

微生物发酵过程是一个非线性、多变量及随机性的动态过程，因而发酵体系是一个较复杂的控制对象。一般将发酵过程控制分为三个不同层次的控制水平，且每一级水平的过程控制都要涉及复杂的程序。

第一级水平的控制包括阀和泵的开关、仪表的重新校对、在线维持及故障切断过程等顺序操作，发酵过程中的灭菌及培养基分批作业属于这一级水平的控制。此级控制通常较为简单，仅通过计算机传感器控制即可完成。

第二级水平控制是将各种控制回路与控制系统相连，这些控制回路主要是温度、pH、泡沫、溶解氧等简单的参数，其可使这些参数维持在某一特定值。实际生产中可采用 DDC 系统、SPC 系统及 DCS 系统来完成。其中采用 DDC 系统只需将传感器直接接入计算机，而不需要控制元件，将来自对象的检测值与给定值作比较，根据偏差值和一定数学模型进行计算，然后送出代表检测量的相应的数字信号或开关量，转化成控制信号后通过执行器对发酵进行控制。此控制系统具有较大的灵活性和精确性，可使系统的控制质量得到较大的提高。SPC 系统是计算机根据过程参数信息和其他数据，按照描述生产过程的数学模型进行计算，得到最佳的控制条件，从而使生产处于最佳工作状态。这就要求有一个可靠的能反映过程变化的数学模型，它可通过理论推导、经验归纳或计算机模拟获得。对于较为复杂的控制系统通常采用 DCS 系统来完成，它是在 DDC 系统的基础上发展而来，而又不同于 DDC 系统，它是集计算机技术、网络技术、自动控制技术等先进技术于一身的生产控制系统，因其可靠性高、分散控制、集中检测、扩展灵活、组态方便等特点得到了广泛应用，并逐渐成为工业控制系统的主要潮流。目前，国内大型的制药企业、啤酒发酵企业、味精生产企业等都采用 DCS 系统来进行发酵控制。

最高级的控制即生产能力的提高和过程最优化的控制水平。此水平的控制目前仍处于初级发展阶段，原因是能长时间使用的在线传感器的数量有限，利用现有的传感器或电极在线直接测定生物物质和极少量的产物几乎不可能或很困难。但随着传感器生产技术的进步，计算机控制技术的发展，生化过程数据库的建立，并通过人机系统沟通使用者与知识库，最终实现生产过程的自动优化控制。

复习思考题

1. 温度对发酵有何影响？怎样选择？
2. 试描述发酵过程中 pH 的一般变化规律和控制策略。有哪些因素影响 pH 的变化？
3. 发酵过程中溶解氧受哪些因素影响？
4. CO_2 对发酵有何影响？试述其对细胞的作用机制。

5．呼吸商是什么？如何测定？对发酵有何指导意义？

6．发酵过程过量的泡沫会给发酵带来许多副作用，主要表现在哪些方面？

7．你认为用怎样的方法控制发酵过程的泡沫最好？

8．如何进行发酵终点的判断？

9．如何实现发酵工艺控制优化？

10．检测发酵过程的变量／参数分几类？

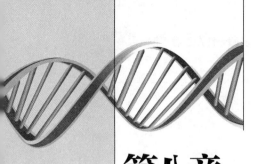

第八章　发酵产物的回收与纯化

发酵产物的分离、回收和精制是发酵工程中非常重要的环节，它既决定着发酵产物的得率和成本，也决定了最终产品的质量和安全。一直以来，发酵产物的回收与纯化技术被认为较为复杂且成本较高。理想情况下，人们正在尝试以最小的提取成本、最少的设备投资、高效的回收率尽可能获得高品质的发酵产物。然而，发酵产物的回收成本可能占总投资成本的15%~70%。当然，这一比例主要取决于发酵产物的所选纯化工艺及其对应的回收成本。例如，工业乙醇的后续纯化成本占总发酵成本的15%，青霉素的后续纯化成本占总投资成本的20%~30%。然而，酶制剂的纯化回收成本则占据了总投资成本的70%，重组蛋白质和单克隆抗体等产品的提取和纯化可占总加工成本的80%~90%。因而，发酵产物相对高昂的纯化回收成本有时会影响发酵的总体目标。

实际发酵过程中，当我们对发酵液中的产物进行分析时，会发现特定发酵产品的浓度可能较低（通常为0.1~5g/L）。这部分发酵产物与发酵液中的完整微生物、细胞碎片、可溶和不可溶培养基成分及其他代谢产物混合在一起。该发酵产物有可能存在于细胞内，热稳定性较差，且容易因微生物污染而发生降解，上述因素往往会进一步增加产品回收的难度。由于发酵产品的不稳定性、易污染性和发酵体系的复杂性，为了确保发酵产物具有良好的回收或纯化率，通常会尽可能加快后续处理流程中的操作速度。因此，发酵产品后续纯化所需设备必须具有正确的类型和正确的尺寸，以确保可以在较短的时间内获得高品质的发酵产物。同时需要注意的是，发酵产物下游处理中的每个步骤或操作单元都将涉及某些产品的损失，这是因为每个操作的回收效率并不是100%，并且产物在某个步骤中可能会发生部分降解。然而，即便是每个操作步骤的回收率高达90%，在经历四到五个纯化步骤后，最终也只能获得大约60%的初始发酵产物。因此，使用尽可能少的分离、纯化操作单元来最大化产品回收率同样至关重要。发酵产物的回收、纯化技术流程见图8-1。

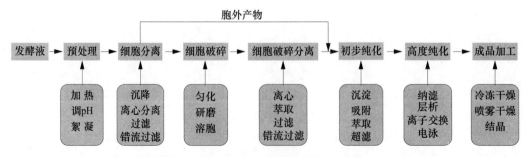

图 8-1　发酵产物的回收、纯化技术流程

一般而言，发酵产物回收和纯化流程的实施主要基于以下条件：①产物在细胞内或者细胞外的位置；②产物在发酵液中的相对浓度；③产物的物理、化学性质；④产物的预期用途；⑤产物的最低可接受的纯度标准；⑥产物可能存在的生物危害程度；⑦发酵液中杂质的成分和浓度；⑧产物的市场定价。基于上述条件，我们可以按照图8-1的技术流程开展发酵产物的分离、回收和纯化。

简而言之，回收和纯化细胞外发酵产物的第一阶段主要通过离心或过滤去除大的固体颗粒和微生物细胞。下一阶段可使用超滤、反渗透、吸附/离子交换/凝胶过滤或亲和色谱、液-液萃取、双水相萃取、超临界流体萃取及沉淀法将发酵成分进行分馏。随后，通过分步沉淀，利用更精确的色谱技术和结晶纯化技术回收含有产物的成分，经冷冻干燥或结晶后获得高度浓缩且基本上不含杂质的发酵产物。实际操作过程中，为了尽可能高效、快速地回收发酵产物，可以采用如下方法改进上游发酵工艺，进而为下游发酵产物的回收和纯化提供便利。①选择不产生色素或者次级代谢产物的微生物发酵菌株；②修改发酵条件以便减少次级代谢产物的生成；③精确控制发酵终止时间、pH和温度；④采用合适的絮凝剂使用量；⑤采用特异性溶菌酶溶解微生物细胞壁以便于发酵代谢产物的释放。

当前发酵产物回收纯化过程中面临的主要问题是生物活性分子的大规模纯化，为了满足大规模纯化的经济需求，相关产物需要大规模生产、大规模分离及大规模回收，同时这就要求将一些小规模的制备或精确分析技术，如色谱技术转移到实际生产规模中，同时保持精制过程的高效率、产品的生物活性和产品的纯度，使其符合安全法规、市场监管的需求等。

以青霉素、头孢霉素C、柠檬酸和微球菌核酸酶的回收纯化流程为例（图8-2），可以看到发酵产物在回收过程中，相关条件的改变都有其使用范围。同时，类似的产物回收条件也可以在有机醇、有机酸、抗生素、类胡萝卜素、多糖、单细胞蛋白和维生素等后续纯化过程

图8-2 青霉素、头孢霉素C、柠檬酸和微球菌核酸酶的回收纯化流程

中发现。需要指出的是，上游发酵过程和下游产物的回收纯化是整个发酵工程的组成部分，两者之间相辅相成，不能割裂开来分别实施，这会导致发酵工艺或者后续处理出现意想不到的困难，从而间接增加发酵成本。例如，在酶制剂的发酵过程中，需要综合考虑发酵终止时间、色素的产生量、发酵液中阴阳离子浓度和培养基的成分。尽管可以通过改变发酵条件来减少色素的形成，但是一旦无法精确控制发酵终止时间和酶制剂产量，这会使得微生物产生大量的含有细胞胞外酶的上清液，导致发酵的失败。再如，发酵工艺条件的改变会使得某些消泡剂残留在胞外酶的上清液中，并可能影响后续回收阶段的离心、超滤和离子交换，因此必须进行预试验寻找合适的消泡剂。此外，在培养基生产过程中，无机或有机成分的离子强度离子浓度，会使得发酵上清液在进入后续处理流程后需要额外使用超纯水进行稀释操作。因此，在改变发酵条件时，应综合考虑上游发酵工艺和下游产物分离，避免因厚此薄彼导致全流程技术难度和间接成本增加。

第一节　发酵液的预处理

一、微生物细胞和非溶解性产物的固液分离

通常采用过滤或离心技术将微生物细胞和其他非溶解性产物从发酵液中分离出来。由于许多微生物细胞的体积很小，因此有必要考虑使用助滤剂来提高过滤速率，同时也可采用加热和絮凝处理增加离心中产物的沉降速率。例如，有机酸的回收纯化过程中，可使用絮凝剂来提高回收得率。已有研究表明壳聚糖和聚丙烯酰胺等絮凝剂可用于分离发酵液中的细胞碎片和可溶性蛋白质，其主要是通过萃取和蒸馏提高产物如 1,3- 丙二醇的回收率。关于细胞回收的措施，主要包括利用微生物细胞的带电特性，使用电泳和介电电泳技术，结合超声波处理以改善絮凝特性和磁分离性能。这些技术的最终目的并不是一定要去除细胞，但电泳技术在下游产物的分离纯化过程中显示出的潜力已不容忽视。例如，在丁酸钠的分离过程中，采用电泳或电渗析可以成功地将水溶液中的有机酸转移到有机液相中，与传统回收工艺相比，在减少能源输入的情况下获得了 99% 的回收率。

二、泡沫分离

泡沫分离的难易程度主要取决于发酵工艺过程的复杂性和产物的发酵特性，工业上通常采用消泡剂或表面活性剂，其原理主要是利用了材料表面活性的差异。表面活性剂可以是全细胞或分子，如蛋白质或胶体，它们可以选择性地吸附或附着在通过液体上升的气泡表面，从而被进一步浓缩或分离，最后通过撇除法去除（图 8-3）。

通过应用表面活性剂（如长链脂肪酸、铵盐和季铵类化合物），可以使某些材料具有表面活性。使表面具有活性进而可以被分离的材料称为共轭物，而表面活性剂称为收集剂。需要注意的是，在开发使用这种分离方法时，需要在实验室中提前开展诸如 pH、空气流速、表面活性剂和共轭物的捕收比对泡沫分离效率的影响研究，以求获得最佳的泡沫分离工艺。而且，表面活性剂产物的回收是泡沫分离技术的关键。关于泡沫分离技术在枯草芽孢杆菌培养物中回收脂肽生物表面活性剂的研究表明，在发酵阶段同时进行起泡而不采用非整合的半间歇式起泡方法，可以提高表面活性剂的回收率。同样以大肠杆菌泡沫为例，研究表明当大

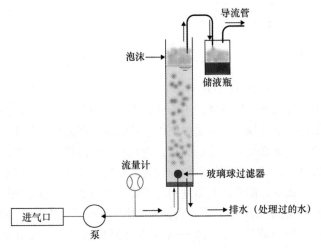

图8-3 泡沫分离流程示意图

肠杆菌初始细胞浓度为 7.2×10^8 个 /mL 时，通过使用月桂酸、硬脂胺或叔辛胺作为表面活性剂，可以在 1min 内分离泡沫中 90% 的细胞，在 10min 内分离泡沫中 99% 的细胞。同样，上述表面活性剂在绿藻和衣藻的泡沫分离中也得到了成功运用，间接证明了该技术的成功。在类似的研究中，通过使用十六烷基二甲基乙基溴化铵能够实现细胞从 10 个到 1×10^6 个的富集分离。此外，采用与细胞代谢相关的化合物，如乙酸盐和乙醇，可以改善微生物细胞，如酿酒酵母细胞的回收得率。

三、沉淀

沉淀法广泛应用于发酵产品回收的各个过程中，这是因为沉淀法可以对发酵产物进行多次浓缩和富集，从而减少后续纯化过程中所需发酵液的体积。通常在获得粗细胞裂解液后，可以使用沉淀方法从发酵液中直接获得部分发酵产品或者去除某些杂质。一般而言，沉淀法中所用到的化学试剂会使目标产物溶解度降低，从而达到分离的目的，这些化学试剂包括以下几类。

1）调节溶液 pH 的酸性和碱性化学试剂，可以改变待分离化合物的等电点（pH＝pI），此时待分离化合物分子上没有游离性电荷存在，且溶解度降低。

2）用于蛋白质回收和分离的无机盐，包括铵盐和硫酸钠等。无机盐可以从蛋白质表面除去水分子，使待分离蛋白质露出疏水性斑块，这些斑块聚集在一起后，导致蛋白质产生沉淀。一般而言，疏水性最强的蛋白质会首先沉淀，因此我们基于蛋白质的这一特性可以对蛋白质进行分流。该技术也称为"盐析"。

3）具有相似相溶性质的有机溶剂。例如，使用甲醇可以分离发酵液中的右旋糖酐；低温冷冻乙醇和丙酮则可以通过改变溶液的介电性能，从而对蛋白质进行沉淀。

4）非离子聚合物，如聚乙二醇（PEG），可用于蛋白质沉淀，其化学特性与有机溶剂相似。

5）聚电解质，其不但可以用于回收发酵液中的活性微生物细胞，而且可用于沉淀多种化合物。

6）蛋白质结合染料。例如，三嗪染料等结合并沉淀某些类型的蛋白质；选择性结合并沉淀待分离化合物的亲和性沉淀剂等。

四、过滤

（一）过滤原理

过滤技术是所有化工分离操作中较为常见的工艺之一，该方法使用多孔介质截留了一定粒径的固体颗粒，但允许液体或气体通过进而分离出悬浮的颗粒。尽管在发酵产物后续处理流程中，在多种条件下进行过滤操作，但是如何以最低的成本和最合适的设备类型达到较高的产物得率是进行发酵产物过滤必须要考虑的因素，为此在发酵过程中必须考虑以下因素：①滤液的性质，特别是其黏度和密度；②固体颗粒的性质，尤其是尺寸分布和堆积特性；③固液体积比；④需要回收的固体或液体部分，甚至是同时需要回收两者；⑤过滤规模；⑥是否需要分批或者连续运行；⑦对无菌条件的需求；⑧是否额外提供压力或真空抽吸以确保液体的适当流速。

图 8-4 为一个简易的过滤装置，它由一个覆盖有多孔滤布的支架组成，当滤液通过滤布时，滤饼逐渐堆积，随着滤饼厚度的增加，流动阻力将逐渐增加。因此，如果施加到浆料表面的压力保持恒定，则流速将逐渐减小。如果要使滤液流速保持恒定，则压力将必须逐渐增加。需要注意的是如果发酵产物颗粒具有可压缩性时，则还可通过堵塞滤布上的微孔并封闭颗粒之间的空隙来降低滤液流速。然而，当颗粒具有不可压缩性时，通过施加外加压力反而无法降低滤液流速。

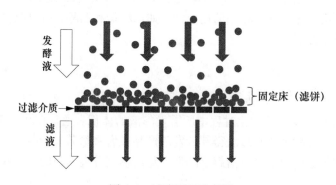

图 8-4　过滤原理示意图

滤液通过孔径分布均匀且具有恒定深度的流化床时，其流速（Q）可以用达西方程表示：

$$Q = \frac{\mathrm{d}V}{\mathrm{d}t} = \frac{KA\Delta P}{\mu L}$$

（8-1）

式中，V 为滤液体积；t 为时间；μ 为流体黏度；L 为流化床深度；ΔP 为介质通过流化床时的压力；A 为流体覆盖的流化床面积；K 为渗透系数。

通常定义：

$$L = \frac{vV}{A}$$

（8-2）

式中，V 为 t 时刻滤液体积；v 为单位体积滤液中所覆盖的滤饼的体积。

那么：

$$V\mathrm{d}V = \frac{KA^2\Delta P\mathrm{d}t}{\mu vV}$$

（8-3）

积分变换可得：

$$V^2 = \frac{2KA^2\Delta Pt}{\mu vV} \tag{8-4}$$

式中，ΔP 为常数；$\mu \approx 1$；v 可通过实验室实验确定；A^2 为流化床平方面积；那么 V^2 和 t 呈线性相关关系，在此基础上通过简单的时间序列实验即可确定 K 值，从而为工业上大规模过滤设计提供依据。

除了上述方法之外，也可以推导维持恒定过滤速率所需的压力方程。首先获得使恒定体积发酵液通过过滤器阻力所需的压力，然后增加压力分量，使该压力分量与来自增加的滤饼深度的阻力成比例，该过滤过程在实践中比较复杂，且应用较少。一般在实际发酵工业预处理中，通常采用真空鼓式过滤器等设备来维持发酵液恒定的流速，实现产物的过滤分离。

（二）助滤剂及过滤设施

1. 助滤剂　　当过滤细菌或其他细小的凝胶状悬浮液时，通常会使用助滤剂，这是因为这些细菌或凝胶状的悬浮液很难被过滤，甚至阻塞部分过滤器。硅藻土作为广泛使用的助滤剂，其孔隙率较大（约为 0.85），当与初始细胞悬浮液混合时，可改善所得滤饼的孔隙率，从而加快滤液流速。此外，它也可以用作较宽过滤孔中的初始桥联剂，从而减少过滤介质的钝化现象。这里的钝化是指过滤介质表面因滤饼堆积阻塞导致部分过滤介质表面阻塞的现象。值得注意的是，硅藻土价格较高，在吸收滤液进入后续处理后，会使得部分硅藻土产生损失，因此在正式过滤之前，应通过小试试验确定助滤剂的最小使用量。发酵工程预处理阶段使用助滤剂的主要方法如下。

1）过滤之前，在过滤器上涂一层薄薄的硅藻土，使之形成预涂层，这一方法通常应用于真空鼓式过滤器。

2）将适量的助滤剂与发酵液充分混合，以便在开始过滤之前形成均匀分散的滤床。

需要注意的是，在某些过滤过程中，如微生物生物量的生产，不能使用助滤剂，此时必须考虑通过絮凝或加热进行细胞预处理。另外，当发酵产物处于细胞内时，使用助滤剂通常是不切实际的，此时需要采用板框过滤器或者加压过滤器等设施。

2. 过滤设施

（1）板框过滤器　　板框过滤器作为一种压力过滤器（图 8-5），其最简单的形式是由交替排列的隔板和框架组成，滤板上盖有滤布或滤垫。将隔板和框架组装在水平框架上，并通过手拧螺丝或液压柱塞将其固定在一起，以使隔板和框架之间没有泄漏，形成一系列液密隔室。发酵浆液通过由隔板和框架角上的孔形成的连续通道进入过滤器框架，滤液穿过滤布或滤垫，沿着滤板上的凹槽向下流动，然后通过出口龙头排放到通道中。若需要无菌条件，则出口可以直接通向灭菌管道。当框架完全充满或滤液流量效率较低时，将停止过滤并使固体颗粒保留在框架内。

在工业规模上，板框过滤器是每单位过滤空间中最便宜的过滤器之一，并且需要的占地面积最小，但是在操作（间歇过程）过程中是断断续续的，加之频繁的拆卸，因此滤布可能会有一定的磨损。这种类型的过滤器最适合于固体含量低且过滤阻力小的发酵液，曾被广泛用作啤酒厂的"精馏"设备，以在通过离心或旋转真空过滤进行初步澄清后，滤出残留的酵母细胞。它也可用于收集无法使用连续过滤器进行过滤的高价值固体。需要注意的是，当人

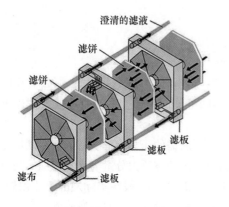

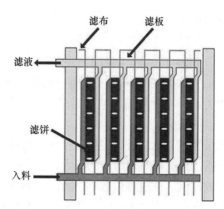

图 8-5　板框过滤器

工成本高昂以及拆卸、清洁和重新组装所花费的时间较多，而且发酵液中含有大量价值较低的发酵固体产物时，不适宜继续使用板框过滤器。

（2）加压过滤器　　加压过滤器由许多间歇性批量过滤器组成，这些过滤器结合了许多叶片，每个叶片由带凹槽的板和金属框架组成，这些叶片被细金属丝网覆盖，或者偶尔用滤布覆盖，并且通常预先涂有一层纤维素。使用加压过滤器进行发酵液的过滤时，先将发酵浆液送入过滤器，该过滤器可在一定压力下或者通过真空泵抽气操作。由于加压过滤器为完全封闭，因此可以用蒸汽对其进行消毒。这种类型的过滤器特别适用于"精馏"低固体含量的大量液体或对有价值的固体进行小批量过滤。通常有叠片式过滤器、立式过滤器和卧式过滤器等，具体如图 8-6 所示。

叠片式过滤器　　　　　立式过滤器　　　　　　卧式过滤器

图 8-6　叠片式过滤器、立式过滤器和卧式过滤器

叠片式过滤器的结构坚固耐用，无需滤布且碟片更换容易，人工操作成本低。它由许多精密制造的环组成，这些环堆叠在带槽的杆上。金属环（外径为 22mm，内径为 16mm，厚度为 0.8mm）通常由不锈钢制成，并进行精密冲压，以便在一侧上有多个肩部。金属环之间的间隙为 0.025~0.25mm。将堆叠组装好的金属环放置在压力容器中，必要时可以对其进行灭菌。金属环表面通常涂有一层硅藻土薄层，用作助滤剂。实际使用过程中，发酵滤液通过圆盘上的孔隙，并通过凹槽杆的凹槽进行去除，固态颗粒物则沉积在滤膜上。经过连续操作，直到阻力增大后，通过带槽的杆施加反冲洗，即可将固体颗粒物从金属环上去除。该过滤器通常用于啤酒酵母的精馏过程。

立式过滤器由许多垂直多孔金属叶片组成，这些金属叶片安装在圆柱形压力容器的空心金属轴上。发酵液中的固体逐渐堆积在叶片表面，滤液通过水平空心轴从板中去除，金属叶片可以在过滤过程中缓慢旋转。过滤循环结束时，通过将空气吹入空心轴，进而吹入滤网中的金属叶片来去除其表面附着的固形物质。

卧式过滤器中金属叶片安装在压力容器内的垂直空心轴上，金属叶片表面呈多孔网状，当进行发酵产物的过滤时，滤液或滤饼填满圆盘形叶片表面的孔隙，直到操作压力超过设定压力时停止过滤。过滤周期结束后，可以通过释放压力并使用驱动电机反向旋转转轴来排出金属叶片上附着的固体滤饼。

（三）连续过滤

发酵工业上通常使用大型旋转式真空过滤器，该过滤器在运转过程中会产生大量需要进行连续处理的发酵液。该过滤器在构造上由一个可旋转的、中空的、表面覆盖有编织物或金属过滤器的分段鼓构成，部分鼓浸入装有需要过滤的发酵液的槽中（图8-7）。实际操作时将发酵液输送至转鼓外部的储槽中，同时在转鼓内部施加真空压力，以便滤液通过过滤器被吸入转鼓内部，最后进入收集容器。转鼓滚筒的内部分为一系列隔间，随着滚筒缓慢旋转（转速约为1r/min）向其施加真空压力。需要注意的是，在排出滤饼之前，可在转鼓内部施加气压以便滤饼从转鼓上脱落。当然也可以通过在转鼓表面设置一定数量的过水喷头，采用淋洗的方式对转鼓表面堆积的滤饼进行冲刷。实际过滤过程中，需要严格控制淋洗水的用量，以免稀释滤液；过滤的驱动力（整个过滤器的内外压力差）通常限制为1个大气压（$100kN/m^2$），实际上它远小于此压力。前文提到的加压过滤器在使用上则不受压力差的限制。

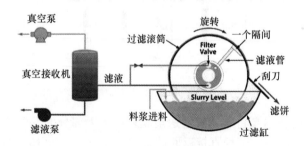

图8-7　转鼓式过滤器

由于滤饼从转鼓上排出的机理有所不同，通常可以将转鼓式过滤器分为绳式卸料转鼓过滤器、刮板卸料转鼓过滤器和刮板卸料并预涂滚筒式过滤器。对于绳式卸料转鼓过滤器，通常将一定长度的绳子缠绕在转鼓滚筒上，绳间距保持1.5cm，当真空转鼓外部产生纤维状滤饼堆积后，释放转鼓内部真空压力，即可用预先缠绕的绳网将滤饼从大转鼓转运到后续小转鼓上，从而实现滤饼的清卸。对于刮板卸料转鼓过滤器，通常使用刮刀将堆积在转鼓滤布表面的滤饼刮除，需要注意的是，由于刮刀靠近滚筒，滤布会逐渐发生损耗。对于刮板卸料并预涂滚筒式过滤器，通常在转鼓滚筒上预涂2~10cm厚的助滤剂，实际操作过程中刮刀刀片以一定的机械速度逐渐靠近滚筒，从而将滤布上的助滤剂和滤饼一起去除。需要指出的是，对于这种过滤器的使用，需要预先通过实验确定滚筒速度、滚筒浸没程度、切刀前进速度和施加压力的真空度。通常该工艺可以有效地处理破碎的细胞，并从发酵液中获得分离的微生物。

（四）错流过滤

前文提及的过滤设备在过滤过程中，发酵液均是垂直于滤膜流动，一旦发生膜污染会导致过滤效率严重降低，同时助滤剂的大量使用间接增加了运行成本。由此，错流过滤由于其在处理发酵液和细胞裂解液方面的优势，受到了工业界的青睐。错流过滤中，需要过滤的介质与过滤膜呈切线方向流动，滤饼不易堆积，与其他过滤过程相比，错流过滤的优势具体如下：①可以实现高效分离，细胞保留率＞99.9%；②整个过滤系统属于封闭系统，无气溶胶产生；③分离过程不依赖于微生物细胞和发酵液的密度；④不需要额外添加助滤剂。

错流过滤系统的主要组件是培养基储罐（或发酵罐）、泵和膜包（图8-8）。滤膜通常以中空纤维或平板滤膜固定于板框叠层或螺旋滤筒中，一般在紧凑型错流过滤设备中，可以获得更大的过滤面积。错流过滤通常使用以下类型的膜，包括具有特定孔径（0.45μm 和0.22μm 等）的微滤膜或具有特定分子量截留值（molecular weight cut-off，MWCO）的超滤膜。需要注意的是所选的膜类型与需要分离的发酵产品严格匹配，如微滤膜和 100 000 MWCO 膜可用于细胞分离。

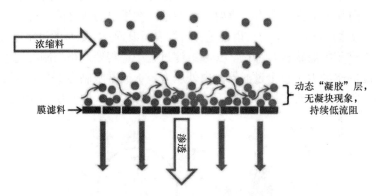

图 8-8　错流过滤示意图

过滤过程中，首先采用泵将发酵液输送至膜表面，大部分的发酵液都会被膜截留产生过滤效率，过滤得到的微生物菌种直接返回储罐中，仅有不超过 10% 的发酵液未经过滤直接流过膜表面，这部分未过滤的发酵液重新回到进料口实行循环过滤。随着该过程的循环进行，过滤得到的微生物菌种浓度将会得到大幅度浓缩。由于错流过滤系统属于封闭式过滤系统，因此在进行灭菌操作时较为简便。近年来，有研究人员在中试规模下采用孔径为0.22～0.65μm 的错流过滤滤膜收集重组酵母细胞，以回收细胞内产物。

需要注意的是，实际操作过程中有很多因素都会影响过滤速率。例如，增大压强差可以最大程度地增加跨膜的流量，但是压强差太大，可能会使微滤膜或者真空纤维膜发生堵塞。因此，错流过滤速率受发酵液穿过膜的切向流速率的影响；通过增加膜表面的液体剪切力，可以更有效地去除残留物，从而提高过滤速率。研究表明，错流速率提高 2.9 倍，可以使整个膜通量平均增加 1.8 倍，处理时间减少 41%。同时，较高的操作温度可以通过降低介质的黏度来提高过滤速率，但是提高操作温度在实际发酵过程中的应用限制较多。滤膜的过滤速率与发酵液浓度成反比，发酵液成分通常以黏度、分子量和剪切力三种方式影响滤膜过滤速率。低分子量化合物形成的滤膜，其介质黏度较高，高分子量化合物形成的滤膜会降低滤膜表面的剪切力，这些因素都会导致滤膜过滤速率降低。此外，发酵液成分可能被吸附到膜表面，造成滤膜污染，从而导致滤膜过滤效率快速降低。此时，可以通过增加微滤膜的孔径、改变滤膜的化学性质或介质配方来进行控制，特别是通过减少消泡剂的使用来控制。同时，也可通过向错流过滤器中注入脉冲空气来增加滤膜表面的剪切速率，从而减少膜污染带来的影响。

五、离心

当上述过滤过程不能达到满意的过滤效率时，可以考虑使用离心机从发酵液中分离微生物细胞或者类似粒径大小的悬浮颗粒。和上述过滤设施相比，尽管使用离心机过滤成本较高，但当出现以下情况时，采用离心机进行分离则必不可少：①过滤过程缓慢而且困难；②所获得的细胞或其他悬浮物中不含助滤剂；③需要持续分离以达到较高的卫生安全标准。

需要注意的是，非连续分离式离心机的容量较为有限，不适合大规模分离。用于收集发酵液的离心机均在连续或半连续的基础上运行。部分离心机也可用于分离两种不混溶的液体，从而产生重相和轻相液体及固体部分，这种离心机也可用于实现乳化液的破乳过程。

根据斯托克斯定律，悬浮在具有牛顿黏度特性的流体中，球形颗粒的沉降速率与颗粒直径的平方成正比，因此在重力作用下颗粒的沉降速率为

$$V_g = \frac{d^2 g(\rho_P - \rho_L)}{18\mu} \qquad (8\text{-}5)$$

式中，V_g 为流体自然沉降速率（m/s）；d 为待沉降直径（m）；g 为重力常数（m/s^2）；ρ_p 为颗粒密度（kg/m^3）；ρ_L 为流体密度（kg/m^3）；μ 为流体黏度 [kg/（m·s）]。

考虑到离心机的相对离心力可以用式（8-6）表示，即

$$Z = \frac{\omega^2 r}{g} \qquad (8\text{-}6)$$

那么，则有

$$V_c = \frac{d\omega^2 r(\rho_g - \rho_L)}{18\mu} \qquad (8\text{-}7)$$

式中，Z 为相对离心力（无量纲）；V_c 为流体在离心机中的沉降速率（m/s）；ω 为转子角速度（s^{-1}）；r 为流体颗粒的径向位置（cm）。

从式（8-7）可以明显得出，影响沉降速率的因素是细胞或液体之间的密度差异、细胞的直径和流体的黏度。理想情况下，待过滤细胞应具有较大的直径，微生物细胞与发酵液之间应具有较大的密度差，且发酵液应具有低黏度。实际上，细胞通常非常小、密度低并且经常悬浮在黏性介质中。因此可以看出，当试图使发酵液的沉降速率或过滤介质的通过量最大化时，离心机的角速度和直径及由此确定的相对离心力成为提高离心效率的主要考虑因素。

（一）细胞的聚集及絮凝

工业发酵过程中，为了提高微生物细胞的聚集和絮凝效果，较为常见的做法是添加絮凝剂。在污水处理行业中，已广泛使用絮凝剂来提高剩余污泥的脱水性能及去除微生物细胞和

悬浮的胶体物质。一般而言，尽管微生物细胞的聚集体具有与单个细胞相同的密度，但是根据斯托克斯定律，絮凝体的直径增加时，其沉降速率将显著增加。这种通过微生物细胞聚集进行絮凝沉淀的现象，可以在麦芽汁发酵冷却后加入絮凝剂观察到。发酵液中的微生物通常以三种离散单元存在于发酵罐中。①微生物细胞表面带负电，导致细胞之间互相排斥；②由于微生物通常具有亲水性的细胞壁，因此这部分细胞壁具有较好的热力学屏障作用；③由于细胞壁的不规则形状（在大分子水平上），其空间位阻也会起到一定的作用。絮凝过程中，除了温度以外，还存在多种机制均可以诱导细胞产生絮凝，具体如下。

1）羧基和磷酸盐基团性质的絮凝剂可以中和微生物细胞表面的负电荷，从而使细胞产生聚集，其中包括 pH 的变化和离子环境的改变。

2）降低微生物细胞表面的亲水性。

3）高分子量聚合物桥的形成。通常可以使用阴离子、非金属离子和阳离子聚合物来构建高分子量聚合物桥。

在高流体剪切力的搅拌槽中，絮凝过程通常包括流体与絮凝剂的混合，这一过程称为凝结。实际过程中，当搅拌槽中初步形成絮凝体后，需要适当降低搅拌速率。絮凝剂通常包括明矾、钙盐、铁盐、单宁酸、四氯化铁和烷基胺等，不同类型的絮凝剂对细菌、酵母和藻类的絮凝效果有所不同，需要根据小试结果选取合适的絮凝剂。絮凝效果比较好的通常是矿物胶体和聚电解质类絮凝剂，裂解的微生物细胞中释放出来的核酸、多糖和蛋白质也可能引发微生物产生聚集。研究表明，絮凝效果取决于絮凝剂的选择、使用剂量和絮凝体形成的条件等。

值得注意的是，发酵过程中，磷酸不但可以作为培养基的养分，而且某种程度上可以作为絮凝剂使用。阳离子聚合物作为絮凝剂使用时，其也可以作为细胞裂解液和提取剂使用，在使用阳离子聚合物时，通常和硼砂配合使用会起到较好的絮凝效果。当前使用的大多数絮凝剂是聚电解质，其主要通过电荷中和和疏水性来使发酵液中的微生物细胞产生絮凝。在部分避免添加外源化学物质的发酵过程中，最新研究表明可以采用生物絮凝。例如，通过加热从微生物细胞中获得凝结微生物蛋白或者从红球菌中获得类似的生物絮凝剂，可以说生物絮凝剂已逐步替代常规絮凝剂成为发酵后续处理中较为关键的添加剂。此外，也可以通过基因编辑，如 CRISPR-Cas9（clustered regularly interspaced short palindromic repeats）改变微生物细胞表面特性，从而增强聚集效果。

（二）离心设施

不同的离心机，其液体和固体排出方式、卸载速度和相对最大容量各不相同。为此，在特定离心过程选择离心机时，需要确保离心机能够以计划的生产效率进行分离，并以最少的人力可靠地运行。因此，在正式离心之前，可能需要对发酵液或其他待分离液体进行一定范围内的测试，以检查离心机是否选择正确。下面介绍常见的五种离心机。

1. 多孔碗篮式离心机　多孔碗篮式离心机可用于分离霉菌菌丝体或结晶化合物。篮式离心机最常用的是带孔滤杯，滤袋主要由尼龙、棉等构成。进料方式采用连续进料。离心结束后，可以很方便地对内衬中的滤饼进行洗涤。需要注意的是，该离心机不能在较高离心力作用下运转，其转速最高为 4000r/min、进料速度为 50～300L/min，并且进料液中固形物容量为 30～500L。从某种意义上讲，篮式离心机可以认为是一种离心过滤器。

2. 管式离心机　这类离心机考虑使用的待分离颗粒的粒度范围为 0.1～200μm，进料中的固形物含量最高为10%。离心机的主要部件是圆柱形的转鼓（或转子），根据应用的不同，转鼓的形状可以进行定制，并通过挠性轴悬挂，采用高架电动机或空气涡轮机驱动。离心机内腔与底部进料口进行连接，管式离心机运行时，不同密度的液相由底部进料口导入，运行结束后，待分离发酵液中固体颗粒在离心力的作用下附着于转鼓内壁，密度较小的液相和密度较大的液相分别在不同的腔室中得到区分，后续通过导流环在离心机出口处进行分离。

该离心机主要用于轻/重相液体分离、固相/轻液相/重液相分离、固/液分离等。相关研究表明，该离心机的转鼓半径约为2.25cm时，可通过空气涡轮驱动以50 000r/min运行，产生约62 000g的离心力，然而转鼓容量仅为200mL，处理量为6~25L/h。当采用最大尺寸半径为5.5cm的转子时，其发酵液装在容量将达到9L、固体容量为5L、处理量为390~2400L/h。管式离心机设计的优点是离心力高、脱水效果好、易于清洁。缺点是固体容量有限，收集的固体难以回收。

3. 卧式螺旋离心机 卧式螺旋离心机通常用于连续处理发酵液、细胞裂解液和粗物质，如处理污水、污泥等。卧式螺旋离心机是一种螺旋卸料沉降离心机，主要由高转速的转鼓、与转鼓转向相同且转速比转鼓略低的带空心转轴的螺旋输送器和差速器等部件组成。当要分离的悬浮液由空心转轴送入转筒后，在高速旋转产生的离心力作用下，立即被甩入转鼓内腔。高速旋转的转鼓产生强大的离心力把比液相密度大的固相颗粒甩贴在转鼓内壁上，形成固环层；水分由于密度较小，离心力小，因此只能在固环层内侧形成液体层，称为液环层。由于螺旋和转鼓的转速不同，二者存在相对运动（即转速差），利用螺旋和转鼓的相对运动可把固环层的污泥缓慢地推动到转鼓的锥端，并经过干燥区后，由转鼓圆周分布的出口连续排出；液环层的液体则靠重力由堰口连续溢流排至转鼓外，形成分离液。此类离心机的转速通常在5000r/min左右，而在较小型号的转筒中，离心机速度最高可达10 000r/min，进料速度为200~200 000L/h，具体取决于操作规模和所处理的物料。

4. 多腔室离心机 通常情况下，该离心机适用于颗粒粒径为0.1~200μm、固形物含量为5%的浆液。多腔室离心机中，一系列同心腔安装在转子腔内，发酵液通过中心纺锤进入，然后通过底部回路进入各腔室中。离心结束后，固体颗粒聚集在每个腔室的外面，较小的颗粒聚集在外部腔室中，颗粒的径向位置越大，其沉降速率越大。多腔室离心机的优点是腔室内充满发酵液时，仍然能够保持较高的离心分离效率。然而，对于直径为46cm的转子，其机械强度和设计结构使得此类离心机允许的最大转速为6500r/min，容量高达76L。使用多腔室离心机时拆卸和回收固体部分需要耗费一定的时间，而且必须要保证同一批次处理中，中心转轴左右两侧内腔的大小和液体充满体积保持一致。

5. 圆盘离心机 圆盘离心机的效率主要取决于转子或转鼓中的圆盘。圆盘离心机中，其中心进水管被不锈钢锥形圆盘包围，每个圆盘都有对应的垫片，以便堆叠。待分离的发酵液从中央进料管向外流动，然后在圆盘之间向上和向内倾斜，与旋转转轴成45°夹角。紧密堆积的圆盘有助于实现快速沉淀，当发酵液中没有树胶或油脂存在时，固体颗粒会逐渐在离心机内腔堆叠。理想情况下，这些堆叠形成的固体颗粒应具有较好的流动性，而不是硬颗粒或块状沉积物。圆盘离心机的主要优点是，在设定的流量下，与不带圆盘的转鼓相比，其所需体积较小。部分圆盘离心机还具有通过滤杯圆周上的一系列喷嘴连续清除固体或通过自动打开固体收集滤杯间歇性清除固体的功能。此类离心机的进料速度为45~1800L/min，转速通常在5000~10 000r/min，可以进行封闭操作和蒸汽灭菌。

六、细胞破碎

　　微生物通常拥有极其坚硬的细胞壁，为了破坏细胞壁并释放出其胞内代谢产物，目前微生物学家已发明许多可分解细胞壁的方法。需要注意的是，任何可能的破壁方法都必须确保不稳定的发酵代谢产物不会被破壁过程中细胞内释放出来的相关酶水解。发酵工业上通常使用多种技术使微生物细胞从特定位置释放其胞内产物，以这种方式可以以较小的污染获得高期望的发酵产品。尽管很多细胞破碎技术在实验室可行，但仅有部分技术被证明适合大规模应用，特别是在细胞内酶制剂提取过程中。概括来讲这些方法可以分为两大类：①物理化学方法，主要包括液体剪切、固体剪切、机械破碎、冻融、超声波处理、水动力空化等；②生物化学方法，主要包括洗涤剂、渗透压处理、碱处理、酶处理和溶剂萃取等。下面将对这两类方法进行详细介绍。

（一）物理化学方法

　　1. 液体剪切　　液体剪切是在大规模酶制剂纯化过程中使用最为广泛的方法。食品工业中用于牛奶和其他产品加工的高压均质机已被证明对破坏微生物细胞壁非常有效。例如，APV-Manton Gaulin 均质机作为一台高压正排量泵，其装有带节流孔的可调节阀，一般小规格的均质机带有一个柱塞，较大规格的均质机带有多个柱塞。使用过程中，发酵液通过止回阀，在选定的工作压力下撞击设定的工作阀。然后，发酵液通过工作阀和冲击环之间的狭窄通道，随后在狭窄孔口的出口处突然出现压降。由于排出阀的设计多种多样，排出阀尖锐的孔口可用于细胞破裂。同时，发酵液跨阀引起的压降产生的冲击波也会破坏细胞壁。一般认为，出口处压降的大小对于细胞壁的有效破坏非常重要，并且与所有机械方法一样，微生物细胞的大小和形状也会影响破壁的容易程度。近来有研究表明，均质机在较高的工作压力下能够带来较好的破壁效果。例如，当使用 $550kg/cm^2$ 的压力时，可以破碎 60% 的酵母细胞。小型均质机中当工作阀达到 6.4kg/h 可溶性蛋白质的通量时，可以破碎 90% 的微生物细胞；大型均质机中，发酵液设计流速可以达到 600L/h，工作压力为 1.2×10^8Pa。此外，当发酵液冷却至 0~4℃时，能够最大限度地降低液体剪切过程中由于水热作用引起的酶活性损失。一般而言，发酵液的温度回升通常与均质机中工作阀的压降成正比。发酵液温度的回升是液体剪切过程中必须要面对的问题，通常解决该问题是采用低压力高通量的方式进行发酵液中微生物细胞的液体剪切，需要注意的是，细胞壁的破碎程度及由此释放的蛋白质的量将会显著影响后续过程中发酵产物和细胞碎片分离的程度。因而，谋求发酵产品的释放程度和下一步产物的纯化程度之间的平衡是液体剪切过程中务必谨慎考虑的问题。

　　2. 固体剪切　　将微生物细胞冷冻至−25℃后，再通过微孔将其进行加压，从而达到固体剪切的目的。实验室规模中，通常采用 Hughes 压榨机或者 X 压榨机小批量制取酶制剂或者微生物细胞内产物。固体剪切过程中，细胞壁的破碎主要是冷冻的微生物细胞通过窄孔时产生的液体剪切力和固态冰晶研磨共同作用导致。目前发酵工业上使用比较广泛的是半连续 X 压榨机，其适用样品温度为−35℃，压榨机工作温度为−20℃。以啤酒酵母细胞的破碎为例，当啤酒酵母的通量达到 10kg/h 时，可以破碎 90% 的啤酒酵母细胞壁。总之，固体剪切技术对于制取对温度变化较为敏感的微生物产品时，通常可以获得较为理想的效果。

　　3. 机械破碎　　微生物细胞的机械破碎过程可以在高速球磨机中实现。通常球磨机在中央驱动轴上装有一系列旋转的圆盘或者叶轮，并装有研磨珠。基于微生物类型的不同，研磨珠的直径通常为 0.1～3mm，叶轮尖端的旋转速度约为 15m/s。球磨机所用磁珠通常由机械强度较高的材料制成，如二氧化硅、氧化铝陶瓷和含钛化合物等。机械破碎的原理主要是通过粒子间碰撞和固体剪切来实现细胞壁的破裂。小型粉碎机中，当体积比为 11% 的酵母悬浮液以 180L/h 通过 Dyno-Muhle KD5 球磨仪时，可以获得 85% 的细胞破碎效果。需要注意的是，高速球磨过程中发酵液的温度可能会高达 35℃，由此产生的热量扩散是限制机械破碎大规模应用的主要问题，工业上通常采用外加冷却套件来解决机械破碎过程中球磨机的散热问题。

4. 冻融　微生物细胞悬浮液在经历冷冻和解冻过程中，将不可避免地形成微小冰晶，这些冰晶在形成和融化的过程中会直接引起细胞的破裂，这一过程的进行速率比较缓慢，通常需要与其他技术结合使用，如固体剪切技术。例如，可以通过冻融法从酿酒酵母中获得 β-葡糖苷酶，即将 360g 冷冻酵母悬浮液样品在 5℃下解冻 10h，重复循环两次即可用于后续细胞产物的提取。

5. 超声波处理　超声波进行细胞破碎的原理是利用超声波探头尖端的高频振动（约 20kHz），使细胞膜附近形成气蚀（在低压区域形成气穴），当气穴塌陷时产生的冲击波会导致细胞破裂。该方法针对小规模（5～500mL）的细胞破裂效果显著，但是存在许多严重的缺陷，并不适用于大规模操作。其主要原因是功率要求高、发热量大、需要额外冷却、探头的使用寿命短和短范围内有效。研究表明，超声波持流量为 10mL 时，其对细胞壁有着显著的破碎效果。

6. 水动力空化　液体内局部压力降低时，液体内部或液固交界面上蒸汽或气体的空穴（空泡）的形成、发展和溃灭的过程，称为水动力空化。这一过程会产生类似于超声波探头产生的气蚀现象，当流体流过孔口时，发酵液速度的增加伴随着流体压力的降低，当压力降到液体的蒸气压时，就会发生空化，从而导致细胞膜的损坏，达到破碎细胞的目的。

（二）生物化学方法

1. 洗涤剂　许多清洁剂均会破坏微生物细胞膜表面的磷脂蛋白双分子层，并导致细胞内化合物的释放。可用于该目的的化合物，包括季铵化合物、月桂基硫酸钠、十二烷基硫酸钠（SDS）和三氯乙腈（Triton X-100）等。其基本原理是阴离子去污剂（如 SDS）会破坏细胞膜；而阳离子去污剂则作用于膜的脂多糖和磷脂分子；非离子型清洁剂（如 Triton X-100）会导致膜蛋白部分溶解。需要注意的是，上述去污剂可能导致某些蛋白质变性，后续可能需要将其去除才能进行发酵产物的纯化步骤。使用洗涤剂进行细胞破碎的基本原则是，必须确保所需产品的稳定性。实际过程中，可将微生物细胞悬浮于 pH 为 7.8 的缓冲液中，并加入 1% 的胆酸钠，将上述混合物搅拌 1h 可以溶解大部分细胞膜。此外，Triton X-100 与盐酸胍的结合被广泛有效地用于释放大肠杆菌中的细胞蛋白，其 1h 内对细胞的破碎效果可以达到 75%。

2. 渗透压处理　由于外界盐浓度的突然变化引起的渗透压差将导致许多类型的细胞膜发生破碎。通常的做法是将发酵液中的微生物细胞平衡至高渗透压环境（通常为 1mol/L 盐溶液），然后快速暴露于低渗透压环境，此时水分会迅速进入细胞，增加细胞的内部压力，从而导致细胞发生裂解。当微生物的细胞壁较为薄弱或者不存在细胞壁时，此时这一方法的使用将受到一定限制。另外，维持高渗透压环境所需的化学试剂、低渗环境所需的无菌水及用到的稀释液等都会进一步限制渗透压处理方法的使用。

3. 碱处理　　通常碱处理可以用于微生物细胞壁的水解，其所需条件是待分离纯化产品在 30min 内可以耐受较高的 pH（10.5～12.5）。需要注意的是，使用碱中和进行细胞膜的处理，其化学成本通常较高，目前该方法已在 I 型天冬酰胺酶的提取中有所应用。

4. 酶处理　　发酵工业中有许多水解酶可以水解微生物的细胞壁，这种方法可以用于机械破碎方法的前处理过程。一般具有裂解活性的酶通常来源于蛋清或者其他细胞的提取物，如白细胞、链霉菌属、葡萄球菌属、小单孢子菌属、青霉属、木霉属和蜗牛提取物等。其可能的原理是肽聚糖多糖链中的 β-1,4- 糖苷键可以被溶菌酶水解，从而引起细胞的溶解。这种方式的反应条件较为温和，但成本相对较高，而且溶菌酶的存在可能会使下游的纯化过程受到一定影响。目前大规模采用水解酶进行细胞膜的水解时，需要注意酶的可用性及成本的限制。当前，工业上较为成熟的方法是采用固定化溶菌酶来对细胞膜进行裂解处理。

5. 溶剂萃取　　溶剂萃取法中所使用的溶剂可以溶解细胞膜的脂质组分，从而引起细胞膜的裂解和胞内产物成分的释放。这一方法适用于多种微生物胞内产物的提取，所使用的溶剂包括醇、二甲基亚砜、甲乙酮和甲苯。但是此类脂溶性试剂一般具有一定毒性、可燃性，而且易引起蛋白质变性，实际使用过程需要认真考虑其使用剂量。目前，除了固定化溶菌酶方法外，用于细胞内产物的化学方法和酶促法尚未被广泛使用，但是这两类方法具有选择性释放细胞内产品的能力，可以产生更加清洁的裂解产物，显然这两类方法在发酵产品的回收过程中具有很大的潜力。

第二节　发酵产物的初步纯化

一、液-液萃取

液-液萃取，也称为溶剂萃取和分配，是一种根据化合物或金属络合物在两种不同的不混溶液体中的相对溶解度［通常是水（极性）和有机溶剂（非极性）］进行分离的方法。一种或多种物质从一种液体到另一种液体的净转移，通常是从水溶液到有机溶剂的净转移。这种净转移是由化学势能驱动的，一旦转移完成，组成溶质和溶剂的化学成分将会使整个反应体系处于更稳定的状态（低自由能状态）。通常采用介电常数来判定进行液-液萃取的化学物质的极性和非极性状态。根据物质的介电常数可以判别高分子材料的极性大小，通常相对介电常数大于 3.6 的物质为极性物质；相对介电常数在 2.8～3.6 的物质为弱极性物质；相对介电常数小于 2.8 的物质为非极性物质。介电常数（D）可以通过下式计算确定，即

$$D = \frac{C}{C_0} \tag{8-8}$$

式中，C 为电容器充满待测液体时的静电电容；C_0 为电容器的真空静电电容。

此外，也可以通过将填充有给定液体的冷凝器的容量与包含标准液体的相同冷凝器的容量进行比较来获得非常精确的介电常数。若 D_1 和 D_2 分别代表实验液体和标准液体的介电常数，而 C_1 和 C_2 是填充对应每种液体时冷凝器的静电电容，则

$$\frac{D_1}{D_2} = \frac{C_1}{C_2} \tag{8-9}$$

式中，C_1 和 C_2 可以通过测量得到，在 D_2 已知的情况下，可以计算出 D_1，25℃下常见溶剂的介电常数如表 8-1 所示。

表 8-1　25℃下常见溶剂的介电常数

溶剂	介电常数	溶剂	介电常数
正己烷	1.90	丁二醇	15.8
环己烷	2.02	丁醇	17.8
四氯化碳	2.24	丙醇	20.1
苯	2.28	丙酮	20.7
乙醚	4.34	乙醇	24.3
氯仿	4.87	甲醇	32.6
乙酸乙酯	6.02	水	78.5

需要注意的是，萃取剂的选择最终受到分配系数 K 的影响，K 值可以通过下式计算得到：

$$K = \frac{提取物中溶质的浓度}{提余液中溶质的浓度} \tag{8-10}$$

K 值的大小决定了提取的难易程度，当 K 值相对较高时，待提取产品具有良好的稳定性，同时水相和溶剂相易于分离，此时可以使用单级萃取系统。K 值为 50 时表示溶剂萃取过程将较为顺利，当 K 值为 0.1 时，则表示提取将非常困难，需要进行多级前处理。然而，在实际发酵工业体系中，K 值基本偏低，需要使用多级并流或逆流系统，如图 8-9 所示。

并流萃取系统中，管路中有多个混合分离器，待分离溶液从第一个容器流入最后一个容器，萃取剂依次添加到每一个容器中，待分离溶液和萃取溶剂以相同方向流经萃取容器。该萃取系统可以从每一个萃取容器中获得提取物，需要注意的是，并流萃取系统中需要使用

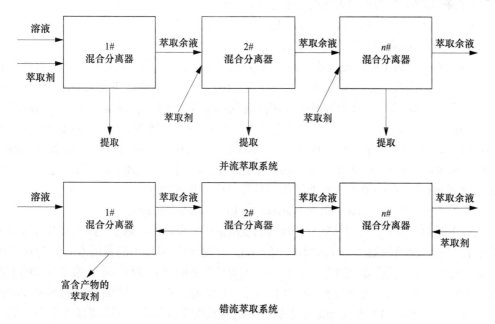

图 8-9　并流萃取系统与逆流萃取系统

大量的溶剂，但同时其萃取效率也相应较高。

逆流萃取系统中，同样有多级串联的混合器或分离器，待分离溶液从第一个容器流入最后一个容器，萃取试剂以相反的方向流经萃取容器。和并流萃取系统相比，逆流萃取系统具有显著的分离优势。如果没有额外的限制，工业上通常采用逆流萃取体系。需要指出的是，当萃取体系只有单一的容器时，通常需要利用离心力将待分离液体和萃取剂进行分离，此时，待分离液体和萃取剂以相反的方向，从螺旋输入管中逆流进入萃取容器中。

逆流萃取系统中，比较典型的是 Podbielniak 离心式萃取器，它由一个水平的圆筒形转鼓组成，该转鼓的转轴以最高 5000r/min 旋转，运行过程中将要逆流运行的液体引入轴中，其中 K 值较大的液体在转轴处进入滚筒，而 K 值较小的液体通过内部管路导排至滚筒外。当转鼓旋转时，K 值较大的液体通过离心作用进入转鼓外侧，并与 K 值较小的液体接触，从而发生萃取反应。待分离溶质在两类液体之间进行转移。最终，K 值较小的液体沿转鼓轴线被回收，而 K 值较大的液体则通过内部管路返回转鼓转轴中，最终提余液通过转轴排出。这类离心式提取器的最大流速通常为 100 000L/h，其优点是提取系统中液体的滞留量低。

以青霉素为例，青霉素作为一种常用抗生素，可以通过离心逆流溶剂萃取方式从发酵液中回收。中性条件下，青霉素呈离子化；酸性条件下，青霉素电离化过程可被抑制，使之更易溶于有机溶剂。当在 pH 为 2～3 时，青霉素在酸性溶液中的 K 值为

$$K = \frac{\text{青霉素在有机相中的分配系数}}{\text{青霉素在水相中的分配系数} + \text{离子化青霉素在水相中的分配系数}} \qquad (8\text{-}11)$$

对于青霉素而言，在合适的溶剂中，其 K 值可能高达 40。青霉素的提取过程主要包括以下四个阶段。

1）从已过滤的发酵液中将青霉素提取到有机溶剂中，如乙酸戊酯、乙酸丁酯或甲基异丁基酮等。

2）将有机溶剂中的青霉素萃取到水性缓冲液中。

3）将水性缓冲液中的青霉素再次萃取到有机溶剂中。

4）最后从有机溶剂中获得青霉素盐。

上述过程中，为了获得较高浓度的青霉素盐，每一步萃取过程所使用的萃取剂浓度都比较低。需要注意的是，青霉素在 20℃ 且 pH 为 2.0 条件下，其半衰期为 15min。因此，在实际操作过程中，通常将含有青霉素的发酵液首先冷却至 0～3℃，提取之前，再用硫酸或磷酸将冷却的发酵液调 pH 至 2～3；然后再将该发酵液与体积比为 20% 的萃取剂混合，输入至 Podbielniak 离心逆流萃取器，维持反应时间为 1～1.5min；最后将富含青霉素的溶剂与 NaOH 或 KOH 水溶液（体积比约为 20%）逆流通过第二个 Podbielniak 萃取器，即可将青霉素盐萃取至 pH 为 7.0～8.0 的水相溶液中，具体反应方程式如下：

$$RCOOH + NaOH \longrightarrow RCOO^- Na^+ + H_2O$$

通过上述两个步骤，可以从效价比较高的发酵液中充分浓缩青霉素。从水相缓冲液中浓缩得到的青霉素，其效价通常为 1.5×10^6 单位/mL。若最初发酵液中的青霉素效价为 6×10^4 单位/mL，则第一阶段的萃取完成后，青霉素的效价应为 3.0×10^5 单位/mL，第二阶段的萃取完成后，青霉素的效价理应达到 1.5×10^6 单位/mL，且此时，青霉素呈结晶状。若最初发酵液中的青霉素效价低于 6×10^4 单位/mL 或者后续未达到预期萃取效果，那么必须重复以上的萃取过程。需要注意的是，每一阶段的萃取过程中，都应仔细检查废液中是否残留青霉素，并且实

时记录萃取剂的使用情况，在合适的条件下，可以对废液中的青霉素进行萃取回收和萃取剂的循环使用。通常完整的萃取过程通常包括有效溶剂的回收和再次利用。

二、溶剂回收

溶剂回收过程是萃取过程中较为关键的环节，通常采用蒸馏装置对萃取液中的溶剂进行回收。需要注意的是，回收过程并不需要从溶剂中除去所有萃取余液，因为萃取余液可以通过循环系统多次使用。实际过程中，因为部分溶剂的价格昂贵以及可能造成严重的环境污染，所以如何从萃取余液中回收所有溶剂成为了溶剂回收过程中必须要考虑的问题。通常，溶剂回收的蒸馏过程主要包括如下三个阶段。

1）蒸发，即从溶液中除去蒸气形式的溶剂。

2）气液分离，即将沸点较低的易挥发成分与其他沸点较高的易挥发成分进行分离。

3）冷凝蒸气，以回收更多挥发性溶剂。

蒸馏是通过加热溶液进而从溶液中获得溶剂的方法。常用的蒸馏设备包括连续式蒸馏器和分段式蒸馏器（图8-10）。大部分工业蒸馏器均采用管状加热装置，待蒸馏液体通过机械输送循环进入加热管中逐步完成蒸馏过程。分批蒸馏塔中来自锅炉的蒸气通过蒸馏塔并被逐步冷凝，部分冷凝水则作为回流液体与塔中上升的高温蒸气逆流进行接触，多次重复这个过程，可以回收低沸点（挥发性更高）的溶剂组分。蒸馏过程中，回流返回塔的冷凝物与产物排出的冷凝物之间的比值，以及塔中塔板数或级数，是控制产物纯度的主要因素。连续蒸馏过程中，待蒸馏液体从蒸馏塔中间部位进入塔中，易挥发的组分随着蒸气向上移动并被冷凝，然后冷凝液部分回流。同时，挥发性较低的馏分向下移动到蒸发器（再沸器），在这一阶段，部分塔底馏分被连续排出，部分馏分经过再次加热沸腾后返回塔中，直到获得理想的蒸馏成分为止。蒸馏过程中，蒸气和液体流的逆流接触主要通过以下途径实现：①高温蒸气充分分散在隔板或塔柱中；②待蒸发液相分散在塔内连续流动的气相介质中。

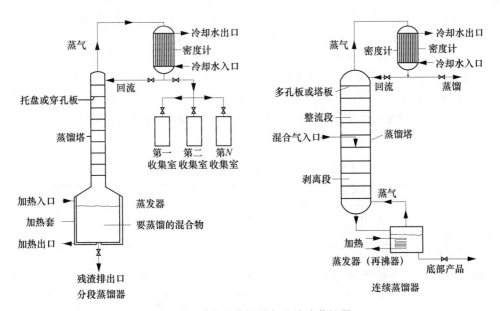

图8-10 分段式蒸馏器与连续式蒸馏器

蒸馏塔中，隔板或塔板由许多不同的腔室组成，这些腔室进一步由多孔板或塔板隔开。塔中上升的蒸气流通过每层隔板时，隔板中的小腔室会气泡化蒸气流，被气泡化的蒸气流以无数小气泡的形式分散到待分发液体中，随着溢流管到达再沸器，从而实现馏分的蒸馏。蒸馏塔中一般填充有多种不同形状的填充材料，其目的是为待蒸发液体和气体提供更大的比表面积和空隙率，从而实现较高的液体和蒸气通量。需要注意的是，由于带入蒸馏塔中的热量较大，通常需要采用换热器对进液实现预热，预热方式包括采用塔顶的热蒸汽进行预热、连续蒸馏过程中对底部馏分进行冷凝或者两种方式进行结合。

三、双水相萃取

双水相体系由两种互不相溶的水溶液组成，在萃取过程中，分子间氢键相互作用、盐析作用、电荷相互作用、范德瓦耳斯力、聚合现象、疏水作用、界面性质作用等都扮演着十分重要的角色。这些作用力导致待萃取物在两相间产生浓度差异，从而实现分离。双水相萃取在提取中兼具分离功能，具有较高的生物相溶性，易于放大，可连续化操作，不易引起蛋白质的变性失活。该技术已经被应用于蛋白质、核酸、氨基酸、抗生素、色素及中药材中的小分子化合物等产品的分离和纯化，必将在生物工程、食品、制药等领域广泛应用。盐是多数双水相体系的重要成分之一，对双水相体系萃取效果有显著影响。通常要求盐在水中有较大的溶解度和解离度，常见的有 $(NH_4)_2SO_4$、NaH_2PO_4、K_2CO_3、Na_2SO_4、K_4HPO_4、Na_2CO_3、$CaCl_2$、KH_2PO_4、$NaCl$ 等。萃取酸性化合物时，选择较低 pH，一般用酸性盐或中性盐；反之，若萃取碱性化合物，一般选用高 pH，用碱性盐或中性盐，以保证被萃取的化合物以分子状态存在，被萃取到上相。若被萃取对象以离子状态存在，将加大其在盐水相的分配。根据盐在双水相体系中的分配，双水相体系通常包括：①非离子聚合物-非离子聚合物-水，如聚乙二醇-葡聚糖；②聚电解质-非离子聚合物-水，如羧甲基纤维素钠-聚乙二醇；③聚电解质-聚电解质-水，如葡聚糖硫酸钠-羧甲基纤维素钠；④聚合物-低分子量组分-水，如葡聚糖-丙醇等。

双水相体系中溶质种类的分布及分配系数，受到诸多因素的影响，如温度、聚合物（类型和分子量）、盐浓度、离子强度、pH 和溶剂性质（如分子量）等。

双水相萃取方法相对于传统的提取方法而言，不使用或少量使用有机溶剂，并且在适宜条件下选择性较好。但该方法与传统的液-液萃取技术一样，从成分复杂的固体样品中萃取目标组分受基质状态、传质的影响较大，液相分离的时间长。与其他技术，如微波辅助、超声波辅助、溶剂浮选等联用能显著缩短使双水相的分离时间，提高双水相的选择性等，具体如表8-2 所示。

表 8-2　双水相萃取技术与其他技术的联用

萃取物	双水相体系	联用技术	主要条件	回收效果
生物碱	乙醇-硫酸铵	微波辅助	90℃，5min	萃取率为 92.09%
染料木黄酮鹰嘴豆芽素 A	乙醇-磷酸二氢钾	微波辅助	45.5℃，10min	萃取率为 97.90%
酚醛树脂	丙酮-柠檬酸铵	微波辅助	75s	萃取率为 97.10%
辛夷脂素	正丁醇-硫酸铵	超声波辅助	40℃，55min	萃取率为 15.12%
多酚	丙酮-硫酸铵	超声波辅助	60℃，100min	萃取率为 11.56%

续表

萃取物	双水相体系	联用技术	主要条件	回收效果
茶多酚	乙醇-硫酸铵	超声波辅助	45℃，16min	萃取率为 17.58%
茄肉总黄酮	乙醇-硫酸铵	超声波辅助	50℃，20min	萃取率为 1.81%
黄芩苷	PEG4000-硫酸铵	溶剂浮选	20～32℃，30min	萃取率为 90.00%

由于任何萃取过程的目标都是选择性地回收和浓缩溶质，因此可以使用多种生物化学方法来提高选择性。例如，可以在脱氢酶的提取中使用 PEG-NADH 衍生物、在胰蛋白酶的提取过程中使用对氨基苯甲脒、在磷酸果糖激酶的提取过程中使用辛巴蓝色素（Cibacron Blue F3G-A）。此外，也可以使用两种不同的配体，选择性地同时提高几类物质的回收和分离效果。目前研究已发现双水相系统可用于许多溶质的纯化，如蛋白质、酶、β- 胡萝卜素、叶黄素、抗生素、细胞和亚细胞颗粒等。需要注意的是，形成水相的聚合物和化学品的成本限制了工业应用中双水相萃取工艺的使用，但是已经出现一些用于大规模蛋白质分离的双水相萃取系统，其中大多数使用 PEG 作为上相形成聚合物；使用右旋糖酐、浓盐溶液或羟丙基淀粉作为下相形成的材料。例如，实际生产规模中，已有研究证明可以通过双水相系统连续交叉流提取富马酸酶和青霉素酰胺酶。

四、反胶团萃取

反胶团萃取是近年发展起来的分离和纯化生物物质的新方法。它是表面活性剂分子溶于非极性溶剂中，当浓度超过临界胶束浓度（CMC）后，自发形成的一种亲水极性头朝内、疏水长链尾朝外的纳米级聚集体。核内溶解一定数量的水后，形成了宏观上透明均一的热力学稳定的微乳状液，微观上恰似纳米级大小的微型"水池"。这些"水池"可溶解某些蛋白质，使其与周围的有机溶剂隔离，从而避免蛋白质的失活。通过改变操作条件，又可使溶解于"水池"中的蛋白质转移到水相中，这样就实现了不同性质蛋白质间的分离或浓缩。反胶团的内核可以不断溶解某些极性物质，而且还可以溶解一些原来不能溶解的物质，因此具有二次增溶作用。

通常影响反胶团萃取效率的因素主要包括表面活性剂的种类和组成、离子强度和水相的pH 等。目前反胶团萃取主要应用于分离蛋白质混合物、浓缩 α- 淀粉酶、提取胞内酶及胞外酶和萃取氨基酸及微生物等功能性添加剂。

五、超临界流体萃取

在较低温度下，不断增加气体的压力时，气体会转化成液体；当压力增高时，液体的体积增大，对于某一特定的物质而言，总存在一个临界温度和临界压力，高于临界温度和临界压力，物质不会成为液体或气体，这一点就是临界点。在临界点以上的范围内，物质状态处于气体和液体之间，这个范围之内的流体称为超临界流体。超临界流体萃取是国际上最先进的物理萃取技术，简称 SFE（supercritical fluid extraction）。超临界流体具有类似于气体的较强穿透力和类似于液体的较大密度及溶解度，具有良好的溶剂特性，可作为溶剂进行萃取、分离单体。超临界流体萃取分离技术的原理是利用超临界流体的溶解能力，通过改变压力或温度使超临界流体的密度大幅改变。在超临界状态下，将超临界流体与待分离的物质接触，使其有选择性地依次把极性大小、沸点高低和分子量大小不同的成分萃取出来。

超临界流体萃取是近代化工分离中出现的高新技术。SFE 将传统蒸馏和有机溶剂萃取结合在一起，利用超临界 CO_2 优良的溶剂力，将基质与萃取物进行有效分离、提取和纯化。SFE 使用超临界 CO_2 对物料进行萃取，是因为 CO_2 是安全、无毒、廉价的液体，超临界 CO_2 具有类似气体的扩散系数、液体的溶解力，表面张力为零，能迅速渗透固体物质之中，提取其精华，具有高效、不易氧化、纯天然、无化学污染等特点。

超临界流体通常用于提取酒花油、咖啡因、香草、植物油和 β- 胡萝卜素。试验表明，使用超临界流体可以提取某些类固醇和化学治疗药物。另外，也可以用于去除农药残留、从发酵液中去除抑菌剂、从水溶液中回收有机溶剂、分解细胞、破碎工业废弃物等。然而，使用超临界流体萃取技术具有如下限制：溶剂与溶质系统的多相平衡较为复杂，需要设计准确的提取条件；对于极性化合物的提取，需要添加助溶剂，间接增加了下游处理环节；需要维持高压强环境，导致运营成本较高。因此，利用超临界流体萃取的发酵工艺相对较少，但当常规提取方法不合适，需要对高价值生物制剂或者有毒废弃物进行处理时，超临界流体萃取技术仍是不错的选择。例如，研究表明，采用超临界流体萃取技术从马克斯克鲁维酵母中提取苯乙醇时，其萃取效率高达 90%，是采用正己烷等传统萃取法的两倍。

六、吸附

吸附是从经稀释的水相中分离产物的一种技术，目前应用较为成功的是利用聚合物吸附剂来回收小分子物质。通过大规模使用聚合物（如离子交换剂），可以将产物提取到吸附剂上之后，再次通过溶剂洗脱-萃取的方式回收产物，最后对吸附剂进行回收。已有研究表明，吸附性聚合物，如沸石等已成功应用于在丙酮-丁醇-乙醇发酵中相关产品的回收应用。实际发酵工业过程中，应用较多的是使用离子交换树脂回收乳酸和乙型肝炎抗原等。

七、挥发性产物去除

蒸馏（蒸发）可以用于从挥发性较小的物质中分离出挥发性产物产品，通常应用于乙醇、调味剂和香料的提取。前文已经对分批蒸馏和连续蒸馏进行了详细的介绍，这里我们着重介绍渗透蒸馏过程。渗透蒸馏过程又称为等温膜蒸馏、渗透蒸发、膜渗透浓缩等，它是基于渗透和蒸馏概念而开发的一种新型膜分离技术，是在两个水溶液之间进行浓缩的过程。工作原理是利用微孔疏水膜两侧溶液表观渗透压的差异，使两种溶液中的同一种可挥发性组分从表观渗透压高的溶液穿过膜孔进入表观渗透压低的溶液，从而使前者达到浓缩的目的。

渗透蒸馏法在发酵工业中通常用来从水溶液中选择性地除去有机挥发物。例如，从发酵液中提取细胞内产品。目前广为采用的方法是溶剂萃取法，而该方法在从发酵液中分离出产品后，通常需要从上层清液中除去和回收部分可溶于水的有机溶剂，且这个过程通常要求在低温下完成，以防止产品发生热降解。在采用渗透蒸馏法后，通常采用纯水作为提取液，可方便地除去有机溶剂，随后对于含有有机溶剂的提取液，可以进一步使用精馏法回收有机溶剂，从而获得高纯度的有机溶剂，而作为提取液的纯水则可以多次循环使用。此外，渗透蒸馏法在浓缩疫苗、抗生素等对热敏感的高价值医药和生物产品时，具有良好效果。此外，渗透蒸馏在用于回收乙醇、丙酮和丁醇等发酵产物的气提方面也有广泛运用。需要注意的是，不同的挥发性有机组分对渗透膜的亲和性不同，在实际发酵工业过程中，需要有针对性地选取渗透膜。

第三节　发酵产物的深度纯化

一、色谱法

发酵过程中，色谱法常用于分离和纯化相对浓度较低的代谢产物。色谱分离的原理是根据电荷、极性、分子量大小和亲和力分离溶质。色谱法通常可分为液相色谱法和气相色谱法两大类。当液体（流动相）通过色谱柱时，分离不同分子量的溶质，称为液相色谱法。当流动相为气相时，则称为气相色谱法。尽管气相色谱法是一种广泛使用的分析技术，但在发酵产物的回收中几乎没有应用。通常根据溶质保留在色谱柱中的机制，可以将色谱技术分为以下几类：①吸附色谱法；②离子交换色谱法；③凝胶色谱法；④亲和色谱法；⑤反相色谱法；⑥高效液相色谱法；⑦连续色谱法。

需要注意的是，色谱技术也用于发酵工程中诸多产品的后期纯化阶段，但是大规模使用色谱法进行分离较难实现，这主要是由于大规模分离过程中，液相的传质压力将会导致色谱柱填充材料之间空隙率逐渐降低，从而最终影响色谱柱的分离效果。工业界较为常用的做法是，将小规模色谱法中的数据，结合计算机进行模拟，再将中试的模拟数据用于大规模的发酵应用，并不断加以修正，从而实现色谱分离良好的分离效果。

（一）吸附色谱法

吸附色谱法主要通过较弱的范德瓦耳斯力将溶质与固相填充材料结合。吸附色谱法中用于填充色谱柱的材料通常包括无机吸附剂（活性炭、氧化铝、氢氧化铝、氧化镁和硅胶）和有机大孔树脂。吸附色谱法和亲和色谱法在分离机理上基本一致，但在色谱柱的选择策略上仍然存在差异。亲和色谱法中，色谱柱的选择是经过合理设计的；而在吸附色谱法中，通常色谱柱的选择是根据经验决定。发酵工业中，已有研究采用活性炭吸附柱从发酵滤液中提取二氢链霉素，然后将其用甲醇盐酸洗脱，并进一步纯化。另外，也有研究采用孔隙度为 $0.25\%\sim0.5\%$ 的活性炭吸附柱去除发酵液中的色素，以及小规模纯化抗生素。对于有机大孔树脂吸附柱，应用比较广泛的是 Amberlite XAD 树脂，树脂表面从非极性到高极性均有分布，且不含有任何离子官能团，因而采用有机树脂填充的吸附柱通常可以用于亲水性发酵产物的分离和纯化，如分离回收头孢菌素 C、头孢替安、碱性异羟肟酸和帕拉米松等物质。

（二）离子交换色谱法

离子交换通常定义为液相与固相（离子交换树脂）之间离子的可逆交换，但固相中不伴有任何自由基的变化。离子交换色谱法根据色谱柱的类型通常可分为阳离子交换法和阴离子交换法。阳离子交换树脂通常含有磺酸、羧酸或膦酸活性基团。羧甲基纤维素作为常见的阳离子交换树脂，可与带正电荷的溶质（如某些蛋白质）进行离子交换，离子交换强度取决于特定 pH 中溶质的净电荷，待反应完成后，可以通过增加离子浓度或者输入高 pH 的缓冲液即可依次将溶质洗出。阴离子交换树脂通常包含仲胺、季铵或季铵活性基团等。常见的阴离子交换树脂 DEAE（二乙氨乙基）纤维素以与前面所述类似的方式用于分离带负电荷的溶质。连接在树脂骨架上的其他官能团，将为待分离的溶质提供更多的离子交换选择。发酵工业中，阴阳离子交换树脂的分离效果主要取决于填充颗粒大小、孔径、扩散速率、树脂容量、反应性基团的范围及树脂使用寿命等。发酵工业中弱酸阳离子交换树脂可用于链霉素、新霉素和类似抗生素的分离和纯化。

以链霉素（streptomycin）的回收为例，将富含链霉素的发酵液输入含钠的弱酸性阳离子交换树脂如 Amberlite IRC 50 吸附柱中，反应过程中链霉素被吸附到色谱柱中，而色谱柱中的钠离子被置换出来，其反应方程式为

$$RCOO^-Na^+ + streptomycin \longrightarrow RCOO^- streptomycin^+ + NaOH$$

反应结束后，以一定流速输入稀盐酸即可对吸附柱进行洗脱，从而释放出链霉素，其反应方程式为

$$RCOO^- streptomycin^+ + HCl \longrightarrow RCOOH + streptomycin^+ Cl^-$$

需要注意的是，链霉素的回收过程中需要遵循的标准是使用较为缓慢的流量、以最小的洗脱液量，确保链霉素的最高回收率。在第一步分离过程中，链霉素同时被纯化和浓缩，其浓缩倍数可能超过 100 倍。吸附完之后的吸附柱，可以缓慢通入适量的 NaOH 溶液，并辅以蒸馏水冲洗即可将树脂柱再生。对树脂进行再生的方法，其经济性较低，因为再生之后的树脂柱吸附容量显著降低。通常的做法是将过滤后的发酵液通过串联的两根色谱柱，仅对第三根洗脱并再生。当第一根色谱柱饱和时，将其分离以洗脱和再生，同时第三根色谱柱投入运行，始终保持有两根色谱柱用于分离链霉素。此外，离子交换色谱法也可以与高效液相色谱法结合使用。例如，使用 DEAE 纤维素柱纯化生长激素，同时使用阳离子交换柱纯化低浓度的 β- 尿苷。

（三）凝胶色谱法

凝胶色谱法也称为凝胶排斥和凝胶过滤，其原理是根据分子的大小进行分离，较小的分子比较大的分子更容易迅速地扩散到凝胶中，并最大限度地穿透凝胶的孔隙。根据分离的对象是水溶性的化合物还是有机溶剂可溶物，又可分为凝胶过滤色谱和凝胶渗透色谱。凝胶过滤色谱一般用于分离水溶性的大分子，如多糖类化合物。凝胶的代表是葡萄糖系列，洗脱溶剂主要是水。凝胶渗透色谱主要用于有机溶剂中可溶的高聚物（聚苯乙烯、聚氯乙烯、聚乙烯、聚甲基丙烯酸甲酯等）的分子量分布分析及分离，常用的凝胶为交联聚苯乙烯凝胶，洗脱溶剂为四氢呋喃等有机溶剂。

凝胶色谱法中，常用的凝胶包括聚丙烯酰胺凝胶、交联葡聚糖凝胶、琼脂糖凝胶和聚苯乙烯凝胶，凝胶的选择主要取决于所需分馏溶质的分子量。例如，破伤风疫苗和白喉疫苗的分离纯化可以先通过填充体积为 13dm³ 的 G100 色谱柱，然后再通过填充体积为 13dm³ 的 G200 色谱柱，最后采用 Na₂HPO₄ 即可获得 10 倍浓缩的高纯度疫苗。

（四）亲和色谱法

亲和色谱法作为一种应用广泛的色谱分离技术，可以根据其功能或化学结构用于大多数生物分子的分离和纯化。亲和色谱技术的分离效果主要取决于待分离物质与固定相（如酶-底物，酶-抑制剂，抗原-抗体等）之间的高度特异性匹配。其工作原理是细胞裂解液中需要纯化的发酵产品被特异性吸附于填充柱中，随后通过洗脱液洗脱吸附柱分别获得高度纯化和浓

缩的发酵产物。一般来说，待分离物质主要通过物理吸收或通过共价键的形成连接到吸附基质上，且填充材料的孔径和官能团必须严格匹配才能达到有效分离。

目前发酵工业上通常将亲和色谱法和其他色谱方法偶联使用，偶联过程中通常采用溴化氰、双氧杂环戊烷、2-甲基氮丙啶（丙烯亚胺）和高碘酸盐对填充柱中的凝胶进行活化。常用于亲和色谱法中填充柱的材料主要有琼脂糖、纤维素、右旋糖和聚丙烯酰胺等，经过溴化氰活化的琼脂糖是分离氨基酸产物时最常用的载体之一。此外，亲和色谱技术中，基于硅胶材质的固定相已被证明是凝胶载体的有效替代品。

一般而言，填充柱材质经过充分活化之后，其纯化回收效率能够得到显著提升。然而，填充柱的活化可能会间接增加发酵产物的分离、纯化回收成本。在进行亲和色谱之前，通常会使用错流过滤、沉淀分离或者化学置换等方法来提高亲和色谱的分离效果。发酵工业中，亲和色谱法最初用于蛋白质的分离和纯化，尤其是酶制剂的纯化回收。近年来，亲和色谱法在酶抑制剂、抗体、干扰素和重组蛋白质的纯化回收方面也有大规模应用。需要注意的是，在利用亲和色谱法进行发酵产品的中试分离时，通常吸附柱的高度会限制发酵液的流速，为了增加分离纯化的效果，通常需要增加填充柱的直径或者吸附容量。因此，如何谋求分离效果与分离成本之间的平衡是亲和色谱技术应用的关键。

（五）反相色谱法

当固定相的极性大于流动相的极性时，被称为"正相色谱法"。反之，则称为"反相色谱法"。反向色谱法主要利用经过修饰的固定相（如二氧化硅），同时用疏水性烷基链取代亲水基团，根据蛋白质的亲水性、疏水性分离不同分子量的蛋白质。疏水性较高的蛋白质与固定相的结合最牢固，因此其比疏水性较低的蛋白质的洗脱时间更晚。反向色谱法中所使用的烷基通常为 C_8 或者 C_{18}，此外，反相色谱法也可以与亲和色谱技术结合，用于分离蛋白质和多肽类物质。

（六）高效液相色谱法

高效液相色谱技术是一种高分辨率柱式色谱技术。色谱技术的不断革新使得吸附柱填充材料产生了巨大的变革。直径更小、硬度更大且密度分布更加均匀的填充材料的使用，最大限度地减少了洗脱物的峰宽。最初其被称为高压液相色谱法，是因为驱动溶剂通过二氧化硅的填充床时，需要较高的外加压强。随着其性能的逐步提高，其广泛应用于包括生物分子在内的各种溶质种类的分离和纯化。高效液相色谱法和普通液相色谱法的区别在于，对于流动相（流体）通过的固定相（固体），其所采用的介质在选择性和物理性质上与普通液相色谱有所差异。固定相必须具有较大的表面积或单位体积、均匀的尺寸和形状，并具有抗机械和化学损坏的能力。这些因素直接增加了分析成本，因而一般主要用于小规模的分离纯化工作。实际发酵工业过程中，通常会牺牲一些回收率，即通过使用较大的固定相颗粒，以降低运营和资本成本。然而，对于高价值的发酵产品，仍然使用分析型的大型高效液相色谱柱进行处理。需要注意的是，快速蛋白质液相层析是高效液相色谱技术的一种变体，它更适合于大规模纯化过程，其亲和力技术可以与高效液相色谱技术合并，实际使用过程中通常将前者的选择性与后者的速度和分离能力相结合，实现发酵产物的高效分离与纯化。

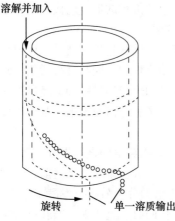

溶解并加入

旋转　　　单一溶质输出

图 8-11　连续色谱分离示意图

（七）连续色谱法

目前而言，连续色谱法的相关应用还比较少。连续色谱法常用设备包括环形色谱、卡鲁塞尔色谱和移动床色谱等。连续色谱分离技术的相关设备如图 8-11 所示。它由两个固定在基板上的同心圆柱组成，两部分之间的空隙宽度用适当的树脂或凝胶填充，吸附柱的总容量为 2.58L。色谱柱空间下方的基板圆周上有一系列圆孔，这些圆孔与外部收集器相连通。操作过程中，色谱柱组件以 0.4～2.0r/min 的转速在转盘内旋转，待分离液通过与柱子相同速度旋转的施加器均匀分布于整个吸附柱表面，混合物的成分分离为一系列的螺旋路径，且这一分离路径随着待分离液分子量的大小而有所差异。尽管连续色谱法可以获得较为满意的分离和回收效果，但是对于大规模分离而言，连续色谱技术需要消耗大量的洗脱液，且吸附柱的吸附容量在稳定性方面存在较大偏差。

二、膜过滤

超滤和反渗透这两种方法都是利用半透膜来分离不同分子量的物质，其分离原理与常规过滤器分离原理基本一致。

（一）超滤

超滤是一种加压膜分离技术，即在一定的压力下，使小分子溶质和溶剂穿过一定孔径的特制薄膜，而使大分子溶质不能透过，留在膜的一边，从而使大分子物质得到了部分的纯化。发酵工业上通常采用 0.1μm 的高分子膜对发酵产物进行浓缩和纯化。由高分子材料制成的超滤膜，通常可以截留分子量在 500～500 000 的大分子物质，如蛋白质、酶、激素和病毒等。实际分离过程中，待分离溶质的分子量与超滤膜材质的分子量相差 10 倍左右时，可以采用非对称超滤膜进行分离纯化操作。

当采用超滤法对发酵产物进行分离、纯化时，需要注意的是除了溶质的分子量外，其他的影响因素也会影响待分离物质通过膜的通过率。例如，溶质在超滤膜表面的积聚可能会引起溶质浓度发生极化，此时可以通过常规搅拌或使用错流系统，增加超滤膜表面的剪切力来减少溶质浓度的极化。此外，发酵液中蛋白质浆液可能在膜表面发生积聚，形成凝胶层，从而堵塞膜孔，导致超滤膜的通透性降低。由于蛋白质凝胶层不容易通过搅拌除去，因此可以适当调节发酵液的 pH 来控制蛋白质凝胶层的形成。显然，发酵液 pH 的调节间接增加了设备和能源成本，同时也缩短了超滤膜的寿命，这是发酵工业中不得不考虑的问题。实际发酵工业中，通常将超滤和纳滤联用。例如，在青霉素的纯化过程中，两者的联用可将青霉素的回收率提高到 90%。此外，在纯化高价值的发酵产物时，也可采用亲和超滤技术，该技术类似于亲和色谱技术，具有高选择性、高回收率和高浓缩度等优点，然而其处理过程较为复杂，难以用于大规模的工业发酵过程。

（二）反渗透

反渗透作为一种分离过程，其分离原理是利用外界所施加的压力迫使溶剂分子以与渗透力相反的方向流过半透膜，因此被称为反渗透。由于反渗透膜的孔径为 0.1～1nm，因此反渗透技术常用于浓缩比超滤膜孔径更小的发酵产物。值得注意的是，反渗透膜两侧同样存在浓差极化这一问题，实际发酵过程中可以通过增加反渗透膜表面的湍流来进行控制。另外，纳滤作为反渗透的一种改进形式，主要根据过滤膜的表面电荷和孔径尺寸效应将更小分子量的溶质和带电物质进行分离。

（三）液膜过滤

液膜过滤是利用液膜对特定溶质的选择性，分离出与膜两侧液相均不相溶的发酵产物（如有机溶剂）。其提取原理是将待分离溶质从一种液体传输到另一种液体来进行的。由于液膜过滤具有大面积提取、可一步完成分离和浓缩、中试相对容易的明显优势，这一技术在发酵生物制品的提取和纯化过程中应用较为广泛，如乳酸和柠檬酸的提取。此外，液膜技术也可用于细胞和酶制剂的固定化，同时该技术由于其载体的高选择性、溶质相对较高的跨液膜运输速率，也可作为发酵产物纯化流程中的某一个环节。

三、干燥

发酵产品（包括生物产品）的干燥通常是发酵过程的最后阶段。该过程涉及从产品中最终去除水或其他溶剂，同时确保发酵产物的有效性，将产物的活性或营养价值的损失降到最低。发酵产物需要进行干燥主要是基于：①降低运输成本；②发酵产物更易于处理和包装；③发酵产物在干燥状态下便于长久存储。

发酵产物干燥过程的原理是，通过离心或压滤机尽可能去除发酵产物中多余的水分，同时以最大程度降低干燥过程中的加热成本。通常干燥机可以依据产品热传递的方法或者产品的搅拌程度进行分类。对于部分产品而言，采用简单的托盘干燥机即可完成干燥过程，即将待干燥产品放置在托盘中，然后置于烤箱中通过空气加热完成干燥过程，也可以在低温条件下，进行抽真空干燥达到去除水分的目的。图 8-12A 是一个典型的转鼓式干燥机，通常用于干燥性质稳定、对温度变化不敏感的发酵生物制品，其工作原理是将发酵液导流到缓慢旋转的、通过蒸汽加热的转鼓上，利用蒸汽热进行蒸发干燥，干燥结束后通过刮刀以与旋转真空过滤类似的方式收集被干燥的产品。通常待干燥产品与干燥盘表面的接触时间是 6～15s，传热系数通常为 1～2kW/（m^2·K）。与普通转鼓式干燥机相比，真空转鼓式干燥机也可用于降低干燥产品的温度。当待干燥产品为液体或糊状时，可以采用喷雾干燥机［图 8-12B］。即待干燥产品不与干燥机加热表面接触，而是通过喷嘴或通过旋转盘的分散作用雾化成液滴。随后，液化的产物通入 150～250℃的螺旋状上升的热气流中，由于液滴高表面积或高体积比，雾化的液滴在几秒钟内便可被完全干燥。喷雾干燥机中，产品的干燥速率和产品尺寸与雾化器产生的液滴尺寸直接相关。喷雾干燥机中，在后续的冷却过程中，为了防止热气流的冷却带来的发酵产物的过热或者活性成分的损失，实际操作过程中通常将热气流的温度设定在 75～100℃。此外，还需使用旋风分离器或者重力过滤器从出口热蒸气中进一步回收分子量较小的发酵产物，以便尽可能降低活性生物产品的损失，从而提高发酵产物的回收率。喷雾干

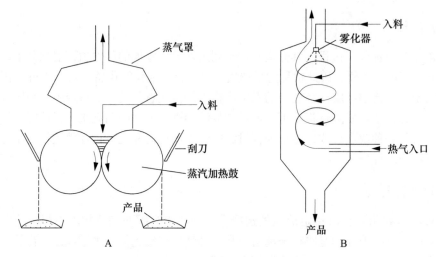

图 8-12　转鼓式干燥机与喷雾干燥机

A. 转鼓式干燥机；B. 喷雾干燥机

燥器通常用于处理热敏感材料，操作条件约为 350℃，由于雾化喷嘴中产生的液滴非常细小，因此液滴在干燥机中的停留时间约为 0.01s。对于大规模发酵产物的干燥而言，选用喷雾干燥机不失为一种较为经济的处理办法。当待干燥产物的进料速度低于 6kg/min 时，采用转鼓式干燥机才显得更有优势，否则喷雾干燥机仍为较优选择。

冷冻干燥，也称为冻干或低温干燥，是许多生物和药物生产中的重要操作过程。操作流程中首先将待干燥样本充分冷冻，然后通过高真空升华干燥，最后进行二次干燥以除去产品中残留的水分。冷冻干燥技术的最大好处是它不会损害热敏发酵产品的活性和有效性，然而该干燥方式比其他形式的干燥过程耗能更多。

流化床干燥技术是加热的空气被送入流化固体的填充床，然后再向过滤床中连续添加含水的发酵产物，即可实现发酵产物的连续干燥。该干燥技术具有非常高的传热和传质速率，可以实现产物的快速蒸发，同时整个流化床始终处于干燥状态，目前流化床干燥技术在制药工业中的应用越来越广泛。

四、结晶法

结晶法最初用于纯化回收有机酸和氨基酸，随着反应条件的不断优化，结晶法被广泛用于多种化合物的最终纯化。从过程而言，结晶法包含两个过程，即过饱和溶液中晶核的形成和晶体的生长，这两个过程可以同时进行并且可以在一定程度上独立进行控制。发酵工业中，结晶可以是间歇式或连续式过程，这两类过程均可以通过冷却或除去溶剂（蒸发结晶）实现溶液的过饱和。

以柠檬酸的纯化过程为例，首先将富含柠檬酸的发酵液用 Ca(OH)$_2$ 处理，以便相对不溶的柠檬酸钙晶体从溶液中沉淀出来。需要注意的是，在用 Ca(OH)$_2$ 处理之前，需要确定 Ca(OH)$_2$ 中 Mg^{2+} 浓度，因为柠檬酸镁的溶解性高于柠檬酸钙的溶解性，导致柠檬酸钙不易被结晶析出。结晶析出的柠檬酸钙用硫酸进行处理，以使钙沉淀为不溶性硫酸盐并释放出柠檬酸。反应液用活性炭进一步澄清后，将柠檬酸水溶液蒸发至结晶点即可获得较高纯度的柠檬酸。近年来，结晶法也用于回收谷氨酸、赖氨酸和其他氨基酸。此外，结晶法也广泛用于回收有机溶质。例如，可以采用结晶法回收头孢菌素 C 的钠盐或钾盐。1,3-丙二醇发酵中，可以采用结晶法先回收琥珀酸钠和硫酸钠，然后再回收 1,3-丙二醇。需要注意的是，分批结晶法可以以较高的回收率和纯度从发酵液中回收上述有机物的盐类副产物。

第四节　发酵液直接回收技术

由于发酵液直接回收技术的简单性、工艺步骤少及潜在的成本低，近年来直接从未经过滤的发酵液中回收代谢物的概念引起了人们的极大兴趣。发酵液直接回收技术的开发使得在发酵过程中从发酵液中连续地回收所需的发酵产物成为了可能，进而可以在整个发酵生产阶段将抑制产物形成和促进产物降解的副作用减至最低水平。发酵液直接回收技术也可用于从发酵液中连续性地去除不良副产物，因为发酵副产物可能会抑制细胞生长或降解所需的细胞外产物。发酵液直接回收技术通常包括离心、过滤、萃取、沉淀、结晶和色谱法等一系列连续分离过程。随着发酵工业的不断发展，有研究人员开发了一种将链霉素直接从发酵液中吸附到一系列阳离子交换树脂柱上的方法，该柱仅经过筛选即可除去发酵液中的大颗粒物质，从而获得较好的纯化效果，需要注意的是，该过程只能作为发酵液直接回收技术中的某一个环节。同样，有研究人员开发了类似的方法来回收新霉素，即首先将发酵液通过振动筛过滤以除去大颗粒物质，然后再将发酵液送入连续的一系列充分混合的树脂柱中，这些树脂柱及树脂柱周围的筛网可以截留和吸收新霉素，但允许链霉菌丝和其他小颗粒物质通过，吸附结束后，将第一根树脂柱从萃取管线中移出，并用甲醇-氯化铵洗脱液进行洗脱即可回收新霉素。

实际发酵工业中，有研究人员采用往复式平板萃取塔对发酵液进行直接过滤回收，这种萃取塔可以用于含 1.4g/dm³ 微溶性有机化合物和含 4% 不溶固体的发酵液的处理，前提是使用氯仿或者二氯甲烷作为萃取剂。需要注意的是，采用甲基异丁基酮、二乙基酮和乙酸异丙酯可以获得比氯仿萃取更高的回收效率，然而，上述三类化合物在萃取目标产物时，容易将微生物菌丝中的杂质萃取出来，因此当采用这三类化学物质进行萃取时，必须要对发酵液进行过滤，以去除微生物菌丝。往复式平板萃取塔与 Podbielniak 萃取器相比，在投资成本、维护成本、溶剂使用和电力成本方面，有着较好的经济性，但在人工操作成本上没有显著差异。

另外一种方法是在发酵过程中从发酵液中连续地去除发酵代谢产物。例如，在环己酰亚胺的回收过程中，由于宿主微生物灰色链霉菌的活性会受到环己酰亚胺的反馈抑制调节，因此在实际发酵过程中，通常采用二氯甲烷导入透析管中，使之作为萃取剂对环己酰亚胺进行萃取，相关研究表明，通过这种透析-溶剂萃取方法，环己酰亚胺产品得率可以得到显著提高，甚至达到 1200μg/mL。当采用色谱法进行回收时，通常使用含有丙烯酸树脂制成的分散珠，包裹在超滤膜中的丙烯酸树脂可以吸附发酵液中的部分环己酰亚胺，随后通过改变溶剂的温度或者 pH 即可从树脂中回收抗生素。相应的研究表明，当发酵液中抗生素的效价浓度为 750μg/mL 时，分别经过树脂吸附处理和渗透膜包埋树脂吸附处理之后的效价浓度分别为 1420μg/mL 和 1790μg/mL，由此基于渗透膜包埋树脂吸附的回收方法具有较好的回收效率。此外，实际发酵工业过程中，可以采用类似的方法从包含溶菌酶、肌红蛋白和酵母细胞的进料混合物中分离溶菌酶。

现代发酵工业中，有多种技术可以用于从发酵液中对发酵产物进行原位回收：①真空和快速发酵，用于直接从中回收乙醇发酵液；②液-液萃取和双水相萃取技术回收破伤风梭菌产生的乙醇、有机酸和毒素；③吸附法回收乙醇和环己酰亚胺；④离子交换法回收水杨酸和抗生素；⑤渗透膜透析选择性回收乳酸、水杨酸和环己酰亚胺。

近期有研究表明，可以使用扩展的吸附床直接从发酵液中回收大肠杆菌生产的重组蛋白质，重组蛋白质的回收产量高达 550mg/L，回收率＞90% 且纯度较高，同时可以在膨胀床上进一步去除微生物细胞，随后采用亲和色谱法可以对回收的重组蛋白质进行进一步纯化，即可获得大于 90% 的总产率。

复习思考题

1. 发酵产物回收成功实施的基本条件有哪些？
2. 发酵产物的预处理包括哪些步骤？
3. 影响产物过滤的基本因素有哪些？
4. 错流过滤的基本优势有哪些？
5. 简述发酵产物初步纯化的方法。
6. 简述发酵产物深度纯化的方法。
7. 简述细胞破碎过程中所采用的物理化学方法。
8. 简述细胞破碎过程中所采用的生物化学方法。

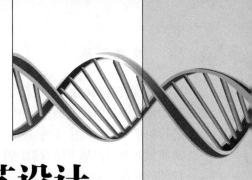

第九章　发酵工厂工艺设计

发酵工厂工艺设计是实现发酵产品从实验室研究到工业化生产的必经阶段，是把一种发酵产品从设想变为现实的重要建设环节。它将经小试、中试的生产工艺经一系列单元反应和单元操作进行组织，对发酵产品的生产制造过程从原材料到成品之间各个相互关联的全部生产过程进行设计，最终设计出一个生产流程具有合理性、技术装备具有先进性、设计参数具有可靠性、工程经济具有可行性的成套工程装置或生产车间，然后经过建造厂房、布置各类生产设备、配套公用工程，使工厂按照预定的设计期望顺利地建成、投产，并实现规模化生产。

第一节　概　　述

发酵工厂工艺设计是指工艺工程师在一定工程目标的指导下，根据对拟建发酵工厂的要求，采用科学的方法统筹规划、制定方案，在对发酵工厂进行扩建与技术改造时所从事的一种创造性工作。在此过程中，工艺工程师不仅需要具有一般发酵工厂工艺设计的知识，如发酵工艺流程设计、工艺设备布置设计、管道设计，以及发酵工程原理和设备、发酵产品生产工艺、发酵制品生产质量管理规范、化学工程、生物分离与纯化技术等，还要具有进行发酵工厂工艺设计的专业知识，如发酵工程、生化工程等。因此，发酵工厂工艺设计具有综合性、应用性，包含很多专业知识和专门技术，同时在具体进行发酵工厂工艺设计时必须遵循国家的相关规范、规定和标准，要努力做到技术上先进、经济上合理、设计上规范、环保上安全。

一、发酵工厂基本建设程序

发酵工厂的基本建设程序是指基本建设项目从设想、选择、评估、决策、设计、施工到竣工验收、投入使用整个建设过程中各相关工作必须遵守的先后次序的法则，它是基本建设项目实施全过程中各环节、各步骤之间客观存在的不可违反的先后顺序，是由基本建设项目本身的特点和基本建设进程的客观规律所决定的。发酵工厂的基本建设程序分为设计前期、设计中期和设计后期三个工作阶段，这三个阶段相互联系、步步深入。

（一）设计前期

设计前期工作阶段要对项目建设进行全面分析，对项目的社会和经济效益、技术可靠性、工程的外部条件等进行研究。本阶段工作主要包括项目建议书、可行性研究报告和设计委托（任务）书。

1. 项目建议书 项目建议书是法人单位向国家、省（自治区、直辖市）、市有关主管部门推荐项目时提交的报告书，主要目的是说明项目建设的必要性，并对项目建设的可行性进行初步分析。其主要内容有项目建设的背景和依据、投资的必要性和经济意义、产品名称及质量标准、产品方案及拟建生产规模、工艺技术方案、主要原材料的规格和来源、建设条件和厂址选择方案、燃料和动力供应、市场预测、项目投资估算及资金来源、环境保护、工厂组织和劳动定员估算、项目进度计划、经济与社会效益的初步估算等。

2. 可行性研究报告 可行性研究主要对拟建项目在技术、工程、经济和外部协作条件上是否合理和可行进行全面分析、论证和方案比较，是在项目建议书经主管部门批准后，由上级主管部门或业主委托设计、咨询单位进行。可行性研究报告主要包括总论、产品需求预测、产品方案及生产规模、工艺技术方案、原材料、燃料及公用系统的供应、建厂条件及厂址选择方案、公用工程和辅助设施方案、环境保护、职业安全卫生、消防、节能、工厂组织和劳动定员、项目实施规划、投资估算、社会及经济效果评价、评价结论等内容。

3. 设计委托（任务）书 设计委托（任务）书是项目业主以委托书或合同的形式，委托工程公司或设计单位进行某项工程的设计工作，设计委托书的内容包括项目建设主要内容、项目建设要求和用户需求（并提供工艺资料），它是进行工程设计的依据。

（二）设计中期

根据已批准的设计委托（任务）书（或可行性研究报告），可开展设计工作，即通过技术手段把可行性研究报告的构思变成工程现实。我国的发酵工厂设计一般按工程的重要性、技术的复杂性和任务的规定性，可将工艺设计分为两阶段，即初步设计阶段和施工图设计阶段。

1. 初步设计阶段 初步设计是根据下达的设计委托（任务）书（或可行性研究报告）及设计基础资料，确定全厂设计原则、设计标准、设计方案和重大技术问题。设计内容包括总图、运输、工艺、自控、设备及安装、材控、建筑、结构、电气、采暖、通风、空调、给排水、动力和工程经济（含设计概算和财务评价）等。初步设计的成果是初步设计说明书和图纸（带控制点工艺流程图、车间布置图及重要设备的装配图）。初步设计工作基本程序如图 9-1 所示。

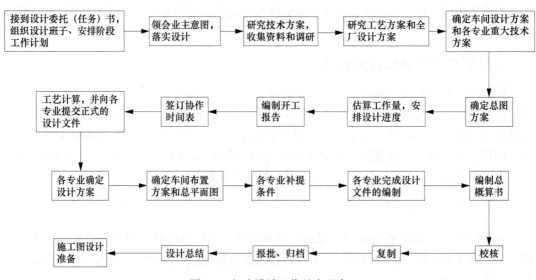

图 9-1　初步设计工作基本程序

2. 施工图设计阶段 施工图设计是根据批准的初步（扩大）设计及总概算为依据，完成各类施工图纸和施工说明及施工图预算工作，使初步（扩大）设计的内容更完善、具体和详尽，以便施工。

施工图设计阶段的主要设计文件有设计说明书和图纸。

（1）设计说明书 施工图设计说明书的内容除（扩大）初步设计说明书内容外，还包括以下内容：对原（扩大）初步设计的内容进行修改的原因说明；安装、试压、保温、油漆、吹扫、运转安全灯要求；设备和管道的安装依据、验收标准和注意事项。通常将此部分直接标注在图纸上，可不写入设计说明书中。

（2）图纸 施工图是工艺设计的最终成品，主要包括施工阶段管道及仪表流程图（带控制点工艺流程图）、施工阶段设备布置图及安装图、施工阶段管道布置图及安装图、非标设备制造及安装图、设备一览表、非工艺工程设计项目施工图。施工图设计工作基本程序如图9-2所示。

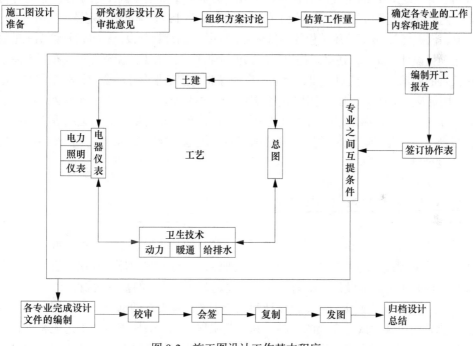

图 9-2 施工图设计工作基本程序

（三）设计后期

设计后期工作主要是设计代表制度，该工作参与现场施工、设备安装、设备调试、试车生产、工程验收、验收报告、整理资料、归档保存全过程，其职责是确保施工符合设计要求。项目建设单位在具备施工条件后，通常依据设计概算或施工图预算制定标底，通过招标、投标的形式确定施工单位；施工单位根据施工图编制施工预算和施工组织计划；项目建设单位、设计单位、施工单位和监理单位对施工图进行会审，设计部门对设计中的一些问题进行解释和处理；设计部门派人参加现场施工过程，以便了解和掌握施工情况，确保施工符合设计要求，同时能及时发现和纠正施工图中的问题。施工完成后进行设备的调试和试车生产，设计人员（或代表）参加试车前的准备及试车工作，向生产单位说明设计意图并及时处理该过程中出现的设计问题。设备的调试通常是从单机到联机，先空车，然后从水代物料到实际物料。当试车正常后，建设单位组织施工、监理和设计等单位按工程承建合同、施工技术文件及工程验收规范先组织验收，然后向主管部门提出竣工验收报告，并绘制施工图及整理一些技术资料。在竣工验收合格后，作为技术档案交给生产单位保存，建设单位编写工程竣工决算书以报业主或上级主管部门审查。待工厂投入正常生产后，设计部门还要注意收集资料、进行总结，为以后的设计工作、该厂的扩建和改建提供经验。

二、发酵工厂工艺设计的主要内容

在发酵工厂工程设计的过程中，工艺设计的好坏直接影响生产和技术的合理性，并且与建设费用、生产质量、产品成本、劳动强度、环保安全等都有密切的关系。同时，工艺设计又是其他非工艺设计的基础和依据。因此，工艺设计在发酵工厂工程设计中占有非常重要的地位。

发酵工厂工艺设计的主要内容包括以下几个方面：①确定生产工艺流程；②进行物料衡算；③工艺设备的选型和设计；④车间工艺设备的布置设计；⑤确定劳动定员及生产班制；⑥车间水、电、汽（气）、冷等公用工程的用量估算；⑦管道的计算和设计；⑧设计说明书的编制；⑨非工艺项目设计。此外，还必须提出下列其他专业要求：①工艺流程、车间布置对总平面布置相对位置的要求；②工艺对土建、暖通、自控等非工艺专业设计的要求；③车间水、电、汽（气）、冷用量及负荷要求；④工艺用水的水质要求；⑤对排水性质、流量及废水处理的要求。

通过工艺设计，应使生物企业在工艺技术、设备布置和选型、劳动组织等方面能保证设计项目投产后正常生产、经济适用、符合国家有关规范、规定和标准，并在产品的数量和质量上达到设计要求。

第二节   发酵工艺流程设计

工艺流程设计是工艺设计的核心。因为生产的目的是获得优质、高产、低耗的产品，而这取决于工艺流程设计的可靠性、合理性和先进性，而且工艺设计的其他项目均受制于工艺流程设计，同时工艺流程设计与车间布置设计决定车间或装置的基本面貌。

工艺流程设计包括实验工艺流程设计和生产工艺流程设计两部分。对于国内已大规模生产、技术比较简单及中试已完成的产品，其工艺流程设计一般属于生产工艺流程设计；对于只有文献资料依据、国内尚未进行实验和生产及技术比较复杂的产品，其工艺流程设计一般属于实验工艺流程设计。

一、工艺流程设计的任务和成果

（一）工艺流程设计的任务

1. 确定工艺流程的组成   从原料到成品的流程由若干个单元反应、单元操作相互联系组成，相互联系为物料的流向。确定每个过程或工序的组成，即什么设备、多少台套、之间的连接方式和主要工艺参数，这是工艺流程设计的基本任务。

2. 确定载能介质的种类、规格和流向   在工艺流程设计中，要确定常用的水蒸气、水、冷冻盐水、压缩空气和真空等载能介质的种类、规格和流向。

3. 确定生产控制方法   单元反应和单元操作在一定的条件下进行（如温度、压力、进料速度、pH 等），只有生产过程达到这些技术参数的要求，才能使生产按给定方法进行。因此，在工艺流程设计中对需要控制的工艺参数应确定其检测点、检测仪表的安装位置和功能。

4. 确定"三废"的治理方法 除了产品和副产品外，对全流程中所排出的"三废"要尽量综合利用，对于一些暂时无法回收利用的，则需要进行妥善处理。

5. 制定安全技术措施 对生产过程中可能存在的安全问题（特别是停水、停电、开车、停车及检修等过程）应确定预防、预警及应急措施（如设置报警装置、事故贮槽、防爆片、安全阀、泄水装置、水封、放空管、溢流管等）。

6. 绘制工艺流程图 如何绘制工艺流程图（包括流程框图和带控制点的工艺流程图等）的具体内容和方法将在本节"四、工艺流程设计的步骤"中介绍。

7. 编写工艺操作方法 在设计说明书中阐述从原料到产品的每一个过程的具体生产方法，包括原辅料及中间体的名称、规格、用量，工艺操作条件（如温度、时间、压力等）控制方法，设备名称等。

（二）工艺流程设计的成果

1）初步设计阶段工艺流程设计的成果是该阶段的带控制点的工艺流程图和工艺操作说明。

2）施工图设计阶段的工艺流程设计成果是该阶段的带控制点的工艺流程图，即管道仪表流程图。

二、工艺流程的设计原则

工艺流程设计通常要遵循以下原则。

1）保证产品质量符合规定的标准。

2）尽量采用成熟、先进的技术和设备。

3）保持尽可能少的能耗，并尽量减少"三废"的排放量。

4）具备开车、停车条件，易于控制。

5）具有宽泛性，即在不同条件下（如进料组成和产品要求改变）能够正常操作的能力。

6）具有良好的经济效益。

7）确保安全生产。

8）遵循"三协调"原则（人流物流协调、工艺流程协调、洁净级别协调），正确划分生产区域的洁净级别，按工艺流程合理布置，避免生产流程的迂回、往返和人流与物流交叉等。

三、工艺流程设计的基本程序

1）对小试、中试工艺报告或工厂实际生产工艺及操作控制数据进行工程分析。

2）确定产品方案（品种、规格、包装方式）、设计规模（年产量、年工作日、日工作班次、班生产量）及生产方法。

3）将产品的生产工艺过程分解成若干个单元反应、单元操作或工序，并确定每个步骤的基本操作参数（又称原始信息，如温度、压力、时间、进料流量、浓度、生产环境、洁净级别、人净物净措施要求、产品加工、包装、单位生产能力、运行温度与压力、能耗等）和载能介质的技术规格。

4）绘制工艺流程图。

工艺流程设计的基本程序如图 9-3 所示。

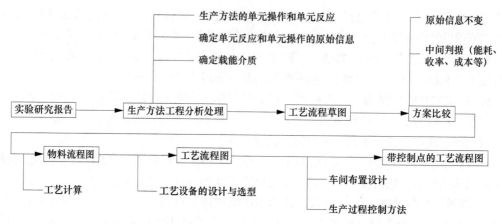

图 9-3　工艺流程设计的基本程序

四、工艺流程设计的步骤

生产方法确定后，即开始工艺流程的设计。工艺流程的设计通常要经历以下三个阶段。

（一）生产工艺流程示意图设计阶段

生产工艺流程示意图的设计在物料衡算前进行，其主要作用是定性地表明原料变成产品的路线和顺序，以及应用的过程和设备。

在设计生产工艺流程示意图时，首先要弄清楚原料变成产品要经过哪些单元操作，然后要确定用何种操作方式，是连续式还是间歇式。

生产工艺流程示意图可以用简单的设备流程图表示，也可用文字示意图表达。

（二）生产工艺流程草图设计阶段

完成生产工艺流程示意图设计后，即可进入生产工艺流程草图设计阶段，主要包括物料衡算、设备设计及初步的设备平面布置。

首先，通过物料平衡计算，求出原料、半成品、产品、副产品，以及废水、废气、废渣等的规格、重量和体积等，并据此开始进行设备设计。

设备设计通常分为两阶段进行。第一阶段的设计内容是计算、确定计量和贮存设备的容积，以及决定这些设备的尺寸和台数等；第二阶段的设备设计主要解决生物反应过程和化工单元操作的技术问题，如过滤面积、传热面积等，对专业设备和通用设备进行设计或选型。

至此，所有设备的规格、型号、尺寸、台套数等均已确定，据此对生产工艺流程草图进行修改和充实，并进行初步的设备平面布置。

（三）生产工艺流程图设计阶段

当生产工艺流程草图设计完成后，即可在初步的设备平面布置基础上完成生产工艺流程图设计，确定车间设备布置。在这个阶段，可能会发现生产工艺流程草图设计中某些设备的空间位置不合适，或者个别设备的型号和主要尺寸选取不当。在车间工艺管道设计时，也需要对生产工艺流程图进行修改和完善。经过多次反复逐项审查后，最后形成工艺管道及仪表流程图。

第三节 发酵工厂总图布置

一、工厂的厂址选择

（一）自然条件

1. 地理条件 选择厂址时，要充分了解厂址的方位及其与周围城镇的关系，以及该地段的地理情况和在该处建厂的有利与不利条件。

2. 环境卫生条件 发酵工厂的厂区周围大气中含尘量应在一定范围以下，有散发大量有害气体的化工厂及大量灰尘的工厂的周围不宜建发酵工厂。

3. 地形、地势与地质 大型厂的坡度应小于4%，中型厂小于6%，小型厂小于10%。厂区内主要地段的坡度以小于2%为宜，以便排积水，同时坡度又不宜小于0.5%。地质条件应符合建筑工程要求，应当避免溶洞、沼泽、断裂带和流沙。厂址应避免布置在以下地区：断层地区和基本烈度为9度以上的地区；易遭受洪水、泥石流、滑坡等危害的地区；有开采价值的矿藏地区；对机场、电台等使用有影响的地区；国家规定的历史文物、生物保护和风景游览地区。

4. 气象条件 气象条件包括风向、风量、雨量和气温等内容。它是工厂总平面布置的重要依据之一，也是厂房设计和排水系统设计的主要依据。收集气象资料时，要求有10年以上的历史资料。

（二）技术经济条件

1. 原料、辅料等供应条件 发酵工业产品品种繁多，原料范围广泛。为减少不合理的运输应尽量接近原料产地，以降低原料运输成本。发酵工厂还要建立分装车间等辅助车间，因而涉及辅助原料的供应。所以，也要适当考虑辅料、燃料和包装材料的配套供应。

2. 能源供应 电、热及燃料供应方便是选择厂址的重要原则之一，在选择厂址时，要对确定厂址所在地区的供电情况进行调查，以便确定输电方式和厂内变压配电所的位置，并设计供热的方式。

3. 给排水 发酵过程需要大量的水，而且水质必须符合生活饮用水的要求。所以，厂址应尽量靠近水源地。发酵工厂废水、污水的排放量很大，且对环境的污染比较大，需设置污水处理站，必须符合国家要求的废水排放标准。

4. 交通运输条件 厂址的选择要以交通运输方便为原则，以便于发酵原材料和发酵产品的运输。

二、总平面设计

发酵工厂总平面设计主要是依据厂址选择报告和厂址总平面布置方案草图及生产工艺流程简图，并参照国家有关的设计标准和规范，逐步编制出来。一般地，总平面布置必须遵守以下几项原则。

1）总平面设计必须合理紧凑。

2）总平面设计必须符合生产流程要求，并能保证合理布置生产线，避免原材料、半成品的运输交叉和往返运输。

3）总平面设计应将面积大、主要的厂房设在厂区的中心地带，以便其他部门为其配套服务；辅助和动力车间的配置应靠近其服务的负荷中心。

4）总平面设计应充分考虑厂址所处地区主风向的影响，主风向可以从气象部门编制的各地风玫瑰图查得。散发煤烟灰尘的车间和易燃仓库及堆场应尽可能集中布置在场地的边沿地带和主导风向的下侧。

5）总平面设计应将人流、货流通道分开，避免交叉。工厂大门至少应设置两个以上。合理设计厂区对外运输系统，将运输量大的仓库尽量靠近对外运输主干线，保证良好运输。

6）总平面设计应遵从城市规划要求。厂房布置要与所在城市建筑群保持协调，以利于市容美观整齐。

第四节　发酵工艺计算

一、物料衡算

物料衡算是指根据质量守恒定律，凡引入某一系统或设备的物料质量 G_m，必等于所得到的产物质量 G_p 和物料损失量 G_t 之和，即

$$G_m = G_p + G_t$$

这一运算法则，既适用于每一个单元操作过程，也适用于整个生产过程；既可进行总物料衡算，也可对混合物中某一组分作部分物料衡算。

根据物料衡算结果，可进一步完成下列的设计：①确定生产设备的容量、数量和主要尺寸；②生产工艺流程草图的设计；③水、蒸汽、热量、冷量等的平衡计算。

对于较复杂的物料平衡计算，通常可按下述方法和步骤进行。

1）弄清计算目的和要求。要充分了解物料衡算的目的和要求，从而决定采用何种计算方法。

2）绘出物料衡算流程示意图。为了使研究的问题形象化和具体化，便于计算，通常使用框图和线条图显示所研究的系统，图形表达方式宜简单，但代表的内容应准确、详细。把主要物料（原料或主产品）和辅助物料（辅助原料或副产品）都在图上表示清楚。

3）写出生物反应方程式。根据工艺过程发生的生物反应，写出主反应和副反应的方程式。对复杂的反应过程，可写出反应过程通式和反应物组成。需要注意的是，这些反应往往较复杂，副反应也较多，这时可把次要的和所占比重很小的副反应略去。但是，对那些产生有毒物质或明显影响产品质量的副反应，其量虽小，但不能忽略。因为这是精制分离设备设计和"三废"治理设计的重要依据。

4）收集设计基础数据和有关物化常数。需收集的数据资料一般主要包括生产规模，年生产天数，原料、辅料和产品的规格、组成及质量等。常用的物化常数，如密度、比热容等，可在相应的化工、生化设计手册中查到。

5）确定工艺指标及消耗定额等。设计所用的工艺指标、原材料消耗定额及其他经验数据，可根据所用的生产方法、工艺流程和设备，对照同类型工厂的实际水平来确定，必须是先进而又可行，它是衡量设计水平高低的标志。

6）选定计算基准。计算基准是工艺计算的出发点。常用的基准：①以单位时间产品量或单位时间原料量作为计算基准，这类基准适用于连续操作过程及设备的计算；②以单位重量、单位体积或单位物质的量的产品或原料为计算基准；③以加入设备的一批物料量为计算基准。一般后两类基准常用于间歇操作过程及设备的计算。

7）由已知数据，根据式 $G_m = G_p + G_t$ 进行物料衡算。

8）校核与整理计算结果，列出物料衡算表。

9）绘出物料流程图。根据计算结果绘制物料流程图，该图要作为正式设计成果，编入设计文件，以便于审核和设计施工。

10）最后，经过各种系数转换和计算，得出原料消耗综合表和排出物综合表。

二、热量衡算

热量衡算是在物料衡算的基础上依据能量守恒定律，定量求出工艺过程的能量变化，计算需要外界提供的能量或系统可输出的能量，由此确定加热剂或冷却剂的用量及其他能量的消耗、机泵等输送设备的功率，计算传热面积以选择换热设备的尺寸。

热量衡算的基本过程是在物料衡算的基础上进行单元设备的热量衡算（在实际设计中常与设备计算结合进行），然后再进行整个系统的热量衡算，尽可能做到热量的综合利用。如果发现原设计中有不合理的地方，可以考虑改进设备或工艺，重新进行计算。

单元设备的热量衡算就是对一个设备根据能量守恒定律进行热量衡算，内容包括计算传入或传出的热量，以确定有效热负荷，然后根据热负荷确定加热剂或冷却剂的消耗量和设备必须满足的传热面积。具体步骤如下。

1）画出单元设备的物料流向及变化示意图，同时还要在图上标明温度、压力、相态等已知条件。

2）根据物料流向及变化，利用热量衡算的基本方法列出热量衡算方程式。

3）搜集有关数据。主要搜集已知物料量、工艺条件（如温度、压力等）及相关的物性数据和热力学数据，如比热容、汽化热、标准摩尔生成焓等。这些数据可以从专门的手册上查阅，或取自工厂的实际生产数据，或根据实验研究结果选定。

4）选取合适的计算基准。在进行热量衡算时，应确定一个合理的基准温度。若选取的基准温度不同，会导致计算获得的各项数据不同，因此必须保持每一股进出物料的基准温度一致。通常，取 0℃为基准温度，这样可简化计算。此外，为方便计算，可按 100kg 原料或成品、每小时或每批次处理物料量等作为计算基准。

通过计算各设备加热或制冷的用量，把各设备的水、电、汽、燃料的用量进行汇总，求出每吨产品的能量消耗定额，整理成能量消耗综合表，表中可清晰地了解每小时、每天的最大消耗量及年消耗量。

三、用水量衡算

在发酵工厂生产过程中，水是必不可少的物质，且消耗量极大。例如，以淀粉为原料每生产 1t 燃料乙醇，用水量在 60t 以上。发酵工厂生产过程涉及的生物化学反应是以微生物或酶作为生物催化剂的，微生物和酶主要由蛋白质组成，它们的催化作用必须有水的参与，没有水的存在，酶就不能被激活，微生物也不能生长增殖，通常在以糖为碳源、培养基含水

80%以上的条件下，大多数微生物才能正常生长、增殖和代谢。

此外，在发酵工厂生产中，原料处理、培养基制备过程中用到的加热蒸汽用水、冷却用水、配制冷冻盐水用水、设备清洗用水等都需要消耗大量的水，因此，没有水就没有生物反应，发酵工厂的生产也就无法进行。再者，无论是原料的蒸煮、糖化或发酵过程，都有最佳的原料配比和基质浓度范围，故加水量必须严格控制。

因为用水量衡算与物料衡算、热量衡算等工艺计算及设备的设计和选型、产品成本技术经济指标等均有着密切关系，生产过程中废水排放也与水的用量密切相关，所以对于发酵工厂生产，用水量衡算是十分重要的设计步骤。

用水量衡算是在完成物料衡算的基础上与热量衡算同时展开的，其过程主要有以下四个步骤。

1）首先画出衡算范围的生产工艺流程示意图，注明每股物料的准确走向。

2）搜集列出必要的工艺技术指标及基础数据。

3）针对衡算范围进行生化反应过程或加热、冷却等工艺过程的用水量衡算。

4）将计算结果整理成用水量衡算表。

进行用水量衡算的过程中需注意以下两点。

1）生物工厂生产中很多操作都涉及水的应用，且水的消耗量比较大，计算时注意避免漏项。需要用水的操作一般包括原料的处理、培养基的配制、半成品或成品的洗涤、制冷过程、设备或管路的清洗等。

2）对于同一种产品，采用不同的生产流程、设备或生产规模，用水量也不同，有时差异非常大，而相同规模的工厂也会随着地理位置、气候等条件的不同，对用水量的要求也不同。因此在进行工厂设计时，必须周密考虑，合理用水，尽量做到一水多用和循环利用。

四、计算耗冷量

很多发酵工厂通常都有制冷系统。无论是菌种培养、发酵、有效成分的提取精制等操作，都可能要求在室温以下进行。例如，酶、疫苗、生物干扰素或者抗生素等许多生物活性物质，其发酵生产及提取精制过程都需要在较低温度下进行；啤酒生产过程中的主发酵温度一般为6～10℃，过冷和后发酵过程在1℃左右，大麦发芽适宜温度为12～16℃。这些温度条件都需要制冷工艺予以满足。通过对相关操作的耗冷量进行计算，可以为选择制冷系统类型和冷冻压缩机的型号、规格提供依据。

通常，可以把发酵工厂耗冷量分为工艺耗冷量和非工艺耗冷量两大部分。其中，工艺耗冷量包括发酵培养基和发酵罐体的冷却降温、生物反应放热（发酵热）的移除等，非工艺耗冷量主要包括照明及用电设备放热量大需降温的厂房围护机构，以及低温设备、管道的冷量散失等。计算耗冷量主要有以下四个步骤。

1）首先画出衡算范围的生产工艺流程示意图，注明每股物料温度变化。

2）搜集列出必要的工艺技术指标及基础数据。

3）针对衡算范围进行各项耗冷量的计算。

4）将计算结果整理成耗冷量衡算表。

五、计算抽真空量

在发酵工厂生产过程中，经常涉及真空过滤、真空蒸发、真空冷却、减压蒸馏、真空干燥、真空输送等多种操作单元，因此抽真空操作广泛应用于这些领域。例如，乙醇发酵生产中淀粉蒸煮醪的真空冷却、味精生产中的真空煮晶、酶制剂生产中的酶液真空浓缩等。为了使操作设备达到和维持工艺要求的真空度，必须持续或间歇地抽真空，抽真空是一个耗能的过程，因此为了设计出合理的生产工艺、节省能耗，必须进行相关的抽真空量的计算。

计算抽真空量的步骤如下。

1）首先画出衡算范围的物料、热量平衡图，注明每股物料的温度和数量变化。

2）针对衡算范围进行抽真空量的计算，确定真空设备的操作条件和负荷量。

3）整理归纳计算结果。

六、计算无菌压缩空气消耗量

大多数微生物的生长、增殖都需要氧，代谢和产物的生物合成过程也往往有氧参加。尤其是通气发酵生产，溶氧速率更显重要，有时甚至是发酵生产效率的制约因素。例如，微生物增殖耗氧量，以葡萄糖为碳源时，每增殖 1kg 细胞（干基），大肠杆菌需消耗 1.5kg 溶解氧，面包酵母约需 1.1kg 溶解氧；若以甲醇为基质，则耗氧量比糖质原料高得多。

在好氧发酵生产中，要使发酵液保持一定的溶解氧浓度，必须向反应系统中通入大量无菌空气。但不同类型的发酵生产，适宜的溶解氧浓度和耗氧速率往往不一样。而溶氧速率与反应器类型、通气速率、搅拌条件等有关。对同一类型的发酵反应，由于使用的发酵罐形式不同，通气速率即无菌压缩空气消耗量也不一样。此外，还常用无菌压缩空气压送培养基和其他料液，导致压缩空气的消耗量也不一样。故无菌压缩空气消耗量的计算是非常重要的设计任务。通过无菌压缩空气消耗量的计算，可确定空气压缩机的选型和台数，并进行空气过滤除菌系统的设计。

压缩空气消耗量，通常用单位时间消耗的常压空气体积表示，即 m³/h 或 m³/min（10^5Pa）。所以在设计时，只需求出需用的压缩空气的体积和压强就可以了，主要包括通气发酵罐通气量的计算、通风搅拌用压缩空气压强的计算、压送培养基等液体物料时的无菌空气耗量计算等。

七、计算用电量

工厂内各车间的正常运行离不开公用工程的保障，公用工程中供电系统为各车间提供足够的电力，以满足各车间物料输送，维持适宜的压力、温度等工艺条件的要求。工艺专业在完成工艺流程、工艺设备布置后，要向电气专业提出一次条件，内容包括生产特性、负荷等级、设备一览表、连锁要求、用电设备情况等。电气专业接受工艺专业一次条件后，开始与工艺专业讨论相关问题，达成共识后，即开展电气设计。因此，工艺计算中有关电量的计算，其意义在于向电气专业提供各车间的工艺用电量，即为获得并维持适宜的反应温度所需消耗的电能，尤其是在生物药物、食品、酶制剂等相关行业中，涉及大量的升温、制冷等操作，这些都需要消耗大量的电能。

计算用电量的步骤和方法如下。

1）确定衡算范围，明确车间的工艺过程中需要提供高温或低温的环节。

2）用电量的计算针对衡算范围，首先求出升温过程及制冷过程所需要消耗的热量或冷量，并将相应的能量消耗数据转化成电能的消耗量，计算采用经验公式：

$$E = \frac{Q}{3600\mu}$$

式中，E 为电能的消耗量（kW）；Q 为单位时间内由电热装置提供的热量（kJ/h）；μ 为电热装置的电工效率，取值范围一般为 0.85～0.95；3600 为时间（s）。

3）列表将计算结果整理成用电量衡算表。

八、主要技术经济指标

技术经济指标是衡量工厂设计的合理性和先进性的主要依据。通常主要技术经济指标包含下述各项内容：①生产规模，t/年。②生产方法。③生产天数，d/年。④产品年产量，t/年。⑤副产品年产量，t/年。⑥产品质量。⑦总回收率，%。⑧原材料单耗，包括原料，t/t 产品；辅料，t/t 产品；包装材料，t/t 产品。⑨公用工程单耗，包括水，t/t 产品；电，kW·h/t 产品；蒸汽，t/t 产品；冷量，kJ/t 产品。⑩总投资，包括固定资产投资，万元；流动资金，万元。⑪劳动生产率。⑫净现值，万元。⑬投资利润率，%。⑭投资利税率，%。⑮投资回收期，年。⑯内部收益率，%。⑰借款偿还期，年。⑱钢铁、水泥及木材耗量等。

第五节　设备的设计与选型

工艺设备的设计与选型是工业设计的主体之一，它的任务是在工艺计算的基础上，确定车间内所有工艺设备的台数、类型和主要尺寸。据此，开始进行车间的布置设计，并为下一步施工图设计及其他非工艺设计项目（如设备的机械设计、土建、供电、供水、仪表控制设计等）提供足够的有关条件，为设备的制作、订购等提供必要的资料。

通常把发酵工厂所涉及的设备分为专业设备、通用设备和非标准设备。专业设备是指发酵罐、糖化锅等专业性较强、仅为发酵工厂使用的设备；泵、风机等各行各业都可以使用的设备称为通用设备。非标准设备是指生产车间中除专业设备和通用设备之外的、用于与生产配套的贮罐、中间料池、计量罐等设备和设施。

一、设备选型的主要原则

1）保证工艺过程实施的安全可靠，包括设备材质对产品质量的安全可靠，设备材质强度的耐温、耐压、耐腐蚀的安全可靠，生产过程清洗、灭菌的可靠性等。

2）经济上合理，技术上先进。

3）投资省，耗材料少，加工方便，采购容易。

4）运行费用低，水电气消耗少。

5）操作清洗方便，耐用易维修，备品配件供应可靠，减轻工人劳动强度，实施机械化和自动化方便。

6）结构紧凑，尽量采用经过实践考验证明确实性能优良的设备。

7）考虑生产波动与设备平衡，留有一定余量。

8）考虑设备故障及检修的备用。

二、设备的设计与选型

（一）专业设备的设计与选型

专业设备设计与选型的依据如下。

1）由工艺计算确定的成品量、物料量、耗汽量、耗水量、耗风量及耗冷量等。

2）工艺操作的条件（温度、压力、真空度等）。

3）设备的构造类型和性能。

专业设备设计与选型的程序和内容如下。

1）设备所担负的工艺操作任务和工作性质、工作参数的确定。

2）设备选型及该型号设备的性能、特点评价。

3）设备生产能力的确定。

4）设备数量计算（考虑设备使用维修及必需的裕量）。

5）设备主要尺寸的确定。

6）设备化工过程（换热面积、过滤面积、干燥面积、塔板数等）的计算。

7）设备的传动搅拌和动力消耗计算。

8）设备结构的工艺设计。

9）支承方式的计算选型。

10）壁厚的计算选择及材质的选择和用量计算。

（二）通用设备的设计与选型

属于通用设备的内容很多，下面主要介绍液体输送设备、气体输送设备及固体输送设备的计算选型。

1. 液体输送设备　液体输送设备主要涉及泵。泵的选择包括：①泵的选型，首先应根据输送物料的特性和输送要求考虑，然后再根据输送流量、扬程，并考虑泵的效率，选择具体型号。②对于间歇操作的泵选择，注意在满足压头、耐腐蚀、防爆等方面要求的前提下，可把生产能力选得大些，尽可能快地将物料输送完，尽快腾出设备，节约人力。③对于连续操作的泵，在考虑输送物料特性、压头、安全等方面要求的同时，则应选择流量略高于工艺要求的泵，以便留有调节余地，保证生产均衡进行。

2. 气体输送设备　发酵工厂用于深层发酵的气体输送设备选型，如机械搅拌罐和各种新型生化反应器等的通气设备，主要是往复式空压机、涡轮压缩机。用于酵母培养和麦汁生产的设备主要是罗茨式和高压鼓风机；用于固体厚层通风培养、气流输送、气流干燥、气体输送的则是离心通风机。车间通风换气一般使用轴流式风机。连续操作的多有备用设备。

气体输送设备的选择方法、步骤如下。

1）首先列出基本数据：气体的名称特性、湿含量、是否易燃易爆及有无毒性等；气体中含固形物、菌体量；操作条件，如温度、进出口压力、流量等；设备所在地的环境及对电机的要求等。

2）确定生产能力及压头：在确定生产能力时，应选择最大生产能力，并取适当安全系数。压头的选择应按工艺要求分别计算通过设备和管道等的阻力，并考虑增加 1.05～1.1 倍的安全系数。

3）选择机型及具体型号：根据生产特点和计算出的生产能力、压头及实际经验或中试经验，查询产品目录或手册，选出具体型号并记录该设备在标准条件下的性能参数、配用电机辅助设备等资料。

4）设备性能核算：对已查到的设备，要列出性能参数，并核对能否满足生产要求。

5）确定安装尺寸。

6）计算轴功率。

7）确定冷却剂耗量。

8）选定电机。

9）确定备用台数。

10）填写设备规格表，作为订货依据和选择设备过程的数据汇总。

3. 固体输送设备　　固体输送设备选择时如无特殊需要，应尽量选用机械提升设备，因其能耗为气流输送的十分之一到三分之一；皮带输送机、螺旋输送机以水平输送为主，也可以有些升扬，但倾角不应大于20°，否则效率大大下降，甚至造成失误。

（三）非标准设备的设计

非标准设备按作用特点大体上可分为以下三类。

1. 起贮存作用的罐、池（槽）的设计　　属于这类设备的有味精生产的尿素贮罐、贮油罐及啤酒麦汁的暂贮罐等。设计时，主要考虑选择合适的材质、相应的容量，以保证生产的正常运行。在此前提下，尽量选用比表面积小的几何形状，以节省材料、降低投资费用。球形容器是最省料的，但加工较困难。因此，多采用正方体和直径与高度相近的筒形容器。

这类设备的设计步骤如下：①材质的选择；②容量的确定；③设备数量的确定；④几何尺寸的确定；⑤强度计算；⑥支座选择。

如果有的物料易沉淀，还应加搅拌装置；需要换热的，还要设置换热装置，并进行必要的设计。

2. 起混合、调量、灭菌作用的非标准设备设计　　属于这类设备的有乙醇生产的拌料罐、味精生产的调浆池等。为了使混合或沉降效果好，选择这类设备的高径比（或高宽比）≤1是有利的。

3. 起计量作用的非标准设备设计　　属于这类设备的有味精生产的油计量罐、尿素溶液计量罐等。为使计量结果尽量准确，通常这类设备的高径比（或高宽比）都选得比较大（如取 $H/D=4\sim5$）。这样，当变化相同容量时，在高度上的变化较灵敏。而把节省材料放在次要地位。设计步骤大体同前述。所不同的是要有更明显的液位指示或配置可靠的液位显示仪表。

第六节　发酵车间布置与管道设计

一、发酵车间布置

发酵车间布置设计的目的是对发酵工厂厂房的配置和设备的排列做出合理的安排，车间布置设计是发酵车间工艺设计的两个重要环节之一，它还是工艺专业向其他非工艺专业提供开展车间布置设计的基础资料之一。有效的车间布置设计将会使车间内的人、设备和物料在空间上实现最合理的组合，以降低劳动成本、减少事故发生、增加地面可利用空间、提高材料利用率、改善工厂条件，促进生产发展等。

发酵工厂车间一般由以下几部分组成。

（1）生产部分　包括原料工段、生产工段、成品工段、回收工段和控制室等。

（2）辅助部分　包括通风空调室、变配电室、化验室等。

（3）生活行政部分　包括车间办公室、会议室、更衣室、休息室、浴室及卫生间等。

工艺设计人员主要完成生产车间的设计。辅助车间、动力车间（如变电所、锅炉房、冷冻站、水泵房等）由相对应的配套专业人员承担设计。在进行生产车间布置设计时，首先要了解和确定生产车间的基本组成部分及其具体内容和要求。例如，大型啤酒厂的主要生产车间有麦芽车间、糖化车间、发酵车间和包装车间；小型啤酒厂的主要生产车间为麦芽车间和啤酒车间（包括糖化工段、发酵工段、包装工段）；味精厂的主要生产车间有糖化车间、发酵车间、提取车间、精制车间、包装车间；生物制药厂的主要生产车间有发酵车间、提取车间、精制车间、制剂车间等。只有全面了解和明确车间的组成部分后，才能进行平面设计，防止遗漏和不全。

（一）车间设备布置内容和原则

对不同的设计阶段，车间设备布置图的要求有所不同。对初步设计或（扩大）初步设计阶段，因设备本身的安装方位一般尚未确定，因此，各设备的管口可以不必画出。厂房建筑一般只表示对基本结构的要求。设备安装孔洞、操作平台等构件有待进一步设计确定，故只需简略表示。对于施工图设计阶段而言，车间设备布置图应用一组平面、立面或局部剖面图来表示设备安装的方位。在布置图中设备安装的方位应绘上主要管道接口的位置。对于厂房建筑，则需进一步绘出与设备安装方位有关的孔、洞、操作平台等建筑物、构作物，以及厂房结构的柱、墙、门、窗等基本结构。

在进行生产车间设备的布置设计时，应注意以下问题。

1）在布置设计时要注意本车间与其他车间的关系。要对人流和物流做出合理安排，避免原料、中间体、成品的往返交叉运输。

2）设备布置应按工艺流程顺序，做到上下、纵横相呼应。

3）在操作中相互有联系的设备，应布置得彼此接近，便于工人操作。设备排列要整齐，设备之间应保持必要的间距。间距除了要照顾到合理的操作与检修的要求外，还应考虑到物料输送通道及设备周围临时放置原料和半成品的可能性。

4）车间设备布置应满足检修要求，厂房应有足够高度，以便于吊装设备。对于多层车间，应设置必要的吊装孔或吊装门。

5）在布置车间时，要充分考虑劳动保护、安全防火和防腐等特殊要求。设计要符合各项设计规范。

6）车间设备布置要考虑车间今后发展，在厂房内、外留有发展余地。

7）工艺设计者在进行车间设备布置设计时，要同时满足其他非工艺专业设计的要求，做好相互协作。

（二）车间布置设计的步骤和方法

车间布置设计的步骤和方法视车间的复杂程度等因素而有所不同。一般先从平面布置着手，可分两个阶段进行。

1. 车间布置草图　　将车间内所有设备按比例、按照设备平面投影的图形（注明设备名称与位号）逐一画在含有柱网的厂房建筑平面内，在厂房图纸上精心排列。并对不同方案的布置进行比较，选择最佳方案。

2. 车间布置图　　当建筑图设计初步完成后，即可绘制正式的车间布置图。该图包括平面布置图、立面布置图和剖面图。①车间平面布置图包括厂房各层建筑平面图、设备外形俯视图、操作平台等辅助设施俯视图和辅助用房、生活用房的设备、器具示意图等，在图上应标明各设备的定位尺寸。②立面布置图和剖面图包括厂房立面图及剖面图、设备外形的俯视图、操作平台的侧视示意图等，并标注尺寸。③布置图尺寸的标注除了应基本遵照机械制图国家标准，还应按建筑制图国家标准规定，绘出厂房的构件。

车间设备布置设计的最终成果是车间设备布置图（或称设备布置图）。图样一般包括以下几方面内容。①一组视图：各层设备平面布置图和相应的各部分立面布置图。②说明与附注：对设备安装如有特殊要求，应用文字进行说明。③位号与名称：对图中各设备按流程图中位号（或设备一览表中顺序号）写明位号，并将各房间标上名称。④标题栏：注明图名、图号、比例、工程名称、设计阶段、设计版次等。

二、车间工艺管道设计

（一）工艺管道设计内容

工艺管道设计是在施工图设计阶段进行，应包括下列内容。

1）车间水、蒸汽、压缩空气、真空、物料等管道平面、立面布置图。

2）分区工艺设备的管道布置图和管段轴测图。

3）管架和特殊管件施工制造图及安装图。

4）管段材料表和车间管道材料汇总表。

（二）管道设计的方法

1）根据工艺要求和物料的性质选用合适管材、管件和阀门。

2）根据物料的输送流量，参照发酵工厂管道内常选用的物料流速来确定管径。

3）根据带控制点的工艺管道及仪表流程图、设备布置图、单体设备施工图，结合建厂地区的气候条件、冻土层厚度等资料，进行管道布置设计。管道布置图包括：①平面布置图和立面布置图等视图；②在图中须注明管道内介质代号、管段编号、管道尺寸、管道材料、管道中心标高和管道内介质流动方向；③阀门、管件和仪表自控等图形和安装位置的标注；④绘出管道地沟的轮廓线。此外，对有些重要工程项目，还需要绘制每一根管段的轴测图。

4）在绘制每一根管段时，应同时填写管段材料表。管段材料表应包括管道代号，管道起止点，设计的温度和压力参数，管道直径，管材名称、规格和长度，阀门名称、型号、规格和数量，弯头、三通等的规格、材质和数量，连接管道用的法兰的名称、标准号、规格、材质和数量，密封垫片的标准号、规格和数量，固定法兰用的螺栓、螺母等紧固件的标准号、规格和数量，管道上仪表管件的名称、规格、材质和数量等。

5）在设计绘制管道布置图时，同时应标绘出管架位置及管架编号，并填写管架一览表，对非标准管架，相关专业要设计管架施工制造图。

6）编制管道、管件和管架等材料汇总表。

（三）管道布置图的绘制

管道布置图又称配管图，是表达车间（或装置）内管道及其所附管件、阀门、仪表控制点等空间位置的图样。管道布置图是车间（或装置）管道安装施工过程中的重要依据，应以工艺管道流程图、设备布置图、设备管口方位图和制造厂提供的有关定型产品等资料为依据进行设计绘制，主要包括平面布置图和立面布置图的绘制。

1．管道平面布置图的绘制步骤

1）确定表达方案、视图的数量、比例和图幅后，用细实线画出厂房平面图。画法同设备布置图，标注柱网轴线编号和柱距尺寸。

2）用细实线画出所有设备的简单外形和所有管口，加注设备位号和名称。

3）用粗单实线画出所有工艺物料管道和辅助物料管道平面图，在管道上方或左方标注管段编号、规格、物料代号及其流向箭头。

4）用规定的符号或代号在要求的部位画出管件、管架、阀门和仪表控制点。

5）标注厂房定位轴线的分尺寸和总尺寸、设备的定位尺寸、管道的定位尺寸和标高。

6）绘制管口方位图。

7）在平面图上标注说明和编制管口表。

8）校核审定。

2．管道立面布置图的绘制步骤

1）画出地平线或室内地面、各楼面和设备基础，标注其标高尺寸。

2）用细实线按比例画出设备简单外形及所有管口，并标注设备名称和位号。

3）用粗单实线画出所有主物料和辅助物料管道，并标注管段编号、规格、物料代号、流向箭头和标高。

4）用规定符号画出管道上的阀门和仪表控制点，标注阀门的公称直径、形式、编号和标高。

第七节　发酵工业"三废"处理及其工厂化设计

发酵工业"三废"处理及其工厂化设计应在清洁生产和循环经济思想的指导下进行，这样不仅可以降低成本，还可以实现"三废"的资源化利用和发酵工业的环境友好及可持续发展。

一、废水

发酵工业产生的废水量大、成分复杂，排放之前必须进行处理。对于废水的处理，首先要贯彻积极防治的方针，以防为主，采取措施把污染尽可能减少在工艺生产过程中，主要的处理方法如下。

1）节约用水，提高水的循环利用率；杜绝跑冒滴漏；提高原料利用率和化工材料的回收率。

2）改进生产工艺，尽量减少生产过程中废液的排放量；对工艺过程产生的危害人体健康的有毒物质从严处理；控制和减少事故排放；强化一级处理，降低排水的悬浮物及其他污染负荷。

3）对于所产生的废水，要设计废水处理站进行处理。废水的处理包括一级处理、二级处理及三级处理，所用的方法有物理方法、化学方法、物理化学方法、生物方法等。生产中的污染物多种多样，一种废水往往需要通过几种方法组成的处理系统，才能达到要求的处理效果。三个级别的处理过程通常如下。

一级处理：以物理方法为主，目的是除去废水中悬浮状态的固形物质，并调节 pH。常见的方法有筛滤、沉淀、过滤等。经过一级处理后的废水去除生物需氧量（BOD）的 20%～30%。当然，也可以尝试使用光催化法等新技术处理废水。

二级处理：是生化处理，目的是大幅度去除废水中呈胶体状和分解状态的有机污染物质。其典型的处理方法是活性污泥法和生物膜法。经二级处理后废水即可符合排放标准。

三级处理：需要采取物理化学方法，目的是进一步去除二级处理所未能除去的污染物质，以达到生活饮用水标准。常见方法有活性炭吸附法、电渗析法、离子交换法等。经三级处理后 BOD 能降到 5mg/L 以下。

二、废气

对于排入大气的污染物，应控制其排放浓度及排放总量，使其不超过所在地区污染物的允许浓度和环境容量，主要的处理方法如下。

1）利用防尘装置，如原料风送过程的洗尘塔、袋滤器、离心或除尘器等，去除排放废气中的烟尘及各种粉尘。

2）采取气体吸收法处理有害气体，如用氢氧化钠、氨水吸收废气中的二氧化碳、二氧化硫等。

3）应用冷凝、催化转化、活性炭吸附等物理、化学和物理化学方法处理排放废气中的主要污染物。例如，乙醇生产过程中蒸馏工段的各级冷凝器。

三、废渣

废渣是在生产过程中产生的，因此，治理废渣首先是要改革工艺过程，减少废渣产生；其次是对废渣尽量回收利用，从废渣中提取有用的物质，利用废渣制造副产品，变废为宝；最后是对回收利用后剩余的残渣进行最终处理（如作为肥料、填埋等），谋求通过自然净化作用使其迅速自然回归。废渣综合利用的主要途径如下。

1）锅炉煤渣，可用来制煤渣砖或配制水泥。

2）酒糟、麦糟、薯渣、丝苗渣等废渣，可直接作为饲料出售或进一步加工成家畜的精饲料，如糖蜜酒糟生产白地霉，淀粉质原料酒糟生产饲料酵母；可利用酒糟、废菌丝等进行沼气发酵，也可从这些废渣中提取有用的物质，如从糖蜜酒糟中提取甘油等。

第八节　发酵工厂投资概算与经济评价

一、建设项目总投资概算

在可行性研究阶段应进行工程投资估算，初步设计阶段要进行工程投资概算，而施工图设计阶段应根据施工图纸，对工程进行详细的预算。

建设项目总投资可按下式计算：建设项目总投资＝建设投资＋流动资金＋建设期借贷利息。

（一）建设投资

建设投资费用包括工程费用、其他费用和预备费等。

1. 工程费用　工程费用包括下列 6 项费用。

1）主要生产项目工程费用：指从原材料储存、产品生产到成品包装和储存等直接进行产品生产的工程费用。

2）辅助生产工程费用：指为产品生产间接服务的工程费用，如机修、中心试验室、动物房等。

3）公用工程费用：指空压、冷冻、给排水、供电、供热及厂区外的管线工程等费用。

4）"三废"治理工程费用。

5）服务性工程项目费用：包括厂办公楼、食堂、车库、消防站、医务室、浴室、招待所等工程项目费用。

6）生活福利工程项目费用。

2. 其他费用　该费用包括土地征用费、青苗补偿费、供电补贴费、水增容费、技术转让费、勘察设计费、建设单位管理费、联合试运转费、进出口设备材料国内检验费、保险费、银行担保费、工程监理费、生产职工培训费、环境评价费、办公及生活家居购置费、研究试验费等。

3. 预备费　该费用由基本预备费和涨价预备费组成。基本预备费是指项目实施中可能发生的难以预料的支出，需要事先预留的费用，又称不可预见费，基本预备费按工程费用与其他费用之和乘以基本预备费率计算。涨价预备费是指在建设期内可能发生材料、设备、人工等价格上涨引起投资增加，需要事先预留的费用。

（二）流动资金

工厂投产后，进行生产和经营活动所必需的周转资金称为流动资金。流动资金由储备资金、生产资金和成品资金三部分组成。发酵工厂的流动资金一般可按全年总生产成本的30%左右来计算。

（三）建设期借贷利息

建设期借贷利息是指项目借款在建设期内发生并应计入固定资产原值的利息。

二、概算与经济评价中的费用计算

（一）设备费概算

在发酵工厂建设投资中，设备费用要占总投资的一半以上。设备费用的概算项目中，包括设备购置费、设备运输费和设备安装费三部分。

（二）工艺管道安装费

工艺管道安装费是由管道安装材料费和人工费两部分组成。在初步设计阶段，由于尚未进行管道布置设计，也不能提供详细的管段材料表，因此，此时进行工艺管道安装费的概算是有一定的难度的。但由于在初步设计阶段，车间的平面、立面布置图已完成，工艺管道的计算和管道材料、阀门等选用也已明确，因此，工艺设计人员应根据设计有关的资料，估算出管道材料的需要量，然后参考《化工建设概算定额》有关规定，初步计算出工艺管道安装费用。也可根据相同类型工程中管道安装费率来计算车间内管道安装所需费用，通常对于发酵工厂而言，根据不同产品的特点，可按设备总价的 25%～35% 计算工艺管道安装费。

（三）土建费用计算

在初步设计阶段，厂房的平面和立面已确定，根据工艺要求，厂房的结构和各层面积也已确定，宅外的构筑物也已明确，所以，土建费用可以较精确地计算。土建费用应按当地有关部门颁发的建筑工程概算定额和建筑安装工程费用定额来计算所设计的工程项目的土建费用。其费用计算可从以下几项来进行。

1）直接费用，土建概算中的直接费用是指材料费、机械费和人工费，是以工程量（m^2）乘以定额而得，并以直接费用为计算基数，再计算其他直接费用和间接费用。

2）其他直接费用：其他直接费用是指冬季和雨季施工增加费、二次搬用费、夜间施工费、停电误工费、流动施工津贴等。

3）间接费用：包括施工管理费、临时设施费、劳保费、法定利润等。

（四）电气工程和仪表自控费用

1）电气工程设备和元器件等材料应根据市场价格来进行概算，其安装费用可参考《化工建设概算定额》来考虑，并加上提价因素。

2）仪表自控费用可参考相关仪表价格手册或市场价格来计算，其安装费用可参考《化工建设概算定额》，并考虑提价因素。

三、产品成本计算

产品成本的估算是根据设计所规定的技术指标（发酵产率和提取总收率），经过物料衡算、动力计算等步骤，加上管理及销售等费用，最后估算出产品成本。

某一发酵产品的年总成本可由下列步骤计算。

（1）原材料和辅助材料费用　　原辅材料年总费用＝产品消耗定额 × 年产量 × 原辅材料价格。

（2）燃料费用　　燃料费用＝燃料消耗定额 × 年产量 × 燃料单价。

（3）动力费用　　动力费用＝产品电耗 × 年产量 × 电单价。

上述（1）～（3）都是可变成本。

（4）人工费用

1）直接生产工人工资：工人工资＝平均月工资 × 车间工人数 ×12。

2）工资附加费：按工资总额的 11% 计算。

（5）车间维修费　　按车间固定资产原值的 6% 计算。

（6）车间折旧费　　车间折旧费＝车间固定资产原值 × 基本折旧率。

（7）车间管理费　　车间管理费是车间管理过程中的办公经费支出和车间管理人员的工

资及工资附加费用等。车间管理费可按下式计算：车间管理费＝（原辅材料费＋燃料费＋动力费＋人工费＋车间维修费＋车间折旧费）×（2%～3%）。

（8）车间成本费　车间成本费＝原辅材料费＋燃料费＋动力费＋人工费＋车间维修费＋车间折旧费＋车间管理费。

（9）企业管理费　是指厂部在组织领导和管理全厂生产经营活动中所开支的各项费用总和，它包括厂部管理人员的工资及工资附加费、厂部的办公费、差旅费、流动资金借款利息、科研费，以及厂部固定资产折旧费与大修费和"三废"处理费等。

企业管理费一般可按车间成本的5%～10%取费。

（10）副产品收入　发酵工厂在生产过程中，如果产有副产品，副产品收入＝副产品产量×副产品价格。

（11）工厂成本　工厂成本＝车间成本＋企业管理费－副产品收入。

（12）销售费　在销售过程中的各项费用，包括产品运输费、广告费、推销费等。

$$销售成本＝工厂成本＋销售费$$

上述所得的年成本除以年产量，即单位产品的成本。此外，在进行经济评价时，还有经营成本，其可按下式计算：

$$经营成本＝工厂成本－（车间折旧费＋工厂折旧费）＋销售费用$$

其中，车间折旧费的计算办法为

$$车间折旧费＝\frac{（全厂固定资产原值总和－各车间固定资产原值总和）×车间固定资产原值×折旧率}{各车间固定资产原值总和}$$

四、借贷利息和还款能力预测

（一）借款利息计算

在财务评价中，国内借款一般简化为以年计息，建设期借款利息按复利计息，到项目建成投产后还款。

每一年借款假定在年中使用，以半年计息，以后年份的借款按全年计息。同样在投产后还款当年也按半年计息。

（二）还款能力预测

发酵工厂基建项目建成投产后，其还款资金可由以下几个来源筹集。

（1）利润　利润是产品销售后，扣除成本和税金后的剩余部分。

$$利润＝销售收入－成本－税金$$

（2）折旧费　在项目投产后，计入成本中回收的折旧费的部分资金可作还款资金。

五、项目投资的经济评价

（一）综合经济指标

对一个工程建设项目评价其经济上是否可行，或者有两个以上方案进行比较时，看哪个更可行，可用综合经济指标来进行比较，其内容如下：①借款偿还期，年；②投资回收期，年；③投资利润率，%；④投资利税率，%；⑤内部收益率，%；⑥净现值，万元。

（二）盈亏平衡点分析

盈亏平衡点分析是通过分析项目建成投产后，产品的销售收入、可变成本、固定成本和利润四个方面的关系，求出当销售收入等于产品的生产成本时的产量，即盈亏平衡点时的产量。

（三）敏感性分析

敏感性分析也称为灵敏度分析，它是研究对项目各期现金流量起作用的各个要素发生变化时，对项目评价指标及结论所产生的影响。它是检验建设项目可靠性的一种方法。目前，一般建设项目的敏感性分析采用单因素分析，即当其他因素假定不变，只改变其一因素时，计算出此时的内部收益率和净现值，将此二项与正常情况下的数项相比较，判断建设项目的可靠性。

复习思考题

1. 简述发酵工厂工艺设计的主要内容。
2. 简述发酵工艺流程的设计原则。
3. 工厂的总平面如何布置？
4. 简述工艺计算中物料衡算的步骤。
5. 简述设备选型的主要原则。
6. 简述专业设备设计与选型的程序和内容。
7. 简述车间设备布置的内容及原则。
8. 简述车间设计的步骤和方法。
9. 简述工艺管道平面布置图的绘制步骤。
10. 简述发酵工业废水的处理方法。
11. 发酵工厂投资中工程费用包括哪些？

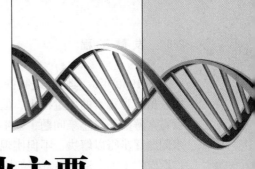

第十章　现代发酵工业主要产品的工艺过程

现代发酵工业是将传统发酵技术和基因工程技术、细胞融合技术、计算机技术、新材料技术等，以及新型生物反应器结合起来的现代微生物发酵技术。发酵对象除天然微生物菌种和变异微生物菌株外，还包括基因工程菌、细胞融合菌及动植物细胞等。现代发酵工业生产的产品也已远远超出乙醇、乙酸、酱油等传统产品，目前能够在工业规模上生产的发酵品种已扩大到抗生素、氨基酸、核苷酸、酶制剂、胰岛素、干扰素、生长激素、疫苗、杀虫剂、维生素和单细胞蛋白等。根据发酵产品的种类和特点差异，所采用的发酵工艺、分离提取方法和精制工艺有所不同，故本章主要介绍目前在工业生产中生产量较大、技术较成熟的几种发酵产品的发展概况和一般工艺过程。

第一节　抗　生　素

一、概述

（一）抗生素定义

抗生素是由微生物（包括细菌、真菌、放线菌等）或动植物在其生命活动过程中所产生的，或经过其他方法（生物化学或半合成）衍生的，在一定浓度下，具有抑制或杀灭病原体的一类化学物质。目前认为，抗生素除具有传统的抗菌作用外，还有抗病毒、抗原虫、抗寄生虫和抑制某些特异酶的功能。

（二）抗生素发展史

抗生素是现代生物学史上最伟大的成就之一。关于抗生素的早期历史，可追溯至 2500 多年前。相传我们的祖先那时就知道可用长在豆腐上的霉菌治疗疖疮等疾病，在西方人们很早就知道用发霉面包治疗溃疡、肠道感染等。19 世纪 70 年代后，微生物间的拮抗现象被各国学者陆续发现并报道。1928 年，弗莱明（Fleming）在研究葡萄球菌变异时发现，培养基上污染的青霉菌抑制了细菌的生长。通过对青霉菌培养物的无细胞提取物进行研究，发现它们具有相同的抑菌作用，他把这种物质叫作青霉素。

真正推动抗生素发展的是牛津大学病理学教授弗洛里（Florey）。他在 1938 年到 1939 年对已知的由微生物产生的抗菌物质进行了系统的研究，其中青霉素是最引起他注意的物质之一。到 1940 年，人们已经制备了纯度可满足人体肌肉注射的青霉素制品。在首次临床试验中，虽然青霉素的用量很少，但疗效却非常惊人。当时正值第二次世界大战期间，需要大量青霉素解决伤口感染问题，在生物学家和工程技术人员共同努力下，青霉素大规模生产的技术问题逐步得以解决，不但实现了工业化，而且发酵单位逐步增加，直到现在青霉素仍然是广泛应用于临床治疗最重要的抗生素之一。

　　1952 年诺贝尔生理学或医学奖获得者瓦克斯曼（Waksman）是抗生素发展史中另一位重要人物。他和他的学生有意识、有目的地寻找能产生抗生素的微生物，并于 1943 年发现灰色链霉菌可以合成能治疗结核病的新抗生素，即链霉素。随后在世界范围内开始了寻找其他抗生素的热潮，很快金霉素、氯霉素、土霉素、制霉菌素、红霉素、卡那霉素等相继被发现。我国自 1953 年在上海建立了第一个生产青霉素的抗生素工厂以来，抗生素工业得到迅速发展，发酵生产工艺、分离纯化技术不断成熟，已能批量生产包括青霉素类、头孢菌素类、β- 内酰胺酶抑制剂类、大环内酯类、喹诺酮类等常用抗生素。不仅能够保证国内医疗保健事业的需要，还有相当数量出口。目前我国抗生素发酵水平已接近或达到国际先进水平，国内一些企业在部分抗生素原料药生产能力上已经具有一定的国际竞争力，这使我国正在向世界原料药生产基地发展，销售市场会有较大的拓展空间。

（三）抗生素的分类

从自然界分离到的抗生素已超过 10 000 种，对这些抗生素可用下面几种方式进行分类。

1. 根据微生物来源分类

（1）放线菌产生的抗生素　　天然抗生素中，2/3（超过 6000 种）是由放线菌产生的，其中有 50 多种抗生素已经广泛地得到应用，如链霉素、红霉素、多氧菌素、金霉素、卡那霉素、氯霉素和庆大霉素等用于临床治疗人的多种疾病，灭瘟素、井冈霉素、庆丰霉素等用于农业生产。

（2）真菌产生的抗生素　　由某些真菌产生的抗生素，如青霉素类、头孢菌素类、灰黄霉素等。

（3）细菌产生的抗生素　　由细菌产生的抗生素的主要来源是多黏芽孢杆菌、枯草芽孢杆菌等，如由短芽孢杆菌产生的短杆菌肽等。

（4）动物或植物产生的抗生素　　由高等植物产生的抗生素，如黄连素、大蒜素等。由动物产生的抗生素，如鲦和乳铁蛋白等。

2. 根据抗生素的作用分类

（1）抗细菌类抗生素　　青霉素族抗生素、头孢菌素族抗生素、喹诺酮类抗生素、氨基糖苷类抗生素、大环内酯类抗生素、抗结核分枝杆菌抗生素等。

（2）抗真菌类抗生素　　常用的品种有两性霉素 B、灰黄霉素、制霉菌素、克念菌素等。

（3）抗结核分枝杆菌类抗生素　　卡那霉素等。

（4）抗癌细胞类抗生素　　常用的有丝裂霉素、阿霉素等。

（5）抗立克次氏体和支原体类抗生素　　如四环类抗生素对立克次氏体有一定作用。

（6）抗原虫类抗生素　　抗滴虫霉素、复方新诺明、氨苯砜及羟乙基磺酸戊烷脒。

3. 根据抗生素的作用机制分类

（1）抑制细胞壁合成的抗生素　　青霉素、头孢菌素、杆菌肽等。

（2）影响细胞膜功能的抗生素　　多黏菌素、短杆菌素等。

（3）抑制核酸合成的抗生素　　丝裂霉素、博来霉素、利福霉素、放线菌素等。

（4）抑制蛋白质合成的抗生素　　链霉素、庆大霉素、卡那霉素、四环类抗生素、红霉素等。

（5）抑制生物能量产生的抗生素　　抑制呼吸链电子传递的抗霉素。

4. 根据生物合成途径分类

（1）氨基酸、肽类衍生物　　有如下几类。①简单氨基酸衍生物：环丝氨酸、重氮丝氨酸等。②寡肽抗生素：青霉素、头孢菌素等。③多肽类抗生素：多黏菌素、杆菌肽等。④多肽大环内酯类：放线菌素等。⑤含嘌呤和嘧啶基团的抗生素：抗滴虫霉素、嘌呤霉素等。

（2）糖类衍生物　　以糖及其衍生物为前体所形成的抗生素：氨基糖苷类抗生素。

（3）以乙酸、丙酸为基本单位的衍生物　　有如下几类。①乙酸衍生物：四环类抗生素、灰黄霉素等。②丙酸衍生物：红霉素等。③多烯和多炔类抗生素：制霉菌素、抗滴虫霉素等。

5. 根据化学结构分类

（1）β-内酰胺类　　这类抗生素在临床上使用种类最多、用量最大、用途最广，此类主要包括两类。①青霉素：常用的品种有青霉素钠、青霉素钾、氨苄西林钠、阿莫西林、哌拉西林等。②头孢菌素：常用品种有头孢氨苄、头孢羟氨苄、头孢唑林钠、头孢拉定、头孢曲松钠等。

（2）氨基糖苷类　　链霉素、庆大霉素、卡那霉素、阿米卡星、小诺米星等。

（3）大环内酯类　　红霉素、琥乙红霉素、罗红霉素、麦迪霉素、乙酰螺旋霉素、吉他霉素等。

（4）四环类　　四环素、土霉素、多西环素、米诺环素等。

（5）多肽类　　多黏菌素、杆菌肽、放线菌素D等。

（6）多烯类　　制霉菌素、两性霉素B、球红霉素、抗滴虫霉素等。

（7）苯烃基胺类　　氯霉素、甲砜霉素等。

（8）蒽环类　　罗红霉素、阿霉素、柔红霉素。

（9）环桥类　　利福霉素等。

二、抗生素工业发酵生产过程

现代抗生素工业生产中可生产的抗生素种类很多，其基本过程如图10-1所示。

前体
↓

菌种 ——→ 孢子制备 ——→ 种子 ——→ 发酵 ——→ 提取 ——→ 精制 ——→ 成品检验 ——→ 包装 ——→ 分装

图 10-1　抗生素工业生产的基本过程

（一）菌种

产生抗生素的微生物主要来源于自然界环境，如土壤等，分离到的微生物经过纯化、诱变和筛选后所得到的生产性能良好的菌株即称为菌种。菌种可用脱脂牛奶或葡萄糖液等和孢子混在一起，经冷冻、真空干燥后，在超低温环境（-196～-190℃液氮中）长期保存。如条件不足时，则可用传统砂土管在4℃冰箱内保存，但此法不适宜菌种的长期保存。一般生产用菌株经多次转接传代往往会发生变异而退化，故必须经常进行菌种选育和纯化以提高其生产能力。

生产性能优良的产抗生素菌种应具备以下条件：①生长繁殖快，发酵单位高；②遗传性能稳定，在一定条件下能保持持久的、高产量的抗生素生产能力；③培养条件相对粗放，发酵过程易于控制；④生成的副产物少，得到的抗生素质量好。

（二）孢子制备

生产用的菌株要经过纯化和生产能力的严格检验，达到规定的要求后，才能用来制备发酵生产用的种子。在无菌条件下，将保藏的处于休眠状态的孢子接种到斜面培养基上，在一定温度下培养6～7d。如培养出的孢子数量满足不了生产需要，可进一步用扁瓶在固体培养基（如小米、大米、玉米粒或麸皮）上扩大培养。

（三）种子制备

种子制备的目的是使孢子发芽、繁殖以获得足够数量的菌丝，以便用于发酵生产。一般将摇瓶培养的菌种接入种子罐进行逐级扩大培养，也可直接将孢子接入种子罐后逐级扩大培养。种子扩大培养级数的多少，取决于菌种性质、生产规模大小和生产工艺特点。接种前有关设备和培养基经过灭菌后，将孢子悬浮液或来自摇瓶的菌丝以微孔差压法或打开接种口在火焰保护下接入种子罐，接种量视需要而定。如用菌丝，接种量一般相当于下一级种子罐内培养基的0.1%～2%，从一级种子罐接入二级种子罐接种量一般为5%～20%，培养温度一般在25～30℃（细菌的培养温度为32～37℃）。在罐内培养过程中，需要通入无菌空气并进行搅拌。控制罐温、罐压，并定时取样做无菌检验，观察菌丝形态，测定种子液中发酵单位和进行生化分析等，同时观察杂菌情况，种子质量合格后方可接种到发酵罐中。

（四）培养基的配制

在抗生素发酵生产中，使用的微生物包括细菌、放线菌和真菌等不同类型，由于各菌种的生理生化特征差异，以及采用工艺不同，所需的培养基组成也不同。即使是同一菌种在种子培养阶段和不同发酵时期，其营养要求也不完全一样。因此，需根据不同要求选用培养基的成分与配比。培养基的主要成分包括碳源、氮源、无机盐类等基本营养成分及某些发酵产物的前体，前体是构成抗生素分子中的一部分而其本身又没有显著改变的物质。在抗生素的生物合成中，菌体利用前体直接参与抗生素的生物合成，在一定条件下，它还控制菌体合成抗生素的方向并增加抗生素的产量。前体的加入量应适度，如过量则可能产生毒性，并增加生产成本；如不足，则影响发酵产物的形成，降低产量。

（五）发酵

发酵是抗生素生产的关键过程，良好的发酵条件和有效的过程控制是使微生物大量分泌抗生素的前提条件。发酵开始前，有关设备和培养基必须经过严格灭菌，然后在无菌条件下接种，接种量一般为10%～20%。发酵周期视抗生素的品种和发酵工艺而定，整个过程中，需不断通无菌空气并搅拌，以维持一定的罐压和溶解氧。同时，发酵过程要控制一定的温度和pH，此外，还要严格控制产生的泡沫。在发酵期间，每隔一定时间应取样进行生化分析和无菌检验。目前常见分析或控制的参数有菌丝形态、残糖量、氨基氮、抗生素含量、溶解氧、pH、通气量、搅拌转速等。其中的一些参数可用电子计算机进行在线检测和控制。

（六）抗生素的提取

提取的目的在于从发酵液中分离得到一定纯度的抗生素。发酵液的成分极为复杂，除目的产物外，还含有培养基的残余成分、无机盐及微生物的其他代谢产物。一般情况下，在提取前，首先要对发酵液过滤和预处理，以便使菌体等不溶性杂质与发酵液分离。对于抗生素大量残存在菌丝中的情况，发酵液的预处理应当包括使抗生素从菌丝中析出的过程，使其转入发酵液中。

在发酵液中，抗生素的浓度通常很低，而杂质的浓度相对较高。杂质中有无机盐、残糖、脂肪、各种蛋白质及降解产物、色素、热原物质或有毒物质等。另外，多数抗生素不稳定，且发酵液易被污染，故整个提取过程要求：①时间短；②温度低；③ pH 宜选择对抗生素较稳定的范围；④勤清洗消毒（包括厂房、设备、容器并注意消灭死角）。常用的提取方法有液-液萃取法、离子交换法和沉淀法等。

（七）抗生素的精制

抗生素精制的目的是使产品达到药品生产管理规范（即 GMP）规定的质量要求。精制的过程主要包括脱色和去除热原物质、结晶和重结晶、层析和蒸馏等。在精制过程中，所采用的设备材质不应与药品起反应，并易清洗，对注射品应严格按无菌操作的要求。

（八）成品检验

根据《中华人民共和国药典》进行检验的项目包括效价检定、毒性实验、无菌实验、热原实验、水分测定、水溶液酸碱度和浑浊度测定、结晶颗粒的色泽及大小测定等。

三、青霉素生产工艺

青霉素是人类第一个实现工业化生产的抗生素，也是目前生产量最大、用途最广的抗生素。

（一）菌种

目前国内青霉素生产菌按其在液体深层培养中菌丝的形态分为丝状菌和球状菌两种，根据丝状菌产生孢子的颜色又分为黄孢子丝状菌和绿孢子丝状菌，常用菌种为绿孢子丝状菌，如产黄青霉（*Penicillium chrysogenum*）。

（二）发酵工艺流程

常用的绿孢子丝状菌的生产流程如图 10-2 所示。

冷冻管 ──→ 斜面母瓶 ──→ 大米孢子 ──→ 种子罐 ──→ 发酵罐 ──→ 过滤 ──→ 提取 ──→ 脱色 ──→ 结晶 ──→ 工业盐

图 10-2　常用的绿孢子丝状菌的生产流程

（三）培养基

1）青霉菌能利用多种碳源，如乳糖、蔗糖、葡萄糖等。目前普遍采用淀粉水解糖，糖化液（DE 值在 50 以上）进行流加。

2）氮源可选用玉米浆、花生饼粉、精制棉籽饼粉或麸皮粉等有机氮源，以及氯化铵、硫酸铵、硝酸铵等无机氮源。

3）为使微生物大量合成含有苄基基团的青霉素 G，需在发酵液中加入前体，如苯乙酸或苯乙酰胺。由于它们对青霉菌有一定毒性，因此一次加入量不能大于 0.1%，并采用多次加入的方式。

4）无机盐包括硫、磷、钙、镁、钾等盐类。铁离子对青霉菌有毒害作用，应严格控制发酵液中铁含量在 30μg/mL 以下。

（四）发酵培养控制

1. 菌体生长过程控制　　青霉素产生菌的生长过程可分为 6 个阶段：Ⅰ期为分生孢子萌发期，孢子先膨胀，再形成小的芽管，此时原生质未分化，具有小空泡；Ⅱ期为菌丝繁殖期，原生质嗜碱性很强，在Ⅱ期末有类脂防小颗粒；Ⅲ期形成脂肪粒，积累贮藏物；Ⅳ期脂肪粒减少，形成中、小空泡，原生质嗜碱性减弱；Ⅴ期形成大空泡，其中含有一个或数个中性红染色的大颗粒，脂肪粒消失；Ⅵ期在细胞内看不到颗粒，并出现个别自溶的细胞。

其中Ⅰ～Ⅳ期称为菌丝生长期，产生青霉素较少，而菌丝浓度增加很多。Ⅲ期适于作发酵用种子。Ⅳ～Ⅴ期称为青霉素分泌期，此时菌丝生长趋势逐渐减弱，大量合成青霉素。Ⅵ期即菌丝自溶期，菌体开始自溶。

2. 基质浓度控制　　发酵过程中有时因为前期的基质浓度太高，对代谢途径的酶系统产生阻遏，抑制菌丝的生长；发酵后期基质浓度过低同样会限制菌丝生长和产物形成。所以在青霉素发酵中一般将基质以缓慢流加的方式进行补充。生产上对青霉素发酵影响比较大的基质成分有碳源、氮源、前体和无机盐。①残糖，加糖的控制是根据残糖量及发酵过程中的 pH 确定，或根据排气中 CO_2 及 O_2 量来控制。对于丝状菌的发酵液，一般在残糖降至 0.6% 左右、pH 上升时开始加糖，按照每小时 0.07%～0.15% 的速度添加，残糖量控制在 0.6%～0.8%。对于球状菌而言，pH 大于 6.5 时开始加糖，整个发酵过程中 pH 应尽量避免超过 7.0。②补氮，补氮是指加硫酸铵、氨或尿素，使发酵液氨氮控制在 0.01%～0.05%。③前体，苯乙酸或它的衍生物苯乙胺、苯乙酰胺、苯乙酰甘氨酸等都可以用作青霉素 G 生物合成的前体。但这些化合物浓度过高会对青霉素产生菌产生毒性，苯乙酸添加量不能超过 0.1%，苯乙酰胺浓度维持在 0.05%～0.08%。目前国内外分别用毒性较低的苯乙酸酯和苯乙酸月桂醇酯代替了苯乙酸，在试验和生产中都取得了很好的效果。

3. pH 控制　　对 pH 的要求视不同菌种而异，一般丝状菌为 pH 6.4～6.6，球状菌为 pH 6.7～7.0。pH 过高可以通过加葡萄糖来控制，pH 过低可加入氨、尿素、$CaCO_3$ 或增加通气量等。另外还可以通过加酸或碱自动控制 pH，使发酵液 pH 维持在最适范围。

4. 温度控制　　青霉菌的生长最适温度要高于青霉素合成的最适温度，所以工业发酵中常采用变温培养法，一般前期罐温为 25～26℃，后期罐温为 23℃。较高的温度有利于菌丝生长，缩短发酵周期，后期较低温度能增加青霉素合成和减少产物的降解。

5. 溶解氧的控制　　发酵液溶解氧低于 30% 饱和度时，青霉素产量急剧降低。因此抗生素深层发酵需要通气与搅拌，一般要求发酵液中溶解氧不低于饱和溶解氧的 30%。通风比一般为 1∶0.8。搅拌转速在发酵各阶段应根据需要而调整。

6. 泡沫的控制　　在发酵过程中产生的大量泡沫，可以用天然油脂（如豆油、玉米油等）或用化学合成消泡剂（环氧树脂、聚醚类）来消泡。使用时应控制其用量并少量多次加入，尤其在发酵前期不宜多用，否则会影响菌的呼吸代谢。

（五）下游操作

1. 过滤　　青霉素发酵液经加入絮凝剂等预处理后，多采用转鼓式真空过滤器过滤，整个过程分为吸滤、洗涤、吸洗液、刮除滤饼四个阶段。也有采用板框过滤器过滤，它虽然有设备结构简单、滤液质量好等优点，但因劳动强度大、不能连续工作、生产能力低，并对环境卫生不利，限制了它的应用。

2. 萃取　　青霉素萃取采用液-液萃取法。其原理是依据青霉素 G 在不同溶剂中溶解度的差异进行提取的。目前萃取工艺常用的方法：从滤液中萃取青霉素 G 使用二级逆流工艺；而从乙酸正丁酯中反萃取时，多采用二级顺流（错流）萃取工艺。

3. 脱色　　主要去除溶液中的热原和色素，一般在二次乙酸正丁酯提取液中加活性炭 150～300g/10 亿单位，进行脱色、过滤。

4. 精制　　精制是达到产品质量要求的重要工序。早期使用的在乙酸正丁酯萃取液中加入乙酸盐乙醇溶液直接结晶的方法已被工艺更加优良的丁醇共沸结晶法所取代，目前国际上较普遍采用此法生产。其简要流程如下：将二次乙酸正丁酯萃取液以 0.5mol/L 的 NaOH 调 pH 至 6.4～6.8，得青霉素钠盐水浓缩液（约 5 万单位 /mL）；加 3～4 倍体积丁醇，在 16～26℃，5～110mmHg[①] 下真空蒸馏，将水与丁醇共沸物蒸出，并随时补加丁醇；当浓缩到原来的水浓缩液体积、蒸出馏分中含水达 2%～4% 时，即停止蒸馏；青霉素钠盐结晶析出，过滤，将晶体洗涤后进行干燥得成品；可在 60℃，20mmHg 下真空干燥 16h，然后磨粉，进行包装。

5. 溶媒回收　　青霉素提取使用了大量的乙酸正丁酯、丁醇等有机溶剂，如果不进行回收将会大幅度提高生产成本和污染环境，所以目前多采用立面传质塔板（CTST）设备进行蒸馏回收。

第二节　氨　基　酸

一、概述

氨基酸（amino acid）是指一类含有羧基并在与羧基相连的碳原子上连有氨基的含氮有机化合物，是生物功能大分子蛋白质的基本组成单位。在自然界中，组成蛋白质的常见氨基酸共有 20 种，除甘氨酸外，所有组成蛋白质的天然氨基酸都是 L-α- 氨基（或亚氨基）羧酸，这些氨基酸通过肽键连接成为大分子的蛋白质，是所有生命的基础。其中苏氨酸、缬氨酸、亮氨酸、异亮氨酸、赖氨酸、甲硫氨酸、苯丙氨酸及色氨酸 8 种氨基酸是人类本身不能合成的必需氨基酸，只能从食物中摄入。除上述组成蛋白质的氨基酸外，自然界中还存在各种 D- 氨基酸、γ- 氨基酸等非蛋白质氨基酸，以及氨基磺酸、氨基硫酸及氨基磷酸等，这些特殊的氨基酸也具有重要的生理作用。氨基酸在营养保健、调味品、化妆品及药品生产中都有重要的应用。

到目前为止，人们对几乎所有常见的氨基酸发酵生产工艺都进行了研究和开发，谷氨酸、

---

① 　1mmHg＝1.333 22×10² Pa

赖氨酸、精氨酸、谷氨酰胺、亮氨酸、异亮氨酸、脯氨酸、丝氨酸、苏氨酸及缬氨酸等都已经获得工业化生产。发酵法生产氨基酸已形成一个朝气蓬勃的新兴工业体系。近几年来，在氨基酸的研究、开发和应用方面均取得重大进展，发现的氨基酸种类和数量已由 20 世纪 60 年代 50 种左右，发展到现在 1000 多种。其中用于药物的氨基酸及氨基酸衍生物的品种达 100 多种，目前产量已达上百万吨，产值超百亿美元。

二、氨基酸工业发酵生产过程

（一）氨基酸发酵的工艺控制

1. 培养基　　发酵培养基的成分与配比是决定氨基酸产生菌代谢的主要因素，与氨基酸的产率、转化率及提取收率关系很密切。

氨基酸发酵中可以选择的碳源包括淀粉水解糖、糖蜜、乙酸、乙醇、烷烃等，它们是构成菌体和合成氨基酸的碳架及能量的来源。

氮源是合成菌体蛋白质、核酸等含氮物质和氨基酸氨基的原料。同时，在发酵过程中，还用来调节 pH。氮源分无机氮源和有机氮源，氨基酸发酵一般以铵盐、尿素、氨水为氮源，对于利用营养缺陷型突变株进行的发酵过程，需要加入适量的必需氨基酸及豆饼水解液或玉米浆等有机氮源。

氨基酸本身就是含氮有机物，因此发酵过程所需的氮源比一般发酵（如有机酸发酵等）要多。例如，培养基碳氮比为 100 : 25～100 : 15 时，菌体大量繁殖，谷氨酸积累少；当培养基碳氮比为 3 : 1 时，菌体繁殖受到抑制，谷氨酸产量则大量增加。在消耗的氮源中，大约 85% 被用于合成谷氨酸，另外 15% 用于菌体生长。在实际生产中，采用尿素或氨水为氮源时，还有一部分氮源用于调节 pH，另一部分氮源被分解随空气逸出，因此用量更大。

另外，培养基还需要磷、镁、钾、硫、钠、锰、铁等无机盐，以及生物素等生长因子。它们对菌体的生长和氨基酸的积累都有重要作用。

2. 温度对氨基酸发酵的影响及其控制　　氨基酸发酵的最适温度因菌种生活特性及所生产的氨基酸种类不同而异。从发酵动力学来看，氨基酸发酵一般属于 Gaden 氏分类的 Ⅱ 型，菌体生长达一定程度后才开始积累氨基酸，因此菌体生长最适温度和氨基酸合成的最适温度是不同的。例如，谷氨酸发酵，菌体生长最适温度为 30～32℃，产生谷氨酸的最适温度为 34～37℃。菌体生长阶段温度过高，则菌体易衰老、pH 高、糖耗慢、周期长、酸产量低，如遇这种情况，除维持最适生长温度外还需适当减少通风量，并采取少量多次流加尿素等措施，以促进菌体生长。在发酵中后期，菌体生长已基本停止，需要维持最适宜的产酸温度，以利于谷氨酸合成。

3. pH 对氨基酸发酵的影响及其控制　　pH 对氨基酸发酵的影响和其他发酵一样，主要是影响酶的活性和菌的代谢。例如，谷氨酸发酵，在中性和微碱性条件下（pH 7.0～8.0）积累谷氨酸，在酸性条件下（pH 5.0～5.8）则易形成谷氨酰胺和 N- 乙酰谷氨酰胺。发酵前期 pH 偏高对菌体生长不利、糖耗慢、发酵周期延长；反之，pH 偏低，菌体生长旺盛、糖耗快，不利于谷氨酸合成。但是，前期 pH 偏高（pH 7.5～8.0）对抑制杂菌有利，故控制发酵前期的 pH 以 7.5 左右为宜。由于谷氨酸脱氢酶的最适 pH 为 7.0～7.2，氨基转移酶的最适 pH 为 7.2～7.4，因此控制发酵中后期的 pH 为 7.2 左右，在临放罐时 pH 为 6.5～6.8。

生产上控制 pH 的方法一般有两种：①流加尿素；②流加氨水。国内普遍采用前一种方法。流加尿素的量和时间主要根据 pH 变化、菌体生长、糖耗情况和发酵阶段等因素决定。例如，当菌体生长和糖耗均缓慢时，要少量多次地流加尿素，避免 pH 过高而影响菌体生长；菌体生长和糖耗均快时，流加尿素可多些，使 pH 适当高些，以抑制菌体生长；发酵后期，残糖很少，接近放罐时，应尽量少加或不加尿素，以免造成浪费和增加氨基酸提取难度。一般少量多次地流加尿素，可以使 pH 稳定，对发酵有利。流加氨水，因氨水作用快，对 pH 的影响大，故应采用连续流加的工艺。

4. 氧对氨基酸发酵的影响及其控制 各种不同的氨基酸发酵对溶解氧的要求是不同的，多数氨基酸发酵是在供氧充足条件下进行的，如谷氨酸、谷氨酰胺、脯氨酸和精氨酸等的发酵需要充足供氧。但也有一些氨基酸的发酵过程需要限制供氧，如亮氨酸、苯丙氨酸和缬氨酸等发酵适宜在缺氧条件下进行，只有当菌体呼吸有一定程度受阻时才最适合这些氨基酸的生产。而赖氨酸、异亮氨酸、苏氨酸等的发酵的需氧量在上述两者之间。发酵的不同阶段氧分压的要求也是不同的，因此，在发酵过程中应根据具体情况对供氧过程进行控制。

（二）谷氨酸发酵生产工艺

目前工业上应用的谷氨酸产生菌有谷氨酸棒杆菌、乳糖发酵短杆菌、天津短杆菌、黄色短杆菌、产氨短杆菌等。我国常用的菌种有北京棒杆菌、钝齿棒杆菌等。

谷氨酸的生物合成途径大致是：葡萄糖经糖酵解（EMP 途径）和己糖磷酸支路（HMP 途径）生成丙酮酸，再氧化脱羧形成乙酰辅酶 A（乙酰 CoA），然后进入三羧酸循环，生成 α- 酮戊二酸，α- 酮戊二酸在谷氨酸脱氢酶的催化及有 NH_4^+ 存在的条件下，生成谷氨酸。当生物素缺乏时，菌种生长十分缓慢；当生物素过量时，则转为乳酸发酵。因此，一般将生物素控制在亚适量条件下，才能得到高产量的谷氨酸。

利用淀粉水解糖为原料通过微生物发酵生产谷氨酸，是最成熟、最典型的工艺。主要生产过程如下。

1. 淀粉水解糖的制备 谷氨酸生产菌不能直接利用淀粉和糊精生长，因此淀粉必须先转化为葡萄糖添加到培养基中。一般用酸水解和酶水解制备淀粉水解糖，国内味精厂多数采用淀粉酸水解工艺。淀粉酸水解工艺流程如下：原料（淀粉、水、盐酸）→调浆→糖化→冷却→中和→脱色→过滤→糖液。

（1）调浆 干淀粉用水调成 10～12° Bé 的淀粉乳，用盐酸调 pH 为 1.5 左右，盐酸用量（以纯 HCl 计）为干淀粉的 0.5%～0.8%。

（2）糖化 在糖化锅内直接用蒸汽加热使淀粉水解，水解压力以控制蒸汽压力（表压）在 $2.93 \times 10^5 \sim 3.44 \times 10^5 Pa$ 为宜，糖化时间约为 25min。质量较好的糖化液呈透明淡黄色，还原糖含量在 25%～28%，淀粉转化率在 95% 以上，不发生糊精反应。

（3）冷却 中和时温度过高易生成焦糖，脱色效果差；温度低，糖液黏度增大，过滤困难，生产上一般冷却到 80℃以下中和。

（4）中和 中和的目的是调节 pH，使糖化液中的蛋白质和其他胶体物质沉淀析出。一般采用 NaOH 溶液进行中和，中和终点的 pH 一般控制在 4.0～5.0。但中和终点的 pH 也与原料有关，薯类原料的终点 pH 略高，玉米原料的终点 pH 略低。

（5）脱色 水解液中存在着色素（如氨基酸与葡萄糖分解产物起化学反应产生的物质）和杂质（如蛋白质及其他胶体物质和脂肪等），对氨基酸发酵和提取不利，需进行脱色处理。

一般脱色方法有活性炭吸附法和脱色树脂法两种，其中活性炭吸附法工艺简便、效果好，为国内多数味精厂所采用。脱色用的活性炭以采用粉末状活性炭较好，活性炭用量为淀粉原料的0.6%～0.8%，在70℃及酸性条件下脱色效果较好。脱色时需搅拌以促进活性炭吸附色素和杂质。

（6）过滤　　如过滤温度高，蛋白质等杂质沉淀不完全；如温度低，黏度大，过滤困难。过滤温度以45～60℃为宜。

2. 菌种扩大培养　　菌种扩大培养的工艺流程如下：斜面菌种→一级种子培养→二级种子培养→发酵。

（1）斜面培养　　谷氨酸产生菌主要是棒杆菌属、短杆菌属、微杆菌属及节杆菌属的细菌。除节杆菌属外，其他三属中有许多菌种适用于糖质原料的谷氨酸发酵。这些菌都是需氧微生物，都需要以生物素为生长因子。我国谷氨酸发酵生产所用的菌种有北京棒杆菌AS1.299、北京棒杆菌7338、钝齿棒杆菌AS1.542、钝齿棒杆菌Hu7251、钝齿棒杆菌B9、天津短杆菌T6-13及黄色短杆菌672等。这些菌株在牛肉膏蛋白胨斜面培养基上，于32℃培养18～24h，经质量检查合格，即可放冰箱保存备用。

（2）一级种子培养　　一级种子培养采用由葡萄糖、玉米浆、尿素、磷酸二氢钾、硫酸镁、硫酸铁及硫酸锰组成，pH为6.5～6.8的液体培养基，以1000mL锥形瓶装200～250mL液体培养基进行振荡培养，于32℃培养12h，如无杂菌与噬菌体感染，质量达到要求，即可贮于4℃冰箱备用。

（3）二级种子培养　　二级种子用种子罐培养，接种量为发酵罐投料体积的1%，培养基组成和一级种子相仿，主要区别是用水解糖代替葡萄糖，一般于32℃条件下进行通气培养7～10h，经质量检查合格即可移种（或冷却至10℃备用）。

3. 谷氨酸发酵　　谷氨酸发酵初期，即菌体生长的延迟期，糖基本没有利用，尿素分解放出氨使pH略上升。这个时期的长短取决于接种量、发酵操作方法（分批或分批流加）及发酵条件，一般延迟期为2～4h。接着进入对数生长期，代谢旺盛、糖耗快，尿素大量分解，pH很快上升，但随着氨被利用pH又下降，溶解氧浓度急剧下降，然后又维持在一定水平上，菌体浓度（OD值）迅速增大，菌体形态为排列整齐的八字形。在这个时期，由于代谢旺盛，应及时供给菌体生长必需的氮源及控制培养液的温度、pH、泡沫等。这个阶段主要是菌体生长，几乎不产酸，一般为12h左右。

当菌体生长基本停滞就转入谷氨酸合成阶段，此时菌体浓度基本不变，糖与尿素代谢后产生的 α-酮戊二酸和氨主要用来合成谷氨酸。在谷氨酸发酵中，适量的 NH_4^+ 可减少 α-酮戊二酸的积累，促进谷氨酸的合成；过量的 NH_4^+ 会使生成的谷氨酸受谷氨酰胺合成酶的作用转化为谷氨酰胺。

发酵后期，菌体衰老、糖耗缓慢、残糖低，此时流加尿素必须相应减少。当营养物质耗尽、酸浓度不再增加时，需及时放罐，发酵周期一般为30h以上。

在发酵过程中，氧、温度、pH和磷酸盐等的调节和控制如下。①溶解氧控制：谷氨酸产生菌是好氧菌，通风和搅拌不仅会影响菌体对氮源和碳源的利用率，而且会影响发酵周期和谷氨酸的合成量。在发酵前期以低通风量为宜，而发酵中后期加大通气量有利于谷氨酸的合成。②温度控制：谷氨酸生产菌的最适生长温度为30～32℃。当菌体生长到稳定期，适当提高温度有利于产酸，因此，在发酵后期，可将温度提高到34～37℃。③pH控制：谷氨酸产生菌发酵的最适pH在7.2～7.4。但在发酵过程中，随着营养物质的利用、代谢产物的积累，培养液的 pH 会不断变化。例如，随着氮源的利用，放出氨，pH 会上升；当糖被利用生成有机酸时，pH 会下降，必须及时流加尿素。④磷酸盐控制：它是谷氨酸发酵过程中必需的，但浓度不能过高，否则会转向缬氨酸发酵。

为了实现发酵工艺条件最佳化，国外利用电子计算机进行过程控制，目前国内也正在积极开发这方面的技术。

谷氨酸发酵的代谢变化如图 10-3 所示。

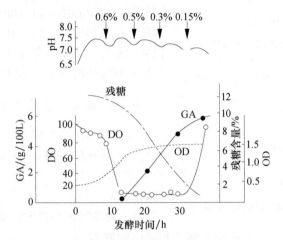

图 10-3 B9 谷氨酸发酵代谢变化曲线（俞俊棠等，2003）

DO 为溶解氧；GA 为谷氨酸；OD 为菌体浓度（光密度）

4. 谷氨酸提取 从谷氨酸发酵液中提取谷氨酸的方法，一般有等电点法、离子交换法、金属盐沉淀法、盐酸盐法和电渗析法，以及将上述某些方法结合使用的方法，其中以等电点法和离子交换法应用较普遍，现介绍于下。

（1）等电点法 谷氨酸分子中有两个羧基和一个氨基，它们的 pK 值分别是 $pK_1 = 2.19$（α-COOH）、$pK_2 = 4.25$（γ-COOH）、$pK_3 = 9.67$（α-NH$_2$），其 pI = 3.22。故将发酵液用盐酸调 pH 至 3.22，谷氨酸就可分离析出。此法操作方便、设备简单，一次收率达 60% 左右，缺点是周期长、占地面积大。图 10-4 表示等电点法提取谷氨酸的工艺流程。

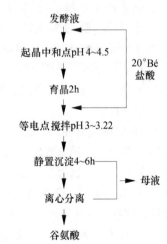

图 10-4 等电点法提取谷氨酸工艺流程

（2）离子交换法 当发酵液的 pH 低于 3.22 时，谷氨酸以阳离子状态存在，可用阳离子交换树脂将发酵液中的谷氨酸阳离子吸附在树脂上，然后用热碱液洗脱下来，收集谷氨酸洗脱流分，经冷却、加盐酸调 pH 至 3.0～3.2 进行结晶，再用离心机分离即可得谷氨酸结晶。

此法过程简单、周期短、设备省、占地少，提取总收率可达 80%～90%，缺点是酸碱用量大、废液污染环境。离子交换法提取谷氨酸工艺流程如图 10-5 所示。

从理论上来讲，上柱发酵液的 pH 应低于 3.22，但实际生产上发酵液的 pH 并不要求低于

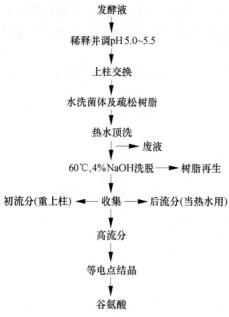

发酵液
↓
稀释并调pH 5.0~5.5
↓
上柱交换
↓
水洗菌体及疏松树脂
↓
热水顶洗
↓ ──→ 废液
60℃,4%NaOH洗脱 ──→ 树脂再生
↓
初流分(重上柱) ←── 收集 ──→ 后流分(当热水用)
↓
高流分
↓
等电点结晶
↓
谷氨酸

图 10-5　离子交换法提取谷氨酸工艺流程

方法有水解提取法、化学合成法、酶法和微生物发酵法。赖氨酸最早由蛋白质的水解制成，目前在赖氨酸的工业化生产中水解法已经淘汰。以己内酰胺、二氢吡喃、环己酮、呱啶为原料合成L-赖氨酸已有报道。因合成法制成的产物为D-赖氨酸和L-赖氨酸的混合物，难于进行分离，美国 Allied 公司和德国 Deguess 公司多年来从事L-赖氨酸合成法的研究，但至今未见大规模的生产报道。

2. 赖氨酸发酵生产工艺

（1）菌种　赖氨酸生产菌大多是以谷氨酸生产菌为出发菌株，通过选育高丝氨酸缺陷型、抗赖氨酸结构类似物（如 AEC^r）、抗苏氨酸结构类似物（AHV^r）的突变株，这些突变株能解除自身的代谢调节来实现高产。

（2）种子扩大培养　根据接种量和发酵罐的容积来确定是采用二级还是三级种子扩大培养。一级种子培养是将菌种接种到液体培养基［葡萄糖 2%、玉米浆 1%~2%、尿素 0.1%、$(NH_4)_2SO_4$ 0.4%、$MgSO_4$ 0.04%、K_2HPO_4 0.1%］中，调 pH 为 7.0~7.2，温度 30~32℃培养 15~16h。二级种子在种子罐中培养，种子培养基中的葡萄糖以水解糖代替，在 30~32℃，通风量为 1:0.2（V/V），搅拌转速为 200r/min 条件下培养 8~11h。

（3）赖氨酸发酵的工艺条件　条件如下：①培养基。赖氨酸生产菌是高丝氨酸缺陷型突

3.22，而是在 pH 5.0~5.5 就可上柱，这是因为发酵液中含有一定数量的 NH_4^+、Na^+ 等阳离子，而这些阳离子优先与树脂进行交换反应，放出 H^+，使溶液的 pH 降低，谷氨酸带正电荷成为阳离子而被吸附，上柱时应控制溶液的 pH 不高于 6.0。

5. 谷氨酸制造味精的工艺流程　味精是谷氨酸钠（monosodium L-glutamate）的商品名，为无色至白色棱柱状结晶性或白色结晶性粉末，具有很强的鲜味。其是谷氨酸用适量的碱中和得到的，谷氨酸制造味精的工艺流程如图 10-6 所示。

（三）赖氨酸工业发酵

赖氨酸的化学名称为 2,6- 二氨基己酸，化学式为 $H_2NCH_2CH_2CH_2CH_2CH(NH_2)COOH$，有 L 型和 D 型两种构型，其中 L 型的赖氨酸是人体必需的 8 种氨基酸之一。

1. 赖氨酸的生产方法概述　赖氨酸的生产

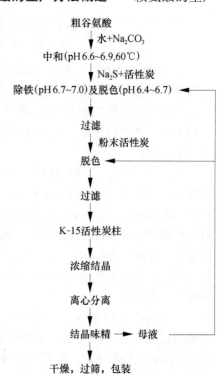

粗谷氨酸
↓ ←─ 水+Na_2CO_3
中和(pH 6.6~6.9,60℃)
↓ ←─ Na_2S+活性炭
除铁(pH 6.7~7.0)及脱色(pH 6.4~6.7) ←─┐
↓   │
过滤   │
↓ ←─ 粉末活性炭   │
脱色 ←──────────────────────────────────┤
↓   │
过滤   │
↓   │
K-15活性炭柱   │
↓   │
浓缩结晶   │
↓   │
离心分离   │
↓   │
结晶味精 ──→ 母液 ─────────────────────┘
↓
干燥，过筛，包装

图 10-6　谷氨酸制造味精的工艺流程

变株，苏氨酸和甲硫氨酸是赖氨酸生产菌的生长因子，但赖氨酸生产菌缺乏蛋白质分解酶，不能直接分解蛋白质，只能将有机氮源水解后才能利用，生产上常用大豆饼粉、花生饼粉和毛发的水解液作为苏氨酸和甲硫氨酸的来源，用量为 2%～5%。发酵过程中，如果培养基中的苏氨酸和甲硫氨酸丰富，就会出现只长菌，而不产或少产赖氨酸的现象，所以要控制其亚适量，当菌体生长到一定时间后，转入产酸期。②温度。前期为 32℃，中后期为 34℃。③ pH。pH 控制在 6.5～7.5，最适 pH 为 6.5～7.0，发酵过程中，通过添加尿素或氨水来控制 pH，此外尿素和氨水还能为赖氨酸的生物合成提供氮源。④种龄和接种量。要求以对数生长期的种子为好，当采用二级种子扩大培养时，接种量约为 2%，种龄一般为 8～12h；当采用三级种子扩大培养时，接种量约为 10%，种龄一般为 6～8h。⑤生物素。赖氨酸生产菌大多是生物素缺陷型，如果在发酵培养基中限量添加生物素，赖氨酸发酵就会转向谷氨酸发酵。若添加过量生物素，细胞内合成的谷氨酸对谷氨酸脱氢酶发生反馈抑制作用，使代谢流转向合成天冬氨酸方向。因此，生物素可促进草酰乙酸生成，增加天冬氨酸的供给，提高赖氨酸产量。⑥供氧。赖氨酸最大生产量是在供氧充足条件下实现的，供氧不足，菌株呼吸受到抑制，赖氨酸产量低。

3. 赖氨酸的提取与精制　　赖氨酸提取过程包括发酵液预处理、提取和精制三个阶段。因游离的 L- 赖氨酸易吸收空气中的 CO_2，故结晶比较困难。一般商品都是以 L- 赖氨酸盐酸盐的形式存在，其化学式为 $C_6H_{14}O_2N_2 \cdot HCl$。

（1）发酵液预处理　　采用离心法（4000～6500r/min）和添加絮凝剂（如聚丙烯酰胺）等方法除去菌体。

（2）赖氨酸提取　　从发酵液中提取赖氨酸通常有四种方法：①沉淀法；②有机溶剂抽提法；③离子交换法；④电渗析法。工业上大多采用离子交换法来提取赖氨酸。

赖氨酸是碱性氨基酸，等电点为 9.59，在 pH 2.0 左右被强酸性阳离子交换树脂所吸附，pH 7.0～9.0 时被弱酸性阳离子交换树脂吸附。从发酵液中提取赖氨酸选用强酸性阳离子交换树脂，它对氨基酸的交换势为：精氨酸＞赖氨酸＞组氨酸＞苯丙氨酸＞亮氨酸＞甲硫氨酸＞缬氨酸＞丙氨酸＞甘氨酸＞谷氨酸＞丝氨酸＞天冬氨酸。强酸性阳离子交换树脂的氢型对赖氨酸的吸附比铵型容易得多。但是铵型能选择性地吸附赖氨酸和其他碱性氨基酸，不吸附中性和酸性氨基酸，同时在用氨水洗脱赖氨酸后，树脂不必再生。所以从发酵液中提取赖氨酸均选用铵型强酸性阳离子交换树脂。

（3）赖氨酸的精制　　离子交换柱的洗脱液中含游离赖氨酸和氢氧化铵，需经真空浓缩蒸去氨后，再用盐酸调至赖氨酸盐酸盐的等电点 5.2，生成的赖氨酸盐酸盐以含一个结晶水的形式析出。经离心分离后，在 50℃以上进行干燥，使其失去结晶水。

第三节　有　机　酸

一、概述

有机酸是生命活动所产生的初级代谢产物，与工业生产和人们的生活有着十分密切的关系，也是发酵工业中历史最悠久、产量最大的产品之一。自 20 世纪 50 年代以来，有机酸发酵工业受到石油化学工业的冲击，其发展受到一定影响。随着世界石油贮量的降低、石油价格不断升高，以淀粉、纤维素等可再生资源为原料的有机酸发酵工业显示出了强大的生命力。与化学合成产品相比，发酵产品更适合用于食品、医药、畜牧业等领域，因此，近年来有机酸发酵产品的品种不断增加，其中柠檬酸、乳酸、乙酸、葡萄糖酸、衣康酸、苹果酸、曲酸等已成为重要的工业原料，表 10-1 是目前采用发酵法生产的一些有机酸及其用途。

表 10-1　发酵法生产的有机酸及其用途

有机酸名称	来源	用途
柠檬酸	黑曲霉、酵母菌等	食品饮料工业酸味剂、抗氧化剂、脱腥除臭剂、螯合剂、医药、纤维媒染剂、助染剂、洗涤剂等
乳酸	德氏乳杆菌、赖氏乳杆菌、干酪乳杆菌鼠李糖亚种、嗜热凝结芽孢杆菌、嗜热脂肪芽孢杆菌、米根霉等	食品工业的酸味剂、防腐剂、还原剂、制革辅料；乳酸酯类为食品香料，还可以聚合成 L- 聚乳酸，生产生物可降解塑料
乙酸	奇异醋杆菌、过氧化醋杆菌、攀膜醋杆菌、醋化醋杆菌、弱氧化醋杆菌、恶臭醋杆菌、生黑醋杆菌、热醋酸杆菌等	是重要的化工原料，广泛用于食品（食醋）和化工等领域
衣康酸	土曲霉、衣康酸曲霉、假丝酵母等	制造合成树脂、纤维、橡胶、塑料、离子交换树脂、表面活性剂和高分子螯合剂等洗涤剂和单体原料
苹果酸	黄曲霉、米曲霉、寄生曲霉、华根霉、无根根霉、短乳杆菌、产氨短杆菌等	食品工业的酸味剂、洗涤剂、药物和日用化工及化学辅料等
葡萄糖酸	黑曲霉、米糠酸杆菌、氧化葡萄糖酸杆菌、产黄青霉等	药物、除锈剂、洗涤剂、塑化剂、酸化剂，用于饮料、醋、调味品及面包工业
曲酸	黄曲霉、米曲霉等	护肤品、皮肤增白剂、食用油抗氧化剂、杀虫剂、杀菌剂等

二、柠檬酸工业发酵

柠檬酸（citric acid）又名枸橼酸，学名 2- 羟基丙烷 -1,2,3- 三羧酸，是生物体主要代谢产物之一。1784 年，瑞典化学家 Scheele 首次从柠檬汁中提取出柠檬酸，并制成结晶。1913 年，Zahorski 首先利用黑曲霉生产柠檬酸。1919 年，比利时一家工厂成功地利用浅盘发酵法实现了柠檬酸的工业化生产。1952 年，美国 Miles 实验室公司采用深层发酵法大规模生产柠檬酸获得成功，促进了柠檬酸工业的发展，2005 年世界柠檬酸产量达到 140 万 t 左右。

1968 年，我国在黑龙江省和平糖厂建立了第一个以甜菜糖蜜为原料的柠檬酸浅盘发酵生产车间，年产量 100t。1969 年上海酵母厂以淀粉为原料，在 50m³ 罐中成功进行了柠檬酸深层发酵生产。20 世纪 90 年代，我国只有 5 家 50 000t/ 年以上柠檬酸生产能力的厂家，目前全国有柠檬酸生产厂家 500 多个，年生产能力已达 60 万 t 以上，我国已成为世界上最大的柠檬酸生产国和出口国。

（一）柠檬酸发酵工艺及控制

能够产生柠檬酸的微生物很多，主要包括曲霉、青霉、木霉、酵母等，它们能够代谢淀粉质原料积累柠檬酸。工业生产中使用的微生物主要是能利用淀粉的黑曲霉和利用正烷烃的假丝酵母。

国外主要采用淀粉或葡萄糖等精料进行深层发酵，我国在广大科技工作者的努力下，根据我国国情选育出适合于粗原料的高产菌株，能以薯干粉、木薯粉、大米粉和玉米粉等粗原料进行深层发酵。柠檬酸发酵工艺流程如图 10-7 所示。

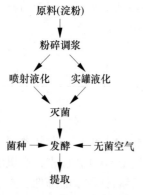

图 10-7　柠檬酸发酵工艺流程

柠檬酸深层发酵控制技术如下。

1. 种子罐培养基及培养　甘薯干粉 16%～20%，(NH₄)₂SO₄ 0.5%，0.1MPa 蒸汽灭菌 30min，接入 1000mL 锥形瓶麸曲菌种 20～50 只（根据发酵罐容积而定），（35±1）℃培养 16～24h。

2. 发酵培养基　甘薯干粉 16%～20%，中温 α- 淀粉酶 0.1%，0.07MPa 灭菌 10～15min，玉米粉采用高温 α- 淀粉酶二次喷射液化，液化后过滤除渣，应控制并调配其发酵培养基中蛋白质含量为 0.2%～0.4%，采用连续灭菌。冷却后按 10% 接种量接入菌种。

3. 发酵温度、pH 控制　发酵温度为（35±1）℃。初始 pH 约为 5.5，随着菌体生长，pH 降至 2.5～3.0，后再降至 2.2～2.3，随着柠檬酸的大量生成，pH 迅速降至 2.0 以下。

4. 通风搅拌控制　柠檬酸发酵是典型的好氧发酵，对氧十分敏感，当发酵进入产酸期时只要缺氧几分钟，就会对发酵造成严重影响，甚至完全失败。一般通风量为 0.08～0.15m³/（m³·min）。50m³ 箭式搅拌器 3 挡，转速为 90～110r/min；100m³ 低搅拌式发酵罐自吸式桨叶 1 挡，转速为 135r/min。

5. 发酵终点控制　当通风搅拌培养 50～72h，产酸达 100～150g/L 时，柠檬酸产量不再上升，残糖降至 2g/L 以下时，可升温终止发酵，泵送至贮罐中，及时进行提取。

（二）柠檬酸的提取和精制

在最终的柠檬酸发酵液中，除含有主产物柠檬酸外，还含有来自发酵原料或是在发酵过程中产生的许多杂质，如纤维类、菌体、有机酸、糖类、蛋白质胶体物质、色素、矿物质及其他代谢产物等。柠檬酸提取和精制的目的就是通过各种物理化学分离技术除去这些杂质，得到符合质量标准的柠檬酸产品，也称为柠檬酸生产的下游工程。提取和精制工艺的好坏是确保柠檬酸产品产量和质量的关键过程。我国柠檬酸的提取和精制主要采用钙盐法工艺（图 10-8）。

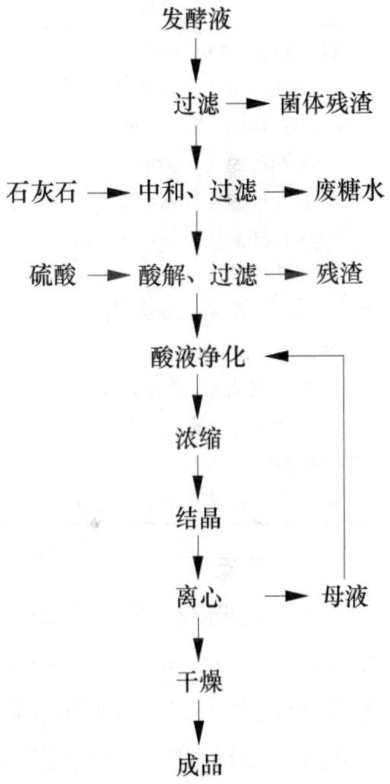

发酵液
↓
过滤 → 菌体残渣
↓
石灰石 → 中和、过滤 → 废糖水
↓
硫酸 → 酸解、过滤 → 残渣
↓
酸液净化 ←
↓
浓缩
↓
结晶
↓
离心 → 母液
↓
干燥
↓
成品

图 10-8　柠檬酸提取工艺流程

三、乳酸工业发酵

乳酸（lactic acid）学名 α- 羟基丙酸，是一种历史悠久的微生物发酵产物。1780 年，瑞典化学家 Scheele 首先从酸乳中提炼制得乳酸。1857 年，Pasteur 在研究乳酸发酵过程中发现了乳酸菌。1878 年，Lister 从酸败的牛乳中分离出了乳酸菌，命名为乳杆菌，即今天的德氏乳杆菌（*Lactobacillus del brue ckii*），为乳酸工业化生产奠定了基础。大规模工业化生产 L- 乳酸是在 20 世纪 90 年代初期形成，日本首先采用海藻酸钠固定化粪链球菌（*Streptococcus faecalis*）、嗜热链球菌（*S. thermophilus*）生产乳酸，也有采用嗜热脂肪芽孢杆菌、凝结芽孢杆菌（*Bacillus coagulans*）或米根霉固相化生产 L- 乳酸。目前世界乳酸产量每年达 30 万 t，荷兰 Purac 公司和美国 ADM 公司是世界上较大的乳酸生产企业。我国乳酸生产已有数十年的历史，主要以大米为原料发酵生产 DL- 乳酸。2002 年，安徽丰原生物化学股份有限公司引进国外"工程细菌"进行 L- 乳酸发酵生产，已建成年产 15 万 t 的乳酸生产线。

自然界中可产乳酸的微生物很多，因为分解糖类产生乳酸对于生物来说是获得能量的最原始手段之一。但是产酸能力强、具有工业应用价值的只有霉菌中的根霉属（*Rhizopus*）和细菌中的乳酸菌类。

（一）乳酸细菌

工业上应用的乳酸细菌包括杆状菌和球状菌，都是革兰氏阳性细菌。德氏乳杆菌是国内外乳酸生产中常用的菌种，工业上除生产发酵食品，如干酪、香肠、腌泡菜等需要一些异型乳酸发酵菌外，单纯生产乳酸都采用同型乳酸发酵菌。表 10-2 列出主要产 L- 乳酸的同型乳酸发酵菌。

表 10-2　产 L- 乳酸的主要乳酸菌

菌种	生长因子	生长温度 /℃	菌种来源
乳杆菌属（*Lactobacillus*）			
干酪乳杆菌（*L. casei*）	—	32	乳制品
嗜热乳杆菌（*L. thermophilus*）	叶酸、维生素 B$_2$	50～60	高温发酵乳品
唾液乳杆菌（*L. salivarius*）	泛酸钙、烟酸、核黄素、叶酸	35～40	人口腔
清酒乳杆菌（*L. sake*）		37	清酒
嗜酸乳杆菌（*L. acidophilus*）	乙酸盐、核黄素、甲羟戊酸、叶酸	35～38	婴儿粪便
戊糖乳杆菌（*L. pentosus*）	谷氨酰胺	30～32	发酵植物汁
双叉乳杆菌（*L. bifidus*）		30～40	婴儿粪便
链球菌属（*Streptococcus*）			
嗜热链球菌（*S. thermophilus*）	6 种 B 族维生素	40～45	乳制品
粪链球菌（*S. faecalis*）	7～13 种氨基酸嘌呤、维生素 B$_1$	45～50	人粪便
芽孢杆菌属（*Bacillus*）			
凝结芽孢杆菌（*B. coagulans*）	生物素、维生素 B$_1$	70	堆肥

注："—"表示不需要生长因子

细菌乳酸发酵工艺及控制条件因所采用的菌种和原料不同，工艺路线稍有差别，有水解糖乳酸发酵技术、蔗糖和糖蜜乳酸发酵技术、大米乳酸发酵技术、薯干粉乳酸发酵技术、玉米乳酸发酵技术、葡萄糖乳酸发酵技术、乳清乳酸发酵技术等。原料上采用来源广泛、廉价的玉米粉，采用"双酶"糖化或除渣清液发酵生产乳酸，是当前国内外生产乳酸的主要工艺。现以薯干粉原料发酵生产乳酸为例，介绍细菌乳酸发酵，其工艺流程如图 10-9 所示。

乳酸细菌发酵的过程控制如下。

1. 营养物质的控制　乳酸细菌大多数缺乏合成代谢途径，它们的生长和发酵都需要外源的氨基酸、维生素、核苷碱基等，具体所需营养成分因菌株不同而异。据报道硫胺素（维生素 B$_1$）可抑制德氏乳杆菌，而核黄素（维生素 B$_2$）、烟酸和叶酸有促进作用。在丙氨酸和甘氨酸存在下，保加利亚乳杆菌（*L. bulgaricus*）的乳酸生成反而减少。对乳酸细菌而言，最重要的营养是可溶性蛋白质、二肽、氨基酸、磷酸盐、铵盐及维生素等物质。在工业生产上，一般添加含有所需营养成分的天然廉价的辅料，如麦根、麸皮、米糠、玉米浆、黄豆粉、毛发水解液等。对德氏乳杆菌发酵来说，上述几种辅料均可使用。但从提取精制工艺简化和降低成本角度考虑，以麦根和麸皮为好。

在乳酸发酵中，若添加营养物（辅料）太少，菌体生长缓慢、pH 变化慢、发酵速度很慢、残糖高、产量低、周期长。相反，若添加营养物（辅料）太多，会使菌体生长旺盛，发酵加

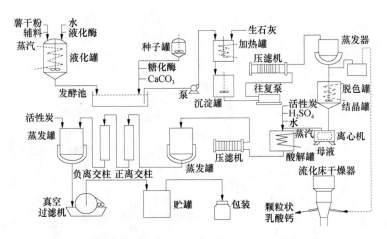

图 10-9 薯干粉原料发酵生产乳酸工艺流程图（王博彦等，2000）
实线代表乳酸生产流程；虚线代表乳酸钙生产流程

快，但由于菌体过多地消耗营养物而使发酵产率降低。因此，乳酸菌必须在丰富的种子培养基中多次活化培养，一旦进入发酵，营养物（辅料）添加必须控制在生长的适量水平。

2. 杂菌污染的控制　乳酸细菌的乳酸发酵控制温度较高，为 50℃左右，一般杂菌难以在此环境中生存，而使乳酸发酵得以安全进行。但乳酸发酵过程中需分批添加碳酸钙并通气搅拌，难免混入大量杂菌。若控制不当，杂菌生长繁殖，则抑制乳酸菌的生长和发酵，不但影响乳酸产酸率，而且因污染杂菌，尤其是污染产 D- 乳酸杂菌后，会使 L- 乳酸发酵混杂 D- 乳酸发酵。因此，发酵过程中必须控制杂菌的污染，工业生产上常采用加强发酵罐（池）的清洁与灭菌、严格控制发酵温度、加大接种量等措施。

（二）米根霉

目前用于工业化生产 L- 乳酸的霉菌是米根霉。国内外纷纷开展米根霉 L- 乳酸发酵的研究，主攻方向是选育产 L- 乳酸纯度为 95% 以上的高产菌种，进一步提高转化率，缩短发酵周期。米根霉发酵生产 L- 乳酸工艺流程如图 10-10 所示。

米根霉乳酸发酵的过程控制如下。

1. 营养物质控制　米根霉孢子培养基用湿面包或麸皮；种子培养基碳源用葡萄糖；发酵培养基碳源用葡萄糖或玉米淀粉、玉米粉。发酵过程添加过量 $CaCO_3$。

2. 种子和发酵培养条件控制　在种子培养中，一级种子和二级种子接种量为 5%～10%，通风量为 $0.5m^3/（m^3 \cdot min）$，34℃培养 16～24h；发酵培养的接种量为 5%，通风量为 $0.3～0.8m^3/（m^3 \cdot min）$，34℃培养 32～34h。

第四节　酶　制　剂

一、概述

酶是活细胞产生的具有高效催化功能、高度专一性和高度受控性的一类特殊蛋白质，又称为"生物催化剂"。一切生物的新陈代谢都是在酶的作用下进行的。2004 年，世界酶制剂

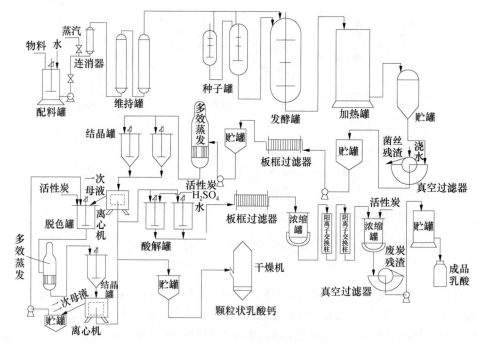

图 10-10　米根霉发酵生产 L- 乳酸工艺流程（王博彦等，2000）

年销售额超过 20 亿美元，我国各种工业酶制剂总产量超过 3.2×10^5t，产值 6 亿多元，酶制剂产品的应用主要在以下几个方面。

（一）在工业领域中的应用

酶制剂在工业领域中的应用十分广泛。例如，在食品工业中，淀粉酶、蛋白酶、果胶酶、半纤维素酶、木聚糖酶、凝乳酶、葡萄糖异构酶等有效提高了食品加工的产量和质量，改善了工艺条件。在非食品工业中，淀粉酶、蛋白酶、纤维素酶、脂肪酶等被应用于各种洗涤剂；淀粉酶、蛋白酶、纤维素酶、半纤维素酶、过氧化物酶等被应用于纺织工业；外切葡聚糖酶、内切葡聚糖酶、脂肪酶、漆酶等被应用于造纸工业；纤维素酶、葡聚糖酶、木聚糖酶、甘露聚糖酶、半乳糖苷酶、果胶酶、植酸酶、淀粉酶、蛋白酶和脂肪酶等被应用于饲料工业。

（二）在有机合成和制药工业中的应用

酶在有机合成和制药工业中已成为不可缺少的工具。利用酶反应替代其中的一些有机合成反应步骤，可以降低生产成本、减少副产物形成、提高产品收率。例如，利用脂肪酶、酯酶、蛋白酶等对多羟基的碳水化合物、丙三醇、类固醇、生物碱等进行酰化作用。利用青霉素酰胺酶生产的 6- 氨基青霉烷酸（6-amino-penicillanic acid）和 7- 氨基脱乙酰氧基头孢烷酸（7-aminodeacetoxy-cephalosporanic acid），可作为生产半合成青霉素和头孢菌素的中间体。此外，在氨基酸、核苷酸、甾体激素的生产中也广泛使用了酶法合成的工艺过程。

（三）在医疗诊断中的应用

对许多常见疾病，酶法治疗和诊断已成为一种重要手段。例如，淀粉酶、蛋白酶广泛用作消化剂；重组尿激酶、链激酶等用于治疗严重心肌梗死；葡萄糖氧化酶用于诊断糖尿病；酶联免疫试剂广泛用于乙型肝炎、流感、流行性出血热、艾滋病等的诊断。

（四）在农业生产中的应用

在农业生产过程中，酶制剂除用于提高饲料消化率外，在农业废弃物利用、农产品加工、有机农药降解、有害物质的快速检测等方面都得到广泛应用。

二、酶制剂的生产工艺

（一）酶制剂的生产方法

早期的酶都是从动物、植物中提取的。但动物和植物生长周期长，成本高，又受地理、气候、季节等因素的影响而不适宜大规模生产酶制剂。微生物具有生长迅速、种类繁多的特点。再加上几乎所有的动植物酶都可以由微生物得到，且微生物易变异，通过菌种改良可以进一步提高酶的产量，改善酶的活性和酶的性质，因此目前工业酶制剂几乎都是用微生物发酵大规模生产的。微生物发酵法酶的生产方法一般有固态发酵法和深层液态发酵法之分，究竟采用哪种发酵方法，应由微生物的种类和酶的种类来决定，必须进行详细的试验后确定。

1. 固态发酵法 固态发酵法中一般使用麸皮、米糠、豆粕等作为培养基。通常是在曲房内将培养基和种曲（含水量 60% 左右）混匀后铺于曲盘或帘子上（1cm 左右），然后置于多层的架子上进行微生物的培养。培养过程中控制曲房的温度和相对湿度（90%～100%），逐日测定酶活力的消长。待菌丝布满基质，酶活力达到最大值不再增加时，即可终止培养，进行酶的提取。

固态发酵法一般适用于真菌。这种方法起源于我国酿造生产特有的传统制曲技术，生产工艺简单，但劳动强度高，发酵条件不易控制。由于固态发酵法对一些微生物的培养有明显的优点，近年来对其发酵工艺进行了大量研究。例如，采用圆盘制曲机的厚层通风制曲工艺，曲箱中麸皮培养基的厚度可达 30～60cm，而且随着机械化程度的提高，在酶制剂的生产中应用正在逐步扩大。

2. 深层液态发酵法 同抗生素等其他需氧发酵产品一样，采用通风搅拌方式在发酵罐中进行微生物深层液体培养，是目前酶制剂发酵生产中应用最广泛的方法。深层液态发酵法机械化程度高，发酵条件容易控制，而且酶的产量稳定、质量好。因此许多酶制剂产品都趋向用深层液态发酵法来生产，但是其对发酵条件的控制要求较高。因此，开发高灵敏度的在线检测器和数据分析处理系统是其研究的重要内容。

（二）酶制剂生产的工艺控制

1. 微生物酶生产的培养基 碳源是微生物生长及产酶的重要营养物质。在酶制剂生产中，碳源选取时最重要的考虑因素就是分解代谢阻遏和诱导。葡萄糖等速效碳源的分解产物对蛋白酶、α- 淀粉酶等酶制剂的合成都有阻遏作用。因此，除某些菌株的酶合成不受糖分解代谢产物阻遏以外，一般应限制大量使用这一类碳水化合物作为碳源，而采用流加补料的方法，使这一类碳源浓度保持较低的水平，使其不致对酶合成产生分解代谢产物阻遏作用。

有些碳源则对酶的合成有诱导作用。例如，木糖、木聚糖等对链霉菌合成葡萄糖异构酶，纤维素对绿色木霉合成纤维素酶分别有诱导作用，是比较好的碳源之一。一些大分子的碳水化合物可被缓慢地分解利用，它们的分解代谢产物不会对酶的合成产生阻遏作用，对酶生产有利，也是很好的碳源。例如，淀粉一般作为细菌和霉菌 α- 淀粉酶生产的碳源；玉米粉是黑曲霉生产糖化酶和多黏芽孢杆菌 AS1.5466 生产 β- 淀粉酶的理想碳源等。因此，许多酶类特别是各种淀粉酶和蛋白酶的生产以玉米粉、甘薯粉、淀粉等为碳源。当然，这些原料除了对酶生产有利外，还具有价格便宜、来源充足等优点。

氮源是构成酶蛋白分子必不可少的物质，微生物酶生产使用的氮源包括有机氮源（如豆饼、花生饼、棉籽饼、玉米浆、蛋白胨等）和无机氮源（如硫酸铵、氯化铵、硝酸铵、硝酸钠和磷酸二氢铵等）。所选择的氮源的种类和浓度因菌种、所产生的酶类和通气搅拌等环境条件而异。

氮源对微生物酶生产也有诱导和抑制作用。例如，蛋白胨对黑曲霉的酸性蛋白酶生产有很强的诱导作用，铵盐对某些霉菌和细菌蛋白酶的生产则有抑制作用等。以蛋白质为氮源往往对酶生产有促进作用。例如，蛋白酶生产时，以蛋白质为氮源比蛋白质水解物好。在微生物酶生产中，多数情况下将有机氮源和无机氮源配合使用才能取得较好的效果。例如，黑曲霉酸性蛋白酶生产，只用铵盐或硝酸盐为氮源时，酶产量仅为有蛋白胨时的 30%。只用有机氮源而不用无机氮源时产量也低，故一般除使用高浓度的有机氮源外，尚需添加 1%～3% 的无机氮源。但也有单独使用有机氮源进行酶生产的，如一些细菌（如枯草杆菌）的中性及碱性蛋白酶生产、黑曲霉的糖化酶生产等。同样，也有单独使用无机氮源的情况，但这种情况往往要求碳源中含有一定数量的有机氮。

在微生物酶生产培养基中，碳源与氮源的比例对酶产量也有较大影响，一般应根据微生物生长代谢的特点确定合适的碳氮比。

微生物生长和产酶有时还需要在培养基中添加一定量的无机盐、生长因子、诱导物等来提高酶的产量。

2. pH 对酶生产的影响及其控制　酶生产的合适 pH 通常和酶反应的最适 pH 相接近。因此，生成碱性蛋白酶的芽孢杆菌宜在碱性环境下培养；生产酸性蛋白酶的青霉和根霉应在酸性条件下培养；在中性、碱性和酸性条件下，栖土曲霉分别产生中性蛋白酶、碱性蛋白酶和酸性蛋白酶。但是也有例外。例如，黑曲霉酸性蛋白酶酶反应的最适 pH 为 2.5～3.0，而在 pH 6 左右培养时酸性蛋白酶的产量最高。

pH 还影响微生物酶系的活性和分泌。例如，利用黑曲霉生产糖化酶时，除糖化酶外还有 α- 淀粉酶和葡糖苷转移酶存在。当倾向中性条件时，糖化酶的活性低，其他两种酶的活性高。当倾向于酸性条件时，糖化酶的活性高，其他两种酶的活性低。葡糖苷转移酶会严重影响葡萄糖收率，在糖化酶生产时是必须除去的，因此将培养基调节到酸性就可以使这种酶的活性降低，如 pH 达到 2～2.5 则有利于这种酶的消除。

3. 温度对酶生产的影响及其控制　酶合成的培养温度随菌种而不同。例如，利用芽孢杆菌进行蛋白酶生产常采用 30～37℃，而霉菌、放线菌的蛋白酶生产以 28～30℃为佳。在 20℃生长的低温细菌，在低温下形成蛋白酶最多，嗜热微生物在 50℃左右蛋白酶产量最大。在酶生产中，为了有利于菌体生长和酶的合成，也有进行变温生产的。例如，以枯草杆菌 AS1.398 进行中性蛋白酶生产时，培养温度必须从 31℃逐渐升温至 40℃，然后再降温至 31℃进行培养，蛋白酶产量比不升温者高 66%。据报道，酶生产的温度对酶活力和稳定性有影响，如用嗜热脂肪芽孢杆菌进行 α- 淀粉酶生产时，在 55℃培养所产生的酶的稳定性比 35℃好。

4. 通气搅拌对酶生产的影响　酶生产所用的菌种一般都是需氧微生物，培养时需要通气和搅拌，但是通气和搅拌的程度因菌种而异。一般通气量少对霉菌的孢子萌发和菌丝生长有利，对酶生产不利。例如，米曲霉的 α- 淀粉酶生产，培养前期降低通气量促进菌体生长而酶产量减少，通气量大则促进酶合成而对菌体生长不利；以栖土曲霉生产中性蛋白酶，风量大时菌丝生长较差而易结球，但酶产量是风量小时的 7 倍。然而利用霉菌进行酶生产时，产酶期的需氧量并不是都比菌体生长期的需氧量大，也有氧浓度过大而抑制酶生产的现象。例如，黑曲霉的 α- 淀粉酶生产，酶生产时菌的需氧量为生长旺盛时菌的需氧量的 36%～40%。

同样利用细菌进行酶生产时，一般培养后期的通气搅拌程度也比前期加强，但也有例外的情况。例如，枯草杆菌的 α- 淀粉酶生产，在对数生长期末降低通气量可促进 α- 淀粉酶生产。

据报道，利用霉菌进行固态发酵生产蛋白酶时，CO_2 对孢子萌发与产酶有促进作用，而不利于菌体生长，因此在孢子发芽与产酶时通入的空气中掺入 CO_2 有利于提高酶产量。在枯草杆菌的 α- 淀粉酶生产中，CO_2 对细胞增殖与产酶均有影响，当通入的空气中 CO_2 含量达到 28% 时，α- 淀粉酶活性比对照提高 3 倍。

（三）酶的提取与精制

酶的提取与精制过程是酶制剂生产的重要环节。由于酶制剂用途广泛，对产品质量的要求差异较大。因此，在提取与精制过程中除考虑酶本身的特点外，主要根据酶的质量要求和用途选择提取纯化工艺。工业上应用的酶制剂，一般用量较大，纯度不高。例如，工业上销售量最大的 α- 淀粉酶，用于食品工业的和用于织物退浆的，其质量有很大差别。食品工业用的酶制剂面广量大，质量要求特殊，不同于一般的工业用酶制剂和作为精制酶的中间酶粗酶粉。但无论何种酶制剂，提取与精制过程应包括下面三个阶段：固-液分离，常用的操作有发酵液的预处理、过滤和离心等；初步分离，常用的操作有盐析、沉淀和膜分离等；纯化和精制，常用的技术有层析技术、膜分离技术、结晶技术等。本处仅简要介绍工业酶制剂的一般制备过程。

1. 发酵液预处理　如果目的酶是胞外酶，在发酵液中加入适当的絮凝剂或沉淀剂并进行搅拌，然后通过分离（如用离心机、转鼓真空吸滤机和板框过滤器等）除去絮凝物或沉淀物，以取得澄清的酶液。如果目的酶是胞内酶，先把发酵液中的菌体分离出来，并使其破碎，将目的酶抽提至液相中，然后再和上述胞外酶一样处理，以取得澄清酶液。如果是生产液体酶，可以将酶液进行浓缩后加入缓冲剂、防腐剂（苯甲酸钠、山梨酸钾、丙酯、食盐等）和稳定剂（甘油、山梨醇、氯化钙、亚硫酸盐等）而成，在阴凉处一般可保存 6～12 个月。至于粉状酶的生产还需要经过其他几个步骤。

2. 酶的沉淀或吸附　用合适的方法，如盐析法、有机溶剂沉淀法、丹宁沉淀法等使酶沉淀，或者用白土或活性氧化铝吸附酶，然后再进行解吸，以达到分离酶的目的。

（1）盐析法　盐析常用的中性盐有硫酸镁、硫酸铵、硫酸钠和磷酸二氢钠，其盐析蛋白质的能力因蛋白质种类而不同，一般以含有多价阴离子的中性盐盐析效果较好。但是由于硫酸铵的溶解度在低温时也相当高，因此在生产上普遍使用硫酸铵。一般使各种酶盐析的盐析剂用量通过实验来确定。

以中性盐盐析酶蛋白时,酶蛋白溶液的 pH 对盐析的影响不大。在高盐溶液中,温度高时酶蛋白的溶解度低,故盐析时除非酶不耐热,一般不需降低温度。如酶蛋白不耐热,一般需冷却至 30℃或以下进行盐析。

不同浓度的中性盐溶液对酶或蛋白质的溶解能力有差异。利用这一性质,在酶液中先后添加不同浓度的中性盐,可将其中所含的不同的酶或蛋白质分别盐析出来,这就是分步盐析法。分步盐析是一种简单而有效的酶纯化技术,采用此法分离不同的酶与蛋白质,必须先通过实验求出液体中各种酶或蛋白质的浓度与盐析剂浓度的关系。

盐析法的优点是不会造成酶的失活,沉淀物可长时间放置,在沉淀酶的同时夹带的非蛋白质杂质少,而且适用于任何酶的沉淀,所以常作为从液体中提取酶的初始分离手段。它的缺点是沉淀中含有大量的盐析剂。例如,硫酸铵一次沉淀法制取的酶制剂,就含有硫酸铵的恶臭气味,这种制剂如果不经脱盐直接用于食品工业,会影响食品的风味,特别是工业硫酸铵中可能含有毒性物质,不符合食品要求。

(2)有机溶剂沉淀法 有机溶剂沉淀蛋白质的机理目前还不十分清楚。各种有机溶剂沉淀蛋白质的能力因蛋白质种类而异。乙醇沉淀蛋白质的能力虽不是最强,但因它挥发损失相对较少,价格也较便宜,所以工业上常以它作为沉淀剂。有机溶剂沉淀蛋白质的能力受溶解盐种类、温度和 pH 等因素的影响,但有机溶剂也会使培养液中的多糖类杂质沉淀,因此用此法提取酶时必须考虑这些环境因素。分步有机溶剂沉淀法也可以用来分离酶或蛋白质,但其效果不如分步盐析法好。

按照食品工业用酶的国际法规,食品用酶制剂中允许存在蛋白质类与多糖类杂质及其他酶,但不允许混入大量水溶性无机盐类(食盐等除外),所以有机溶剂沉淀法的好处是不会引入水溶性无机盐等杂质,而引入的有机溶剂最后在酶制剂干燥过程中会挥发掉。由于具有此种特点,此法在食品用酶制剂提取中占有极重要的地位。此外,该方法不需要脱盐,操作步骤少、过程简单、收率高,国外食品工业用的粉剂酶,如淀粉酶、蛋白酶、糖化酶、果胶酶和纤维素酶等都是用有机溶剂一次沉淀法获得的。

为了节省有机溶剂的用量,一般在添加有机溶剂前先将酶液减压浓缩到原体积的 40%～50%。有机溶剂的添加量,按照小型实验测定的沉淀曲线来确定,要避免过量,否则会使更多的色素、糊精及其他杂质沉淀。

除以上两种方法外,还有丹宁沉淀法、吸附法等提取方法。

3. 酶的干燥 收集沉淀的酶进行干燥磨粉,并加入适当的稳定剂、填充剂等制成酶制剂;或在酶液中加入适当的稳定剂、填充剂,直接进行喷雾干燥。

三、米曲霉 α- 淀粉酶生产工艺

淀粉酶是研究最早、产量最大和应用最广泛的一种酶类,几乎占全部酶制剂总产量的 50%。根据淀粉酶作用方式的不同,淀粉酶可分为以下四种主要类型:α- 淀粉酶、β- 淀粉酶、葡萄糖淀粉酶和异淀粉酶。此外还有一些应用不是很广泛、生产量不大的淀粉酶,如 G4 淀粉酶和 G5 淀粉酶等。本处仅就淀粉酶中产量最大的 α- 淀粉酶生产工艺作一介绍。

工业上 α- 淀粉酶主要来自细菌和霉菌。霉菌 α- 淀粉酶的生产大多采用固态曲法生产,细菌 α- 淀粉酶的生产则以液态深层发酵法为主。用霉菌生产时宜在微酸性条件下培养,细菌宜在中性至微碱性条件下培养。微生物合成的 α- 淀粉酶,根据作用的最适温度不同可

分为一般和耐高温 α- 淀粉酶两种，大多数微生物分泌的 α- 淀粉酶液化温度只能维持在 80～90℃，而有些微生物，如地衣芽孢杆菌分泌的 α- 淀粉酶适用于高温 105～110℃ 条件下液化淀粉，可以显著加快反应时间，提高得率和有助于糖化液的精制。

微生物 α- 淀粉酶的生产一般在酶活性达到高峰时结束发酵，离心以硅藻土作为助滤剂去除菌体及不溶物。在钙离子存在下低温真空浓缩后，加入防腐剂、稳定剂及缓冲剂后就成为成品。这种液体 α- 淀粉酶呈暗褐色，在室温下可放置数月而不失活。为制造高活性的 α- 淀粉酶，并便于贮运，可把发酵液用硫酸铵或有机沉淀剂沉淀制成粉状酶制剂，贮藏在 25℃ 以下，较干燥、避光的地方。

有些菌株在合成 α- 淀粉酶的同时产生一定比例的蛋白酶，这种蛋白酶的存在不仅影响使用效果，还会引起 α- 淀粉酶在储藏过程中的失活，夹杂的蛋白酶量越大，失活就越严重。利用蛋白酶比淀粉酶的耐热性差，将发酵液加热处理可以使淀粉酶的储藏稳定性大为提高。处理的具体方法是在发酵液中添加 1% 的无水氯化钙和 1% 的磷酸二氢钠，调节 pH 为 6.5 左右，65℃ 处理 30min。此外在培养基中添加柠檬酸盐可抑制某些菌株产生的蛋白酶，用底物淀粉进行吸附也可将淀粉酶和蛋白酶分离。

（一）生产工艺流程

米曲霉 α- 淀粉酶生产工艺流程如图 10-11 所示。

米曲霉斜面种子──→ 锥形瓶种子──→ 种曲──→ 发酵──→ 烘干──→ 粗酶──→ 应用
抽提──→ 过滤──→ 沉淀──→ 压滤──→ 烘干──→ 成品

图 10-11　米曲霉 α- 淀粉酶生产工艺流程

（二）发酵

种子培养基为 5∶1 的麸皮与玉米粉，含水量约 50%，放入 500mL 锥形瓶后，121℃ 灭菌 30min，冷却后将试管斜面的菌种（于 32～34℃ 培养 70～72h）接种到锥形瓶中，摇匀后于 32～34℃ 下培养 3d，每 24h 扣瓶一次以防结块，待菌体大量生长孢子转成黄绿色时，即可作为种子用于制备种曲。

种曲房要经常保持清洁，并定期用硫磺和甲醛熏蒸灭菌，种曲培养一般采用木制或铝制曲盒。种曲培养基与种子相同，培养基经高温灭菌后放入种曲箱房，打碎团块冷却到 30℃ 左右接入 0.5%～1% 的锥形瓶种子，拌匀后放入曲盒，料层厚度以 1cm 左右为宜。盒上盖一层布后放入专用的木架上，曲房内温度保持在 30℃ 左右进行培养。盖布应每隔 8～12h 用水浸湿，以保持一定湿度，每 24h 扣盘一次，经 3d 后，种曲成熟，麦麸上布满黄绿色孢子。

发酵培养基是麸皮与谷壳以 20∶1 混合，加 0.1% 的稀盐酸至含水量为 75%～80%，拌匀后常压蒸煮 1h，冷却至室温后接入 0.5% 种曲，置曲箱中发酵。前期品温控制在 30℃ 左右，每隔 2h 通风 20min，当池内品温上升至 36℃ 以上时则需要连续通风，使温度控制在 34～36℃。当池内温度开始下降后的 2～3h，通冷风使品温下降到 20℃ 左右出池，整个发酵过程约需 28h。

（三）提取

一种方法是直接把麸曲在低温下烘干，作为酿造工业上使用的粗酶制剂，特点是得率高，制造工艺简单，但酶活性单位低，含杂质较多。另一种方法是把麸曲用水或稀盐水浸出酶后，经过滤和离心除去不溶物后用乙醇沉淀或硫酸铵盐析，酶泥滤出烘干，粉碎后加乳糖作为填充剂最后制成供作助消化药、酿造等用的酶制剂。它的特点是酶活性单位高、含杂质较少，但得率低、成本高。

第五节　核苷酸类物质

一、概述

核苷酸类物质包括嘌呤核苷酸和嘧啶核苷酸及它们的衍生物。其发酵工业是 20 世纪 60 年代初继氨基酸发酵工业后兴起的另一类发酵产业。一些核苷酸，如 5'- 鸟苷酸（5'-GMP）、5'- 肌苷酸（5'-IMP）和 5'- 黄苷酸（5'-XMP）是食品工业中的助鲜剂，其中的 5'-GMP 和 5'-IMP 的钠盐与谷氨酸钠盐合用时还有协同强化作用。核苷，如 5'- 肌苷（inosine）、5'- 腺苷（adenosine）；核苷酸，如三磷酸腺苷（ATP）、黄素腺嘌呤二核苷酸（FAD）、烟酰胺腺嘌呤二核苷酸（NAD）、环腺苷酸（cAMP）、5'- 腺苷酸（5'-AMP）等及其衍生物（辅酶 I、CoA、S- 腺苷甲硫氨酸等），在治疗心血管疾病、肝或肾病及帕金森病等疾病方面有特殊疗效。核苷酸类制剂除在医药上应用外，还可用于浸种、蘸根和喷雾，提高农作物的产量，在农业上也有良好的应用前景。

（一）酶解法（酵母核糖核酸酶解法）

RNA 酶解法用于核苷酸生产是 20 世纪 60 年代初最早开发的工艺。酶解法必须先用糖蜜废液、亚硫酸纸浆废液、$C_{14} \sim C_{21}$ 正烷烃等培养的酵母菌（如啤酒厂的废酵母、亚硫酸水解液培养的假丝酵母）或其他发酵工业的废菌体（如青霉菌、芽孢杆菌）等为原料提取 RNA（以酵母菌中的 RNA 为主），由橘青霉或金色链霉菌（*Streptomyces aureus*）的核酸酶 P1（即磷酸二酯酶）水解菌体的核糖核酸，获得四种核苷酸的混合液，再经离子交换层析分离 5'- 尿苷酸（5'-UMP）、5'-GMP、5'- 胞苷酸（5'-CMP）和 5'-AMP 四种单核苷酸。

（二）自溶法（微生物菌体自溶法）

利用菌体（如谷氨酸产生菌、酵母菌、白地霉等）细胞内的 5'- 磷酸二酯酶专一性地作用于核糖核酸，在碱性条件下，降解成 5'- 单核苷酸，然后从细胞内渗透出来，即称为自溶法。本法可制成 5'- 单核苷酸，也可生产混合 5'- 单核苷酸。细菌自溶工艺由于产量低、提取困难，现较少用于核苷酸的生产。

（三）直接发酵法（一步法）

利用微生物的突变株（一般采用细菌的营养缺陷型）由底物直接发酵生产核苷酸，如 5'-IMP、5'-XMP 的生产。

（四）发酵转化法（两步法）

先由微生物发酵底物生产核苷，再经磷酸化法生产相应的核苷酸，如 5′-AMP、5′-GMP 等。由于 5′-AMP、5′-GMP 与肌苷酸不同，它们都是嘌呤核苷酸生物合成的终产物，终产物在菌体内超过一定限度，就会引起反馈调节，抑制其合成。另外微生物中均有催化鸟苷酸降解为鸟苷和鸟嘌呤的酶系，所以利用直接发酵法生产鸟苷酸比较困难。

二、肌苷酸工业发酵

（一）肌苷酸发酵方法

5′-IMP 主要由四种方法生产：①直接发酵法。这种方法投资较少、效率较高，对工业生产来说非常有利。但细胞内合成的 5′-IMP 很难分泌到细胞外，并且它是合成其他嘌呤核苷酸的中间物，细胞内普遍存在降解或转化 5′-IMP 的酶，所以直接发酵生产 5′-IMP 的难度很大。②发酵转化法。先发酵生产肌苷，然后采用化学法或微生物催化将肌苷转变为 5′-IMP。③微生物发酵生产腺嘌呤或 5′-AMP，再用酶法或化学方法催化生产 5′-IMP。④用化学方法合成次黄嘌呤，再通过微生物转化生成 5′-IMP。

（二）肌苷酸生产菌

直接发酵法生产 5′-IMP 多以核苷酸酶和磷酸酯酶活性弱的产氨短杆菌或枯草芽孢杆菌为出发菌株，诱变后筛选 5′-IMP 高产突变株。由于枯草芽孢杆菌的核苷酸酶活性较高，合成的 5′-IMP 易被降解，因此一般选用核苷酸分解酶活性很弱的变异株作为进一步突变的出发菌株。例如，产氨短杆菌腺嘌呤缺陷型（Ade⁻）是菌体缺失了琥珀酰 -AMP 合成酶，解除了腺嘌呤、AMP、ADP、ATP、GTP 对 IMP 合成的关键酶磷酸核糖基焦磷酸（PRPP）酰胺转移酶的反馈调节，使 5′-IMP 大量积累，生产上最高可达 23.4g/L。

（三）影响肌苷酸发酵的因素

1. 培养基组成对肌苷酸产量的影响　目前肌苷酸发酵生产上普遍采用的都是营养缺陷型菌株，因此培养基组成上必须添加某些特定的组分。

（1）腺嘌呤添加量对肌苷酸产量的影响　肌苷酸产生菌一般是腺嘌呤缺陷型突变株。培养基中有足量的生物素和亚适量的腺嘌呤（供生长用），便可积累较多的 IMP。腺嘌呤对 IMP 合成途径关键酶 PRPP 酰胺转移酶有阻遏作用，若腺嘌呤过量，IMP 的积累受到抑制，菌体大量生长。

（2）Mn^{2+} 对肌苷酸产量的影响　利用产氨短杆菌直接发酵生产 IMP，必须严格控制发酵液中 Mn^{2+} 的水平（0.01～0.02mg/L）。发酵过程使用的工业原料和工业用水中都含有较高浓度的 Mn^{2+}，要求亚适量控制 Mn^{2+} 较为困难。可选育 Mn^{2+} 抗性菌株，使 IMP 积累不受 Mn^{2+} 影响。另一种办法就是在发酵过程添加某些抗生素（链霉素、环丝氨酸、青霉素、丝裂霉素 C）或表面活性剂（聚氧乙烯酰胺、羟乙基咪唑等），以解除过量 Mn^{2+} 的影响。另外，Fe^{2+} 及 Ca^{2+} 也是肌苷酸发酵必须添加的离子。

（3）其他化合物对肌苷酸产量的影响　利用产氨短杆菌 KY7208 发酵生产肌苷酸

时，除腺嘌呤和 Mn^{2+} 是影响 IMP 合成的重要因子外，还需要高浓度的磷酸盐（KH_2PO_4 和 K_2HPO_4 各 1%）和镁盐（2%）。高浓度的磷酸盐对菌体生长有阻遏作用，但可因同时添加 Mg^{2+}、Mn^{2+}、泛酸和硫胺素而解除。在高磷酸盐和镁盐培养基中，若加入混合的氨基酸（如组氨酸、赖氨酸、高丝氨酸、丙氨酸、甘氨酸等混合物），可以促进菌体生长和 IMP 的积累。肌苷酸发酵时，若菌体大量生长，则 IMP 积累会受到抑制。可利用抗生素对细菌生长的抑制作用而取得较好效果。发酵 14h 后若添加青霉素 G 使其终浓度为 20U/mL，和不加青霉素 G 的对照相比，菌体干重从 36.7g/L 降至 17.9g/L，而 5′-IMP 产量由 0.1g/L 升至 6.3g/L。

2. 温度、灭菌条件等对肌苷酸产量的影响   在较高温度下，补救合成途径酶系被激活，同时残留的微量 IMP 分解酶被钝化，这样在高温条件下比低温条件下培养会积累更多的 IMP。核苷酸酶活性较低的枯草芽孢杆菌腺嘌呤缺陷型或腺嘌呤和鸟嘌呤双重缺陷型菌株积累 IMP 或 XMP 时，若培养温度升至 40℃，可促进合成。总之，生产时既要考虑菌株的生长，又要同时考虑积累 IMP 的要求。因此，发酵过程若分段控温，IMP 积累会更多。

（四）肌苷酸分离纯化

发酵液中的肌苷酸可以通过活性炭吸附或离子交换两种方法进行提取，提取工艺见图 10-12 和图 10-13。

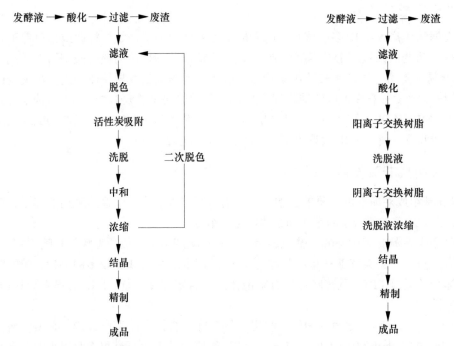

图 10-12   肌苷酸分离纯化活性炭吸附工艺流程   图 10-13   肌苷酸分离纯化离子交换工艺流程

复习思考题

1. 常用抗生素有哪些分类方法？
2. 简述抗生素的主要生产过程。

3．青霉素发酵生产工艺是如何控制的？

4．青霉素的提取与精制过程主要包括哪些内容？

5．试述氨基酸发酵的工艺控制要点。

6．举一例说明谷氨酸的提取方法。

7．试述赖氨酸发酵的工艺控制要点。

8．简述柠檬酸发酵生产的工艺流程。

9．简述乳酸发酵的工艺流程及过程控制。

10．微生物酶制剂的生产方法有哪几种？各有何特点？

11．酶制剂生产的工艺控制包括哪些内容？

12．简述米曲霉固态发酵法 α- 淀粉酶生产工艺过程。

13．简述核苷酸类物质的主要发酵方法。

14．肌苷酸发酵调控包括哪些内容？

15．简述工业发酵生产肌苷酸的主要工艺路线。

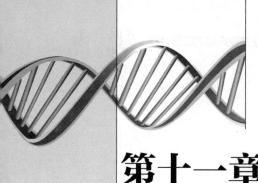

第十一章 发酵工程在食品工业中的应用

食品发酵工程是生物工程的重要组成部分，是基因工程、细胞工程和酶工程在食品生产领域实现工业化、产业化的必经环节，是食品生物技术产业化的基础。现代食品发酵工程是传统食品发酵技术与 DNA 重组、细胞融合、分子修饰与改造等现代生物技术结合，并在现代工程技术和现代分析检测技术的支撑下发展起来的发酵工程技术，包括食品微生物资源的开发利用；食品发酵菌种的选育和培养；细胞和酶的固定化技术；食品发酵容器的设计与放大；发酵条件的利用及自动化控制；发酵产品的分离提纯技术等。目前，食品发酵工业已作为一种新兴的工业体系发展起来，深入食品生产的各个领域，在国民经济中占有举足轻重的地位。食品发酵工程技术不仅可以采用转基因技术定向选育产量高、抗逆性强、具有特殊功能或多功能的新菌种，还可以采用酶和细胞的固定化技术改进生产工艺、提高生产效率和产品质量。电脑控制多参数的大型、节能、高效的生物反应器，以及工艺参数的自动监测与调控技术在酿酒工业和发酵调味品生产过程中已经得到广泛应用。我国食品发酵工业经过半个多世纪的发展，无论是产业格局还是生产规模、生产技术都得到了显著的改善和提高。发酵工程在食品生产中的应用范围也大大拓展。

本章主要介绍发酵工程技术在食品生产领域的应用范围、主要成果及主要发酵食品的生产工艺。

第一节 发酵工程在食品生产中的应用

一、改造提升传统发酵食品的生产工艺

（一）白酒酿造

我国白酒工业在继承优良传统工艺的基础上，借助现代发酵工程技术，发明了人工制作老窖、白酒功能菌培育与应用、白酒后处理技术、低度酒研制、计算机勾兑系统、机械化制曲等新技术，使我国白酒工业上了一个新高度；白酒发酵中生香呈味物质的研究、大曲和糟醅中微生物群系的作用研究对提高名优酒产率和质量稳定性起到了重要作用；新工艺白酒的研究，实现了生产过程机械化程度的提高、计算机管理和监控水平的提升，做到了生产过程原料不沾地、不与人接触，对提高白酒工业的生产规模和生产效率、降低劳动强度起到了明显的促进作用，下一步努力的方向是进一步提高新工艺白酒的感官品质。

（二）啤酒酿造

啤酒工业应用了大量的现代发酵工程技术，因而发展迅速。例如，利用固定化酵母连续发酵技术可以将啤酒的发酵时间缩短到 1d，而生物反应器中的酵母菌连续发酵 3 个月活力不降低，大大提高了工厂的生产能力和效率；啤酒高浓度发酵技术在扩大工厂生产规模、提高产品质量、研发新产品、减少污染排放等方面发挥了重要作用。生产过程的高度自动控制在提高产品质量、减小劳动强度、节约人力资源等方面表现突出。

（三）黄酒和葡萄酒酿造

黄酒业在普及微计算机控制机械化生产、采用露天大罐发酵、大罐贮酒、选育优良菌种、加强发酵机理和香味物质的研究、探索人工催陈技术等方面取得重要突破；葡萄酒业除了实施葡萄酒质量最优化战略之外，在优良葡萄酒发酵剂的研究与开发、各类葡萄酒工艺优化研究等方面取得了进展。

（四）发酵调味品的生产

发酵调味品行业通过组织科技攻关、高新技术嫁接和关键设备攻关，显著加快了传统酿造调味品行业的发展。

1. 酱油生产　酱油行业在加强酱油生产过程中化学反应、微生物的作用、风味物质的组分及形成机理等方面的基础理论研究方面取得重要进展，培育出了新的工程菌株，研究了多菌种发酵技术、固定化细胞技术、膜处理技术等发酵工程新技术在酱油生产中的应用。研制并推广使用了 FM 式连续蒸料设备、圆盘制曲设备、FRP 露天大型发酵系统、Y 系列压榨机等设备，进一步提高了酱油生产的机械化、连续化、自动化程度。

2. 食醋生产　食醋行业在研究微生物的作用、风味物质的组分及形成机理等方面取得了新进展，为产品风味的改善和高品质食醋的出品率提升做出了贡献；选育了高产乙酸工程菌株，提高了食醋产率和产量；研究推广了翻醅机，减轻了固态制醋工艺的繁重体力劳动；将高浓度乙酸发酵技术、固定化乙酸菌酿醋技术、膜分离保鲜技术应用于食醋生产，提高了生产效率，解决了食醋储存易发生的混浊问题。液态深层发酵技术应用于食醋酿造也取得了显著成效。

3. 腐乳生产　腐乳行业运用了原料超微粉碎技术、毛霉液体发酵技术、腐乳质构重组技术和半成品直装技术与设备，使腐乳这一中华民族传统食品形成了工业化、机械化生产规模。

4. 味精生产　从 1923 年至今，发酵法生产味精在我国具有近百年的历史。其生产工艺中的糖化技术经历了酸水解法、酶酸水解法、双酶糖化法三个发展阶段。借助于发达的酶制剂工业，淀粉的双酶糖化技术将味精生产中的糖化工段的转化率提高到 95% 以上，糖液透光率达 85% 以上，纯度高达 98% 以上，也因此大大提升了发酵工段的产酸率和糖酸转化率，降低了谷氨酸提取分离的成本。另外双酶糖化法替代淀粉酸水解，还可降低对设备场地的耐酸要求，提高操作安全性，减少"三废"处理成本，减少废弃物排放，为产业发展做出了重要贡献。

二、食品添加剂的发酵生产

发酵法生产的食品添加剂种类主要有作为营养强化剂使用的多种核苷酸、氨基酸和低聚糖；作为酸味剂使用的乳酸、柠檬酸、苹果酸、葡萄糖酸；作为增稠剂和被膜剂使用的黄原胶、短梗霉多糖；作为防腐剂使用的乳酸链球菌素；作为食用色素使用的红曲米、红曲色素等。另外酶制剂中的淀粉酶类、蛋白酶类、凝乳酶、果胶酶等均是重要的食品加工助剂。

三、天然食品功能因子的发酵生产

（一）左旋肉碱

左旋肉碱（L-肉碱）的化学名称是（R）-3-羧基-2-羟基-N, N, N-三甲丙铵氢氧化物内盐，在动物肌肉尤其是牛肉中含量丰富，主要生理功能是促进脂肪转化成能量。

L-肉碱的传统生产方法是提取法、化学合成法，如今开发了酶转化法和发酵法，可以甜菜碱为原料，经微生物发酵制得。有研究表明，利用高产优良菌株，通过添加前体物质及连续补料发酵，可使产量提高至65g/L；在可溶性淀粉、硝酸钠、磷酸二氢钾和小麦麸皮组成的固体培养基中，25℃培养4～7d，L-肉碱的产量可达12%～48%。和传统方法相比较，发酵法具有原料易得、条件温和、操作简单、得率高等优点。

（二）真菌多糖

灵芝、冬虫夏草、香菇、蜜环菌等药用真菌中具有调节机体免疫机能、防衰老等功能的有效成分，这些成分已经成为功能性食品的一个主要原料来源。传统生产方法是从天然药用真菌中提取，但这种方法成本高、得率低。目前，国内有关单位已经筛选出繁殖快、生物量高的优良灵芝菌株，采用液态深层发酵，建立了一整套发酵和提取新工艺；另外，人工发酵培养虫草真菌也已取得成功。

（三）超氧化物歧化酶

超氧化物歧化酶（SOD）广泛存在于动植物和微生物细胞中，能清除人体内过多的氧自由基，延缓衰老，提高人体免疫能力，因此被广泛应用于化妆品、牙膏和保健食品中。目前国内SOD主要是从动物血液的红细胞中提取。但是动物血液来源有限，从而限制了SOD的大规模生产。而微生物发酵法则具有可以大规模培养的优势，故利用微生物发酵法制备SOD意义重大。目前我国已筛选出多个SOD高产菌株，并开发了发酵、提取分离新工艺。实践证明，用发酵法生产SOD是一条可行的、具有经济价值的新途径，原料价廉易得，工艺简单，提取成本低，得率高。

（四）氨基酸

氨基酸是构成蛋白质的基本单位，广泛存在于各种食品原料，其中8种人体必需氨基酸在人体内不能合成，必须通过食物摄取，人体缺乏其中任何一种，都会影响机体代谢的正常进行，导致生理功能异常，最终导致疾病。成人必需氨基酸的需要量约为蛋白质需要量的20%～37%。氨基酸作为调味剂、增香剂、营养强化剂在食品工业有着广泛的应用。其生产方法有提取法、化学合成法和发酵法，氨基酸发酵是典型的代谢控制发酵。世界氨基酸年产量超过100万t，产值超百亿美元。用于食品工业的氨基酸主要有谷氨酸、赖氨酸、苏氨酸、甲硫氨酸、L-缬氨酸、L-天冬氨酸等。现阶段主要采用发酵法生产，在诸多方面较化学合成法更具优势，"基因工程菌"的应用，又大大提高了氨基酸产量、降低了生产成本、减少了污染物排放。

四、食品新产品开发

（一）单细胞蛋白

单细胞蛋白（single cell protein，SCP）又称菌体蛋白或微生物蛋白，是指利用各种基质在适宜条件下大规模培养而获得的微生物细胞，其中蛋白质含量高达40%～80%，大大高于普通农作物的蛋白质含量，因此可以作为解决全球蛋白质资源紧缺的重要途径之一。用于生产食用SCP的微生物以酵母和藻类为主，现在许多国家都在积极进行球藻和螺旋藻SCP开发。现阶段，科学家已经设计出用于生产甲硫氨酸强化剂大豆球蛋白和鸡卵清蛋白的"工程菌"（大肠杆菌和酵母菌），由此动植物蛋白质的获取可以不再受动植物来源限制和季节气候的影响，单靠微生物就能高效快速地产出，而且生产周期大大缩短。单细胞蛋白食品前景广阔，备受关注。

（二）微生物油脂

微生物油脂（microbial oils）又称单细胞油脂（single cell oil，SCO），是由酵母、霉菌、细菌和藻类等微生物在一定条件下利用碳水化合物、碳氢化合物和普通油脂为碳源，辅以氮源、无机盐通过发酵生产的油脂。微生物油脂是继植物油脂、动物油脂之后开发出来的又一食用油脂新资源。20世纪80年代以来，γ-亚麻酸（GLA）、花生四烯酸（AA）等含量高的微生物油脂相继在日本、英国、法国、新西兰等国投入工业化生产，日本、英国已有花生四烯酸发酵产品投入市场。20世纪90年代以来，开发利用微生物进行功能性油脂的生产成为一大热点。例如，用深黄被孢霉进行γ-亚麻酸生产、利用微生物培养进行二十碳五烯酸（EPA）、二十二碳六烯酸（DHA）等营养价值高且具有特殊功能的油脂生产研究备受关注。当前，利用低等丝状真菌发酵生产多不饱和脂肪酸已成为国际发展的趋势。我国目前已实现大规模生产富含花生四烯酸的微生物油脂。微生物油脂的应用已势不可挡，前景看好。

能够生产油脂的微生物有酵母、霉菌、细菌和藻类等，目前主要集中在藻类和真菌。常见的产油酵母有浅白隐球酵母（*Cryptococcus albidus*）、弯隐球酵母（*Cryptococcus albidun*）、斯达氏油脂酵母（*Lipomyces starkeyi*）、茁芽丝孢酵母（*Trichosporon pullulans*）、产油油脂酵母（*Lipomy slipofer*）、胶黏红酵母（*Rhodotorula giutinis*）等；常见的产油霉菌有土曲霉（*Aspergillus terreus*）、麦角菌（*Claviceps purpurea*）、高粱褐孢黑粉菌（*Tolyposporium ehrenbergii*）、高山被孢霉（*Mortierella alpina*）、深黄被孢霉（*Mortierella isabellina*）等；常见的产油海藻有硅藻（diatom）和螺旋藻（*Spirulina*）。

（三）有机态微量元素

目前，制备有机态微量元素的典型代表是富硒酵母。硒是人体所必需的微量元素，能够预防肿瘤、预防动脉硬化和冠心病的出现，还具有抗衰老、维持心血管系统正常功能的作用。缺硒会导致克山病和大骨节病，还会诱发白内障、肝病和胰腺病等。酵母具有高度的富集硒的能力和将无机硒转化为有机硒的能力，富硒酵母就是在培养酵母的过程中加入硒元素，使硒与酵母体内的蛋白质和多糖有机结合，转化为生物硒，从而消除了无机态硒对人体的毒副反应和肠胃刺激，使硒能够更高效、更安全地被人体吸收利用。迄今为止，富硒酵母在国内是最高效、最安全、营养最均衡的补硒制剂，其中硒的含量可以达到 1000～2500mg/kg，蛋白质含量大于 45%，还含有丰富的维生素 B_1 和维生素 B_2，除作为硒源使用外，还可同时提供其他有益的营养素。富硒酵母中硒的生物效力是无机硒的 10～20 倍，在机体内的留存数量明显高于亚硒酸钠，是一种很好的功能性食品原料。发酵法能进行富硒酵母的大规模工业化生产，相对于植物富集转化法可以大大缩短生产周期，降低生产成本。

（四）微生态制剂

微生态制剂是指运用微生态学原理，利用对宿主有益无害的益生菌或益生菌的促生长物质，经特殊工艺制成的制剂。随着科学研究的深入，大量资料证明，除活菌制剂外，死菌体、菌体成分、代谢产物也具有调整微生态失调的功效。在食品中广泛应用的微生态制剂有乳酸菌、双歧杆菌、肠球菌和酵母菌，以及壳聚糖、寡糖、植物多糖等，在国际上被广泛认可、作用最显著的是活性乳酸菌和双歧杆菌。此外，作为双歧因子的水苏糖，对人体胃肠道内的双歧杆菌、乳酸菌等有益菌群有着极明显的增殖作用，能迅速改善人体消化道内环境，调节微生态平衡，促进形成有益菌在消化道内的优势菌地位，抑制产气产酸梭状芽孢杆菌等腐败菌的生产，还能产生大量生理活性物质，调节肠道 pH，灭杀致病菌，阻遏腐败产物生成，抑制内源致癌物的产生和吸收。

国内双歧型微生态制剂一般选用婴儿双歧杆菌作为菌种，经活化后接种到以脱脂乳为主的菌种继代培养基中，依次进行锥形瓶和种子罐培养，利用冷冻干燥机进行冷冻干燥，即制成双歧杆菌微生态制剂。

第二节　饮料酒的生产工艺

一、饮料酒的分类

饮料酒种类很多，《饮料酒分类》（GB/T 17204）规定，啤酒及其他酒精度在 0.5%vol 以上的酒精饮料都是饮料酒，根据制造方法的不同可分为蒸馏酒、发酵酒、配制酒三大类。详细分类如图 11-1 所示。

发酵酒又名酿造酒，它是以酒母进行酒精发酵后所得的发酵醪经压榨而得的发酵液。这类酒的酒精度低，通常在 20%vol 以下，刺激性小，并含有较多的可溶性营养物质。依据原料及原料转化过程的不同，酿造酒的发酵方式可分为糖质原料直接发酵（如葡萄酒）、淀粉原料先糖化后发酵（如啤酒）、淀粉原料边糖化边发酵（如黄酒）三种形式。

蒸馏酒是原料经发酵以后，通过蒸馏法将乙醇及香气成分提取出来，再经贮藏、勾兑调配而制成的酒精度高的饮品。通常这类酒的酒精含量在 38% 以上，可溶性固形物含量极少，感官刺激性强。主要品种有中国白酒、白兰地、威士忌、朗姆酒、伏特加、金酒等。

配制酒是用白酒或食用酒精与一定比例的着色剂、香料、甜味料、药材及其他调味料混合配制而成。通常在配制完成后还需贮藏一段时间，色、香、味才能达到协调一致，均匀成熟。

本节重点介绍中国白酒、啤酒、葡萄酒及黄酒的酿造工艺。

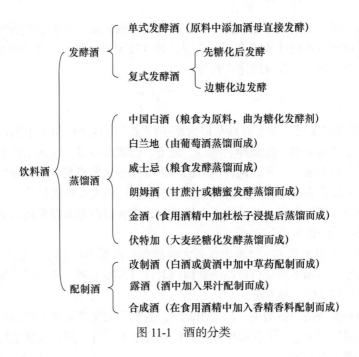

图 11-1 酒的分类

二、白酒的酿造

中国白酒历史悠久、品种繁多，与白兰地、威士忌、朗姆酒、伏特加、金酒齐名，被称为世界六大蒸馏酒。由于其工艺独特，酒质别具一格，因而在世界酒海中久负盛誉。

（一）白酒的分类

我国白酒产品由于原料品种、用曲、生产工艺、酿酒设备的不同，品种繁多、名称各异，一般可按以下几种方法分类。

1. 按使用原料分类 白酒使用的原料多为高粱、大米、小麦、糯米、玉米、薯干等含淀粉物质或含糖物质。常将白酒以这些酿酒原料冠名。其中以高粱作原料酿制的白酒最多，酒质好。

2. 按使用的曲分类 白酒生产过程中，由于糖化、发酵使用的曲不同，而产出的酒名称各异。以大曲作糖化发酵剂生产出的酒，称为大曲酒；以小曲作糖化发酵剂生产出的酒，称为小曲酒；用麦麸培养基接种的纯种曲霉作糖化剂，用纯种酵母为发酵剂生产出的酒，称为麸曲酒。

3. 按发酵方法分类 按照发酵方法的不同，中国白酒可分为固态发酵白酒、液态发酵白酒和半固态发酵白酒。

4. 按白酒的香型分类 我国白酒的著名传统香型有浓香型、酱香型、清香型、米香型、凤香型、豉香型、芝麻香型、特香型、老白干香型、浓酱兼香型等，除以上香型外，酿酒工艺中由于各种条件的差异或使用的生产工艺不同，还有的白酒独具风格，自成特色香型。

（二）白酒的发酵机理

无论是固态发酵还是液态发酵，白酒发酵的主要产物都是乙醇。经分析检测，白酒中大部分是乙醇和水，还含有占总量2%左右的其他香气物质。正是由于这些香气物质在酒中种类的多少和相互比例的不同才使酒有别于乙醇，具有独特的风格。白酒中的香气物质主要是醇类、酯类、醛类、酮类、芳香族化合物等。

（三）白酒的发酵工艺

1. 大曲酒的生产工艺　　大曲酒是以大曲作糖化发酵剂生产出的中国白酒。大曲是以小麦、大麦、豌豆等为原料，经破碎、润湿、成型，制成曲坯后，在人工控制温度和湿度的环境中培养微生物而制成的一种多菌种混合的酿酒专用糖化发酵剂。根据制曲过程中曲坯最高温度的不同，大曲分为高温曲、偏高温曲和中温曲。国内大多数名酒均采用高温曲或偏高温曲生产。大曲酒的酿造方法分为清渣法和续渣法，清香型白酒大多采用清渣法生产，浓香型和酱香型则采用续渣法生产。

（1）**续渣法大曲酒生产**　　续渣操作是大曲酒和麸曲酒生产中应用最广泛的酿造方法。它是将粉碎后的生原料和酒醅混合后在甑桶内同时进行蒸粮蒸酒，冷却后再加入大曲继续发酵，如此不断反复操作的一种方法。

浓香型白酒和酱香型白酒的生产均采用此法。各酒厂的生产原理相同，均采用泥窖进行固态发酵、续糟混蒸等工艺，但在粮糟配比、续糟方法上各有不同，在窖池使用方面还可分为跑窖循环法和原出原入法。

1）浓香型大曲酒的生产工艺。其流程如图11-2所示。

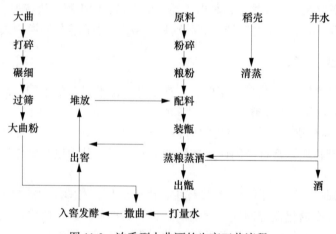

图 11-2　浓香型大曲酒的生产工艺流程

2）酱香型大曲酒的生产工艺。以茅台酒为例，酱香型大曲酒生产工艺的特点可总结为端午踩曲、重阳下沙、高温制曲、高温堆积、高温流酒、两次投料、八次发酵、七次取酒、多年陈酿、精心勾兑。酱香型大曲酒的生产工艺流程如图11-3所示。

（2）**清渣法大曲酒生产**　　清渣法适合清香型大曲酒的生产，其特点是采用传统的清蒸二次清，陶缸发酵，石板封口，晾堂地面用砖或水泥地，刷洗干净，保证了酒的清香、醇净的特点。以汾酒酿造工艺为例，原辅料经单独清蒸后拌曲入缸发酵约28d，取出蒸馏后醅子中只加曲，不加入新料，再经过28d发酵，再次蒸酒。蒸出的大渣酒、二渣酒经品尝分级，分别存放，一般规定贮存期为三年，然后精心勾兑，包装出厂，成品具有清香醇净的特点。

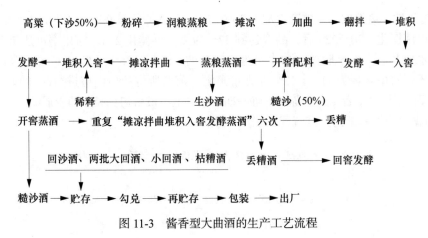

图 11-3 酱香型大曲酒的生产工艺流程

汾酒的工艺流程如图 11-4 所示。

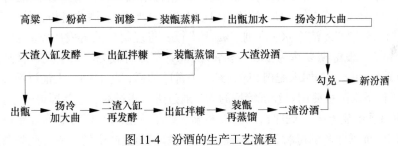

图 11-4 汾酒的生产工艺流程

2. 小曲酒的生产 小曲酒是以小曲为糖化发酵剂，采用固态发酵或半固态发酵，经蒸馏并勾兑而成的白酒，具有原料范围广、用曲量少、发酵周期短、出酒率高、酒质柔和纯净等特点。我国具有独特香型的著名小曲酒有桂林三花酒、豉味玉冰烧、五华长乐烧、贵州董酒等。小曲酒的生产工艺分为固态发酵工艺和半固态发酵工艺两种。

（1）小曲酒的固态发酵工艺 固态发酵生产小曲酒采用整粒原料，在发酵前需经"润、泡、煮、闷、蒸"等操作。由于地区不同、原料不同，工艺上也不尽相同。差异主要在原料的糊化条件、培菌条件、发酵条件等方面。基本工艺流程如图 11-5 所示。

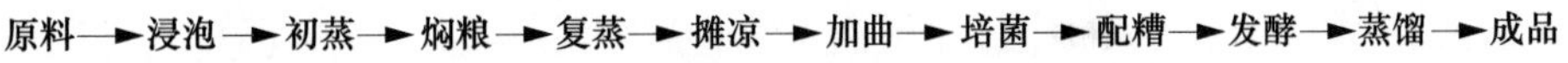

原料—→浸泡—→初蒸—→焖粮—→复蒸—→摊凉—→加曲—→培菌—→配糟—→发酵—→蒸馏—→成品

图 11-5 小曲酒的固态发酵工艺流程

（2）小曲酒的半固态发酵工艺 小曲酒的半固态发酵工艺与黄酒发酵工艺相似，主要盛行于南方各省，根据工艺流程不同，又分为先糖化后发酵和边糖化边发酵两种。

1）先糖化后发酵工艺。其流程如图 11-6 所示。

以桂林三花酒为例，该方法的特点是前期固态糖化，后期液态发酵，最后液态蒸酒。先

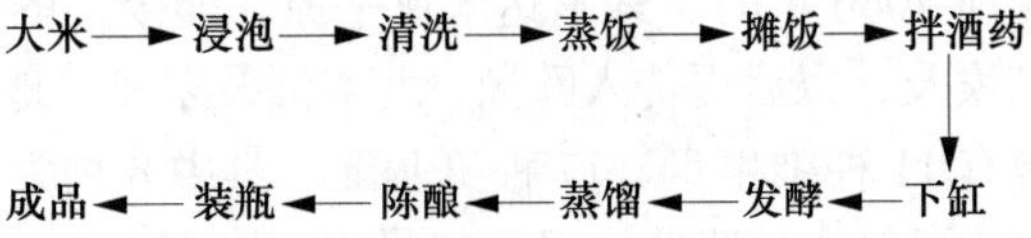

大米—→浸泡—→清洗—→蒸饭—→摊饭—→拌酒药

成品◄—装瓶◄—陈酿◄—蒸馏◄—发酵◄—下缸

图 11-6 小曲酒的先糖化后发酵工艺流程

将大米浸泡淘洗，蒸熟成饭，摊凉冷却至 36～37℃，加入原料量 0.8%～1.0% 的小曲粉，拌匀后入缸，培菌糖化，20～22h 后，品温达到 37～39℃。再糖化 24h，糖化率可达 70%～80%，此时可加水使其进入发酵阶段，加水量为原料量的 120%～125%。在 36℃ 左右发酵 6～7d，残糖接近零，酒精含量为 11%～12% 时即可蒸酒，蒸馏所得的白酒应进行品尝和检验，色、香、味及理化指标合格者，入库陈酿，陈酿期一年以上，最后勾兑装瓶即得成品。

2）边糖化边发酵工艺。其流程如图 11-7 所示。

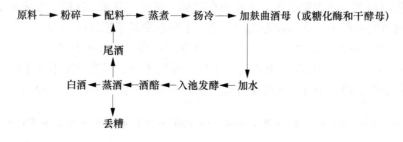

图 11-7　小曲酒的边糖化边发酵工艺流程

以豉味玉冰烧为例，该方法没有先期的小曲糖化培菌阶段。将大米浸泡清洗，蒸熟成饭，夏季摊凉至 35℃，冬季 40℃，按原料量的 18%～22% 加入酒曲饼粉，拌匀后入埕发酵。装埕时，先加 6.5～7.0kg 洁净水，再加 5kg 大米饭，将埕封口放入发酵室。室温 26～30℃，品温不超过 30℃。发酵期夏季为 15d，冬季为 20d。蒸馏时截去酒头酒尾，将蒸馏得到的白酒按照 20kg 每坛装好，并加入肥肉 2kg，经 3 个月陈酿后，将酒倒入大池沉淀 20d 以上，坛内的肥肉还可供下次陈酿使用。经沉淀后的酒，通过进一步过滤、包装即得成品。

3．麸曲白酒的生产　　麸曲白酒是以高粱、薯干、玉米、高粱糠等含淀粉丰富的物质为原料，采用纯种麸曲和酒母替代大曲作为糖化发酵剂而生产出的白酒。此类白酒目前已实现液态发酵法生产，以糖化酶替麸曲，活性干酵母代替纯种酒母，使生产工艺大大简化。生产工艺流程如图 11-8 所示。

图 11-8　麸曲酒的生产工艺流程

三、啤酒的酿造

啤酒是以大麦麦芽为主要原料，以未发芽谷物、淀粉、糖浆等为辅料，并添加少量啤酒花，采用糖化、发酵、过滤、包装等工序酿制而成的、含二氧化碳丰富、酒精度低的发酵酒。啤酒起源于公元前 4000 年的美索不达米亚平原，即今天的西亚伊拉克等地。公元前 3000 年由古巴比伦传到埃及，以后再传入欧洲、北美洲及东亚等地。

啤酒营养丰富，含有 11 种维生素、17 种氨基酸，其中 8 种为人体必需氨基酸。啤酒的各种成分中有 80%～90% 可被人体吸收，且发热量大，素有"液体面包"的誉称。目前，啤酒已成为世界上产量最大的酒种。

世界上啤酒产量较大的国家有中国、美国、德国、俄罗斯、日本和英国。在我国，啤酒虽是外来酒种，但也有百年以上的生产历史，近年来发展迅速，同世界各国相比，我国啤酒年产量已经多年稳居世界第一。2019 年的 4 月 8 日，国家发展和改革委员会宣布取消了对新建啤酒厂的产能限制；2019 年 4 月 25 日，中国酒业协会颁布了团体标准《工坊啤酒及其生产规范》，为我国小型精酿啤酒厂的建设创造了条件、奠定了基础，精酿啤酒在我国即将兴起。

（一）啤酒酿造工艺

啤酒的品种不同，在原料品种选用、糖化方法、发酵方法、过滤方法、灭菌方法等方面有所差异，但基本工艺流程基本相同，啤酒的生产工艺流程如图 11-9 所示。

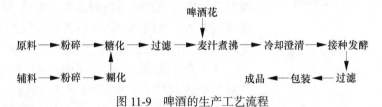

图 11-9　啤酒的生产工艺流程

根据以上流程，啤酒的生产过程分为原料粉碎、麦汁制备、发酵、过滤与包装四个工段。

1. 啤酒酿造原料　　啤酒酿造的主要原料为麦芽，此外还包括水、辅料、啤酒花和酵母。

（1）水　　啤酒酿造用水包括制麦、糖化、洗涤、灭菌、冷却及锅炉用水，其中糖化用水直接影响啤酒质量。一般啤酒酿造用水的硬度在 1～30 德国度，感官要求无色透明、无悬浮物和沉淀物、口尝清爽无异味。化学指标和微生物指标都应符合啤酒酿造用水的水质要求。

（2）麦芽　　酿造啤酒用的麦芽是用啤酒大麦通过初选、精选、分级、浸麦、发芽、干燥、除根等工序制成的，是啤酒生产的主要原料。麦芽的质量应符合国家轻工业部颁布的行业标准 QB/T 1686。

（3）啤酒花　　啤酒花为桑科葎草属植物，雌雄异株，用于啤酒酿造的为雌花。啤酒花与麦芽汁共沸能促进蛋白质凝固，有利于啤酒澄清，并能增强啤酒的防腐能力，赋予啤酒香味和爽口的苦味。目前，国内已研究出许多酒花制品，如颗粒酒花、酒花浸膏、酒花油、四氢异构化 α-酸等。这些酒花制品不仅大大提高了啤酒花的利用率，也简化了使用方法。

（4）酵母　　用于酿造啤酒的酵母主要有两个种，酿酒酵母（*Saccharomyces cerevisiae* Hansen）和卡尔斯伯酵母（*S. carlsbergensis* Beiyernch）。根据发酵结束时酵母的状态，啤酒酵母可分为上面啤酒酵母和下面啤酒酵母。

下面啤酒酵母具有亲水表面，发酵过程中悬浮于发酵液内，在发酵结束后能很快地沉积于发酵罐底部，成为酵母泥，酵母泥可以回收处理，供下次发酵使用。上面啤酒酵母具有疏水表面，发酵时随二氧化碳和泡沫漂浮于液面，发酵结束时形成泡盖。通常上面啤酒酵母发酵温度高、发酵速度快、发酵度也高。国内啤酒厂基本都用下面啤酒酵母，较好的啤酒酵母有沈阳啤酒酵母、燕京啤酒酵母、青岛啤酒酵母等，近年来还从丹麦、德国等国家引进了一些优良的下面啤酒酵母。

（5）辅料　　国际上除了德国的内销啤酒不用辅料以外，所有的啤酒在生产过程中都要使用辅料。啤酒辅料以不发芽谷类为主，其中主要是大米和脱坯玉米，也有用大麦和小麦的；有些国家还用蔗糖或糖浆作为啤酒辅料；国内目前已有用玉米淀粉作啤酒辅料的。长期的生产实践证明，啤酒生产中使用辅料不仅可以降低生产成本，还有利于提高啤酒的非生物稳定性，降低啤酒的色度，使用糖类或糖浆作辅料可以提高设备利用率。

2. 原料粉碎　原料粉碎的方法有干法、湿法和回潮粉碎三种。目前国内多采用湿法粉碎，麦芽粉碎要求麦皮破而不碎，这样有利于过滤时糟层的疏松，提高过滤速度，也能减少麦皮中有害成分的浸出。

3. 麦汁制备

（1）糖化　麦芽和辅料的糖化方法主要可以分为两大类，即煮出糖化法和浸出糖化法。前者是将糊化锅内煮沸的糊化醪与糖化锅内的糖化醪混合，以调节糖化锅内的温度，完成原料和辅料糖化过程的方法。我国的啤酒生产普遍采用煮出糖化法。典型的二次煮出糖化法的工艺流程如图 11-10 所示。

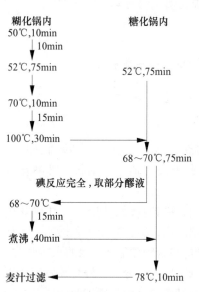

图 11-10　二次煮出糖化法的工艺流程

（2）麦汁过滤　糖化结束，应立即趁热过滤，最初滤出的麦汁中含有较多的不溶性颗粒，应让其回流 5～10min，待麦汁清亮时再放入麦汁暂贮罐，当麦糟开始露头时加 75～78℃的热水洗糟。

（3）麦汁煮沸　过滤初期得到的麦汁为头号麦汁，洗糟期间滤出的麦汁为二号麦汁，二者在暂贮罐内混合均匀后，放入煮沸锅内煮沸。麦汁煮沸要求达到一定的煮沸强度和煮沸时间。一般用间接蒸汽加热，蒸汽压力控制在 0.2～0.3Mpa，煮沸强度以 8%～12% 为宜。煮沸时间与最终麦汁的浓度有关，一般 11～14°P 的麦汁煮沸时间为 90～120min。麦汁煮沸过程中还需添加麦汁总量 0.1%～0.2% 的啤酒花，一般分三次加入。初沸时加入 1/5，煮沸至 40～50min 时加入 2/5，煮沸结束前添加 2/5。也有的厂分两次或四次加入啤酒花。

（4）麦汁冷却　麦汁经煮沸达到要求的浓度后，要先通过回旋沉淀槽预冷至 50℃以下，并分离出酒花糟和热凝固物；再通过薄板换热器冷却至 6～8℃，分离冷凝固物，得到澄清冷麦汁，送入发酵罐。

4. 啤酒发酵　传统的啤酒发酵分主发酵和后发酵两个阶段。

（1）主发酵　冷却至 6～8℃的麦汁接入 0.5%～0.65% 的啤酒酵母泥，随即进入酵母增殖期。经 14～16h 增殖后，可以看到麦汁表面形成一层白色泡沫，此时进入啤酒发酵的主要过程。根据主发酵过程中发酵罐内液面泡沫的多少及发酵的剧烈程度，将主发酵阶段又分为低泡期、高泡期和落泡期。主发酵结束时，泡沫萎缩形成褐色泡盖，酵母逐渐下沉，糖度下降至 3.8～4.8，此时即可进入后发酵阶段。

（2）后发酵　后发酵期间应控制罐压不超过 0.1Mpa，温度稳定维持在 -1～0℃。啤酒后发酵的目的在于完成残糖的最后发酵，促进啤酒成熟。后发酵时间根据啤酒的种类和麦汁浓度而定。普通 12°P 啤酒的酒龄一般在 20～30d，特制啤酒在 60d 左右。

新型的露天锥形大罐发酵工艺中，单罐低温发酵法总时间为 21~28d；单罐高温发酵法只需 12~14d；两罐发酵法的发酵周期约为 23d。露天锥形大罐发酵法的生产周期比传统发酵法明显缩短，是目前我国啤酒生产企业广泛使用的方法。

5. 啤酒过滤与包装 经过后发酵的啤酒，还有少量悬浮的酵母及蛋白质等杂质，需要采取一定的手段将这些杂质除去。目前多数企业采用硅藻土过滤法、板式过滤法、离心分离法和超滤。在啤酒过滤的过程中，酒的温度、过滤时的压力是关键因素。过滤的效果直接影响啤酒的生物稳定性和啤酒的感官质量。

包装是啤酒生产的最后一道工序，对保证成品的质量和外观十分重要。啤酒包装一般分为容器洗涤、灌装、灭菌三个过程。根据灌装设备和包装容器的不同可分为瓶装、罐装和桶装。

啤酒灭菌均采用巴氏消毒法。基本过程分为预热、灭菌、冷却三部分，30~35℃为起始温度，在 25min 内缓慢升温至 60~62℃，维持 30imn，然后又缓慢地冷却到 30~35℃。最后经检验、贴标即可装箱入库。

（二）啤酒生产新技术

啤酒是全世界产量最大的酒种，世界各国都投入了比较雄厚的技术力量对其生产工艺进行研究。近几十年来，在啤酒大麦新品种选育、麦芽制备技术、糖化发酵新工艺研究、产品新品种的开发等方面取得了显著成效。例如，擦破皮发芽、劳斯曼移动式发芽箱和塔式制麦系统的应用、双醪一次煮出糖化法和外加酶糖化法的应用、酵母固定化技术和连续发酵技术在啤酒发酵中的应用、高浓度发酵技术的应用、计算机自动控制技术的应用，以及纯生啤酒、无醇啤酒的发明等，大大地促进了世界啤酒酿造业的发展。

四、葡萄酒的酿造

葡萄酒是新由鲜葡萄或葡萄汁通过酵母的发酵作用而制成的一种低酒精含量的饮料酒。葡萄酒质量的好坏和葡萄品种及酒母有着密切的关系。因此在葡萄酒生产中葡萄的品种、酵母菌种的选择是相当重要的。

（一）葡萄酒酵母

1. 葡萄酒酵母的特征 葡萄酒酿酒酵母（*Saccharomyces ellipsoideus*）分类上为子囊菌纲的酵母属啤酒酵母种。优良葡萄酒酿酒酵母具有以下特性：除葡萄（或其他酿酒水果）本身的果香外，酵母也产生良好的果香与酒香；有较高发酵能力，能将糖分发酵至 4g/L 以下，酒精含量达到 16% 以上；对二氧化硫具有较高的抵抗力；具有较好的凝集力和较快的沉降速度；能在较低温度下发酵，以保持果香和新鲜清爽的口味。例如，我国张裕 7318 酵母、法国香槟酵母、匈牙利多加意（Tokey）酵母等。

2. 葡萄酒酵母的扩大培养 从斜面试管菌种到生产使用的酒母，需经过数次扩培，每次扩大倍数为 10~20 倍。

葡萄酒酵母扩培工艺流程如图 11-11 所示。

（二）葡萄酒的生产工艺

葡萄酒品种繁多，工艺各异，但基本流程相同，本处以红葡萄酒的酿造工艺为例介绍葡

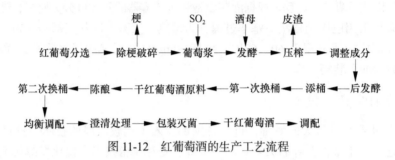

图 11-11　葡萄酒酵母扩培工艺流程

萄酒生产工艺。我国酿造红葡萄酒主要以干红葡萄酒为原酒，然后按标准调配成半干型、半甜型、甜型葡萄酒。

1. 红葡萄酒的工艺流程　　红葡萄酒的生产工艺流程如图 11-12 所示。

图 11-12　红葡萄酒的生产工艺流程

2. 红葡萄酒生产的关键步骤

（1）前发酵　　葡萄酒前发酵的主要目的是进行乙醇发酵、浸提色素物质和芳香物质。接入酵母 3～4d 后，发酵进入主发酵阶段。此阶段升温明显，一般持续 3～7d，控制最高品温不超过 30℃，在 25℃左右下进行。当发酵液的相对密度下降到 1.02 以下时，即停止前发酵。

（2）压榨　　当残糖降至 5g/L 以下，发酵液面只有少量 CO_2 气泡，"酒盖"已经下沉，液面较平静，发酵液温度接近室温，并且有明显酒香，此时可以出池。一般前发酵时间为4～6d。出池时先将自流原酒由排汁口放出，放净后打开入孔清理皮渣进行压榨，得压榨原酒。自流原酒和压榨原酒成分差异较大，若酿制高档名贵葡萄酒应单独贮存。

（3）后发酵　　一般后发酵时间为 3～5d，也可持续一个月左右。其目的是使残糖继续发酵，同时使酒澄清并改善酒的风味。前发酵结束后，原酒中还残留 3～5g/L 的糖分，压榨得到的原酒需补加 SO_2，添加量（以游离 SO_2 计）为 30～50mg/L。原酒进入后发酵容器后，品温一般控制在 18～25℃。若品温高于 25℃，给杂菌繁殖创造条件，不利于新酒的澄清。

后发酵的原酒应避免与空气接触，工艺上常称为隔氧发酵。后发酵的隔氧措施一般是在容器上安装水封。

（4）换桶　　发酵结束后即转入橡木桶陈酿，此时需注意调整酒度，使之达 13 度左右，SO_2 含量为万分之一左右。

（5）陈酿管理　　葡萄酒转入橡木桶后，一个月内进行第一次换桶并除去酒脚，半年后第二次换桶。澄清后将清酒吸出，进行冷冻处理。冷冻温度控制在酒的冰点以上 0.5℃。冷冻时间为 5～7d，然后过滤除去浑浊物。

（6）调配　　按照产品质量标准的要求对酒精含量、糖含量、酸度等加以调整，为了协调酒的风味，还可用其他品种或不同酒度的干红葡萄酒进行勾兑。

五、黄酒的酿造

黄酒是以稻米、黑米、玉米、小麦、青稞等为原料，经过蒸料，拌以麦曲、米曲或酒药，进行糖化和发酵酿制而成的低度饮料酒。按照含糖量可分为干型、半干型、半甜型、甜型四大类，代表品种分别是绍兴的元红酒、加饭酒、善酿酒、香雪酒。

（一）黄酒酿造的原料

1. 大米　　作为黄酒酿造原料的米应该米色洁白、颗粒饱满、大小一致、不含杂质和碎米，并且气味纯正、米质较软，最好选用当年生产的新米。一般要求水分含量在 15% 以下，淀粉含量在 69% 以上。米的精白度应达到上白粳要求或精米率达 90% 以上，因为糙米中的蛋白质、灰分、维生素等会使发酵过于旺盛，导致升温升酸快，增加杂醇油和脂肪酸的含量，使黄酒产生杂味，所以在酿造黄酒前应根据米质情况对米再进行一次精白处理。

2. 酿造用水　　黄酒中水分占 80% 左右，因黄酒是酿造酒，故水质的好坏对酒的风味有直接的影响。黄酒酿造用水至少应该符合生活饮用水的标准：清澈透明、无色无异味、硬度以 2～6°P 为宜，pH 在中性附近，总的固形物含量在 100mg/L 以下，铁离子含量在 0.5mg/L 以下。氨基氮和亚硝酸氮不得检出，微生物学检验不得检出大肠菌群。生产实践中一般选用山泉水、上游河水、湖水或井水。

（二）糖化发酵剂

1. 麦曲和酒药　　麦曲是生产黄酒的糖化剂。传统的麦曲是用轧碎的小麦加水制成块状，经自然发酵制成。一般在农历 8～9 月桂花盛开的季节制作，所以麦曲又叫"桂花曲"。其中不但有一些糖化菌和酵母，它本身也是发酵原料，是黄酒香气成分的来源之一。用量一般为原料糯米的 1/6。麦曲的用量对酒的风味影响极大，因此需严格把握。

酒药是我国古代保存优良菌种的独特方法，是用早米粉和辣蓼草为原料，接种母种自然发酵而成。其中的主要微生物有根霉、毛霉、酵母、细菌等。

2. 酒母　　酒母是由少量酵母逐渐扩大培养制成的酵母培养液，以供黄酒发酵所需。黄酒酿造是开放式发酵，酒母的质量是保证正常发酵和酿制优质黄酒的必要条件。酒母有多种制备方法，传统的绍兴酒采用淋饭酒母，大缸发酵新工艺则采用速酿酒母和高温糖化酒母；山东即墨老酒则采用固体酵母，固体酵母的制法是将熬好的黄米与经 60℃ 焙烘的麦曲各半，再加 1/4 的白酒制成圆坯，然后保温培养，让自然界的酵母生长繁殖而成。

（三）黄酒酿造的工艺流程

黄酒的发酵方法有摊饭法、淋饭法和喂饭法。几种黄酒酿造方法的工艺流程如下。

1. 摊饭法　　采用摊饭法酿造的黄酒有绍兴元红酒、善酿酒、加饭酒。该法浸米时间需 15～20d，浸米所得的酸浆采用"三浆四水"的方法冲淡后，落缸时加入酒醅中，可以降低酒醅的 pH，形成适合酵母生长的环境，对酒的风味大有好处，酿制出的酒具有酒味醇厚的特点（图 11-13）。

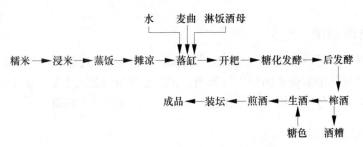

图 11-13　摊饭法酿造黄酒的工艺流程

2. 淋饭法　　淋饭法既可用于生产甜型黄酒，也可用于生产普通干型黄酒。绍兴香雪酒就是用这一方法酿造的。淋饭法的工艺特点在于"淋米淋饭、酒药糖化、加曲冲缸、白酒灌坛"（图 11-14），该法的出酒率比摊饭法高出 10% 以上，但酒味略显淡薄。

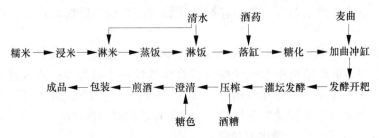

图 11-14　淋饭法酿造黄酒的工艺流程

3. 喂饭法　　喂饭法的典型代表是嘉兴黄酒。其工艺特点在于酿酒过程中多次喂饭，使酵母不断获取新的营养物质，始终处于旺盛生长和旺盛发酵状态，由于淀粉是逐步被糖化发酵的，有利于控制发酵温度和发酵速度，增加酒的醇厚感，减轻酒的苦味（图 11-15）。该法酒药用量少，出酒率高。

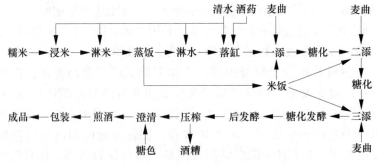

图 11-15　喂饭法酿造黄酒的工艺流程

第三节　发酵调味品的酿造工艺

　　中国是世界上使用调味品最早的国家，也是生产和消费调味品最多的国家。我国发酵调味品历史悠久，但长时间以来一直处于小规模作坊式的生产状态，对生产工艺及设备几乎没有进行专门研究，这使得酿造调味品的生产一直处于徘徊不前的状态。改革开放以来，随着科学技术的进步和人民生活水平的提高，发酵工程技术和现代生物技术在传统酿造业中的应用越来越广泛，使得发酵调味品的生产规模越来越大、产量越来越高、质量越来越好。近年来有很多调味品企业引进了 ISO9000 质量管理标准和 ISO14000 环境管理体系，通过参加良好操作规范（GMP）和危害分析与关键控制点（HACCP）认证，大大提高了企业的管理水平和生产技术水平，增强了企业发展的后劲。

一、酱油的酿造

（一）酱油酿造的原料

1. 蛋白质原料 传统的酱油酿造常选用大豆作为蛋白质原料，但大豆中含有约 20% 的脂肪，用它酿制酱油，其中的脂肪不能被充分利用，浪费很大。目前我国酱油生产中，主要以脱脂大豆（豆饼、豆粕）为蛋白质原料。它们均含有 45%～50% 的粗蛋白质，是理想的蛋白质原料，此外还含有约 20% 的碳水化合物。除了大豆饼粕以外，还可用花生饼、葵花籽饼、蚕豆、糖糟等作为蛋白质原料。

2. 淀粉质原料 传统的酱油生产都以面粉和小麦为淀粉质原料，但为了节约粮食现多改用麸皮，或麸皮加部分小麦粉。小麦中含有大约 70% 的淀粉，还有 10%～14% 的蛋白质及少量简单的糖类。麸皮中也含有 50%～60% 的粗淀粉，其中有高达 20%～24% 的戊聚糖。据研究，酱油中的香气及色素是由蛋白质的水解产物氨基酸与戊糖结合而成的，可见使用富含戊糖的麸皮，可提高酱油的风味和质量。同时，小麦蛋白质的组成以麦醇溶蛋白和麦谷蛋白为主。组成麦胶蛋白质的氨基酸中谷氨酸含量最高，这是酱油鲜味的重要来源。除小麦和麸皮外，还可用米糠、碎米、玉米、甘薯及甘薯渣等作为淀粉质原料。

3. 食盐和水 食盐和水也是酱油生产的重要原料，应符合国家规定的食用盐标准和生活饮用水标准。

（二）菌种与制曲

1. 酱油酿造用菌种 菌种的好坏是决定酱油色、香、味及原料利用率的重要因素。酱油酿造用的菌种多采用米曲霉。目前我国较好的酱油酿造菌种有沪酿 3.024 米曲霉、渝 3.811 米曲霉、961 米曲霉、961-2 米曲霉、广州米曲霉、WS_2 米曲霉、$10B_1$ 米曲霉、沪酿 UE328 米曲霉、沪酿 UE336 米曲霉。也有人用黑曲霉和甘薯曲霉作为酱油生产菌种。

2. 种曲制备

（1）种曲制备工艺流程 酱油种曲制备的工艺流程如图 11-16 所示。

原料 → 加水混合 → 蒸料 → 冷却 → 接种 → 装匾 → 曲室培养 → 种曲

图 11-16 酱油种曲制备的工艺流程

（2）种曲制备操作要点 将麸皮 80% 和面粉 20%（或麸皮 100%）加水混合，常压蒸煮 1h，再焖 30min 后出锅过筛，摊开冷却至 40℃ 左右时，按总料 0.5%～1.0% 的比例，接入锥形瓶，种子拌匀后装匾、摊平，厚 2cm，于 28～30℃ 的曲室中培养。约经 16h，出现白色菌丝，有枣香味、品温达 38℃ 时，即可进行翻曲，并补充一定量 40℃ 的温水，盖上纱布以保持湿度，以后品温控制在 38℃ 以下。再经 70～40h 培养，即成含大量孢子的种曲。

种曲的外观呈块状、黄绿色，内部疏松，手指一触即见孢子飞扬。

3. 成曲制备

（1）成曲制备工艺流程　酱油成曲制备的工艺流程如图 11-17 所示。

原料 ——→ 粉碎 ——→ 润水 ——→ 蒸料 ——→ 冷却 ——→ 接种 ——→ 通风培养 ——→ 成曲

图 11-17　酱油成曲制备的工艺流程

（2）制曲操作要点

1）原料处理。一般酱油生产都以豆饼和麸皮为原料，配比为 8∶2、7∶3 或 6∶4 等。有的厂家则以豆饼、小麦和麸皮为原料，用料比为 60∶20∶20。豆饼以轧碎为宜，小麦以轧扁为宜。然后混合并按季节的不同，加入 45%～51% 的水。再将曲料蒸煮，多数厂家采用旋转式蒸煮锅，在 0.08～0.14MPa 的压力下维持 15～30min，但在一些手工作坊中仍采用常压蒸煮。

2）通风制曲。经蒸煮的原料经鼓风吹冷至 40℃ 左右时，按投料量的 0.3% 接入种曲。拌匀后入曲箱或曲池，装箱温度约为 32℃，厚度在 30cm 左右为宜。约经 6h 静止培养，品温达 37℃ 时，开始通风，使品温维持在 35℃ 左右。当菌丝大量生长并相互交结成块而影响通风效果时，应进行翻曲，必要时可在翻曲 4～5h 后进行第二次翻曲。约经 18h 培养，孢子开始形成，制曲时间一般以 22～26h 较为适宜。

（三）酱油发酵

酱油发酵是将成曲拌入一定量的盐水，再装入发酵池或发酵缸内，利用微生物产生的酶，将酱醅中的大分子物质分解为小分子的过程。根据发酵过程中酱醅的状态不同，分为稀醪发酵、固态发酵及和固稀发酵三种；根据加盐量多少，又分为有盐发酵、低盐发酵和无盐发酵三种；根据发酵温度调节方法的不同，又分为日晒夜露法与保温速酿法两种。本章以固态低盐发酵法为例介绍酱油的发酵工艺。

1. 固态低盐发酵法的工艺流程　酱油固态低盐发酵工艺流程如图 11-18 所示。

成曲 ——→ 打碎 ——→ 加盐水拌和 ——→ 保温发酵 ——→ 成熟酱醅

图 11-18　酱油固态低盐发酵工艺流程

2. 固态低盐发酵操作要点

（1）制醅　先在发酵池内预置 12～13°Bé、55℃ 左右的盐水，有的厂则只用 7°Bé 的热盐水。其用量视情况而定，一般使酱醅的含水量达到 50%～55%，然后将打碎的成曲送入池内，拌匀摊平，在酱醅表面加铺封面盐，以防止有害微生物的污染。

（2）保温发酵　酱醅入池后即进入保温发酵，一般以 48～50℃ 起温，每天升温 2～3℃，最高达 55℃，经 4d 发酵后，酱醅成熟。也有的厂家以 42～46℃ 保温 4d，从第 5 天起逐渐升温至 48～50℃，共需 8d。有时为了增加风味，发酵时间延长至 12～15d。

（四）酱油的浸提

酱醅成熟后，加水将其中的可溶性物质提取出来的过程称为浸出提油。通常采用二油套头油、三油套二油、热水拨三油的循环浸提法。

1. 酱油浸提的工艺流程　三套循环法浸提酱油的工艺流程如图 11-19 所示。

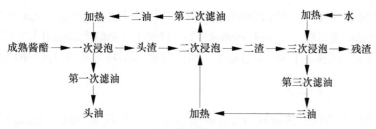

图 11-19　三套循环法浸提酱油的工艺流程

2. 浸泡滤油操作方法　　酱醅成熟后，加入已加热至 70～80℃的二油浸泡，二油用量视情况而定，一般以投料量与出头油量之比（即料油比）为 1∶3 为宜。约经 20h 的浸泡，从发酵池底部放出头油。剩下的头渣再用 70～80℃的三油浸泡，经 8～12h，浸出二油，以供作下一批的头油浸提。剩下的二渣再加热水浸泡 2h，放出三油，供作下一批的二油浸提，残留的酱渣为残渣。

（五）成品配制

以上提取的头油和二油并不是成品，而必须按统一的质量标准进行配兑。根据产品种类的不同，可在普通酱油的基础上，添加助鲜剂、甜味剂及其他某些辅料，配制成各种酱油新品种。

（六）包装、出厂

调配好的酱油经灭菌、包装，并检验合格后才能出厂。

二、食醋的酿造

食醋是一种酸性调味品，除含乙酸（醋酸）以外，还含有各种有机酸、糖类和酯类等香气成分。各地生产的食醋品种繁多，著名的有山西老陈醋、镇江香醋、四川麸醋、浙江玫瑰米醋、福建红曲米醋及东北白醋等。

（一）酿醋原料

酿醋的原料在我国南方以糯米和大米为主，北方则多用高粱和小麦。近年来，为了节约粮食，人们找到了很多代用原料，如玉米、甘薯、马铃薯、碎米、麸皮、米糠、糖糟、废糖蜜，以及一些含淀粉丰富的野生植物等。

除上述主要原料外，制醋尚需辅料和疏松材料，如细谷糠、砻糠、小米壳或高粱壳等。

（二）酿醋微生物

1. 淀粉糖化微生物　　能够产生淀粉酶，使淀粉糖化的微生物很多，适用于酿醋的糖化菌有 3.800 号米曲霉、3.758 宇佐美曲霉及 3.324 号甘薯曲霉等。目前生产上应用最多的是 3.324 号甘薯曲霉，该菌株糖化力强，而且制曲温度容易掌控。

2. 乙醇发酵微生物　　生产上一般用子囊菌亚门酵母属中的酵母，但不同的酵母菌株，其发酵能力有强有弱，产生的香气和滋味也不大相同。例如，生产上海香醋选用的工农 501 黄酒酵母，生产以高粱为原料的速酿醋则选用 1308 号酵母菌。

3. 醋酸发酵微生物　　用于酿醋的醋酸菌有醋化醋杆菌（*Acetobacter aceti*）、制醋醋杆菌（*A. acetosus*）和巴氏醋杆菌（*A. pasteurianus*）等。目前工业制醋大都采用人工培养的优良醋酸菌，用得最多的生产菌株是中国科学院微生物研究所的 AS1.41 号醋酸菌及沪酿 1.01 号醋酸菌。

（三）食醋的酿造工艺

我国的食醋生产方法有传统的固态发酵法，也有经过改进的酶法液化通风回流法，还有液态深层发酵法。

1. 固态发酵法制醋　　该法是将原料蒸煮、冷却后，拌入麸曲和酒母，并适当补水至醅料水分达 60%～66% 后进行糖化和乙醇发酵。酒醅中乙醇含量为 7%～8% 时拌入砻糠和醋酸菌种子，约经 12d 的醋酸发酵，醋酸含量达 7.0%～7.5% 时，在醅料表面加适量食盐，再经 2d 后熟即可淋醋（图 11-20）。

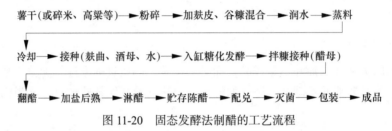

图 11-20　固态发酵法制醋的工艺流程

2. 酶法液化通风回流法制醋　　该法将碎米浸泡、磨浆、加入酶制剂后送入液化桶，液化后送入糖化锅，加入麸曲保温糖化，再将糖液送入乙醇发酵缸发酵成熟得到含乙醇约 8.5% 的酒醅。将酒醅与砻糠、麸皮及醋酸菌种拌和均匀，送入有假底的发酵池，进行通风回流制醋，一般每天回流 6 次，发酵过程中共回流 120～130 次。经 20～25d 醋酸发酵，醋汁含酸量达 5.5%～7.0% 时，加入食盐，再用二醋淋浇醋醅，由池底继续收集醋汁。当收集到的醋汁含醋酸量降到 5% 时，停止淋醋，得到的为头醋。头醋经过澄清，并按质量标准配兑，最后灭菌包装，即得成品。醋醅再经三醋浇淋得二醋；最后用水浇淋得三醋，醋渣丢弃（图 11-21）。

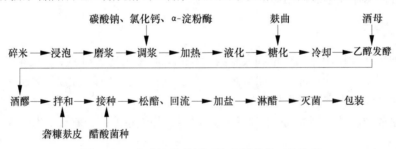

图 11-21　酶法液化通风回流法制醋的工艺流程

3. 液态深层发酵法制醋　　液态深层发酵制醋过程中，到乙醇发酵为止的工艺均与酶法液化通风回流制醋工艺相同。不同的是从醋酸发酵开始，采用较大的发酵罐进行液态深层发酵，并需通气搅拌，醋酸菌种子为液态，即醋母。醋酸液态深层发酵温度为 32～35℃，通气比在前 24h 为 100：7，后期为 10：1，发酵周期为 65～72h。液态深层发酵制醋也可采用半连续法，即当醋酸发酵成熟时取出 1/3 成熟醪，再补加 1/3 酒醪继续发酵，如此每 20～22h 重复一次（图 11-22）。目前生产上多采用此法。

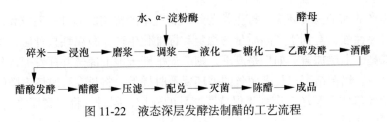

图 11-22　液态深层发酵法制醋的工艺流程

三、发酵豆制品的生产工艺

（一）大豆酱的生产工艺

大豆酱的主要原料为大豆，还需配以一定量的标准粉、食盐和水。大豆与面粉的配比一般为 100∶40～100∶60。大豆蛋白质经发酵后能分解成各种氨基酸，这些氨基酸是构成大豆酱营养及风味成分的重要物质；制酱用的菌种与酱油酿造菌种相同。

1. 制曲　先将大豆洗净，按照豆豉制作的浸泡方法浸泡大豆，然后进行蒸煮，煮至用手一捏就碎为止，然后用炒熟的面粉拌和均匀，再按曲料的 0.15%～0.30% 接入种曲，用酱油生产中的厚层通风制曲方法制曲（图 11-23）。

大豆 → 浸泡 → 蒸煮 → 冷却 → 拌和 → 接种 → 培养 → 大豆曲

（面粉、菌种加入拌和、接种处）

图 11-23　大豆酱的制曲工艺流程

2. 发酵　将大豆曲倒入发酵池或发酵缸，表面扒平，稍予压实，很快会自然升温至 40℃左右。将准备好的 14.5°Bé 的 60～65℃热盐水泼至面层，待全部渗入曲内时，表面加封一层细盐，盖严。此时酱醅温度达 45℃左右，保温 10d，酱醅成熟。然后补加 24°Bé 的盐水及适量细盐，使酱醅中食盐浓度达 12% 以上，水分 55% 左右并充分拌匀。再在室温下发酵 4～5d，即得成品（图 11-24）。以大豆酱为基础，添加各种辅料可以制成多种花色品种的豆酱。

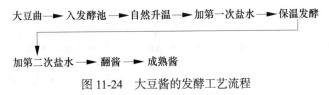

大豆曲 → 入发酵池 → 自然升温 → 加第一次盐水 → 保温发酵

加第二次盐水 → 翻酱 → 成熟酱

图 11-24　大豆酱的发酵工艺流程

（二）豆腐乳的生产工艺

豆腐乳是以豆腐坯和食盐为主要原料，通过接种培养、腌坯、装坛发酵酿制而成的一种发酵食品。它滋味鲜美、风味独特、质地细腻、营养丰富，在我国的各地均有生产。豆腐乳的生产工艺流程如图 11-25 所示。

根霉扩大种或毛霉　　　食盐　各种辅料

豆腐坯 → 接种 → 培养 → 凉花 → 腌坯 → 装坛 → 后熟 → 成品

图 11-25　豆腐乳的生产工艺流程

豆腐乳生产的前期豆腐坯需发霉生长菌丝，腐乳生产常用的菌种是毛霉和根霉。人工接种培养生产可控性强，有利于产品质量的稳定和标准化生产。豆腐坯接种后，将笼格置于培养室内套合堆高，上层加盖。如果是夏季，则应先平铺于地上凉透并挥发掉水分再堆积，以免细菌迅速繁殖。培菌结束，长满菌丝的毛坯要及时搓毛。将长在豆腐坯表面的菌丝用手搓倒，使絮状菌丝包住豆腐坯，有利于保持豆腐乳的外形，同时，将豆腐坯之间的菌丝搓断，将连接的豆腐块分开。

腌坯操作时放毛坯需分层加盐，逐层增厚，最后在缸面上铺上较厚的盐层。腌坯3～4d后，应加入食盐水或好的毛花卤，淹过坯面，使上层增加咸度。腌坯时间一般冬季为13d，春秋季节为11d，夏季为8d。

腌制好的腐乳坯按品种配料装入瓶坛以后，加盖，放入发酵库进行豆腐乳的后发酵。成熟期因品种不同、配料差异而有长有短。豆腐乳贮藏到一定时间，当感官鉴定为舌觉细腻而柔糯，理化检验符合标准要求时，即为成熟产品。常温下一般3～4个月成熟。

腐乳品种繁多、各具特色，因此各地的质量标准也不相同，生产单位可按照实际情况制定产品的质量标准。

（三）豆豉的生产工艺

豆豉是创始于我国的传统发酵豆制品。它是由大豆经浸泡蒸煮、接种培养、配料发酵酿制而成。豆豉不但味道鲜美、醇香可口，而且营养丰富。豆豉的种类根据发酵菌种的不同而分为霉菌型豆豉和细菌型豆豉。霉菌型豆豉的生产菌种有毛霉、根霉、曲霉，细菌型豆豉的生产菌种为枯草芽孢杆菌和微球菌。国内著名的豆豉品牌有广东阳江豆豉、四川潼川豆豉、重庆永川豆豉、河南开封豆豉等。除此之外，四川的水豆豉和江苏、福建一带的腊豆，以及日本特产纳豆也深受广大消费者喜爱。

不同品种的豆豉工艺流程大致相同，具体的工艺参数和操作方法各具特色。

豆豉的生产工艺流程如图11-26所示。

图11-26　豆豉的生产工艺流程

将大豆精选洗净，浸泡蒸煮至手指能将其捏成饼状、无硬心为标准。原料蒸后的水分含量为56%左右。熟料出甑冷却到30～35℃时，进曲房倒入曲床摊开，拌入面粉、接入菌种，细菌型豆豉的成熟豆曲表面呈灰白色、带皱褶，灰白色表面下呈淡黄色拉丝；霉菌型豆豉则形成丰满的黄绿色、黑褐色或微橘红色。

豆豉入缸发酵前通常要拌入辅料，所拌辅料的种类及配比因品种不同而不同，有的在入缸前还需洗去豆豉表面的孢子及杂物。

以潼川豆豉为例，将制好的曲倒入曲池内，打散，加入定量的食盐和水，混匀后浸闷1d，然后加定量的50度以上白酒，使曲料中酒精含量达到1%左右，拌匀备用。将拌后的曲料装入浮水罐，每罐必须装满（每罐装干原料约50kg，即豆豉成品83kg左右）。靠罐口部位压紧，其上不加盖面盐,用无毒塑料薄膜封口,罐沿内加水,保持不干涸,每月换水三次,保持清洁。发酵 12 个月,其间不需翻罐,罐放室内、室外(南方)均可,保持品温 20℃左右。

　　开封豆豉则每 100kg 豆曲加食盐 33kg、陈皮 13kg、生姜 2kg、小茴香 13g、西瓜瓤 165kg,发酵温度为 30～35℃,发酵时间为 2 个月左右;广东阳江豆豉发酵温度为 30～45℃,发酵时间也为 2 个月左右,发酵结束后豆豉还需暴晒,直至含水量达 35% 左右即得成品。

复习思考题

　　1.白酒生产中应用的大曲有哪几种?各有什么特点?

　　2.请分析影响大曲酒出酒率的主要因素。

　　3.请分析影响浓香型大曲酒质量的主要因素。

　　4.简述续渣法和清渣法大曲酒生产工艺的不同特点及其产品的特征。

　　5.生产浓香型大曲酒的窖池里主要有哪些微生物类群?它们的作用是什么?

　　6.啤酒酿造需要哪些原料?为什么要使用辅料?

　　7.国内啤酒生产采用的糖化方法是什么?写出其工艺流程简图。

　　8.麦芽汁煮沸为什么对煮沸强度有特别要求?以多大为宜?

　　9.近几年的啤酒生产技术进步主要表现在哪几个方面?

　　10.用啤酒酵母能酿制出质量合格甚至质量优良的葡萄酒吗?为什么?

　　11.常用的黄酒生产方法有哪几种?分别简述其特点。

　　12.怎样提高成熟酱醅和醋醅中产品的浸提收得率?

　　13.酿醋微生物有哪几类?它们的作用分别是什么?

　　14.请分析豆腐乳与豆腐坯在口感、风味和营养价值等几个方面的差异。

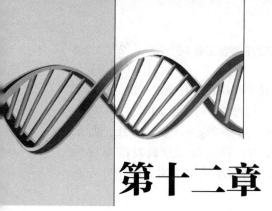

第十二章　发酵工程在农业方面的应用

农业是世界上规模最大和最重要的产业，一些发达国家，如美国的农业总产值占国民生产总值的 20% 以上，而发达的农业经济在很大程度上依赖于科学技术的进步。现代生物技术越来越多地运用于农业中，使人们在减少成本的情况下能高产高效地获得更高质量的产品。发酵工程是生物技术和生物工程的重要手段和支柱，在农业产业发展中同样发挥着巨大的推动作用，其主要应用于生物（微生物）肥料、农药和饲料的生产等方面，并由此给世界农业带来了一场深刻的变革。

第一节　微生物肥的发酵

施肥是农业生产中保证作物高产、稳产必不可少的重要手段。但近年来，随着化肥施用量的增加，出现了由于化肥的使用造成土壤结构破坏、有机质含量下降等现象，并在部分地区导致了水体的富营养化、农产品质量下降等一系列较为严重的问题。微生物肥正是在这种严峻态势下被推出来并得到迅速的发展。

一、微生物肥的含义及作用

（一）微生物肥定义

微生物肥（microbial fertilizer）又被称为生物肥、菌肥、接种剂，是一类以微生物生命活动及其产物使农作物得到特定肥料效应的微生物活体制品。

（二）微生物肥的作用

微生物肥的作用通常是一种综合效应，主要与营养元素的来源和有效性有关，或与刺激作物生长和抗病有关。主要有以下几个方面（图 12-1）：①增加有机质，增进土壤肥力；②增加微生态环境中有益微生物数量，增进氮、磷、钾转化，制造和协助农作物吸收营养；③通过有益微生物的代谢产物（植物激素）刺激作物的生长；④通过拮抗、竞争、排斥等作用，增强作物抗病虫害能力；⑤从整体上调控农田微生态平衡。

（三）微生物肥的种类

微生物肥的种类较多，按照制品中所包含特定微生物种类可以分为细菌肥（如根瘤菌

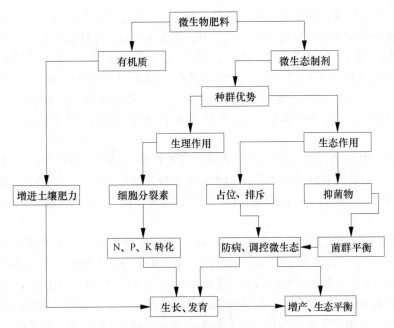

图 12-1　微生物肥料的作用机理

肥）、放线菌肥（如抗生菌肥料）、真菌肥（如菌根真菌）；按其作用机理可分为根瘤菌肥、固氮菌肥（自生或联合固氮）和解磷菌肥等；按其制品中所含微生物种类是否单一可分为单一微生物肥和复合微生物肥（表 12-1）。目前，微生物肥正在由单一微生物肥向复合类型的微生物肥发展，使得微生物肥能同时供应植物氮、磷、钾等营养元素。

表 12-1　常见微生物肥中所用的微生物种类及其作用

微生物种类	菌名	拉丁学名	作用
固氮菌	棕色固氮菌	*Azotobacter vinelandii*	生物固氮及分泌植物生长激素
解磷菌	弯曲假单胞菌	*Pseudomonas geniculata*	分解土壤中难溶无机磷及有机磷，提高
	巨大芽孢杆菌	*Bacillus megaterium*	速效磷含量
钾细菌	胶质芽孢杆菌	*B. mucilaginosus*	分解土壤矿物钾，提高速效钾含量
高温菌	嗜热脂肪芽孢杆菌	*B. stearothermophilus*	促进有机质分解，提高发酵温度杀灭虫卵、病菌，加速有机物矿化
放线菌	链霉菌	*Streptomyces* sp.	抗病、减毒及分泌植物生长激素、分解
	高温放线菌	*Thermoactinomyces* sp.	纤维素
纤维素菌	黑曲霉	*Aspergillus niger*	糖化及纤维素分解等

（四）微生物肥国内外发展概况

1. 微生物肥的发展历史　　微生物肥在国际上的研究和应用已经有一百多年的历史。Caron 于 1895 年首次使用了几种土壤细菌使豆科作物增产。此后，Noble 和 Hilter 于 1905 年首次将根瘤菌应用于生产，Bassalik 于 1910 年从蚯蚓肠中分离出能分解铝硅酸盐矿物的细菌。20 世纪 20 年代，美国、澳大利亚等国开始进行根瘤菌接种剂（根瘤菌肥）的研究和试用，一直到现在根瘤菌依然是主要的微生物肥品种。Mehknha 于 1930～1935 年从土壤中相继分离出硅酸盐细菌和解磷菌，由于解磷菌的使用，土壤有效磷含量提高了 15%～42%。20 世纪 50 年代，世界各国都在加强该领域的研究，美国、法国等国将固氮螺菌接种于禾本科作物，使玉米增产 10%～20%，固氮能力可达 2.6kg/ 亩 [①]。意大利、德国、比利时、日本等国研究表明，玉米接种固氮螺菌可取代 20%～30% 的氮肥。Burr、Kloepper、Suslow 相继发现植物根系周围存在着一些微生物，能间接地促进植物生长，称为植物促生根际菌（plant growth promoting rhizobacteria，PGPR），由此开始了对根相关细菌的研究及对其中有益菌株的筛选。

目前，国内外已发现包括荧光假单胞菌、芽孢杆菌、枯草芽孢杆菌，以及海洋放线菌 MB-97、海洋芽孢杆菌 BAC-9912 等 20 多个种属的根际微生物具有防病促生的潜能。这些有益微生物能提高土壤肥力、促进作物生长、拮抗病原微生物，为微生物肥的开发提供了丰富的菌种资源。

2. 我国微生物肥的发展　　我国微生物肥的研究和生产始于新中国成立初期，至今已有 70 余年的历史了。1958 年，《1956 年到 1967 年全国农业发展纲要》中明确指出细菌肥是一项重要农业技术，并开始使用解磷菌等菌肥。20 世纪 60 年代以来筛选了大量的菌种资源，形成了包括固氮菌肥、根瘤菌肥、解磷菌肥、硅酸盐菌肥、光合菌肥、芽孢杆菌制剂、分解作物秸秆制剂、微生物生长调节剂、复合微生物肥和丛枝菌根（AM）真菌肥等多种微生物肥产品类型。目前我国微生物肥的研发呈现出以下特点。

1）由豆科植物接种剂向着非豆科植物用肥发展。微生物肥起源于豆科作物专用根瘤菌接种剂。但豆科作物种植面积在我国较小，对肥料需求量远不如粮食作物大。加之大豆、花生产区经常用根瘤菌制剂就会出现老产区接种效果差的问题，我国根瘤菌制剂的生产和应用受到很大限制，始终没有形成产业规模。随着该产业的快速发展，微生物肥正在由主要在豆科作物生产中使用，逐渐转向更多地在非豆科植物，特别是主粮作物的生产中使用。

2）由单功能菌肥向着多功能菌肥方向发展。微生物的功能通常不是单一的。例如，有些细菌除具有固氮作用外，还能抑制病菌；有些能杀虫的细菌同时具有抑菌作用，并具有刺激植物生长的作用。因此，微生物肥正向着功效的多样化方向发展，除要求具有肥效外，还可开发兼有防治传播病害（如小麦全蚀病、西瓜和棉花枯萎病）的生物肥。

3）由单一菌种微生物肥向着复合菌种微生物肥方向发展。自然环境中微生物之间有复杂的相互作用，这种互作关系对它们发挥正常的生态功能非常重要。当使用单一菌株作为微生物肥时，由于缺乏其他微生物的"配合"，其可能受到环境中生物和非生物因素的不利影响而无法发挥正常的增肥效果。当使用几种具有明确互利关系的菌种混合作为微生物肥时，其相对于单一菌种在面对环境影响时会更加稳定，有利于肥效的发挥。因此多菌种复合肥是目前微生物肥研究的一个重要方向。

4）由无芽孢菌种菌肥向芽孢菌种菌肥方向发展。目前我国应用的各种微生物肥中固氮菌类（包括根瘤菌类）都是无芽孢菌类。由于无芽孢菌不耐高温和干燥，在剂型上只能以液体或将其吸附在基质（如草炭或蛭石等）中制成接种剂，以便于贮存和运输。这些制剂作为拌种剂，每公顷用量很少（7.5～1.5kg），难以运输和施用，成本也高。同时无芽孢菌抗逆性低，制成液体剂或吸附剂一般不耐贮存，难以推广。因此，微生物肥今后的发展必

---

① 1 亩≈666.67m²

然在剂型上要有革新，要求对菌种进行更新换代，即应选用抗逆性高、能长时间贮存的芽孢杆菌属。

3. 微生物肥未来发展趋势 随着微生物肥行业的不断发展壮大，未来将呈现以下趋势：①应用地区和作物品种将不断扩大，人们将更加注意提高微生物肥的增产效果和微生态学效应；②将不断地改善生产条件和工艺水平，提高经济效益和生态效益；③人们将更加关注产品标准、产品登记和产品质量监督；④现代生物学的迅猛发展，尤其是现代分子生物学等所取得的技术成果不断地应用于与微生物肥料有关的基础研究和应用基础研究，必将推动该行业的快速发展；⑤微生物肥料的剂型，其各种剂型生产技术及生产中的添加剂等将得到迅速的发展，以适应行业迅速发展的需要；⑥菌株的筛选和合成菌群应用将不断扩大；⑦农户科普水平不断提高，将有助于他们正确认识微生物肥的益处，有助于微生物肥行业的发展壮大。

二、微生物肥的发酵生产

目前微生物肥的生产主要是从环境保护、充分利用可再生资源（表 12-2）出发，结合微生物液固两相发酵技术，对城市生活垃圾、大型养殖场的畜禽粪便、城市污水和活性污泥等进行无害化处理，生产制造出高效益、无污染的微生物有机肥料。微生物肥的一般发酵生产流程见图 12-2。

表 12-2 部分微生物肥发酵原料的主要化学组成

类别	纤维素 /%	半纤维素 /%	木质素 /%	灰分 /%
稻草	39	17	10	12
麦秆	38	19	15	10
棉秆	38	17	25	4
玉米秆	35	15	19	5
玉米芯	36	28	20	2
稻壳	36	16	22	18
棉籽壳	43	23	30	6
花生壳	35	18	25	4
甘蔗渣	45	29	25	2
针叶材	51～58	14～21	24～25	0.2～0.4
阔叶材	45～50	24～36	18～26	0.4～1.0

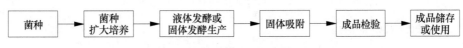

图 12-2 微生物肥的一般发酵生产流程

（一）堆肥处理有机废弃物技术

自然界中有很多微生物具有氧化、分解有机物的能力。有机物在一定温度、湿度和 pH 条件下，发生生物化学降解，形成一类类似腐殖质的物质，可以用作肥料和改良土壤。这种利用微生物发酵降解农村、城市有机固体废弃物的方法称为生物处理法，一般又称堆肥法。

1. 堆肥方法　　农业生产中的废弃物及城市生活垃圾是堆肥微生物赖以生存、繁殖的物质条件。因为微生物生活时有的需要氧气，有的不需要氧气，所以可以根据处理过程中起作用的微生物对氧化要求的不同，将有机废弃物处理分为好氧堆肥法和厌氧堆肥法两种。前者是在通气条件下利用好氧微生物活动使有机物得到降解，由于好氧堆肥温度一般在 50～60℃，极限可达 80～90℃，因此也称为高温堆肥。后者是利用微生物的发酵代谢途径堆肥（图 12-3）。

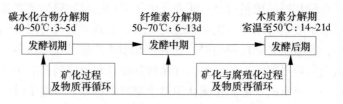

图 12-3　微生物有机肥发酵过程示意图

（1）好氧堆肥　　好氧堆肥是在有氧的条件下，通过好氧微生物的代谢作用来进行的。在堆肥过程中，废弃物中的溶解性有机物质透过微生物的细胞壁和细胞膜而被微生物吸收；固体的和胶体的有机物先附着在微生物体外，由微生物分泌的胞外酶将其分解为溶解性物质，再渗入细胞。微生物通过自身的生命活动过程，把一部分被吸收的有机物氧化成简单的无机物，并释放出微生物生长活动所需要的能量；把另一部分有机物转化为生物体所必需的营养物质，合成新的细胞物质，于是微生物逐渐生长繁殖，产生更多的生物体（图 12-4）。

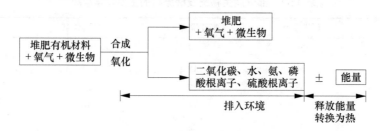

图 12-4　堆肥的好氧发酵过程

（2）厌氧堆肥　　厌氧堆肥是在无氧条件下，利用厌氧微生物的发酵代谢过程来进行的（图 12-5）。有机物厌氧分解时，主要经历两个阶段：酸性发酵阶段和碱性发酵阶段。分解初期，微生物活动中的分解物是有机酸、醇、二氧化碳、氨、硫化氢、磷化氢等。在这一阶段，有机酸大量积累，pH 逐渐下降。另一群统称为甲烷菌的微生物开始分解有机酸和醇，

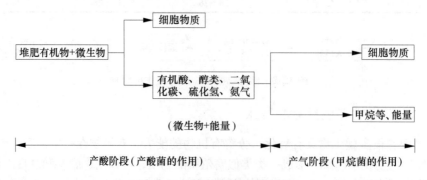

图 12-5　堆肥的厌氧发酵过程

产物主要是甲烷和二氧化碳。随着甲烷细菌的繁殖，有机酸迅速分解，pH 迅速上升，这一阶段的分解称为碱性发酵阶段。

2. 堆肥工艺、设备及参数　　传统化的堆肥技术采用厌氧的野外堆积法，这种方法占地大、时间长。现代化的堆肥生产一般采用好氧堆肥工艺，它通常由前处理、主发酵（一次发酵）、后发酵（二次发酵）、后处理、脱臭及贮藏等工序组成。

（1）前处理　　以家畜粪尿、污泥等为堆肥原料时，前处理的主要任务是调整水分和 C/N 值，或者添加菌种和酶。但以城乡生活垃圾为堆肥原料时，由于垃圾中含有大块的非堆肥物质，因此有破碎和分选前处理工艺，通过破碎和分选，去除非堆肥物质，调整垃圾的粒径为 2～60mm。

（2）主发酵　　主发酵可在露天或发酵装置内进行，通过翻堆或强制通风为堆积层或发酵装置内供给氧气。在露天堆肥或发酵装置内堆肥时，由于原料和土壤中存在的微生物作用而开始发酵。这一阶段是易分解物质分解，产生二氧化碳和水，同时产生热量，使堆温上升，这些微生物吸取有机物的碳、氮营养成分，在细菌自身繁殖的同时，将细胞中吸收的物质分解而产生热量。发酵初期物质的分解作用是靠中温菌（30～40℃为最适宜生长温度）进行的，随着堆温上升，逐渐被高温菌代替（45～65℃为最适宜生长温度），在此温度下，各种病原菌均可被杀死。一般将温度升高到开始降低为止的阶段称为主发酵阶段，以生活垃圾为主体的城市垃圾及家畜粪尿好氧堆肥，主发酵期为 3～10d。

（3）后发酵　　经过主发酵的半成品被送到后发酵工序，将主发酵工序尚未分解的易分解有机物和较难分解的有机物进一步分解，使之变成腐殖酸、氨基酸等比较稳定的有机物，得到完全成熟的堆肥制品。一般把物料堆积到 1～2m 高，并要设置防止雨水浸入的装置，然后进行后发酵，有的场合还需要翻堆和通风（通常不进行通风，而是每周进行一次翻堆）。后发酵时间一般为 20～30d。

（4）后处理　　经过两次发酵后的物料中，几乎所有的有机物都发生变形同时变得细碎了，数量也减少了。但是城乡生活垃圾堆肥中，预分选工序没有去除的塑料、玻璃、陶瓷、金属、小石块等物依然存在，因此，还需要经过一道分选工序去除杂物，并根据需要进行再破碎（如生产精制堆肥）。

（5）脱臭　　部分堆肥工艺和堆肥物在堆制过程结束后，会产生臭味，必须进行脱臭处理。去除臭气的方法主要有化学除臭剂除臭，利用碱和水溶液过滤。成熟的堆肥利用活性炭、沸石等吸附剂过滤。在露天堆肥时，可在堆肥表面覆盖熟堆肥，以防止臭气逸散。常用的除臭装置是堆肥过滤器，臭气通过该装置时，恶臭成分被堆肥（熟化后的堆肥）吸附，继而被其中的好氧微生物分解而脱臭，也可用特种土壤代替堆肥使用，这种过滤器叫作土壤脱臭过滤器。

（6）贮藏　　堆肥一般在春秋两季使用，在夏季就必须积存，所以要建立贮藏 6 个月生产量的场地。贮藏方式可直接堆存在发酵池中或袋装，要求干燥而透气，不透气和受潮会影响堆肥的质量。

堆肥的工艺参数包括一次发酵工艺参数和二次发酵工艺参数。一次发酵工艺参数：含水率 45%～60%；碳氮比 30∶1～35∶1；温度 55～65℃；周期 3～10d。二次发酵工艺参数：含水率＜40%；温度＜40℃；周期 30～40d。

堆肥的质量标准。一次发酵终止指标：无恶臭；体积减量 25%～30%；水分去除率

10%；碳氮比 15：1～20：1。二次发酵终止指标：堆肥充分腐熟；含水率＜35%；碳氮比＜20：1；堆肥粒度＜10mm。

（二）利用有机废弃物发酵生产微生物有机复合肥技术

有机复合肥的主要原料取自有机复合肥厂周围各种有机废弃物。废弃物种类不同、性质各异，其前处理方法也有较大差异。

1. 主要工艺方法　　依据原料来源不同，前处理的方法也不同。但如果水分含量较高，则首先要脱水，再采用高温堆肥进行无害化处理，进一步制成商品化有机、无机复合肥。

（1）糖厂废料型　　糖厂的废弃物是固液混合状态，要根据具体情况采取不同处理方法。对规模大、资源足的糖厂，可采取多效蒸发浓缩废液，所得浓缩液与纤维性废弃物混合发酵，或直接与其他干原料按适当比例混合制肥（蔗渣、滤泥）堆沤发酵。但这样做难以有效处理全部废液，部分废液可考虑污灌或用土地处理系统解决。我国北方糖厂利用甜菜制糖，也有粕丝、滤泥和废液产生，可参考甘蔗糖厂的方式生产有机复合肥。而酒精厂、味精厂均有大量废液产生，也可参考糖厂的方式处理和利用废液。

（2）畜牧业废物型　　畜牧业废物主要是禽、畜的粪便。近年来，全国集约化养鸡场和养猪场发展非常快，所产生的粪便废物数量也迅速增长。这类废物量比较大，湿度高，臭味污染也较严重，迫切需要工业规模化处理，很适合办微生物有机复合肥厂。用畜禽粪便生产复合肥，先把鸡毛等不能发酵的杂物滤出，再入消化池，利用厌氧微生物熟化，并杀死寄生虫虫卵、病菌。发酵熟化的粪便进行浓缩和脱水，分离出 30%～40% 的水分，再送入干燥机干燥后备用。

（3）植物性农药加工废渣　　废弃的烟叶可提取烟碱（尼古丁）作植物性农药原料或其他化工原料。广东、河南、云南等地均有提取烟碱的工厂。在生产过程中，产生大量烟渣及部分废液。生产过程中所产生的烟渣，经压榨或离心脱水，再经热风干燥，即可成为微生物的有机原料来发酵生产肥料。压榨脱水后的烟渣，经合适处理、堆放后也可产生 50℃高温，大量蒸发水分。由于烟渣废弃物可能带有花叶病毒，因此需要消毒，经热风干燥处理后即可消除。若采用摊晒或堆放发酵，则需要进行化学消毒处理，这对于烟渣原料尤为重要。消毒后的烟渣需做接种对比试验，以检验消毒效果的可靠性。除烟碱加工企业外，其他一些植物性农药厂，如苦参、羊角扭等植物性农药生产过程中均会排出废渣，一些中药厂也会产生废渣，这些废弃物均可参照烟碱废渣的发酵处理办法。中药厂的废渣多数经过高温处理、消毒灭菌后，经微生物发酵后可配成一些高档园艺作物的栽培基料。

（4）城市林木废弃物　　我国各大、中城市林木均需进行修剪，修剪林木所废弃的树枝等废弃物数量相当可观。加上树木的落叶，尤其是北方落叶乔木所产生的枯枝落叶数量更大，这些废弃物也可经微生物发酵变成有用的肥料。而使这些枝叶快速发酵熟化是制肥的关键。对林木枝条，首先要粉碎，第一步粉碎成短细的碎块，再粉碎成锯末状的颗粒。然后将充分粉碎的木屑与一定量的专用发酵熟化液一起堆沤，约 3d 即可作为有机原料用于有机无机复合肥生产。若作有机肥施用或作栽培基质，则需加入专用发酵熟化液，发酵堆沤约 3 周，然后用于配制基质或施入土壤。

2. 配方设计　　复合肥配方养分设计，通常要考虑作物、土壤和肥料三方面的因素。作物的需肥特性各不相同，有些甚至差异很大，这是确定配方的最重要的因素；土壤的养分状况各不相同，因而对作物养分的供应也有差别；在农业生产上是根据作物-土壤的养分供求关系，通过配方施肥加以调节，即土（供）-肥（调节）-作物（求）平衡。微生物有机复合肥的配方设计要求与目前常用的无机复合肥有很大区别。前者原料广泛多样、养分较全面，易于实现供肥的横向养分平衡和纵向平衡、有机与无机平衡，适用范围较广，在等氮或等重施用肥料的条件下，增产效果比一般无机复合肥高而成本降低。在某些情况下（砂质土、瘦土），甚至还优于专用型无机复合肥。由于这些特点，有机复合肥的配方可以参考已有的无机复合肥的养分配比，但不宜简单地照搬。

有机复合肥的主要配方分为通用型配方和专用型配方两种（表 12-3）。通用型配方的应用对象是某一地区对养分（主要指氮、磷、钾）需求差异不悬殊的多种主要作物。例如，广东的水稻、叶菜类、桑、林木类作物，氮、磷、钾的比例应用 11:3:7 或 10:2.5:6 的通用配方，均有较好效果。专用肥是针对那些对氮、磷、钾需求较特殊、差异较大的作物而制定的。例如，香蕉和烟草对钾的需求很高，对氮的供应有一定限制，以防质量受到影响。而茶对氮的需求量很高，对磷、钾则需要控制在一定的范围内。一般的通用复合肥难以满足其特殊需求，而且这类作物经济价值高，也是配制专用肥的一个重要原因。表 12-4 列出了几种作物吸收三要素的比例，反映了作物对三要素的吸收特性，可供专用肥配制及使用参考。专用型肥配方的特殊性，不仅表现在三要素的比例及其形态（如氮肥的硝态、铵态），还表现在中微量元素的调节，如叶菜类蔬菜的三要素与通用型类似，也为 11:3:7。但需考虑加入含钙、镁、硫和硼等中微量元素较多的原料。但某些专用型肥适用范围太窄，可能会导致积压，为此需根据产品销售范围的作物类型及其面积，确定几种基本的在一定范围内可通用的专用配方。

表 12-3 通用型和专用型有机复合肥配方的养分设计举例

肥料类型及养分比例	原料百分比 /%										
	尿素	硝铵	磷铵	普钙	硫酸钾	氯化钾	浓缩液	滤泥	蔗渣	云石粉	粉煤灰
茶（14:2.9:3.0）	30.4			21		5		20	10		9.6
甘蔗（11:3:9）	24			21		15		15	15		10
香蕉（11:3:9）	18		4	4		25		10	19	5	5
番茄（10:3:9）	21.7			21		15		20	8	10	2.3

表 12-4 作物吸收三要素的比例

营养素	水稻	小麦	棉花	白菜	球甘蓝	竹蔗	花生	大豆	香蕉	番薯	黄瓜	烟草	苹果	柑橘
N	3	3	3	2	3	3	5	4.7	1	1	3	2.5	2	3
P_2O_5	1	1	1	1	1	1	1	1	0.2	1	1	1	1	1
K_2O	2	3	3	2.6	4	4	3	1.6	0.7	2.5	9	3.5	2	5

综上所述，肥料配方的养分设计，应该根据作物吸肥特性、土壤养分含量及有关理化性质才能定出较优化的配方，仅依据作物吸肥比例或土壤养分含量而定出的配方往往具有片面性。

3. 生产工艺流程　　有机复合肥生产工艺流程如图 12-6 所示。

现以糖厂废料生产复合肥为例说明具体过程。

第一步，有机废料营养成分计算：甘蔗糖厂的废料营养成分按表 12-5 计算。

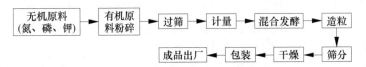

图 12-6　有机复合肥生产工艺流程

表 12-5　甘蔗糖厂废料营养成分含量　　　　　　　　　　（单位：mg/kg）

废料	元素含量										
	氮	磷	钾	钠	钙	镁	铁	锌	铜	钴	硒
蔗渣	0.2	0.38	1.42	0.02	2	0.78	4.29	51.12	41.7	2.3	0.74
滤泥	1.8	3.13	0.41	<0.001	3.57	0.19	0.34	106.07	34.7	1.46	1.91

第二步，有机复合肥原料配比：用糖厂废料生产有机复合肥原料配比见表 12-6。

表 12-6　有机复合肥原料配比　　　　　　　　　　　　（单位：kg）

复合肥编号	蔗渣	滤泥	尿素	普钙	硫酸钾	复合肥编号	蔗渣	滤泥	尿素	普钙	硫酸钾
1	60	150	10	25	5	4	90	90	15	50	5
2	105	150	10	25	5	5	—	250	—	—	—
3	60	120	15	50	5	6	125	125	—	—	—

注："—"表示无该成分

第三步，生产流程：用糖厂废料生产有机复合肥流程如图 12-7 所示。

用废料生产有机复合肥必须根据各地土壤特点和作物需求量进行配比，同时也要视不同糖厂废料含营养元素的量来调整添加无机肥料氮、磷、钾的多少。该有机复合肥可用作基

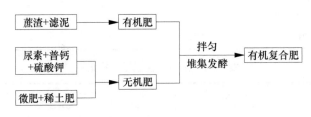

图 12-7　糖厂废料生产有机复合肥流程

肥，也可用作追肥，作基肥时用废料多一些（5 号、6 号），作追肥时用废料少一些，对甘蔗效果较好，每亩施肥量为 200kg 左右，试验证实，施用表 12-6 配料的复合肥对甘蔗可增产 116%～118%。

相对于传统化学肥料，利用生物工程特别是发酵工程生产出来的生物肥料，不仅能为作物提供大量的有效养分，还能分解土壤中长期施用化肥、农药的残留，溶解污水灌溉后的重金属残毒，净化环境；其中微生物的活动能改善土壤的理化性质，提高土壤有机质含量；其

载体多为优质草炭，草炭中含有大量植物必需的微量元素；其菌群进入土壤后很快增殖，能拮抗土壤中的有害菌类。总之，生物肥料既起到解磷、解钾、固氮作用，又具有增进土壤肥力，协助作物吸收营养，刺激和调控农作物生长，保苗、抗旱、抑制病虫害的发生，增加农产品产量，改善农产品品质，保护生态环境等功效。由于生物肥料的这些优点，可以说未来生物肥料将是生产绿色食品的主导肥料。

第二节　生物农药的发酵

一、生物农药概述

生物防治是现代农业绿色发展的一项重要技术。1888 年，美国加利福尼亚州从澳大利亚引进澳洲瓢虫控制严重危害果园的吹绵蚧取得极大成功，开创了现代生物防治科学的新纪元。此后经过一百多年的发展，生物防治形成了具有完整的理论体系和方法的学科。1919 年，Smith 正式提出"通过捕食性、寄生性天敌昆虫及病原菌的引入、增殖和散发来压制另一种害虫"的传统生物防治概念。1984 年，DeBach 从应用生态学观点出发将其引申为"寄生性、捕食性天敌或病原菌使另一种生物种群密度保持在比缺乏天敌时的平均密度更低的水平上的应用"。

生物农药是生物防治的重要组成部分。生物农药是指可以用来防治病、虫、草、鼠等有害生物，以及调节植物生长的生物体或源于生物体的各种生理活性物质。生物农药不但具有常规农药的高活性，能大规模工厂化生产，而且专一性强，一般不杀伤天敌，不污染环境，可在田间大规模应用。根据联合国粮食及农业组织和美国国家环境保护局对生物农药的定义，生物农药包括生物化学农药和微生物农药两类。生物化学农药主要是生物体生理活性物质，包括动植物分泌的激素、信息素、天然植物生长调节剂和昆虫生长调节剂、酶等；微生物农药包括自然界存在的用于防治病、虫、草、鼠的细菌、真菌、病毒和原生动物或被修饰的微生物制剂。

本节介绍的生物农药的发酵包括微生物杀虫剂和农用抗生素两种类型的发酵。微生物杀虫剂主要是利用使昆虫致病的微生物，经人工培养（活体培养或微生物发酵）而获得大量的微生物菌体，用于防治害虫。在昆虫病原微生物中，真菌种类最多，占昆虫病原微生物种类的 60% 以上。已知昆虫病原真菌有 500 余种，鳞翅目、同翅目、鞘翅目、膜翅目和双翅目的许多昆虫都会发生真菌病。目前，微生物杀虫剂的商品类型已有 20 余种，美国的生产量和使用范围均居世界第一位，俄罗斯次之，我国排位第三。农用抗生素是利用微生物间的拮抗关系防治农作物病害，达到以菌治菌的目的。农用抗生素是在医用抗生素迅猛发展的基础上逐渐成长起来的。我国的农用抗生素早在 20 世纪 60 年代即有较广泛的应用基础，几十年来，已投产使用的农用抗生素主要有春雷霉素、井冈霉素、庆丰霉素、多抗霉素、灭瘟素、内疗素、放线菌酮等，对于防治粮食、棉花、油料、茶叶、果树、蔬菜、瓜类等作物上的病害均有较好的效果。

二、细菌生物农药的发酵

（一）苏云金芽孢杆菌制剂

细菌生物农药是生物农药中的主要类型之一。而苏云金芽孢杆菌（Bt）是开发和利用较成功的一种细菌生物农药。Bt 是一种天然存在的细菌，它能产生毒素，被昆虫取食后，引起昆虫肠道等病症，使昆虫死亡以达到消灭害虫的目的。无论在发达国家还是在发展中国家，Bt 都得到了广泛的应用，可用于防治粮食、果树、蔬菜、森林、牧草及卫生害虫，效果良好。苏云金芽孢杆菌及其变种对百余种害虫有防治作用，如稻苞虫、稻纵卷叶螟、稻螟虫、玉米螟、菜青虫、刺蛾、甘薯天蛾、高粱条螟、棉铃虫、茶毛虫、松毛虫和米象等。

我国 Bt 生物农药研究开发与应用技术水平已达到国际先进水平。世界上首家 Bt 专门研究机构——湖北 Bt 研究开发中心，于 20 世纪 90 年代中期在湖北省农业科学院成立，其生产的 Bt 杀虫剂对棉铃虫、小菜蛾等 20 多种主要农业害虫都有良好的防治作用。我国目前已登记的 Bt 杀虫剂粉剂有 8 种，液剂 5 种，生产企业 34 家，年产量 2 万 t，年应用面积 400 万～467 万 hm^2。同时还颁布了 Bt 杀虫剂的质检标准，其中的重要技术指标均已达到国际水准。生产的高含量 Bt 杀虫剂粉剂除在国内使用外，已大量出口泰国、新加坡、美国等。我国的 Bt 固体发酵技术处于国际领先水平。中国科学院过程工程研究所的"压力脉动固态发酵"技术采用"外界周期刺激强化生物反应"控制方法，是固态发酵技术的一个新的发展。广东北大新世纪生物工程股份有限公司的"菌种连续转接深层固体发酵技术"，突破了 Bt 固态发酵深层（35cm）培养的障碍。应用现代发酵控制技术手段，可以大幅度提高杀虫晶体蛋白的产量。国外通过 Bt 的补料和高密度培养，已大幅度提高伴孢晶体的含量。例如，Liuw 等在进行 Bt 高密度培养时，分别获得了最大生物量为每升培养液 238g 干细胞、364g 干细胞和 537g 干细胞，晶体毒力效价分别为 5330U/mL、3250U/mL 和 6090U/mL。国内的相关发酵研究表明，通过 Bt 高密度培养，已将 40t 罐的 Bt 发酵水平提高到 5000U/μL 以上，提高幅度达到 80% 以上。

1. 苏云金芽孢杆菌的微生物学特性　　苏云金芽孢杆菌（*Bacillus thuringiensis*，Bt）是一种产伴孢晶体毒素的芽孢杆菌。该菌体对营养条件要求不高，可以利用多种碳源、氮源，具有好气性，生长温度为 15～37℃，最适温度为 28～30℃。根据鞭毛抗原血清型、酯酶型和其他生理生化性状，现已发现该菌有 16 个鞭毛抗原血清型和一个无鞭毛型，包括 26 个变种。其中我国发现的新亚种和变种有玉米螟亚种、武汉亚种、天门变种和云南变种四个。苏云金芽孢杆菌产生的毒素有四种：伴孢晶体（又称 δ-内毒素）、β-外毒素、α-外毒素和 γ-外毒素。研究表明，对昆虫有致病作用的主要是伴孢晶体和 β-外毒素。伴孢晶体在虫体内破坏钾离子的调节作用，损伤昆虫的细胞膜渗透性，造成肠穿孔，引起昆虫全身麻痹，进食停止，最后发生败血症而亡。β-外毒素可能造成寄主三磷酸腺苷代谢失调，使昆虫不能正常发育。

2. 苏云金芽孢杆菌制剂的发酵生产　　常用的生产菌株有 AS1.792、AS1.949、AS1.1013、AS1.104。

1）液态发酵工艺（我国主要采用液态深层发酵生产苏云金芽孢杆菌制剂）。一般认为发酵培养基中总营养物含量在 5% 左右，C/N 为 4：5～4：1 为宜，这样配比使得最后发酵液中芽孢量为 20 亿～50 亿个 /mL。有的研究指出，发酵培养基中营养物含量为 12%～15% 时，最终发酵液含菌量可达 100 亿个 /mL 以上。碳源除可用玉米粉、葡萄糖、蔗糖外，还可用丙酮-丁醇废醪。氮源以豆饼粉、玉米浆、鱼粉、蚕蛹粉等有机氮为好，pH 要求中性。如用玉米粉 6.8%、酵母粉 0.6%、玉米浸粉 4.7%、酪蛋白水解物 2%、葡萄糖 0.64%、Na$_2$HPO$_4$ 0.6%、NaH$_2$PO$_4$ 0.6% 的培养基培养苏云金芽孢杆菌，其发酵液中活芽孢含量可达

140 亿～150 亿个 /mL。试验表明，当 80%～90% 苏云金芽孢杆菌菌体形成芽孢，10% 左右的芽孢和晶体脱落时为放罐最佳时间。当放罐时发酵液中菌数在 30 亿个 /mL 以上，加 10% 的碳酸钙，直接喷雾干燥收集菌粉。其生产工艺流程如图 12-8 所示。

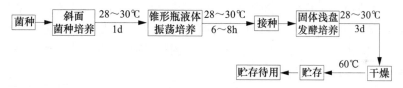

图 12-8　苏云金芽孢杆菌制剂的液态发酵生产工艺流程

2）固态发酵工艺（我国一些地方的中小型农药厂生产苏云金芽孢杆菌多用简易的、小批量的固态发酵方法）。通常中小型规模苏云金芽孢杆菌制剂厂用瓶、罐、盘、箱等容器进行固态发酵，以浅盘为多，浅盘既可控制发酵物的温度、湿度，又能保持无菌条件，避免杂菌污染。固体浅盘培养的接种量较大，以 50% 为宜。固体浅盘培养期间温度不要超过 35℃，芽孢开始形成时要搅拌，并加大通风量，尤其是厚层通风培养时更要保证通风。待大部分菌体形成芽孢时应终止培养。此时镜检，每克湿的培养好的固体发酵含 50 亿～100 亿个芽孢时，即可冲水浸泡，过滤，将滤液按一定比例稀释后喷洒，或者将发酵物烘干贮存，用前再泡水使用滤液。用于浅盘发酵的培养基：麸皮 50%、豆饼粉 25%、麦秸粉 20%、鱼粉 2%、KH_2PO_4 0.15%、$MgSO_4$ 0.1%、$CaCO_3$ 1.5%、固体氢氧化钠 1%，加水比为 1∶1.5。其工艺流程见图 12-9。

菌种 → 斜面菌种培养 28～30℃ 1d → 锥形瓶液体振荡培养 28～30℃ 6～8h → 接种 → 固体浅盘发酵培养 28～30℃ 3d → 干燥 60℃ → 贮存 → 贮存待用

图 12-9　苏云金芽孢杆菌制剂的固体浅盘发酵生产工艺流程

3）大规模厚层发酵生产苏云金芽孢杆菌。大规模生产苏云金芽孢杆菌一般采用厚层通风发酵。其中，用于广口瓶和浅盘扩大培养的培养基：麸皮 75%、豆饼粉 25%，先干拌，后湿拌，再用石灰水或烧碱液调节 pH 至 9，高温蒸汽灭菌。用于通风池厚层培养的培养基：米糠 50%、麸皮 50%、水适量（约为米糠、麸皮总量的 1～1.5 倍），其他操作同浅盘培养。培养基高温蒸汽灭菌后一定要待冷却后接种。通风池底部帘子上以及培养基接种后都铺盖一层无菌谷壳以保湿和防止杂菌污染。在通风培养过程中，要通入湿蒸汽，保持湿度。选用抗噬菌体菌株，防止被噬菌体污染。在生产过程中，保证斜面菌种不被污染，保持发酵系统的密封性和过滤系统的有效性，为了杀灭种子菌中的噬菌体，可将芽孢悬浮液在 75～80℃ 水浴中加热 20～30min。保持周围环境的清洁也很重要。如果在发酵过程中发现噬菌体初期危害迹象（菌体畸形、细胞壁缺损或不健全，革兰氏染色非典型阳性等），应适当增加营养物，如玉米浆等，补接种抗性菌种，以促进细菌繁殖和成熟。其工艺流程见图 12-10。

3. 苏云金芽孢杆菌制剂的剂型　苏云金芽孢杆菌制剂的剂型主要有液剂、粉剂、可湿性粉剂和颗粒胶囊剂。

（1）液剂　经发酵后获得的芽孢和晶体以水悬浮液保存，其中加入适当展着剂（皂素、肥皂、油茶饼粉、明矾、吐温-20、吐温-40）、黏着剂（树胶、合成乳胶、糊精、面粉、

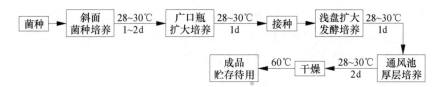

图 12-10　苏云金芽孢杆菌制剂的厚层通风发酵生产

合成黏着剂）及防腐剂（如苯甲酸钠）。如果将水剂加入乳化剂（如吐温-80、特立通等），即可成为乳剂。

（2）粉剂　　苏云金芽孢杆菌成品粉中加入填充剂，如高岭土、硅藻土、滑石粉、黏土等，即成喷粉用的粉剂。

（3）可湿性粉剂　　在粉剂中加入湿润剂和皂素、肥皂、吐温-20，即可制成悬浮液进行喷雾。

（4）颗粒胶囊剂　　将可湿性粉剂制成颗粒，外包以易溶于水的胶囊，而胶囊加入光保护剂（七叶灵、荧光素钠）可防止紫外辐射、高温及干燥对芽孢和晶体的伤害和破坏。

（二）乳状病芽孢杆菌制剂

1. 概述　　用乳状病芽孢杆菌（*Bacillus popilliae*）经发酵生产的杀虫剂为乳状病芽孢杆菌制剂，主要用于防治金龟子幼虫（蛴螬）。早在 1939～1953 年，美国已应用该菌制剂（商品名为 Doom）成功地防治蛴螬（日本金龟子幼虫）。我国一些相关的农业科学研究单位进行了乳状病芽孢杆菌的培养和防治害虫的试验，并取得了较好的效果。据中国农业科学院植物保护研究所的报道，每克粉剂含芽孢数 1 亿个左右，配制成的毒土防治蛴螬有效率为20%～78%。如用 250g 含有 1 亿个孢子 /g 的乳状菌剂拌土和麸皮，撒入一亩地中，虫口减少率为 49.3%～84.4%，平均为 65.86%。

2. 乳状病芽孢杆菌微生物学特性　　乳状病芽孢杆菌又名日本金龟子芽孢杆菌，是从受感染的日本金龟子幼虫体上分离的专性较强的昆虫病原菌，对 50 多种金龟子幼虫有不同程度的致病力。该菌为革兰氏阳性菌，在寄主体内生长发育，形成营养体和芽孢。芽孢抗干燥，在土壤中可存活多年。乳状病芽孢杆菌的致病机理也是经口传染。进入昆虫体内的细菌到达消化道，通过肠壁，侵入昆虫体腔，在血液中增殖，引起败血病。由于罹病幼虫体表呈现乳白色，如有伤口则流出的体液也呈现乳白色，乳状菌病即由此得名。

3. 乳状病芽孢杆菌制剂的发酵生产　　由于乳状病芽孢杆菌为专性昆虫寄生菌，尽管其营养体能在人工培养基上生长繁殖，但不能正常形成芽孢，经人工固体培养基培养最多可形成 30% 的芽孢，在液态深层发酵中形成芽孢低于 1%。目前，乳状病芽孢杆菌制剂的生产主要在活虫体上进行。

利用虫体生产乳状病芽孢杆菌制剂的方法：从患乳状菌病的蛴螬上取得纯芽孢，将芽孢悬浮液注入健康金龟子幼虫体内（也可以将芽孢拌入土壤或饲料中）使其感染。通过在昆虫活体内繁殖获得芽孢，再将虫体干燥、粉碎，加入填充剂，如高岭土等，即制得菌粉制剂。

用人工培养基发酵生产乳状病芽孢杆菌仍处于试验阶段。液态深层发酵的培养基通常用有机氮，如酵母汁 1.5%、葡萄糖 0.2%、K_2HPO_4 0.3%，培养 24h，营养细胞的增殖即达高峰，但不能形成芽孢，随即死亡。固体平板培养最高可产生 30% 芽孢，与生产规模差距很大，人工培养产生芽孢的条件还有待于进一步的研究试验。

三、放线菌生物农药的发酵

（一）春雷霉素

春雷霉素又名春日霉素，是由中国科学院微生物研究所在 1964 年从江西省某地土壤中分离得到的小金色链霉菌（*Streptomyces microaureus*）所产生的抗生物质。春雷霉素有内吸性，在植株体内有运转作用，因此在稻株体内维持药效较长，对人畜安全无毒。花期使用不影响结实，耐雨水冲洗力较强，但遇碱性物质即分解而失效，所以切忌与碱性农药混用。春雷霉素主要用于防治稻瘟病，对苗稻瘟、叶稻瘟和穗颈瘟均有良好的防治效果。粉剂的防治效果优于喷雾的液剂。春雷霉素在医学上是抗铜绿假单胞菌的有效抗生素。

春雷霉素的生产菌种为 AS4.1057。该抗生素既可以通过液态深层发酵，也可以通过固态发酵获得。固态发酵生产工艺流程见图 12-11。斜面种子培养基：黄豆饼粉 1%、蛋白胨 0.3%、NaCl 0.5%、$CaCO_3$ 0.2%、甘油 1%、琼脂 2%，pH 7～7.2。锥形瓶液体培养基：植物油 1%、黄豆饼粉 2%、NaCl 0.3%、KH_2CO_3 0.1%、$MgSO_4$ 0.05%，自然 pH。

液态发酵生产工艺流程见图 12-12，放罐时的最终发酵液用工业盐酸调 pH 至 3 时再过滤，将滤液浓缩贮存或使用。

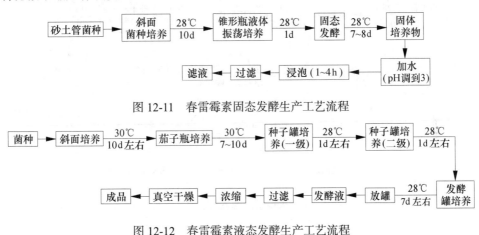

图 12-11　春雷霉素固态发酵生产工艺流程

图 12-12　春雷霉素液态发酵生产工艺流程

（二）灭瘟素

灭瘟素是防治稻瘟病的高效农用抗生素，用量少，对人畜安全。田间试验表明，灭瘟素对水稻的苗瘟、叶瘟和穗颈瘟均有较好的防治效果，达到 80%～90% 及以上。灭瘟素具有内吸性，花期施用对水稻药害较重，因对皮肤、黏膜有接触毒性，使用时应特别注意防护。

灭瘟素菌种是中国科学院微生物研究所从我国土壤中分离出的灰色产色链霉菌（*S. griseochromogenes*），原生产菌种为 AS4.892，后又经过紫外线照射而得到两株优良菌株 U_3-20-1 和 U_3-20-3。灭瘟素的生产既可以采用固态发酵，也可以采用液态发酵。固态发酵生产工艺流程见图 12-13。固态发酵的斜面培养基：可溶性淀粉 2%、KNO_3 0.1%、$MgSO_4 \cdot 7H_2O$ 0.05%、NaCl 0.05%、K_2HPO_4 0.05%、$FeSO_4$ 0.001%、琼脂 2%，pH 7.2～7.4。锥形瓶液体培养基：葡萄糖 2%、K_2HPO_4 0.2%、蛋白胨 2%、NaCl 0.5%，pH 7.2～7.4。固体发酵培养基：麸皮 40kg、CaCO₃ 1kg、米糠 40kg、大米粉 30kg、水 70～80kg。先将大米粉加水煮熟至糊化，再加入麸皮、CaCO₃、米糠，用 NaOH 溶液调 pH 至 7.2～7.4，搅匀，蒸汽灭菌，按固体料干量的 30% 接入种子液。固态发酵法所得到的产品效价经测定一般为 6000 单位/g，放于干燥处待用。

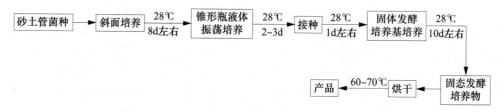

图 12-13　灭瘟素固态发酵生产工艺流程

液态发酵工艺流程见图 12-14。液体发酵斜面培养和克氏瓶培养产生孢子，培养基均采用四环素孢子培养基：可溶性淀粉 0.5%、蛋白胨 0.3%、(NH₄)₂HPO₄ 0.25%、MgSO₄·7H₂O 0.025%、琼脂 2%，pH 7.2。各级接种量以 10% 为宜，放罐的发酵液过滤时，可先用 30% 盐酸将 pH 调至 2.5，静置半小时后极易过滤，滤液即用稀碱液调 pH 至 6.5 左右。

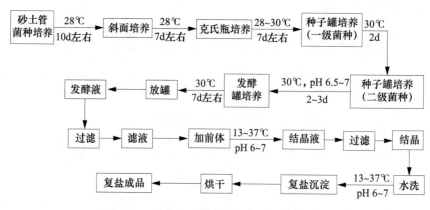

图 12-14　灭瘟素液态发酵生产工艺流程

（三）内疗素

内疗素是由 1963 年从海南岛土壤中分离筛选出的放线菌的一个新种——刺孢吸水链霉菌产生的，内疗素发酵液经提取分离得到 6 号、8 号、5 号及 23 号等几种组分，其中 6 号经进一步提纯分离获得甲、乙、丙三种成分，经鉴定分别为放线菌酮、异放线菌酮和脱水放线菌酮（后者无生物活性），而放线菌酮（即内疗素甲）的纯度超过从英国、德国、日本等国进口的放线菌酮。内疗素对光、热、酸等环境因子稳定，遇碱易被破坏，对多种真菌病原菌有强烈的抑制作用，并能吸入红麻种子内部，彻底消灭胚内潜藏的炭疽病菌。对动物的毒性、植物的药害较进口放线菌酮为低，经多年室内外反复试验证明，内疗素是一种内吸性强、高效、低毒的抗生素，它对防治谷子黑穗病、红麻炭疽病、苹果树腐烂病、橡胶树白粉病及割面条溃疡病、红松早期落叶病、甘薯黑斑病等多种真菌病害均有良好的效果。

内疗素生产用菌种为 AS4.1004。内疗素的工业生产既可以采用固态发酵，也可以采用液态深层发酵。液态发酵生产工艺流程见图 12-15。液态发酵用斜面培养基和大试管培养基可用普通马铃薯培养基，也可用麸皮 3%、淀粉 3%、琼脂 2% 作培养基。锥形瓶液体培养基：葡萄糖 2%、黄豆饼粉 2%、$(NH_4)_2SO_4$ 0.2%、$CaCO_3$ 0.4%、NaCl 0.3%、$MgSO_4 \cdot 7H_2O$ 0.05%、K_2HPO_4 0.05%，pH 7。一、二级种子罐培养基：葡萄糖 3%、玉米浆 2%、淀粉 2%、$(NH_4)_2SO_4$ 0.3%、NaCl 0.3%、$CaCO_3$ 0.3%、K_2HPO_4 0.05%、豆油 0.4%，pH 6.5～7.0。发酵罐培养基：玉米粉 2%、黄豆饼粉 2%、葡萄糖 0.5%、蛋白胨 0.2%、NaCl 0.3%、$CaCO_3$ 0.3%、$(NH_4)_2SO_4$ 0.3%、K_2HPO_4 0.02%、$MgSO_4 \cdot 7H_2O$ 0.05%、豆油 0.3%，pH 6.5～7.0。菌种在斜面上培养，长出孢子后接种到大试管上，待大试管上长满孢子方可接入锥形瓶液体培养基中，并进行振荡培养，当菌丝呈现明显分节时，即可作为种子接入种子罐扩大培养。接种量为 5%～10%。在液态深层发酵过程中，要定时取样分析发酵液中残糖量、pH 变化和内疗素效价，以便决定最佳放罐时间。由发酵液提纯得内疗素精制品常用溶剂提取后浓缩、烘干。为保证内疗素的效价，在 50℃ 条件下，真空干燥 3～4h 即可。

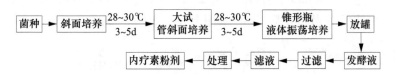

图 12-15　内疗素的液态发酵生产工艺流程

简易方式液态发酵生产内疗素，是将菌种直接接马铃薯或甘薯块（条）上，30℃ 培养 7～9d，作为种子再接入 20% 马铃薯浸出液中振荡培养 3d 左右，即可将发酵液过滤，测定滤液效价，加水稀释后使用，也可加入适量防腐剂（如 1% 甲醛或 0.5% $CuSO_4$，若能加入 0.1% 苯甲酸钠更好）。保存期 3 个月左右。液体振荡培养基中最好加入 1%～2% 豆饼粉，以保证其有机氮源。

固态发酵方法生产内疗素仅限于小型农药厂，凡是有条件的农药厂多用液态发酵法，但固态发酵方法的生产工艺简单，不需要特殊设备，易于操作和普及。固态发酵生产内疗素工艺流程见图 12-16。固体培养斜面培养基：锥形瓶液体振荡培养基、液体种子扩大培养基（见前内疗素的液态发酵）。广口瓶麸土合剂固体培养基：麸皮 40%、玉米粉 20%、肥土 40%，拌匀灭菌后接种。固体种子扩大培养基同上。固态发酵培养基：麸皮 80%、玉米粉 10%、豆饼粉 10%，拌匀，加适量水，装入木箱或木盘中，灭菌冷却后再接种，上面用灭菌的谷壳或塑料薄膜覆盖。培养基也可用麸土合剂：麸皮 80%、饼粉（花生、棉子、豆）10%、肥土 10%，或者肥土 60%、麸皮 20%、饼粉（花生、棉子、豆）20%。

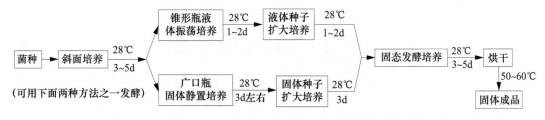

图 12-16　内疗素的固态发酵生产工艺流程

（四）放线菌酮

放线菌酮是由灰色链霉菌（*Streptomyces griseus*）分泌产生的抗生素。国外于 1946 年发现这种抗生素，但一直未能得到应用。我国的科技工作者于 1964 年从土壤中分离出金色链霉菌（*S. aureus*）。通过发酵后提取的放线菌酮，发现其对茶叶云纹叶枯病、茶胴枯病有显著疗效。后来又发现其对水稻稻瘟病、水稻恶苗病、棉腐病、棉花角斑病、油菜菌核病、小麦锈病、番茄青枯病、柑橘溃疡病、蚕豆白粉病、白松疱锈病、樱桃叶斑病、洋葱猝倒病等真菌和藻类病害也有较好的防治效果。放线菌酮内吸性强，在作物体内有效期也长，但对作物的药害较重，喷洒时一定要控制放线菌酮的浓度和用量。该药对人畜也有一定的毒性，并对皮肤黏膜有刺激作用，使用时要注意劳动防护，不能与碱性农药混用。

放线菌酮的工业生产与内疗素的生产相似，既可以固态发酵，也可以采用液态深层发酵。常用的菌种为 AS4.909、AS4.910、上海第三制药厂 S-7A-3 号。放线菌酮固态发酵生产工艺流程见图 12-17。固态发酵培养孢子的斜面培养基和克氏瓶培养基用马铃薯琼脂培养基。固态发酵培养基与内疗素固态发酵培养基相同。利用土法发酵生产也可采用新鲜马铃薯片作培养基。

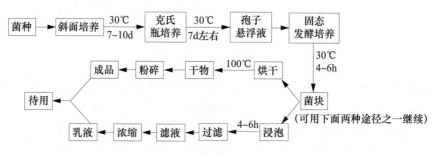

图 12-17　放线菌酮固态发酵生产工艺流程

放线菌酮液态发酵生产工艺流程见图 12-18。液态发酵斜面培养基、茄子瓶培养基均可用马铃薯琼脂培养基，可产生孢子。摇瓶液体培养基：葡萄糖 4%、黄豆粉 2%、蛋白胨 0.1%、CaCO$_3$ 0.5%、（NH$_4$）$_2$SO$_4$ 0.2%、MgSO$_4$·7H$_2$O 0.05%、KH$_2$PO$_4$ 0.02%。种子罐培养基：葡萄糖 3%、黄豆饼粉 2%、蛋白胨 0.2%、蚕蛹粉 0.2%、CaCO$_3$ 0.5%、（NH$_4$）$_2$SO$_4$ 0.5%、MgSO·7H$_2$O 0.05%、KH$_2$PO$_4$ 0.02%、花生油或豆油 0.05%。发酵罐培养基：葡萄糖 6%、黄豆饼粉 2%、蛋白胨 0.2%、蚕蛹粉 0.5%、CaCO$_3$ 0.6%、（NH$_4$）$_2$SO$_4$ 0.5%、MgSO$_4$·7H$_2$O 0.05%、花生油 0.1%，在发酵期间尚需再追加花生油 0.5%。

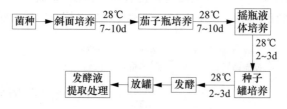

图 12-18　放线菌酮液态发酵生产工艺流程

四、真菌生物农药的发酵生产

真菌是生物农药的另一来源。菲律宾研究人员使用真菌农药消灭犀甲虫取得成功，研究人员在实验室中繁殖真菌，制成粉状农药施放到椰林里，30d 后犀甲虫全部死亡，1kg 真菌农药能保护 5～10hm² 椰林，平均每公顷费用仅为 4 美元。金龟子绿僵菌在缅甸被试验用于防治共生蛴螬，在泰国被试验用于防治椰蛀犀金龟等。美国是最早利用真菌（这些真菌是某些种杂草的自然病原体）研制除草剂的国家，最早的真菌除草剂是美国科学家研制的克力高（Collego）和地芳宁（Devine），这两种除草剂投放市场已达 40 年之久。和传统的化学除草剂相比，真菌除草剂具有许多独特的优点，它具有除草选择性、专一性的特点，在杂菌对化学品产生了抵抗作用时，往往采用真菌除草剂便可取得良好的效果，而且研制费用低。

（一）白僵菌的生物学特性

在众多真菌农药中，白僵菌制剂是目前在真菌治虫中研发较早、应用最广、普及面较大的一种微生物杀虫剂。我国早在 1954 年就应用该菌制剂成功地防治大豆食心虫。目前利用飞机大面积喷洒白僵菌孢子防治松毛虫，在东北地区大面积防治玉米螟均取得了良好的效果。白僵菌制剂可以进行喷雾、喷粉或者作颗粒剂拌种等用，也可与化肥、其他农药混合使用。防治松毛虫用制剂直接喷雾喷粉效果好；防治玉米螟宜用白僵菌颗粒剂；在大豆食心虫入土化蛹前将菌粉撒在土表，防治效果很好；此外，用白僵菌制剂还可以防治黄刺蛾、棉铃虫、三化螟、水稻黑尾叶蝉、稻纵卷叶螟、甜菜蚜等。白僵菌可寄生 6 目 15 科的 200 余种昆虫和螨类。

白僵菌属于子囊菌虫草菌科白僵菌属，有两个种，一种为球孢白僵菌，另一种为卵孢白僵菌。菌丝白色、有隔膜、分生孢子呈球形至卵形，生长温度为 5～30℃，最适温度为 25～28℃，好气性，固体培养基深层的菌丝不能产生分生孢子，液体培养在振荡或通气条件下可产生节孢子。白僵菌不耐高温，50℃即可致死，阳光直射也可杀死白僵菌。白僵菌可以利用多种碳源，尤以淀粉、葡萄糖、蔗糖、麦芽糖为好，有机氮和无机氮均可利用，但以硝态氮优于铵态氮。锰和铁可以促使孢子生成。白僵菌除了可以由昆虫体表侵入，也可以经消化道和呼吸道侵入虫体，孢子和菌丝体在虫体内繁殖，既直接破坏昆虫的各组织，又妨碍昆虫血液循环，加之白僵菌分泌的毒素使昆虫死亡，并呈现白色僵状。

（二）白僵菌制剂的发酵生产

白僵菌制剂的生产用菌种有 AS 3.2055、AS 3.4270、AS 3.4271、AS 3.4272、AS 3.4273、AS 3.3470、AS 3.3474、AS 3.3575、AS 3.3576、AS 3.3577。

白僵菌易于人工培养，一般含淀粉、葡萄糖类的物质（如马铃薯、甘薯、麸皮、玉米粉等）皆可作为培养基。目前，白僵菌的生产以固态发酵方式为主，而液态深层发酵方式还在进一步研究之中。

常用固体发酵培养基：麸皮（或米糠）、玉米粉各一半，加入适量疏松透气的物料，如谷壳、玉米轴粉等，料水比为 1：1～1：0.8。固态发酵生产工艺流程见图 12-19。

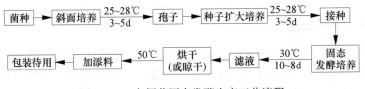

图 12-19　白僵菌固态发酵生产工艺流程

斜面培养基为 PDA 培养基。种子扩大培养可用液体培养或固体培养。液体培养基可用 1%～2% 麸皮煮后的过滤液加 2% 的葡萄糖或白糖，也可用 1:1 淘米水（即一斤米用一斤水洗淘）。固体培养基：豆饼 3%、蔗糖 2%、KH_2PO_4 0.02%、$FeSO_4$ 0.01%、$MgSO_4$ 0.001%、NaCl 1%、淀粉 0.5%，自然 pH。土法固体培养直接用瓜、薯或麸皮作培养基。固态发酵一般采用曲盘浅层发酵或深层通风发酵。固体发酵培养基的接种可用液体扩大培养的含有节孢子的悬浮液，也可用固体扩大培养的分生孢子作种子。固体培养成的含孢子菌块在 45～50℃ 条件下烘干，粉碎后加入填料（如高岭土），以每克制剂含 50 亿个孢子为标准，即为白僵菌制剂成品，保存期不超过 8 个月。

国内一些研究单位尝试利用液态深层通气发酵法培养白僵菌。由于液态发酵一般不产生分生孢子，以产生节孢子为主。节孢子杀虫效力强于分生孢子，但节孢子存活期短而且不如分生孢子耐旱。因此目前生产上多用液态发酵法生产节孢子和菌丝体作为种子菌，再用固态发酵法获得大量的分生孢子作为制剂。国外在利用液态发酵培养白僵菌过程中，同时对培养基和发酵条件不断进行改良，使得最终白僵菌发酵液可获得 5 亿～20 亿个 /mL 分生孢子，孢子的回收率可达 99%。

从 1976 年世界卫生组织开始实施全球环境监测系统 / 食品污染物监测和评估计划（GEMS/Food）以来，环境污染、食品安全（卫生）等生态问题越来越引起世界各国的重视。美国 1986 年开始对市场农药产品进行全面监测，监测农药品种达 360 种。丹麦、瑞典等国以法规形式确定了减少 50% 化学农药用量的目标。鉴于世界各国消费者对于无公害农产品的需求日益增强，生物农药的发展具有广阔的天地。日本创制出井冈霉素、多抗霉素等多个生物农药品种，成为创制生物农药领先国家之一。我国推广应用苏云金芽孢杆菌（Bt）等生物农药防治 80 多种农林害虫，推广面积达 2000 万亩，各地应用病毒、白僵菌防治玉米螟、松毛虫的面积在 1200 万亩以上，使用井冈霉素防治水稻纹枯病 1 亿亩，防治效果达 80%。20 世纪 60 年代成功应用生物除草剂防治大豆菟丝子，在华北、黄淮地区大面积推广。近年来现代生物技术特别是微生物技术的发展，使生物农药不仅应用于植物病虫害等有害生物的防治，还在土壤污染物降解、污水粪便处理、残留农药分解及秸秆等废弃物转化等方面取得新的突破。1993 年，国家启动绿色食品工程，全国开发面积 270 万 hm^2，生产无公害蔬菜 144 种，水果 129 种，生产总量达到 4000 万 t，出口创汇 73 亿元。2005 年，我国各类生物农药的总销售量达到 20 万 t，其中 Bt 杀虫剂 6 万～8 万 t，农用抗生素类生物农药制剂 10 万 t，植物源农药 1 万 t，真菌杀虫剂 1 万 t，病毒杀虫剂 0.5 万 t，总销售额 6 亿～8 亿元人民币。可以预言未来的现代农业将是一个无公害的绿色农业。

第三节   生物饲料的发酵

一、生物饲料概述

生物饲料指食用饲料原料目录和添加剂目录中允许的饲料原料和添加剂，通过发酵工程、酶工程、蛋白质工程和基因工程等生物工程技术开发的饲料产品的总称，包括发酵饲料、酶解饲料、菌酶协同发酵饲料和生物饲料添加剂。这类生物饲料制剂具有很高的安全性，它可使工农业废弃物转变为饲料，从而提高饲料转化率和利用率，改善饲料品质，减少疾病，促进畜禽生长，减少环境污染，造福于人类。

通过发酵大量生产单细胞蛋白不仅是解决当今世界饲料紧缺和粮食不足的一条重要途径，还有助于消除环境污染。菌体蛋白粉是以谷物、薯类的淀粉及食品发酵工业有机废液为原料，采用生物工程技术，借助酵母菌细胞合成全价蛋白质（粗蛋白质含量≥45%），以及多种氨基酸、维生素等（表 12-7）。这种高蛋白饲料应用于种鸡、种鸭、肉鸡、肉鸭、产蛋鸡、猪、鱼、虾等养殖业，可改进饲料的利用率，促进畜禽鱼虾生长，提高禽畜的存活率、增长率和产蛋量。例如，我国研制的秸秆全价生物饲料生产技术，是把农作物秸秆粉碎处理后，用筛选和纯化出的多株菌种微生物进行发酵处理，借鉴传统发酵工程工艺，利用酶解和微生物互生关系，对秸秆进行活化处理，使秸秆粗纤维分解转化成大量的粗蛋白质和氨基酸，其综合技术及营养指标均较高，可部分替代粮食及鱼粉、肉粉。再根据不同牲畜、家禽在不同生长阶段所需的营养，补充辅料及预混料，最后熟化制料形成饲料。成品秸秆生物饲料有软、熟、香的特点，畜禽容易吸收。更为重要的是，这种饲料成本仅为粗饲料的 1/5。饲喂蛋鸡，成本比普通配合饲料下降 10.6%，产蛋率提高 2.1%；饲喂猪，出栏时间比标准养殖早 40d 左右，出栏重达 95～100kg，显示出很诱人的前景。

表 12-7　各种单细胞蛋白营养成分的比较

成分	酵母菌	细菌	微藻	真菌	成分	酵母菌	细菌	微藻	真菌
蛋白质 /%	16～20	65～85	50～60	30～60	维生素 B/(mg/kg)	—	15～45	—	—
脂肪 /%	—	5～15	2～3	7	钙 /%	1.9		1.3	13.2
碳水化合物 /%	—	13～35	18～20		磷 /%	2.4		2.1	0.7

注："—"表示无数据

发酵工程产品在动物营养学中的应用最具有代表意义的是各种饲用酶的发酵生产与应用。应用生物工程技术生产的各种蛋白酶、纤维素酶、脂肪酶、植酸酶等被添加于畜禽饲料中，能大幅度地改善饲料的转化率，提高了动物的生产性能，减轻了动物排泄物对环境的污染，意义重大。目前在欧洲的肉仔鸡饲料中约有 40% 添加了酶制剂。在我国，各种饲料酶制剂在畜禽饲料中的应用也日益普遍，这些酶中有很大一部分是利用基因工程技术改造的微生物通过发酵工程生产出来的。

激素是产生于动物内分泌腺、具有高度生物活性、对机体的一定器官或组织产生生理性调节作用的物质。20 世纪以来，人们把它们应用于临床治疗的同时，也用于促进畜牧与养殖增产，主要是用其人工合成品作动物促进生长剂与增重剂。但由于发现并密切注意到人工合成激素给动物和动物食品消费者带来不良影响，特别是残留于食品中的激素（如己烯雌酚）造成的不良生理作用及导致癌症的发生，因此包括我国在内的世界各国都严格控制使用或禁用作为动物饲料添加剂的有害激素类产品。自 1999 年 1 月 1 日起，我国已禁止生产与使用己烯雌酚及其注射液。20 世纪 80 年代以来，以发酵工程及其他生物工程技术研制的基因重组生长激素（称为生物合成激素）受到重视并正在加快发展。继 1979 年 Goeddel 等分离出人生长激素基因，并在大肠杆菌中生产之后，美国在 80 年代就先后用基因工程生产出了牛生长激素 bGH 与 BST，以及猪生长激素 pGH 与 PST。它们都是由众多氨基酸组成的多肽，与其他蛋白质一样能被机体代谢为各种氨基酸。这种用基因工程技术生产的动物生长激素一般都有较强的物种专一性，如牛生长激素（bGH 或 BST）对人并不具有生理作用，因而认为不存在使用后对人的安全问题，但促进生长效果相当显著。据国内外报道，bGH 在奶牛产乳期使用（每天每头 20～40mg），日产奶量能提高 40%，整个产奶期总产奶量增加 26%。由此可见，利用基因重组技术、发酵工程生产的生长激素将有望作为一类新的生物制剂，取代人工合成激素在畜牧和养殖业上的应用，使之更加符合饲养的要求。

二、酵母菌体蛋白的发酵

通过工业发酵获得微生物菌体可作为饲料的重要蛋白质来源。在各类微生物菌体中，细菌的生长速度快，蛋白质含量高，除糖类外还能利用多种烃类作原料，具有一定的优越性，但因细菌菌体比酵母菌小，分离相当困难，菌体成分除蛋白质外，还有可能含有毒性物质，分离的蛋白质也不如酵母菌容易消化，因而在目前生物饲料的发酵中主要采用酵母菌。酵母菌的个体较小，生长速率比藻类及霉菌高得多，其蛋白质含量为 50%～80%，氨基酸组成同动物蛋白相当。利用酵母菌生产蛋白质饲料不需要很大的场地，可以在发酵罐内长期连续地进行立体化工业化生产。更为优越的是可以利用糖蜜、纸浆废液、木材糖化液、烃类等廉价原料高收率地进行生产。

生产酵母菌菌体蛋白的干酵母菌种有三种：酵母科酿酒酵母（*Saccharomyces cerevisiae*）和葡萄汁酵母（*S. uvarum* Beijerinck），隐球酵母科产朊假丝酵母（*Candida utilis*）。生产鲜酵母一般都采用酿酒酵母，因该菌悬浮在液体中，称为上面酵母，同时该菌发酵能力好，又称为面包酵母。最广泛用于发酵生产生物饲料的酵母是假丝酵母，普遍采用无孢子的产朊假丝酵母，该酵母培养 10h 左右就能繁殖到种子菌体量的 15 倍，而且分离得到的菌体营养价值高，作为食品味道好。产朊假丝酵母的细胞比较小，从培养液中分离稍有困难，采用其改良株产朊假丝酵母大细胞变种（*C. utilis* var. *major*），可以克服这一缺点。

酵母中主要成分是蛋白质，由糖生成蛋白质的反应可分为两步。第一步是由六碳糖变为二碳原子化合物，第二步是由二碳原子化合物变为蛋白质和脂肪，化学反应可简写为

$$C_6H_{12}O_6 + 2\,[O] \longrightarrow 2CH_3CHO + 2CO_2 + 2H_2O$$
$$6CH_3CHO + 3NH_3 + 4.5\,[O] \longrightarrow C_{12}H_{20}N_3O_4 + 6.5H_2O$$

或直接写成：

$$3C_6H_{12}O_6 + 3NH_3 + 10.5\,[O] \longrightarrow C_{12}H_{20}N_3O_4 + 12.5H_2O + 6CO_2$$

（一）利用乙醇废水生产酵母菌体蛋白

乙醇废水是乙醇蒸馏塔排出的废液，一般每年生产 1t 乙醇可产生 10～15t 废水。这些废水的化学需氧量（COD）、BOD 很高，如果直接排入江湖，会严重地污染水质，使溶解氧降低，引起鱼虾窒息死亡，生态平衡遭到破坏。例如，某酒厂以大米为原料的乙醇废水，COD 为 9184～10 016mg/L，BOD 为 10 850～14 000mg/L，固形物为 26 360mg/L，pH 3.8～4.2，乙醇含量在 1% 以下。国家规定的排放标准为：COD＜500mg/L，BOD＜250mg/L。然而这些废液不含金属离子和有毒的物质，是生产饲料酵母的好原料。

乙醇废液上清液发酵流程见图 12-20。

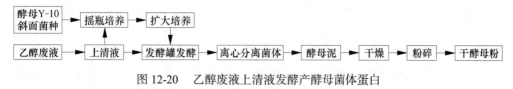

图 12-20　乙醇废液上清液发酵产酵母菌体蛋白

带渣乙醇废液直接发酵工艺流程见图 12-21。

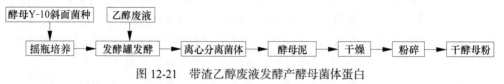

图 12-21　带渣乙醇废液发酵产酵母菌体蛋白

（二）利用丙酮-丁醇发酵液生产酵母菌体蛋白

丙酮-丁醇是重要的化工原料，以淀粉为主要原料，通过丙酮-丁醇梭菌进行发酵生产，每产 1t 丙酮-丁醇发酵产品，总排放约 67t 废液，以我国年产 10 万 t 计，每年可排放废液 670 万 t 以上。据分析，丙酮-丁醇废液 COD 为 5240～7656mg/L，固形物含量约 1.5%，其中糖 0.2%、粗蛋白质 0.5%、灰分 0.1%，是宝贵的蛋白质饲料生产资源。可利用酵母菌通过发酵生产得到单细胞蛋白饲料。

其工艺流程为：首先将蒸馏塔排出来的发热废液（90～95℃）加 0.2% 石灰和 0.05% 白泥作为助沉淀剂沉淀。取上清液，加 0.1% (NH$_4$)$_2$SO$_4$ 和 0.2% CaCO$_3$，用于培养酵母。培养酵母液经浓缩和干燥，至含水 8.4%。粗蛋白质含量达 43.5%。

（三）利用味精废液生产蛋白质饲料

味精废液是指发酵液经谷氨酸结晶和离子交换提取后排放的液体，一般每生产 1t 味精产生 25t 废液，而且 pH 较低，有机物含量高，直接排放会消耗水中的溶解氧，造成腐败，水中生物不能存活，对环境和生态平衡影响很大。废液中含有大量的有机物，是微生物很好的营养物质，是生产蛋白质饲料的基础，并且废液中还含有大量谷氨酸产生菌菌体，因此可利用味精废液生产蛋白质饲料。

利用味精废液发酵生产饲料酵母的工艺流程见图 12-22。菌种采用热带假丝酵母（*Candida tropicalis*）。将味精废液引入中和罐，加工业碱调节 pH3.5～4.5 废氨水。如残糖高于 0.5% 可适当多加些废氨水，然后加入发酵罐。接种量 10%。罐温 30～32℃，通风比 1∶1，发酵培养 14～18h。如采用流加味精废液工艺，10t 发酵罐加 4t 配好的培养液，然后逐渐加至 7t，发酵 12～15h，直至酵母产量最大，便可终止发酵，并放罐。使用酵母分离机分离出热带假丝酵母和原谷氨酸菌体，然后于 80℃烘房干燥，或使用滚筒干燥机干燥，粉碎，即为成品。干菌体产率为 8～15.9g/L。味精废液经过发酵生产饲料酵母，总氮和还原糖分别降低 50% 和 60% 左右，COD 去除率为 70% 左右。结果证明，其不仅充分利用了谷氨

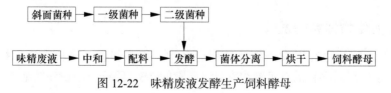

图 12-22　味精废液发酵生产饲料酵母

酸发酵后废液中的营养物质，生产出优质饲料酵母，还可大大减轻废液对环境危害。

（四）利用柠檬酸废液发酵生产酵母粉

利用柠檬酸废液也可生产酵母粉，其发酵过程工艺流程见图12-23。柠檬酸中和废液添加0.7%尿素和0.1% K_2HPO_4，pH 3.5。发酵中利用 $L_{15/0.5}$ 罗茨鼓风机通风培养。通风比（体积比）前期 1 : 0.5，中期 1 : 0.9，后期 1 : 0.7，温度为 31～33℃。发酵结束后，采用D-424高速酵母分离机离心，获得酵母泥，经滚筒干燥机干燥，粉碎即得到酵母粉，产品对发酵液收率为0.96%。经过发酵，废液pH上升为 6.0～6.5，COD下降50%以上。柠檬酸废液生产酵母产品质量达到轻工行业标准（QB 596 - 82），色泽淡黄，水分1%～4%，蛋白质48%，灰分<10%。其中卫生指标和气味均合格。产品用于抗生素发酵生产及饲料添加剂等。

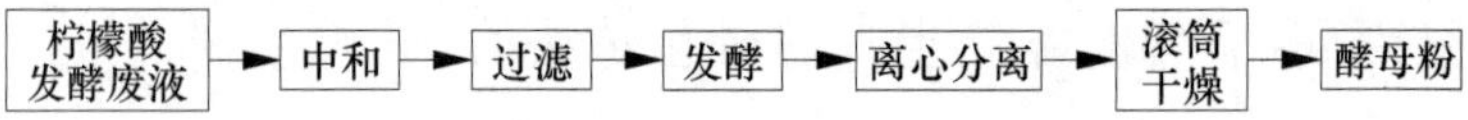

```
柠檬酸    →  中和  →  过滤  →  发酵  →  离心分离  →  滚筒    →  酵母粉
发酵废液                                              干燥
```

图 12-23　柠檬酸废液发酵生产酵母粉

（五）利用啤酒糟发酵生产酵母菌体蛋白

啤酒糟占啤酒废料的80%以上，目前大多作低价饲料、肥料出售，因其含水分高，不能久放，极易霉烂，造成资源浪费。我国科研人员利用纤维素酶在适宜的条件下水解啤酒糟中的不溶性纤维，然后将酶解所得的还原糖用于培养酵母提取麦角固醇，残渣含有菌体蛋白，提高了营养价值，将大大地提高经济效益和社会效益。

发酵所用产酶菌株为里氏木霉（*Trichoderma reesei*），所用生产菌体蛋白饲料的菌株为产朊假丝酵母（*Candida utilis*）、热带假丝酵母（*C. tropicalis*）和酿酒酵母（*Saccharomyces cerevisiae*）。培养基：啤酒糟粉3g、麦麸7g、豆饼粉0.6g、10%（NH_4）$_2SO_4$ 溶液1.2mL、金属盐溶液1mL，料水比1 : 2，pH 6.0。工艺流程见图12-24。将里氏木霉斜面孢子接种于锥形瓶中培养，28℃培养96h成曲，成曲置于38～40℃下烘干、粉碎成曲备用。啤酒糟经压榨、烘干后粉碎，加入0.1%～0.25%的硫酸酸解12h，中和至pH 4.85，过滤，弃去滤液，于滤渣中加入pH 4.85的柠檬酸液，煮沸灭菌。冷却后加入预先做好的纤维素酶，按1 : 10加入，酶浓度为100μg/g，振荡酶解12h后，过滤。滤渣加入产朊假丝酵母等进行培养，啤酒糟含蛋白质28.4%，酵母菌数量为 $70×10^8$～$80×10^8$ 个/g。

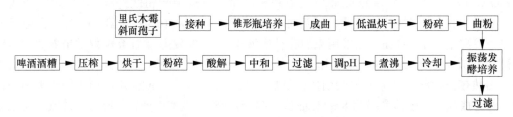

图 12-24　啤酒糟发酵生产酵母菌体蛋白

三、其他生物饲料的发酵

植酸（盐）广泛存在于农作物及其副产品中，很多谷物、油料作物中植酸含量达到1%～3%，以植酸形式存在的有机磷约占总含磷量的2/3，除瘤胃动物外的绝大多数动物和人群都缺乏内源植酸酶系统，不能降解植酸而利用内部的磷。排泄到环境中的植酸在土壤中积累并固化，不能被植物吸收利用，影响了磷元素在自然界的正常循环；而水体中有机磷含量的增加，则导致水体的富营养化等环境问题；植酸还易与 Ca^{2+}、Zn^{2+}、Mn^{2+} 等金属离子螯合形成不溶性复合盐，降低金属离子的利用率，导致动物和人的钙、锌、锰等金属离子缺乏症，植酸还能与蛋白质、淀粉、脂类物质形成复合物，影响蛋白质等营养物质的消化，被视为抗营养因子。

植酸酶能降解植酸，解除其抗营养性，提高食物及饲料中磷的利用率，减少排泄物中有机磷的含量，预防由磷缺乏引起的各种疾病，促进人、畜的磷、钙、锌等营养水平的提高。目前，国外已把植酸酶广泛应用于饲料及粮食工业，西欧一些国家已采用政府强制或减少税收等方式来鼓励植酸酶添加到饲料中。加拿大通过一项田间试验表明，用添加植酸酶的饲料来喂蛋鸡，能降低饲料成本，而对蛋鸡的产量和外观质量均无影响。

微生物植酸酶的生产不受季节条件的限制，可人为控制，且生产周期短，发酵生成的植酸酶作用 pH 范围较宽（2.5～6.0），可在动物的胃及小肠中充分发挥作用；微生物分布广、种类多、易变异、易培养，所以真正具有价值的是利用微生物发酵生产的植酸酶。植酸酶可由细菌、酵母菌、霉菌，特别是无花果曲霉、黑曲霉、少孢根霉等发酵生成。

植酸酶发酵有固态发酵和液态发酵两种工艺。尽管从理论上来说，对霉菌类的好氧真菌微生物，固态发酵有较多的优势，如相同的菌种在固态发酵时合成酶的种类比液态发酵时要多，且具有更好的使用特性，用固态发酵生产植酸酶时，发酵结束后直接将发酵醅烘干作为饲料添加剂，不但省去后续的提取工艺，降低生产成本，而且发酵醅中含有大量的还原糖、有机酸及除植酸酶以外的淀粉酶、蛋白酶类，将其添加到饲料中去，既增加营养价值，又达到复合酶制剂的目的。但由于与液态发酵相比，固态发酵原料成分复杂，发酵条件常因菌种、原料、产物的不同而有很大差别，增加了确定最佳发酵条件的难度，因此目前国际上商品化的植酸酶多是用霉菌通过液态发酵获得。不过用固态发酵法生产植酸酶，国内外目前也有报道，所用的培养基有黄豆饼、玉米粉、菜籽饼、麸皮、米糠、木薯渣等。木薯粉是发酵工业的最好的原料，木薯在南方地区，如广西、广东、海南一带盛产，含有丰富的淀粉，缺点是蛋白质含量较少。植酸酶发酵生产工艺流程见图 12-25。

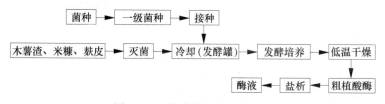

图 12-25　植酸酶发酵生产工艺

饲料生物技术的发展水平是一个国家饲料工业高科技发展程度的重要标志。应用生物工程技术特别是发酵工程技术，是提高饲料工业的技术水平和企业的生产水平的要求。可以预言，随着发酵工程在生物饲料的应用，可以大大提高饲料的利用率，增强我国饲料行业和畜禽产品的市场竞争力。

发酵工程对农业发展的影响是深远的，通过生物工程的发展特别是发酵工程的迅速发展，新型生物肥料、生物农药、生物饲料等将彻底改变农业发展的模式和方向。发酵工程正在为未来农业的可持续发展描绘着光明和诱人的前景。

复习思考题

1. 发酵工程在农业方面的应用主要表现在哪些方面?

2. 什么是微生物肥? 其有哪些作用? 我国目前有哪些类型的微生物肥?

3. 我国微生物肥的研发表现有哪些特点?

4. 用图表示微生物肥一般发酵生产的流程。

5. 用图表示废弃物资源化利用的农业生态工程路线。

6. 什么是生物农药?

7. 大规模厚层发酵生产苏云金芽孢杆菌技术管理要点有哪些?

8. 我国主要采用的液态深层发酵生产苏云金芽孢杆菌制剂工艺流程是什么?

9. 白僵菌固态发酵生产工艺流程是什么?

10. 用图表示春雷霉素的固态发酵生产工艺流程。

11. 什么是生物饲料?

12. 生产酵母菌菌体蛋白的干酵母的菌种有哪三种?

13. 利用啤酒糟发酵生产单细胞蛋白工艺流程是什么?

14. 味精废液生产酵母菌体蛋白工艺流程是什么?

15. 植酸酶的发酵生产流程是什么?

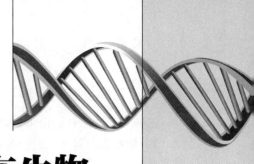

第十三章　发酵工程在生物能源及环境保护中的应用

生物能源的主要形式有生物乙醇、生物柴油、生物制氢和沼气等。乙醇作为可再生能源中最具有发展前景的液态燃料，其具有成本低、原料易得、对环境友好等特点，使得针对生物乙醇的研发日益受到重视，并成为国家能源政策的一个方向。采用生物发酵法生产生物乙醇是目前最重要的生产途径。开发沼气能源是我国利用微生物资源的另一种重要形式，其在补充我国农村能源短缺、建立良好的生态环境和发展农村经济等方面起了很大作用，沼气是一种适合我国国情、具有强大生命力的微生物能源。

环境是人类生存和发展必要条件，自古以来，自然界就依靠动物、植物与微生物之间巧妙的生态平衡，使人类及其他生物得以繁衍生息。但进入 21 世纪以来，随着人们生活水平的不断提高和工业化的快速发展，人类活动导致了大量污染物进入周围环境，致使生态平衡遭到破坏，环境质量不断恶化，因此，消除环境污染和保护生态环境已成为当务之急。微生物的生物多样性和特殊功能使其在自然界的物质转化过程中有着不可替代的作用，污染物的微生物处理是环境治理的一个重要手段。这为发酵工程在环境保护领域发挥更大的作用提供了必要条件和坚实基础。为此，本章主要从生物乙醇发酵、沼气发酵和发酵工程在环境保护应用的原理、方法等方面展开讨论。

第一节　生物乙醇发酵

一、概述

乙醇（ethanol）商品名为酒精，分子式为 C_2H_6O，结构式为 CH_3CH_2OH，是一种具有香味而刺鼻的无色透明液体。乙醇是重要的轻化工原料，也是酒精类产品的基本成分，从长远看也是一种重要的能源。乙醇可用来替代石油，是一种清洁能源。

乙醇的生产方法可分为化学合成法和发酵法两大类。化学合成法是利用炼焦或裂解石油的废气为原料，经化学合成反应制成乙醇；发酵法是利用合适的原料在微生物的作用下生成乙醇。本节主要介绍发酵法生产生物乙醇。

二、乙醇发酵的原料

乙醇发酵过程中常用的或具有潜在能力的原料有淀粉质原料、糖质原料和纤维质原料等。

1. 淀粉质原料   淀粉质原料是生产乙醇的主要原料。我国发酵乙醇的 80% 是用淀粉质原料生产的，其中以甘薯等薯类为原料的约占 45%，玉米等谷物为原料的约占 35%。

2. 糖质原料   常用的糖质原料有糖蜜、蔗糖、甜菜和甜高粱等。糖质原料生产乙醇工序简单，成本比较低，是乙醇发酵的理想原料，只是制糖和其他发酵工业也都需要糖质原料，能用到乙醇生产上的不太多，特别是我国糖质原料用于乙醇生产较少。

3. 纤维质原料   纤维类物质是自然界中的可再生资源，其含量十分丰富。天然纤维原料由纤维素、半纤维素和木质素三大成分组成，它们均较难被降解，长期以来人们都在研究如何利用纤维质原料来生产乙醇及其他化工产品。近年来，利用纤维素和半纤维素生产乙醇的研究有了突破性的进展，纤维素和半纤维素已成为很有潜力的乙醇生产原料。可用于乙醇生产的纤维质原料包括农作物纤维质下脚料（树枝、木屑等）、工厂纤维素和半纤维素下脚料（甘蔗渣、废甜菜丝、废纸浆等）及城市废纤维垃圾等。

4. 其他原料   主要是亚硫酸盐纸浆废液、甘薯和马铃薯淀粉渣、各种野生植物和乳清等。用这些原料生产乙醇目前还不多见。

三、乙醇发酵有关的微生物

与乙醇发酵有关的微生物主要有糖化菌和乙醇发酵微生物两大类。

（一）糖化菌

用淀粉质原料生产乙醇时，在进行乙醇发酵之前，一定要将淀粉全部或部分转化成葡萄糖等可发酵性糖，这种转化为糖的过程称为糖化，所用催化剂称为糖化剂。

历史上曾用过的曲霉包括黑曲霉、白曲霉、黄曲霉、米曲霉等。黑曲霉群中以宇佐美曲霉（*Aspergillus usamii*）、泡盛曲霉（*A. awamori*）和甘薯曲霉（*A. batatae*）应用最广。白曲霉以河内白曲霉、轻研二号最为著名。我国的糖化菌种经历了从米曲霉到黄曲霉，进而发展到黑曲霉的过程。我国 20 世纪 70 年代选育出黑曲霉新菌株 AS3.4309（UV-11），该菌株性能优良，目前我国很多酒厂和酶制剂厂都以该菌种生产麸曲、液体曲及糖化酶等，新的糖化菌株也都是 AS3.4309 的变异菌株。

根霉和毛霉也是常用的糖化菌。著名的有东京根霉（又叫河内根霉）（*Rhizopus tonkinensis*）、爪哇根霉（*R. javanicus*）和鲁氏毛霉（*Mucor rouxii*）等。国外也有用其他真菌生产糖化剂的，如俄罗斯用双孢扣囊拟内孢霉（*Endomycopsis bispora*）等来生产液体曲，但在应用中不能单独使用，需和其他糖化剂一起使用。

（二）乙醇发酵微生物

许多微生物都能利用己糖进行乙醇发酵，但在实际生产中用于乙醇发酵的几乎全是酒精酵母，俗称酒母。利用淀粉质原料的酒母在分类上叫酿酒酵母（*Saccharomyces cerevisiae*），是属于子囊菌亚门酵母属的一种单细胞生物。该种酵母繁殖速度快，产乙醇能力强，并具有较强的耐乙醇能力。利用糖质原料的酒母除酿酒酵母外，还有粟酒裂殖酵母

（*Schizosaccharomyces pombe*）和克鲁维酵母（*Kluyveromyces* sp.）等。

　　除上述酵母外，一些细菌，如运动发酵单胞菌（*Zymomonas mobilis*）、森奈假单胞菌（*Pseudomonas lindneri*）和嗜糖假单胞菌（*P. saccharophila*），可以利用葡萄糖进行发酵生产乙醇。利用细菌发酵生产乙醇早在 20 世纪 80 年代初就引起了注意，但其工业化步伐艰难，有许多问题还有待于深入研究。总状毛霉深层培养时也可产生乙醇。

四、乙醇发酵生化机制

　　不同生产原料，乙醇发酵的生化过程不同。对于糖质原料，可直接利用酵母将糖转化成乙醇。对于淀粉质和纤维质原料，首先进行淀粉和纤维质的水解（糖化），再由乙醇发酵菌将糖发酵成乙醇。

（一）淀粉质原料的水解

　　1. 淀粉质原料　　淀粉分子是多糖中最易分解的一种，由许多葡萄糖基团聚合而成。天然淀粉具有直链淀粉和支链淀粉两种，它们在性质和结构上有差异。在大多数植物淀粉中，直链淀粉含量为 20%～25%，支链淀粉为 75%～80%，如玉米、马铃薯、小麦的直链淀粉含量分别为 21%～39%、25% 和 40%。

　　2. 淀粉的糊化、液化　　淀粉在水中经加热和吸收一部分水而发生溶胀。如果继续加热至一定温度（一般 60～80℃），淀粉粒会发生破裂，造成黏度迅速增大，体积也随之迅速增大，这种现象称为淀粉的糊化，经糊化的淀粉称为 α-淀粉。淀粉糊化之后，若继续升温，支链淀粉也开始溶解，胶体状态破坏，形成黏度较低的流动性醪液，这种现象称为淀粉溶解，或称为液化。马铃薯、小麦和玉米支链淀粉完全液化的温度分别为 132℃、136～141℃和 146～151℃。

　　3. 淀粉水解　　淀粉水解又称糖化，通过添加酶制剂或糖化剂来完成。糖化剂中含有的并起作用的淀粉酶类包括 α-淀粉酶、β-淀粉酶、葡萄糖淀粉酶和异淀粉酶（脱支酶）。淀粉在以上几类酶的共同作用下被彻底水解成葡萄糖和麦芽糖。麦芽糖可在麦芽糖酶的作用下进一步生成葡萄糖。

（二）纤维质原料的水解

　　1. 纤维素、半纤维素和木质素　　纤维素是由葡萄糖通过 β-1,4-糖苷键连接而成的聚合物，是一种结构上无分支、分子量很大、性质稳定的多糖。纤维素是构成植物细胞壁的主要成分，稻麦秸秆、木材、玉米芯的纤维素含量分别为 40%～50%、40%～50%、53%。在植物细胞壁中，纤维素总是和半纤维素、木质素等伴生在一起。半纤维素是一大类结构不同的多聚糖的统称，半纤维素与纤维素不同，它很容易水解，但由于它们总是交杂在一起，只有当纤维素也被水解时，才可能全部被水解。木质素是由苯基丙烷结构单元通过碳-碳键连接而成的具有三维空间结构的高分子聚合物，木质素性质极为稳定，它在纤维素束周围形成保护层，使纤维素的水解变得很困难。

　　2. 纤维素的水解　　根据采用的方法不同可将纤维素的水解方法分成三种，即稀酸水解法、浓酸水解法和酶水解法。

　　纤维素酸水解所用的酸为硫酸、盐酸、氢氟酸等强酸。水解反应式为

$$(C_6H_{10}O_5)_n + nH_2O \longrightarrow nC_6H_{12}O_6$$

酶水解采用的酶是纤维素酶，它是一种复合酶类，故又称纤维素酶复合物。已知纤维素酶复合物由 C_1 和 C_X 组成。天然纤维素的分解过程是，纤维素先被 C_1 酶降解为较低分子化合物，其次由所谓 C_X 的几种酶作用形成纤维二糖。纤维二糖再由纤维二糖酶（β-葡糖苷酶）水解成葡萄糖。由于纤维素的性能稳定，无论用酸水解还是用酶水解，都存在水解速度慢、糖得率低的问题，这是影响纤维素科学利用的难题之一。

（三）酵母的乙醇发酵

乙醇发酵就是酵母在厌氧条件下发酵己糖形成乙醇，它是非常复杂的一系列生化反应过程，需要大量的酶参与，同时有许多中间产物形成。乙醇发酵的生化过程主要由两个阶段组成，第一阶段己糖通过糖酵解途径（EMP 途径）分解成丙酮酸；第二阶段在无氧的条件下，丙酮酸由脱羧酶催化生成乙醛和二氧化碳，乙醛进一步被还原成乙醇。葡萄糖发酵成乙醇的总反应式为

$$C_6H_{12}O_6 \longrightarrow 2C_2H_5OH + 2CO_2 + 能量$$

发酵过程中除主要生成乙醇外，还生成少量的其他副产物，包括甘油、有机酸（主要是琥珀酸）、杂醇油（高级醇）、醛类、酯类等。总反应式中的理论产率为 1mol 葡萄糖可产生 2mol 乙醇，即 180g 葡萄糖产生 92g 乙醇，得率为 51.1%，但是生产实际得率没有这么高，一般能达到理论产率的 90% 以上。

EMP 途径是微生物分解糖的最普遍途径，但有些微生物可以别的方式进行乙醇发酵。例如，少数假单胞菌（如森奈假单胞菌和嗜糖假单胞菌）以无氧的戊糖磷酸途径（HMP 途径），在单磷酸己糖的基础上分解葡萄糖，最后主要形成乙醇和二氧化碳。

五、乙醇的发酵工艺

乙醇发酵由于所用原料不同，采用的工艺也不同。下面主要介绍淀粉质原料、糖质原料的乙醇发酵工艺过程。

（一）淀粉质原料的乙醇发酵工艺

淀粉质原料生产乙醇分为原料预处理、蒸料、糖化剂制备、糖化、酵母制备、乙醇发酵和蒸馏等工序，工艺流程如图 13-1 所示。

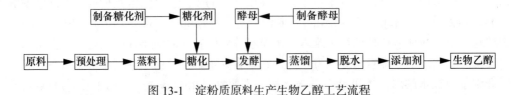

图 13-1　淀粉质原料生产生物乙醇工艺流程

1. 原料预处理　　原料的预处理包括原料的除杂和原料的粉碎。原料的除杂是让原料通过振荡筛、吸铁器等将其中混杂的小铁钉、泥块、杂草、石块的等杂质除去。原料粉碎的目的就是增加原料受热面积，有利于淀粉颗粒的吸水膨胀、糊化，缩短后续热处理时间，提高热处理效率。另外，粉末原料加水混合后容易流动输送。

2. 蒸料　淀粉质原料吸水后在高温高压下蒸煮，可以破坏植物组织和细胞，使淀粉彻底糊化、液化，使蒸煮物料成为均一的糊化醪，为进一步的淀粉转化为糖创造良好的条件；而且蒸料还有灭菌的作用。

3. 糖化剂制备　制曲过程实际上是将糖化菌扩大培养，并让糖化菌产生高活力的、质量合格的各种淀粉酶等酶类的过程。为此，需要提供让糖化菌生长和产酶的合适原料、水分、温度和通气条件等。糖化剂分为固体曲和液体曲两种。用麸皮为主要原料制成的固体曲称为麸曲，采用液体深层通风培养的称为液体曲。固体曲生产方法有多种，最早采用的是曲盘制曲，后来发展为帘子制曲，20世纪60年代以后又逐步采用机械通风制曲方法。机械通风制曲工艺包括锥形瓶种曲培养、帘子种曲制备和机械通风制曲等几个工段。液体曲生产工艺过程包括种子制备、液体曲发酵和无菌空气制备三部分。种子罐接种糖化菌孢子悬浮液后，32℃通风培养36h左右接入培养罐，在培养罐内培养48h左右即得成熟液体曲。

4. 糖化　糖化方法分为间歇糖化和连续糖化两类。目前我国大多数酒精厂采用后者。间歇糖化在糖化锅内进行。蒸煮醪放入并冷却到61～62℃时，加入糖化剂，搅拌均匀后静止糖化30min，再冷却至30℃后供发酵用。根据蒸煮醪冷却（前冷却）和糖化醪液冷却（后冷却）的方法不同，可将连续糖化工艺分为混合冷却连续糖化、真空冷却连续糖化和二级真空冷却连续糖化三类，所控制的工艺参数与间歇糖化工艺相似。

5. 酵母制备　酵母制备过程是酵母扩大培养过程，分为实验室扩大培养和酵母罐扩大培养两阶段。整个酵母扩大培养过程控制的温度为28～30℃。所得酵母应细胞健壮、整齐，出芽率高（15%～30%），无杂菌污染。

6. 乙醇发酵　糖化醪送入发酵罐，接入酵母后，即可开始乙醇发酵。发酵工艺有间歇式发酵、半连续发酵和连续发酵三类。乙醇发酵过程可分为前发酵期、主发酵期和后发酵期三个阶段。前发酵期一般为发酵的前10h左右，当酵母与糖化醪加入发酵罐后，由于醪液中含有少量的溶解氧，酵母能迅速地进行生长繁殖；在前发酵期阶段，发酵作用不强，乙醇和二氧化碳产生少，糖分消耗比较慢，发酵醪表面显得比较平静；前发酵期一般控制发酵温度不超过30℃。主发酵期为前发酵期之后的12h左右，在此阶段酵母细胞已大量形成，每毫升醪液中酵母数可达1亿以上，酵母菌基本上停止繁殖而主要进行乙醇发酵作用，使糖分迅速下降，乙醇量逐渐增多，醪液中产生大量的二氧化碳，有很强的二氧化碳泡沫响声；此期间发酵醪温度上升较快，生产上应加强温度控制，最好将温度控制在30～34℃。经主发酵期，醪液的糖分大部分已被耗掉，发酵进入后发酵期；在后发酵期阶段，发酵作用弱，产生热量也少，发酵醪温度逐渐下降，应控制发酵温度在30～32℃；后发酵期一般需要约40h才能完成，总发酵时间一般控制在60～72h。一般工厂糖化醪浓度为16～18°Bé，发酵成熟醪的乙醇含量为6%～10%（*V/V*）。

（二）糖质原料的乙醇发酵工艺

糖质原料乙醇发酵不必进行糖化及前述工艺操作，工艺过程较为简单。糖蜜乙醇发酵工艺过程包括前处理、酵母制备、乙醇发酵和蒸馏四个工序（图13-2）。

前处理包括的内容：将糖蜜稀释至糖浓度为12%～18%（依不同的发酵工艺而异）。添加部分氮源、营养盐（如硫酸铵、硫酸镁、磷酸盐等）及生长素（如酵母自溶物）等糖蜜中经常缺乏而酵母必需的营养物质。一般来说，用甘蔗糖蜜的要添加硫酸铵0.1%～0.12%、硫

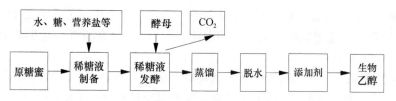

图 13-2   糖质原料乙醇发酵生产工艺流程

酸镁 0.04%～0.05% 及适量的酵母自溶物等；用甜菜糖蜜的要添加过磷酸钙约 1%，有时还要加少量的硫酸铵。此外，在前处理中还需要加盐酸或硫酸，从而将发酵稀糖液的 pH 调至 4.0～4.5，这样能起到防止发酵过程中杂菌繁殖等作用。

乙醇发酵所用的工艺主要是间歇法和连续法。糖蜜经上述前处理后，接入酵母，于 30～35℃发酵，成熟醪乙醇含量为 6%～9%（V/V）。

（三）纤维素原料的乙醇发酵工艺

为了以更低的成本获得生物乙醇，近年来国内外很多科研机构进行了以农作物纤维为原料生产生物乙醇的研究，并取得了突破性进展。纤维素生物质转化成乙醇的过程类似于谷物转化过程。纤维素必须先通过水解转化成糖分，然后通过发酵生成乙醇。纤维素原料生产乙醇的工艺流程见图 13-3。

图 13-3   纤维素原料生产乙醇的工艺流程

在纤维素原料生物转化为乙醇的过程中，原料预处理和终产品分离须单独进行，而水解和发酵可以单独进行也可以同时进行。根据水解与发酵过程的关系，重点介绍如下三种工艺。

1. 水解发酵两步法   将木质纤维素生物材料用酶转化为单糖（主要是葡萄糖和木糖），收集酶解后的糖液，然后用微生物（如酵母）将糖发酵生成乙醇。常用木霉的纤维素酶来水解纤维素，产生的糖液再进行发酵，乙醇产量可达到 97g/L。但这种方法乙醇产物的形成受到末端产物的抑制，必须不断地将其从发酵罐中移出，采取的方法有减压发酵法、快速发酵法，也可以对细胞进行循环使用，提高细胞浓度，或者筛选在高糖浓度下存活并能利用高糖的微生物突变株，使菌体分阶段逐步适应高基质浓度来克服基质浓度的抑制。该法中所用纤维素需先用氢氧化钠进行预处理，因而成本较高。用纤维素酶糖化纤维素的最大缺点是糖化速度慢。

2. 同时糖化发酵法   同时糖化发酵法就是在一个生物反应器中同时进行糖化和发酵。纤维素水解后产生的葡萄糖可以被不断地用于发酵，因而消除了高浓度葡萄糖对纤维素酶活性的产物抑制，简化了设备，缩短了生产周期，提高了生产效率。但工艺条件很难满足两者的优化条件，如糖化和发酵的温度不协调，也存在其他一些抑制因素，如木糖的抑制作用等。目前研究较多的是用能利用葡萄糖、木糖的菌株混合发酵，与单纯利用葡萄糖发酵菌和单纯利用戊糖发酵菌相比，乙醇的产量分别提高 30%～38% 和 10%～30%。最近许多研究者将同时糖化发酵技术和补料分批发酵技术相结合，使纤维素酶得到重复利用，发酵液中乙醇浓度显著提高。

3. 固定化细胞发酵工艺 固定化细胞发酵具有使发酵器内细胞浓度提高、细胞可连续使用、最终发酵液乙醇浓度提高等优点。研究最多的是酵母和运动发酵单胞菌的固定化。常用的载体有海藻酸钙、卡拉胶、多孔玻璃等。研究结果表明，固定化运动发酵单胞菌比酵母更具优越性。最近又有将微生物固定在气液界面上进行发酵的报道，微生物活性比固定在固体介质上高。固定化细胞的新动向是混合固定化细胞发酵，如酵母和纤维二糖酶一起固定化，将纤维二糖基质转化成乙醇，被看作纤维素原料生产乙醇的重要阶段。

六、乙醇蒸馏与精馏

发酵成熟醪中除含乙醇外，还含其他杂质，需要进行蒸馏及精馏才能得到乙醇成品。经过蒸馏可得到粗乙醇和酒糟，所用设备为醪塔，又称蒸馏塔、粗馏塔。粗乙醇再经精馏即可得到各级成品乙醇和杂醇油等副产物，所用设备为精馏塔（图 13-4）。

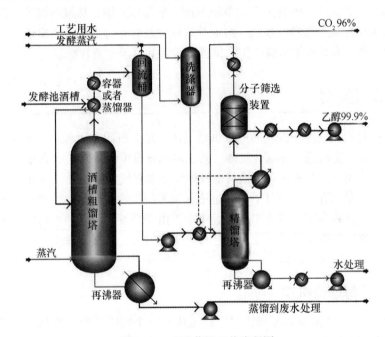

图 13-4 乙醇蒸馏工艺流程图

（一）发酵成熟醪的组分及其分离

发酵成熟醪的成分随原料的种类、加工方法、菌种性能不同而不同，分为不挥发性成分和挥发性成分两大类。不挥发性成分包括甘油、琥珀酸、乳酸、脂肪酸、无机盐、酵母菌体，以及不被发酵分解及未被完全发酵分解的糖、皮壳、纤维等。这些成分易与乙醇等挥发性成分分离，在粗馏中它们和大部分水一起从醪塔底部排出，称为蒸馏废糟或酒糟。挥发性杂质和乙醇蒸气一起从醪塔顶部排出，并一起进入精馏塔。挥发性杂质共有 50 多种，分为醇类、醛类、酸类和酯类四大类。在精馏中，沸点比乙醇低的杂质先被蒸馏出，称为头级杂质，包括乙醛、乙酸乙酯和甲酸甲酯等；有些杂质沸点与乙醇接近，较难与乙醇分离，称为中间级杂质，如异丁酸乙酯、异戊酸乙酯等；沸点较乙醇高的杂质出现在蒸馏的酒尾中，呈油状浮在液面，称为尾级杂质，又称杂醇油。

（二）乙醇蒸馏与精馏工艺

乙醇蒸馏有单塔、两塔、三塔和多塔蒸馏等多种蒸馏工艺。单塔蒸馏适用于对成品质量与浓度要求不高的工厂，国外常用于生产浓度为 88%（V/V）的粗乙醇。我国一般不采用此工艺。

双塔蒸馏的蒸馏和精馏两个过程分别在醪塔和精馏塔内进行，根据进料方式的不同分为气相进料塔和液相进料塔两种型式。气相进料两塔蒸馏工艺流程中，头级杂质出现在冷凝器Ⅲ中的冷凝液中，此馏分被称为工业酒精。不凝结气体和一部分醛类从排醛管排入大气。尾级杂质，即杂醇油通常从进料层往上第 2～4 块塔板液相取出或从进料层之下第 2～4 块塔板气相取出。成品乙醇从精馏塔顶部第 4～6 块塔板上液相取出，经冷却器冷却后，通过检酒器进入酒库。

近年来为了节省能耗，各种类型的节能蒸馏，如差压蒸馏、热泵蒸馏等，以及非蒸馏法回收乙醇，如选择性吸附乙醇回收法、溶剂萃取回收乙醇法等方法不断出现。这些方法目前仅少数用于大生产，多数处于试验或扩大试验阶段，并显示出美好前景。

第二节　沼气发酵

沼气是人们首先在沼泽中发现的一种可燃气体，是有机质在厌氧条件下经过多种细菌或古菌的发酵作用最终生成的一种混合气体。其主要成分是甲烷（CH_4），含量大约占 60%，其次是 CO_2，大约占 35%，此外还有少量其他气体，如水蒸气、硫化氢、一氧化碳、氮气等。

沼气发酵工艺是指在厌氧条件下，通过沼气发酵微生物的活动，处理有机废物并制取沼气的技术与装备，也称为厌氧消化工艺。近年来，由于开发可再生的生物质能源及环境保护的需要，在科学研究的推动下沼气发酵工艺得到迅速发展。根据发酵所采用的原料和发酵条件的不同，发酵工艺也多种多样。

一、沼气发酵理论机理

20 世纪初，V. L. Omeliansky 提出了甲烷形成的一个阶段理论，即由纤维素等复杂有机物经甲烷细菌分解而直接产生 CH_4 和 CO_2；20 世纪 30 年代起，部分学者按其中的生化过程把甲烷形成分为产酸和产气两个阶段；1979 年，M. P. Bryant 提出把甲烷形成分为三阶段的理论。

1. 水解阶段　　水解和发酵性微生物将复杂有机物（纤维素、淀粉等）通过胞外酶的酶解，将多糖水解成为单糖或二糖，再经过糖酵解成为丙酮酸；蛋白质水解成氨基酸，氨基酸脱氨基生成有机酸和氨；脂类物质水解成各种低级脂肪酸和醇类。这阶段通过微生物对有机质的体外酶解，可将固体有机物转变成可溶性物质。

2. 酸化阶段　　产氢和产乙酸细菌群将第一阶段的产物进一步分解成乙酸和氢气。经微生物酶解后的水解产物进入微生物细胞，在胞内酶的作用下，进一步将它们分解成小分子化合物，如低级挥发性脂肪酸、醇、醛、酮、酯类、中性化合物、H_2、CO_2 和游离态氨等。其中主要是挥发性酸，乙酸比例最大，约占 80%。

3. 产甲烷阶段　　由两组代谢特性不同的专性厌氧的产甲烷菌群进行。一组将 H_2 和

CO_2 合成甲烷，或将 CO 和 H_2 合成甲烷。另一组将乙酸脱羧产生甲烷和 CO_2，或利用甲酸、甲醇及甲氨基裂解为甲烷。

二、沼气发酵的工艺类型和基本工艺流程

（一）沼气发酵的工艺类型

沼气发酵工艺是指沼气发酵从配料入池到产出沼气的一系列操作步骤、过程和所控制的条件，按照沼气发酵温度、进料方法、装置类型及作用方式、发酵液的状态等，可以把沼气发酵工艺分成若干种类型（表 13-1）。

表 13-1 沼气发酵工艺类型

分类依据	工艺类型	主要特征
发酵温度	常温发酵	发酵温度随气温变化而变化，产气量不稳定，转化效率低
	中温发酵	发酵温度 28～38℃，产气量稳定，转化效率高
	高温发酵	发酵温度 48～60℃，有机质分解速度快，适合有机废弃物及高浓度有机废水的处理
进料方式	批量发酵	一批料经一段时间发酵后，重新换入新料，可以观察发酵产气的全过程，但不能均衡产气
	半连续发酵	正常的沼气发酵，当产气下降时，开始小进料，以后定期补料和出料，能均衡产气，适应性强
	连续发酵	沼气发酵正常运转后，按一定负荷量连续进料或进料间隔很短，能均衡产气，运转效率高，一般适合于有机废水处理
装置类型	常规发酵	装置内没有固定或截留活性污泥的措施，提高运转效率受到一定的限制
	高效发酵	装置内有固定或截留活性污泥的措施，产气率、转化效率、滞留期等均较常规发酵好
作用方式	二步发酵	产酸阶段和产甲烷阶段分别在两个装置内进行，有机质转化率高，单位有机质产气量低
	混合发酵	产酸阶段和产甲烷阶段在同一个装置内进行
发酵料状态	液态发酵	干物质（TS）含量在 10% 以下，发酵料液中存在流动态的液体
	固态发酵（干发酵）	干物质（TS）含量在 20% 以上，不存在流动态的液体。甲烷含量较低，气转化效率差。适合于水源紧张、原料丰富的地区
	高浓度发酵	发酵浓度在液态发酵和固态发酵之间，为 15%～17%

（二）沼气发酵的基本工艺流程

一个完整的大中型沼气发酵工程，无论其规模大小，都包括了如下的工艺流程：原料（废水）的收集、预处理、消化器（沼气池）、出料的后处理及沼气的净化、储存和输配等（图 13-5）。

1. 原料的收集 充足而稳定的原料供应是厌氧消化工艺的基础，原料的收集方式又直接影响原料的质量。收集到的原料一般要进入调节池储存，因为原料收集时间往往比较集中，而消化器的进料常需在一天内均匀分配，所以调节池的大小一般要能储存 24h 固体废弃物量。在温暖季节，调节池常可兼有酸化作用，能够起到改善原料性能和加速厌氧消化的作用。

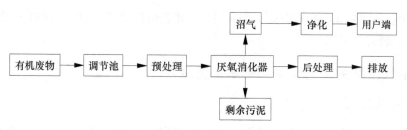

图 13-5　沼气发酵基本工艺流程图

2. 原料的预处理　　原料常混杂有生产作业中的各种杂物，为便于用泵输送及防止发酵过程中出现故障，或为了减少原料中的悬浮固体含量，原料在进入消化器前还要进行升温或降温等，因而要对原料进行预处理。通常采用各种固液分离机械将固体残渣分离出用作饲料，从而进一步提升经济效益。有些高强度的无机酸碱废水在进料前还应进行中和，通常采用酸性和碱性废水混合处理，如将酸性的味精废水和碱性的造纸废水加以混合即可获得良好效果。

3. 消化器（沼气池）　　消化器或称沼气池，是沼气发酵的核心设备。微生物的繁殖、有机物的分解转化、沼气的生成都是在消化器里进行的，因此，消化器的结构和运行情况是沼气工程设计的重点。首先要根据发酵原料或处理污水的性质及发酵条件选择适宜的工艺类型和消化器结构。

4. 出料的后处理　　出料的后处理为大型沼气工程不可缺少的构成部分，过去有些工程未考虑出料的后处理问题，造成出料的二次污染。出料后处理的方式多种多样，最简便的是直接用作肥料施入土壤或鱼塘，但施用有季节性，不能保证连续的后处理。可靠的方法是将出料进行沉淀后再将沉渣进行固液分离，固体残渣用作肥料或配合适量化肥做成适用于各种花果的复合肥料；清液部分可经曝气池、氧化塘等好氧处理设备后排放，也可用于灌溉或再回用为生产用水。目前采用的固液分离设备有沙滤式干化槽、卧螺式离心机、水力筛、带式压滤机和螺旋挤压式固液分离机等。

5. 沼气的净化、储存和输配　　沼气发酵时会有水分蒸发进入沼气，由于微生物对蛋白质的分解或硫酸盐的还原作用也会有一定量硫化氢（H_2S）气体生成并进入沼气。因此大型沼气工程，特别是用来进行集中供气的工程必须设法脱除沼气中的水和 H_2S。水的冷凝会造成管路堵塞，有时气体流量计中也充满了水，脱水通常采用脱水装置进行。H_2S 是一种腐蚀性很强的气体，可引起管道及仪表的快速腐蚀。H_2S 本身及其燃烧时生成的 SO_2 对人也有毒害作用。沼气中的 H_2S 含量在 $1\sim12g/m^3$，蛋白质或硫酸盐含量高的原料，发酵时沼气中的 H_2S 含量就较高。H_2S 的脱除通常采用脱硫塔，内装脱硫剂进行脱硫。

沼气的储存通常用浮罩式储气柜，以调节产气和用气的时间差别，以便稳定供应用气。沼气的输配是指将沼气输送分配至各用气户，输送管道通常采用金属管，近年来也采用高压聚乙烯塑料管。

三、厌氧消化器的类别

经过多年的研究和生产实践上的应用，我国已经掌握各种各样的厌氧消化工艺类型。同样一种沼气发酵原料或有机废水，可以使用不同的工艺类型或不同结构的消化器进行沼气发酵，从而实现不同的水力滞留期（HRT）、固体滞留期（SRT）和微生物滞留期（MRT），并得到不同的负荷和去除率。因为 HRT、SRT 和 MRT 的长短直接影响消化器的性能，根据HRT、SRT 和 MRT 的不同，可将厌氧消化器分为常规型消化器、污泥滞留型消化器和附着膜型消化器等类型。

（一）常规型消化器

1. 常规消化器　常规沼气池是一种结构简单、应用广泛的发酵装置。该消化器无搅拌装置，由上而下分为浮渣层、上清液层、活性层和沉渣层共四层，原料在消化器内呈自然沉淀状态。而厌氧微生物活动旺盛的区域仅限于活性层，因此效率较低。常规消化器多于常温条件下进行运行。我国农村使用最多的水压式沼气池（图 13-6）就属常规消化器。按照投料方式，可以分为分批投料和半连续投料方式。

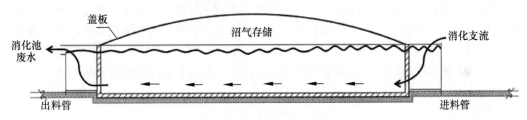

图 13-6　常规厌氧消化器

2. 完全混合式消化器　完全混合式消化器是在常规消化器内安装了搅拌装置，使发酵原料和微生物处于完全混合状态，其效率比常规消化器有明显提高，故又称高速消化器（图 13-7）。

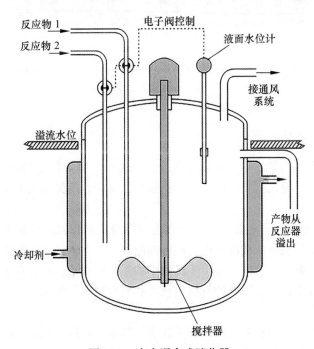

图 13-7　完全混合式消化器

完全混合式消化器曾是一种使用最多、适用范围最广的消化器，但由于该消化器能耗大、效率比较低，应用范围逐渐缩小。完全混合式消化器常采用恒温连续投料或半连续投料运行，适用于高浓度及含有大量悬浮固体原料的处理。例如，污水处理厂好氧活性污泥的厌氧消化装置过去多采用该工艺。该工艺的优点是可以进入高悬浮固体含量的原料；消化器内物料均匀分布，避免了分层状态，增加底物和微生物接触的机会；消化器内温度分布均匀；进入消化器内任何一点的抑制物质，能够迅速分散并保持在最低浓度水平；避免了浮渣结壳、堵塞、气体逸出不畅和短流现象；易于建立数学模型。其缺点是由于该消化器无法做到使 SRT 和 MRT 在大于 HRT 的情况下运行，因此需要消化器体积较大；要有足够的搅拌，所以能量消耗较高；生产用大型消化器难以做到完全混合；底物流出该系统时未完全消化，微生物随出料而流失。

3. 塞流式消化器　　塞流式消化器是一种长方形的非完全混合式消化器，高浓度悬浮固体原料从一端进入，从另一端流出。由于消化器内沼气的产生呈现垂直的搅拌作用，而横向搅拌作用甚微，原料在消化器的流动呈活塞式推移状态。在进料端呈现较强的水解酸化作用，甲烷的产生随着向出料方向的流动而增强。由于进料缺乏接种物，因此要进行固体回流。为了减少微生物的冲出，在消化器内应设置挡板，有利于运行的稳定（图 13-8）。

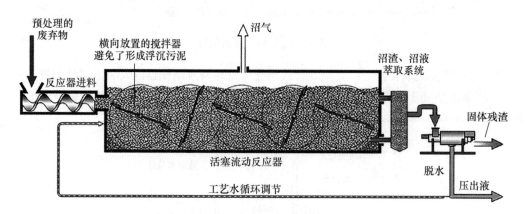

图 13-8　塞流式消化器

（二）污泥滞留型消化器

通过采用各种固液分离方式使污泥滞留于消化器内，提高消化效率，缩小消化器体积，包括厌氧接触工艺、升流式厌氧污泥床、膨胀颗粒污泥床、内循环厌氧反应器和厌氧折流式反应器。

1. 厌氧接触工艺　　厌氧接触工艺是在完全混合式消化器之外加了一个沉淀池来收集污泥，由消化器排出的混合液在沉淀池中进行固液分离，上清液由沉淀池上部排出，沉淀下的污泥再回流至消化器内，这样既减少了出水中的固体物含量，又提高了消化器内的污泥浓度，从而在一定程度上提高了设备的有机负荷率和处理效率，故在生产上被普遍采用。其工艺流程如图 13-9 所示。

厌氧接触工艺也被称为带有污泥回流的连续搅拌罐反应器。实践表明，该工艺允许污水中含有较高的悬浮固体、耐冲击负荷，具有较大缓冲能力，操作过程比较简单，工艺运行比

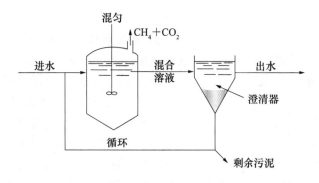

图 13-9 厌氧接触工艺

较稳定。然而，厌氧接触工艺中一个长期不能解决的问题是由于沉淀池气泡的大量产生，污泥总是附着在气泡上上浮，导致沉淀池内污泥流失，从而引起发酵性能的降低。通常可以通过在沉淀池内施加真空处理以去除过饱和气体，但这会间接增加运行成本。

2. 升流式厌氧污泥床 升流式厌氧污泥床（up-flow anaerobic sludge blanket，UASB）是荷兰瓦格宁根大学的 Lettinga 教授等于 1974~1978 年研究成功的一项新工艺，是目前世界上发展最快、应用最为广泛的厌氧甲烷消化器，由于该消化器结构简单、运行费用低、处理效率高而引起人们的普遍兴趣。该厌氧消化器通常适用于处理可溶性废水，要求较低的悬浮固体含量。其示意图如图 13-10 所示。

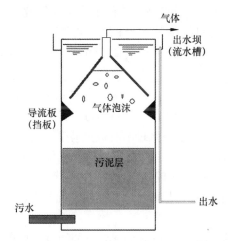

图 13-10 升流式厌氧污泥床

UASB 的工作原理：消化器内部分为三个区，从下至上为污泥床、污泥层和气、液、固三相分离器。消化器的底部是浓度很高并具有良好沉淀性能和凝聚性的絮状或颗粒状污泥形成的污泥床。污水从底部经布水管进入污泥床，向上穿流并与污泥床内的污泥混合，污泥中的微生物分解污水中的有机物，将其转化为沼气。UASB 的优点是除三相分离器外，消化器结构简单，无搅拌装置及供微生物附着的填料；长的 SRT 和 MRT 使其达到很高的负荷率；颗粒污泥的形成，使微生物天然固定化，改善了微生物的环境条件，增加了工艺的稳定性；出水的悬浮固体含量低。缺点是进水中只能含有低浓度的悬浮固体；需要有效的布水器使进料能均布于消化器的底部；当冲击负荷或进料中悬浮固体含量升高，以及遇到过量有毒物质时，污泥流失现象较

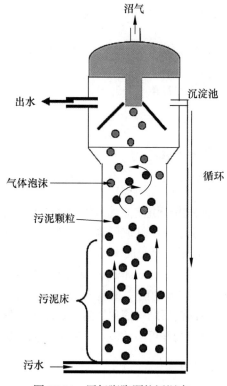

图 13-11　厌氧膨胀颗粒污泥床

3. 膨胀颗粒污泥床　　厌氧膨胀颗粒污泥床（expanded granular sludge bed，EGSB）是荷兰瓦格宁根大学的 Lettinga 教授等在升流式厌氧污泥床反应器的研究基础上开发的第三代高效厌氧反应器，其具有占地面积小、混合和传质效果好、抗冲击能力强等优点。正是具有这些独特的技术优势，EGSB 反应器已经广泛应用于厌氧处理低温低浓度污水、中高浓度有机废水、含硫酸盐废水、有毒废水、难降解废水及麦芽发酵废水和酸油废水等。该工艺采用高达 20～30m 的反应器或配以出水回流以获得高的上升流速，使厌氧颗粒污泥在反应器内呈膨胀状态（图 13-11）。

EGSB 的上升流速高达 6～12m/h，而 UASB 的上升流速通常只有 1～2m/h，高的上升流速使颗粒污泥在反应器内处于悬浮状态，从而保证了进水与颗粒污泥的充分接触，使容积负荷 COD 可高达 20～30kg/（$m^3 \cdot d$）。EGSB 工艺在低温条件下处理低浓度污水时，可以得到比其他工艺更好的效果。近年来研究表明，在温度为 8℃ 的条件下，进水 COD 浓度为 550～1100mg/L，反应器上升流速为 10m/h 时，其有机负荷 COD 为 1.5～6.7g/（L·d），COD 去除率达 97%。

4. 内循环厌氧反应器　　内循环（internal circulation）厌氧反应器，简称 IC 反应器，具体如图 13-12 所示，1986 年由荷兰帕克公司研究成功并用于生产，是目前世界上效能最高的厌氧反应器。IC 反应器的技术优点是具有很高的容积负荷率，其进水有机负荷率远比普通的 UASB 高，一般可高出 3 倍左右；节省基建投资和占地面积，IC 反应器的体积仅为普通UASB 的 1/4～1/3，不但体积小，而且高径比大，所以占地面积较少，投资省；可节省能耗，IC 反应器是以自身产生的沼气作为提升的动力实现强制循环，从而可节省能耗；抗冲击负荷能力强。

由于 IC 反应器实现了内循环，循环流量与进水在第一反应室充分混合，使原废水中的有害物质得到充分稀释，大大降低其有害程度，从而提高了反应器的耐冲击负荷能力；具有缓冲 pH 的能力，可利用 COD 转化的碱度，对 pH 起缓冲作用，使反应器内的 pH 保持稳定，可减少进水的投碱量；出水稳定性好，IC 反应器相当于两级 UASB 工艺处理，所以出水水质较稳定。

5. 厌氧折流式反应器　　厌氧折流式反应器（anaerobic baffled reactor，ABR）工艺是由美国斯坦福大学的 McCarty 教授等于 1981 年在总结了各种第二代厌氧反应器处理工艺特点性能的基础上开发和研制的一种高效新型的厌氧污水生物技术，具体如图 13-13 所示。

由于折流板在反应器中形成各自独立的隔室，因此每个隔室可以根据进入底物的不同而培养出与之相适应的微生物群落，从而使厌氧反应产酸相和产甲烷相沿程得到了分离，使

ABR 反应器在整体性能上相当于一个两相厌氧系统，实现了相的分离。最后，ABR 反应器可以将每个隔室产生的沼气单独排放，从而避免了厌氧过程不同阶段产生的气体相互混合，尤其是酸化过程中产生的 H_2 可先行排放，利于产甲烷阶段中丙酸、丁酸等中间代谢产物可以在较低的 H_2 分压下顺利地转化。

（三）附着膜型消化器

这类反应器的突出特点是微生物固着于安放在消化器内的惰性介质上，在允许原料中的液体和固体穿流而过的情况下，固定微生物于消化器内。应用或研究较多的附着膜型消化器有升流式或降流式填充床、流化床和膨胀床。

1. 升流式和降流式填充床　升流式填充床（upflow packed bed）工艺也称为厌氧滤池，于 20 世纪 60 年代通过实验室研究发展起来。系统最初用石头作为生物体载体，这点与生物滤池相同。升流式填充床用于处理溶解性 COD 浓度为 375～12 000mg/L 的发酵液，水力停留时间为 4～36h。其结构如图 13-14 所示。原料从底部进入消化器内，消化器内

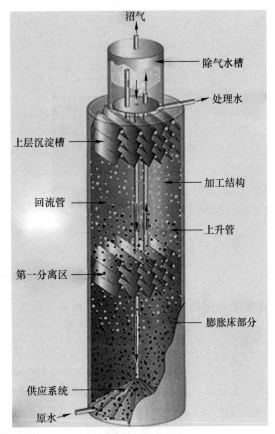

图 13-12　IC 反应器

不需要安置三相分离器，不需要污泥回流，也不需要完全混合式消化器那样的搅拌装置。未消化的生物质固体颗粒和沼气发酵微生物，靠被动沉降滞留于消化器内，上清液从消化器上部排出，这样就可以得到比 HRT 高得多的 SRT 和 MRT。从而提高了固体有机物的分解

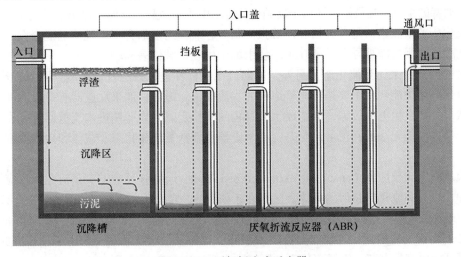

图 13-13　厌氧折流式反应器

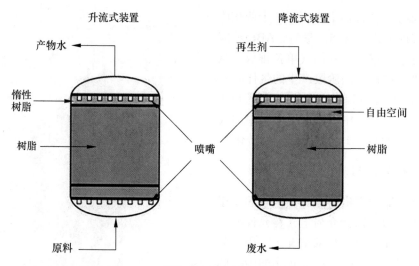

图 13-14　升流式填充床与降流式填充床

率和消化器的效率。依据国内外相关研究情况，升流式填充床工艺在处理高悬浮固体废弃物（suspended solids，SS），如乙醇废醪、丙丁废醪、猪粪、淀粉废水等具有较高实用价值，在防止生物体流失方面性能极好，因此应用广泛。

降流式填充床（down-flow packed bed）是与升流式填充床类似的反应器，但降流式填充床性能较好，降流式系统中，生物体更容易在反应器顶部的表面积聚，这个区域的基质浓度和生物体的生长速度也较高。这使得通过气体回流去除顶部的固体变容易了。降流式填充床另一个可能的优点是废液脱硫过程中，硫酸盐还原产生的硫化物可在柱子的上部被吹脱。正常情况下，硫酸盐还原菌群生长在反应器的上部，而产甲烷菌栖息在反应器下部。硫化氢对产甲烷菌有毒，在接触到产甲烷菌之前将其吹脱可以减少其对产甲烷菌的毒性。降流式系统存在的一个缺点是在出水中流失较多的生物体，尤其是在使用塑料载体时，且填料寿命一般为 1～5 年，要定时更换。

2. 流化床和膨胀床　厌氧流化床反应器（anaerobic fluidized bed reactor，AFB 反应器）是一种独特的系统，其最初是被用于反硝化从废水中去除硝酸盐，但它也非常适用于产甲烷过程。流化床的缺点之一是难以培养能够强力附着在载体之上的含产甲烷菌的混合菌。流体剪切力和载体之间的摩擦导致暴露在水环境中的微生物从载体表面剥离。另一个缺点是可能需要很大的回流量来达到流化态。另外，高回流比会稀释进口处的基质浓度，降低推流效率，高回流比会增加能耗，主要是回流管道中的水流损失。最后，如果反应器有一段时间不处于流化状态，如发生电力故障，会造成工艺过程的不稳定。因为即使进水流量回复到原来的水平，床层也可能无法回到正常流化态。如果土壤重新恢复流化状态，载体和生物膜都可能会流失。

厌氧膨胀床反应器（anaerobic expanded bed reactor，AEB 反应器）是流化床反应器的一个变种，具有和流化床相似的载体。区别在于膨胀床内的上升流速没有流化床内那么高，因此不出现床层完全的流化。这种不分流化方式的优点在于生物体可更好地在载体表面附着，也不必采用较大的回流比。缺点是传质效率低，容易发生堵塞和短流，由于颗粒间的摩擦，生物膜可能更容易剥落。厌氧流化床和厌氧膨胀床反应示意图见图 13-15。

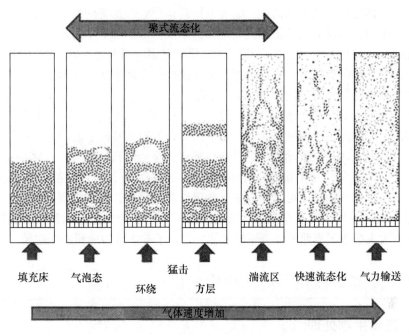

图 13-15 厌氧流化床和厌氧膨胀床反应示意图

（四）其他沼气发酵工艺

两相厌氧消化（two-phase anaerobic digestion，TPAD）系统是 20 世纪 70 年代初美国的戈什（Ghosh）和波兰特（Pohland）开发的厌氧生物处理新工艺。该技术与其他新型厌氧反应器不同的是，它并不着重于反应器结构的改造，而是着重于工艺的变革，其工艺流程如图 13-16 所示。

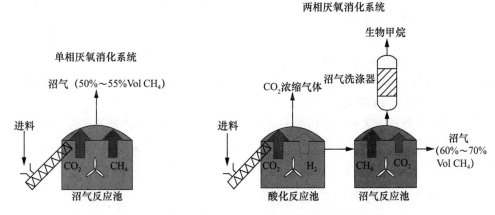

图 13-16 单相厌氧消化系统与两相厌氧消化系统

传统的应用中，产酸菌和产甲烷菌在单个反应器中，这两类菌群之间的平衡是脆弱的。这是由于两种微生物在生理学、营养需求、生长速度及对周围环境的敏感程度等方面存在较大的差异。在传统设计应用中所遇到的稳定性和控制问题迫使研究人员寻找新的解决途径。

相分离的实现，对于整个处理工艺来说主要可以带来以下两个方面的好处：①可以提高产甲烷相反应器中产甲烷菌的活性；②可以提高整个处理系统的稳定性和处理效果。厌氧消化过程中产生的氢不仅能调节中间代谢产物的形成，也能调节中间产物的进一步降解。两相厌氧消化系统本质的特征是相的分离，这也是研究和应用两相厌氧生物处理工艺的第一步。一般来说，所有相分离的方法都是根据两大类菌群的生理生化特征差异来实现的。目前主要的相分离技术可以分为物理化学法和动力学控制法。

众多实践经验证实，两相厌氧处理技术是可以推广应用的，但对各种废水的运行经验不足，因此仍有许多工作要做。此外，基于两相厌氧技术基础上的脱氮、脱硫改进工艺的研究、针对产酸相及两相厌氧动力学的研究也将成为今后的研究新方向。Michael Cooney 等研究了两相厌氧制取氢气和甲烷混合气体的特性，试验发现，通过控制 pH、稀释率、低的有机负荷，采用合适的选择压可以获取氢气和甲烷混合气体，并指出利用该技术在实践中获取清洁能源尚需进一步研究。在我国，任南琪等学者已在产酸相生物制氢方面取得较好的进展，该技术大大缓解了当前的能源短缺现状，开拓了寻求清洁能源的新途径。

第三节　发酵工程在环境保护中的应用

一、废水生物处理

（一）污水处理概况与类型

在污水处理中，广泛应用生物需氧量（BOD）作为有机污染物含量指标。BOD 是一种间接指标，具有一定的局限性，用于评价易分解有机质的变化比较适宜（如一般的生活污水），而对某些难以降解的有机质则不尽相宜。对于难降解的工业废水，为了较好地反映水中有机质含量，在测定 BOD 时可以采取接种相应经过选育的微生物的办法，或选用 COD、TOC（总有机碳量）等其他指标。

化学需氧量（COD）是指用强氧化剂（$K_2Cr_2O_7$ 或 $KMnO_4$）使污染物氧化所消耗的氧量，能被氧化的有机物、无机物均包括在内。测定结果分别标记 COD_{Cr} 或 COD_{Mn}；不标记的就是指 COD_{Cr}。

生化需氧量（BOD）是指微生物在有足够溶解氧存在条件下分解有机质过程所需或消耗的氧量。常用为 BOD_5，即 5 日生化需氧量，表示在 20℃下培养 5d，1L 水中溶解氧的减少量。不加特殊说明的 BOD 是指 BOD_5。

常见的生物处理方法有活性污泥法、生物膜法、氧化塘法、厌氧消化法、土壤处理法五大类型。根据生物处理过程中微生物对氧气要求的不同，可将污水的生物处理分为需氧处理和厌氧处理两大类。

（二）污水生物处理的基本生化原理

污水的生物处理是在特定的构筑物中人工创造适宜条件，充分动员微生物的作用，以高速度高效率净化污水。污水处理的生化过程实质是废水中的可溶性有机质通过微生物细胞壁和细胞膜，从而被微生物菌体所吸收。通过微生物体内的氧化、还原、分解、合成等生化作用，把一部分被吸收的有机物转化为微生物体所需的营养物质、组成新细胞等，另一部分有机物氧化分解为 CO_2、水等简单无机物，同时释放出供微生物生长与活动所需的能量。

（三）污水的生物处理方法

1. 活性污泥法 活性污泥指具有活性的微生物菌胶团或絮状的微生物群体。活性污泥是一种绒絮状小泥粒，它是以需氧菌为主体的微型生物群体，以及有机性或无机性胶体、悬浮物等组成的一种肉眼可见的细粒。它具有很强的吸附和分解有机质的能力，对 pH 有较强的缓冲能力，当静置时，能立即凝聚成较大的绒粒而沉降。活性污泥法在国内外污水处理技术中占据首要地位，它不仅用于处理生活污水，还在纺织印染、炼油、焦化、石油化工、农药、绝缘材料、合成纤维、合成橡胶、电影胶片、洗印、造纸、炸药等许多工业废水处理中，都取得了较好的净化效果。

（1）活性污泥的生物组成 活性污泥的生物组成十分复杂，除大量细菌外，还有原生动物、霉菌、酵母菌、单细胞藻类、病毒等微生物，也可见后生动物，如轮虫和线虫。其中主要是细菌和原生动物。细菌起主导作用，是去除有机污染物的主力军，其中好氧的化能异养细菌最多。活性污泥中优势细菌一般为动胶杆菌、大肠杆菌、无色杆菌属、假单胞菌属、产碱杆菌属、芽孢杆菌属、黄杆菌属、棒杆菌属、不动杆菌属、球衣菌属、诺卡氏菌属、短杆菌属、微球菌属、八叠球菌属、螺菌属等，其中以革兰氏阴性细菌为主。原生动物有 225 种以上，以纤毛虫为主约 160 种，主要聚集在活性污泥的表面，是需氧性生物，以摄食细菌等固体有机物作为营养。其作用是分泌的黏液可促进生物絮凝作用；吞食游离细菌和微小污泥，改善水质；作为污水净化的指示生物，一般认为当曝气池中出现大量钟虫、等枝虫等固型纤毛虫时，说明污水处理运转正常，效果良好，当出现大量鞭毛虫、根足虫等时，说明运转不正常，必须及时采取调节措施。

（2）活性污泥的功能 活性污泥具有吸附、代谢、凝聚与沉淀等功能。废水与活性污泥在曝气池中充分接触，形成悬浊混合液，废水中的污染物被比表面积巨大而且表面上含有糖被的菌胶团吸附和黏附。呈胶态的大分子有机物被吸附后，首先在微生物分泌的胞外酶作用下，分解成小分子的溶解性有机物，被微生物吸收到细胞内，为各种代谢反应所降解，一部分成为细胞组成部分，另一部分则被氧化成为 CO_2 和水等。

（3）活性污泥的主要类型及工艺参数 活性污泥法已成为城市污水、有机工业废水生物处理的主要方法之一。工业和城市污水处理有推流式、阶段曝气式、完全混合式和吸附再生式等活性污泥工艺。下面简单介绍一些常见的活性污泥法处理废水的工艺流程。

1）推流式活性污泥法（conventional activated sludge processes）属于连续推进式的处理系统，曝气池一般为长条的矩形池，废水从一端进入，从另一端流入沉淀池。在曝气池中活性污泥与废水混合，曝气装置多为鼓风式，在池内通过各种充氧设备均匀地通入空气，具体流程如 13-17A 所示。推流式活性污泥法的优点是 BOD_5 去除率高、出水水质好。缺点是氧利用率低、曝气时间长、适应水质能力差。

2）阶段曝气法（step aeration processes）是在推流式的曝气池中，随着水流方向，曝气量逐渐减少，从而使曝气池汇总溶解氧的浓度保持一致，避免传统活性污泥法中进水口溶解氧低而出水口溶解氧高的现象，更有利于微生物的代谢活动，同时降低能耗，具体如图 13-17B 所示。

相关研究表明，在阶段式曝气池中，污染物浓度分布和溶解氧消耗得到明显改善，进水中的污染物被进一步稀释，溶解氧的消耗速率更加均匀。有趣的是，阶段曝气法的混合液悬

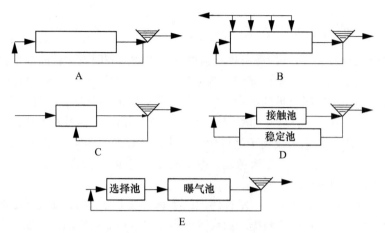

图 13-17　活性污泥法工艺类型

A. 推流式活性污泥法；B. 阶段曝气法；C. 完全混合式活性污泥法；
D. 吸附再生法；E. 加选择池的活性污泥法

浮固体浓度在进水端非常高，这是因为回流污泥仅和部分污水相接触。这个特点可以用来提高平均污泥浓度，从而在不改变反应器容积和剩余污泥排放量的情况下提高污泥龄。

3）完全混合式活性污泥法（completely mixed activated sludge processes）是指废水进入曝气池（方形或圆形）后，就迅速与池内已有的混合液充分混匀，曝气池中各处水质基本相同，流程见图 13-17C。通常适用于水质 BOD 较高和水质不稳定的废水处理。其特点是微生物处于同一生长期内，便于控制，整个池中耗氧速率均匀。因此，此工艺非常适合用于含可生物降解污染物及浓度适中的有毒物质废水，这些物质包括苯酚、石油、芳香烃和氯代芳香族化合物。然而，这些工艺的缺点是，与良好运行的推流式工艺相比，上述污染物的去除率较低。

4）吸附再生法（contact stabilization processes）又称接触稳定工艺，可以在较小的反应器容积下实现较高的处理效率。废水在接触反应器中与回流污泥进行短暂的接触，在这段时间内，可生物降解的有机物被氧化或被细胞吸收，颗粒物则被活性污泥絮体吸附，随后混合液流入二沉池进行泥水分离。分离后的废水被排放，沉淀后浓度较高的污泥则被送入称为稳定池的容器继续曝气。在这里，被吸附的有机物颗粒、被吸收的有机物及微生物菌体被氧化降解。实际上，大部分的氧化过程发生在稳定池中。之后，这些浓度较高的污泥回到接触池中继续用于废水处理。具体如图 13-17D 所示。

吸附再生法的优点是反应器的整体体积可以缩小，缺点在于需要更多的运行维护和管理。所以，吸附再生法适用于运行管理条件较好并且无冲击负荷的情况。因此，在遇到进水水质不稳定或出水水质较差的问题时，通常采取的对策是将工艺改为完全混合式工艺。

5）加选择池的活性污泥法（selected tank plus activated sludge system）。活性污泥工艺中最常见的问题是污泥膨胀，或者说污泥在沉淀池中的沉降性能不好。其中一种革新工艺是在曝气池前设置一个选择池，回流污泥与污水在选择池中接触 10～30min，在这段时间内有机物不会完全被氧化，如图 13-17E 所示。发酵作用会将糖和一些蛋白质转化为脂肪酸，这些脂肪酸虽然不能被立刻降解，但可以被一些微生物以糖原或聚 β-羟基丁酸的形式储存在体内。这些被储存的物质对于细菌有很重要的生态学意义，当微生物进入后续的、寡营养的常规曝气池中时，它们会发挥很大的作用。幸运的是，能够储存这些物质的细菌可以形成紧密的污泥絮体。因此，选择池的作用是改变或调节活性污泥系统的生态环境，从而使微生物具有更好的沉降性能。

2. 生物膜法 生物膜法（biofilm processes）和活性污泥法一样，均属于好气生物处理法。活性污泥法主要依靠曝气池中悬浮流动的活性污泥来分解有机物，而生物膜法则依靠固着于载体表面的微生物膜来净化有机物。

（1）生物膜的结构与功能 生物膜的功能是分解废水中的有机污染物，达到净化水质的目的。首先能分泌糖类的好氧微生物在新的载体表面附着，并开始生长繁殖，然后丝状细菌随之附着生长，这时原生动物相继开始出现。随着细菌生物量的不断增加，生物膜不断增厚，水体中的溶解氧不能扩散到生物膜内层，兼性厌氧菌开始生长繁殖，分解水体扩散进来的有机质。厌氧微生物代谢产物产生的有机酸等物质，使生物膜附着在载体表面的能力下降，同时加上水力搅拌和其他生物的活动，厚的生物膜脱落。在脱落的地方，又形成新的生物膜。由于脱落的生物膜絮凝和沉降能力较差，因此生物膜法处理的出水比较混浊，一般要加化学药剂进行处理，去除水中的悬浮物，常用的方法是采用絮凝沉淀和气浮。

（2）生物膜法的主要类型和工艺参数 根据所用设备的不同，生物膜法可分为生物滤池、生物转盘，生物接触氧化法、生物流化床等。

1）生物滤池（biological filter）。普通生物滤池是最早出现的一种生物处理方法，其特点是结构简单、管理方便。主要组成部分为滤料层（碎石、炉渣，厚1.5~2m）；配水与布水装置（使污水均匀洒向滤料）；排水装置（在滤料底部）。塔式生物滤池占地少、费用低、净化效果佳。构筑物一般高20m以上，径高比通常为1:6或1:8，形似高塔，见图13-18。通常分几层，层与层之间铺设隔栅用来承托滤料。其滤料通常为煤渣、炉渣、塑料波纹板、酚醛树脂浸泡过的蜂窝纸、泡沫玻璃块等。

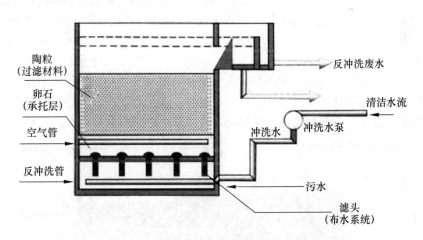

图13-18 生物滤池

滴滤池易产生生物膜突然的、大面积的脱落现象，称为生物膜"脱落或蜕落"。生物膜脱落严重会使出水中悬浮物增加，引起出水水质严重恶化，并会由于活性生物量的损失，对基质的去除产生间接影响。目前，对生物膜脱落现象原因的认识还远不够深入。脱落现象一般在空气停滞期发生，如春末，这时空气和废水温度十分接近。据推测，生物膜中的厌氧环境会使其结构恶化（也许是局部产酸造成），导致其大块脱落。因此，保持充足的通风是防止生物膜蜕化的关键。

2）生物转盘（rotating biological contactor）。轻质塑料滤料的发展导致塔式生物滤池的替代技术——生物转盘工艺的产生。该工艺产生于20世纪60年代，70年代成为流行工艺，但由于早期设计中存在的一些问题日益明显，80年代不再流行。目前，生物转盘法是现有处理设施中采用的重要生物膜法工艺，也是设计新的处理设施时的选择之一，具体如图13-19所示。

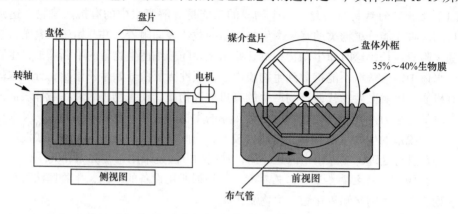

图 13-19　生物转盘工艺

通常，生物转盘的塑料盘片上附着有生物膜，盘片在废水槽的废水中不停地旋转，导致液体在槽中不停地湍流混合、循环和充氧曝气。当转盘转到水面上时，生物膜和它附着的水层暴露于有氧的环境中，氧气向生物膜表面的传质主要发生在暴露于水面上的部分。生物转盘系统大多采用3～5级串联模式运行，其后设一个沉淀池，用于去除出水中的悬浮物。

3）生物接触氧化法（biological contact oxidation process）是从生物膜法派生出来的一种废水生物处理法。在该工艺中污水与生物膜相接触，在生物膜上微生物的作用下，可使污水得到净化，因此又称为"淹没式生物滤池"。该方法是一种介于活性污泥法与生物滤池之间的生物膜法工艺，其特点是在池内设置填料，池底曝气对污水进行充氧，并使池体内污水处于流动状态，以保证污水与污水中的填料充分接触，避免生物接触氧化池中存在污水与填料接触不均的缺陷。其净化废水的基本原理与一般生物膜法相同，以生物膜吸附废水中的有机物，在有氧的条件下，有机物由微生物氧化分解，废水得到净化。具体如图13-20所示。

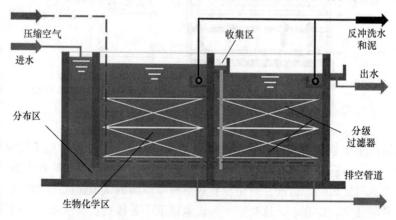

图 13-20　生物接触氧化工艺流程图

该法中微生物所需氧气由鼓风曝气供给，生物膜生长至一定厚度后，填料壁的微生物会因缺氧而进行厌氧代谢，产生的气体及曝气形成的冲刷作用会造成生物膜的脱落，并促进新生物膜的生长，此时，脱落的生物膜将随水流出池外。

生物接触氧化池内的生物膜由菌胶团、丝状菌、真菌、原生动物和后生动物组成。在活性污泥法中，丝状菌常常是影响正常生物净化作用的因素；而在生物接触氧化池中，丝状菌在填料空隙间呈立体结构，大大增加了生物相与废水的接触表面积，同时因为丝状菌对多数有机物具有较强的氧化能力，对水质负荷变化有较大的适应性，所以其是提高净化能力的有力因素。生物接触氧化法是生物膜法的一种，兼具活性污泥和生物膜两者的优点。相比于传统的活性污泥法及生物滤池法，它具有比表面积大、污泥浓度高、污泥龄长、氧利用率高、减少动力消耗、污泥产量少、运行费用低、设备易操作、易维修等工艺优点，在国内外得到广泛的研究与应用。

4) 生物流化床反应器（biological fluidized bed reactor）。流化床是一种固体颗粒流态化技术，将此技术应用于污水生物处理，是将生物膜挂在运动的颗粒上处理废水，称为流化床生物膜法。其结构主体是塔式或柱式反应器，里面装填一定的载体，微生物在载体上形成生物膜，构成"生物粒子"，反应器底部通入污水与空气，从而形成了气、液、固三相反应系统。当污水流速达到某一定值时，生物粒子可以在反应器内自由行动，此时整个反应器出现流化状态，形成了"流化床"。流化床的特点是高浓度生物量（混合液挥发性悬浮固体，MLVSS）通常为 13～20g/L，高的可达 40g/L，活性污泥只有 2～4g/L，高浓度生物量必然导致高净化率；高比表面积一般为 3000m²/m³，活性污泥为 20～100m²/m³，生物转盘为 50m²/m³；高传质速率，耐负荷冲击能力强；设备小型化、化工化，占地面积小，易于管理和操作。其工艺简图如图 13-21 所示。

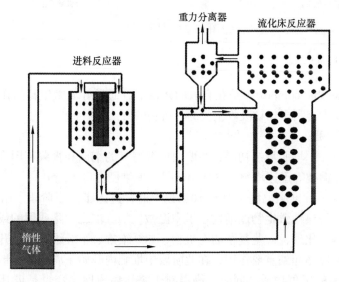

图 13-21 生物流化床工艺简图

由于填料比表面积很高，流化床的体积可以减小。在某些情况下，运行中会出现床的分层问题，这种问题通常发生在载体颗粒不规则时。小颗粒聚集在顶部，其生物膜的脱落速率降低。随着时间的延长，小颗粒聚集的生物膜比大颗粒聚集的多，导致其密度降低、流化程度增大、分层的持续膨胀会导致载体颗粒进入出水和回流水中。使用规则填料可以有效避免床的分层，其他控制方式包括在顶部设计一个锥形区域使轻质载体沉淀；安装机械剪切装置，如螺旋桨混合器，从小颗粒上分离多余的生物膜；对回收床顶部的载体进行清洗等。

二、有机固体废弃物的微生物处理

堆肥法是一种古老的微生物处理有机固体废弃物的方法，俗称"堆肥"（compost）。堆肥法虽然是 20 世纪才发展起来的科学技术，但原始的堆肥方式很早就出现了，在我国和印度等东方国家历史尤其悠久。根据处理过程中起作用的微生物对氧气要求的不同，堆肥可分为好氧堆肥法（高温堆肥）和厌氧堆肥法两种（图 13-22）。

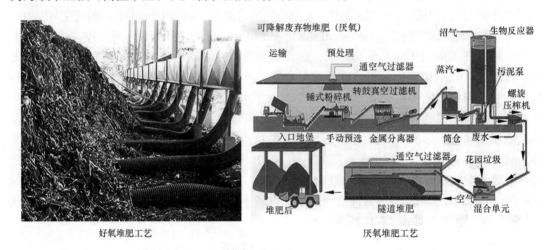

图 13-22　堆肥工艺

（一）好氧堆肥

好氧堆肥（aerobic compost）是在有氧的条件下，通过好氧微生物的作用使有机废弃物达到稳定化，转变为有利于作物吸收生长的有机物的方法。

1. 好氧堆肥过程

（1）发热阶段　堆肥堆制初期，主要由中温好氧的细菌和真菌利用堆肥中容易分解的有机物，如淀粉、糖类等迅速增殖，释放出热量，使堆肥温度不断升高。

（2）高温阶段　堆肥温度上升到 50℃ 以上时，进入了高温阶段。由于温度上升和易分解物质的减少，好热性微生物逐渐代替了中温微生物。堆肥中除残留的或新形成的可溶性有机物继续被分解转化外，一些复杂的有机物，如纤维素、半纤维素等也开始迅速分解。高温对于堆肥的快速腐熟起到重要作用，在此阶段中堆肥内开始了腐殖质的形成过程，并开始出现能溶解于弱碱的黑色物质。同时，高温对于杀死病原性生物也是极其重要的，一般认为，堆温为 50～60℃，持续 6～7d，可达到较好的杀死虫卵和病原菌的效果。

（3）降温和腐熟保肥阶段　当高温持续一段时间以后，易于分解或较易分解的有机物（包括纤维素等）已大部分分解，剩下的是木质素等较难分解的有机物及新形成的腐殖质。这时，好热性微生物活动减弱，产热量减少，温度逐渐下降，中温性微生物又渐渐成为优势菌群，残余物质进一步分解，腐殖质继续不断地积累，堆肥进入了腐熟阶段。为了保存腐殖质和氮素等植物养料，可采取压实肥堆的措施，造成其厌氧状态，使有机质矿化作用减弱，以免损失肥效。

2. 有机堆肥好氧分解要求的条件

（1）垃圾原料的营养配比　　C/N 在 25∶1～30∶1 发酵最好，过低，超过微生物所需的氮，细菌就将其转化为氨而损失掉；过高，则影响堆肥成品质量，施肥后引起土壤氮饥饿。C/P 值宜维持在 75～150。

（2）湿度　　一般垃圾原料中含水量在 40%～50%。含量过高时，部分垃圾将产生厌氧发酵而延长有机物分解的时间；含量过低时，有机物不易分解。

（3）通风　　发酵过程中通风可以保障充足的氧供应。但过量的通风会使大量热量通过水分蒸发而散失，使堆温降低。因此，通气量要根据实际调试。

（4）发酵温度　　一般堆肥时，2～3d 后温度可升至 60℃，最高温度可达 73～75℃，这样可以杀灭病原菌、寄生虫卵及苍蝇卵。堆肥发酵过程中，温度应维持 50～70℃。

（5）pH　　整个发酵过程中 pH 为 5.5～8.5，能自身调节，好氧发酵的前几天由于产生有机酸，pH 为 4.5～5.0，随温度升高氨基酸分解产生氨，一次发酵完毕，pH 上升至 8.0～8.5，二次发酵氧化氨产生硝酸盐，pH 下降至 7.5，为中偏碱性肥料。由此看出，在整个发酵过程中，不需外加任何中和剂。

3. 堆肥工艺　　20 世纪 70 年代以前，我国垃圾堆肥主要采用的是一次性发酵工艺，80 年代开始，更多的城市采用二次性发酵工艺。这两种工艺是在静态条件下进行的发酵，称为"静态发酵"。随着城市化率和人民生活水平的提高，垃圾组成中有机质含量随之提高，导致含水率提高而影响到通风的进行。因此，高有机质含量组成的城市生活垃圾不能采用静态发酵，而必须采用动态发酵工艺，堆肥物在连续翻动或间歇翻动的情况下，有利于孔隙的形成、水分的蒸发、物料的均匀和发酵周期的缩短。我国在 1987 年前后开始动态堆肥的研究。现在常用的堆肥工艺有静态堆肥工艺、高温动态二次堆肥工艺、立仓式堆肥工艺、滚筒式堆肥工艺等。

（1）静态堆肥工艺　　静态堆肥工艺简单、设备少、处理成本低，但占用土地多、易滋生蝇蛆、产生恶臭。发酵周期为 50d。用人工翻动，第 2 天、7 天、12 天、35 天的腐熟阶段每周翻动一次，在翻动的同时可喷洒适量水以补充蒸发的水分。

（2）高温动态二次堆肥工艺　　高温动态二次堆肥分两个阶段。前 5～7d 为动态发酵机械搅拌，通入充足空气，好氧菌活性强，温度高，快速分解有机物。发酵 7d 绝大部分致病菌死亡。7d 后用皮带将发酵半成品输送到另一车间进行静态二次发酵，垃圾进一步降解稳定，20～25d 完全腐熟。

（3）立仓式堆肥工艺　　立式发酵仓高 10～15m，分隔 6 格。经分选、破碎后的垃圾由皮带输送至仓顶一格，受自重力和栅板的控制，逐日下降至下一格。一周全下降至底部，出料运送到二次发酵车间继续发酵使之腐熟稳定。从顶部至以下五格均通入空气，从顶部补充适量水，温度高，发酵过程极迅速，24h 温度上升到 50℃以上，70℃可维持 3d，之后温度逐渐下降。优点是占地少、升温快、垃圾分解彻底、运行费用低。缺点是水分分布不均匀。

（4）滚筒式堆肥工艺　　滚筒式堆肥工艺称为达诺生物稳定法。滚筒直径 2～4m，长度 15～30m，滚筒转速 0.4～2.0r/min，滚筒横卧稍倾斜。经分选、粉碎的垃圾送入滚筒，旋转滚筒，垃圾随着翻动并向滚筒尾部移动。在旋转过程中完成有机物生物降解、升温、杀菌等过程。5～7d 出料。

（二）厌氧堆肥

厌氧堆肥（anaerobic compost）是在不通气的条件下，将有机废弃物（包括城市垃圾、人畜粪便、植物秸秆、污水处理厂的剩余污泥等）进行厌氧发酵，制成有机肥料，使固体废弃物无害化的过程。厌氧堆肥过程主要经历以下两个阶段：酸性发酵阶段和产气发酵阶段。在酸性发酵阶段中，产酸菌分解有机物，产生有机酸、醇、二氧化碳、氨、硫化氢等，使pH 下降。产气发酵阶段主要是由产甲烷细菌分解有机酸和醇类，产生甲烷和二氧化碳，随着有机酸的下降，pH 迅速上升。

厌氧堆肥方式与好氧堆肥法相同，但堆内不设通气系统，堆温低，腐熟及无害化所需时间较长。然而，厌氧堆肥法简便、省工，在不急需用肥或劳力紧张的情况下可以采用。一般厌氧堆肥要求封堆后一个月左右翻堆一次，以利于微生物活动，使堆料腐熟。

三、难降解有机物的降解与转化

（一）自然界中难降解物质的降解与转化

在自然界中存在各种各样的有机物，如纤维素、半纤维素、木质素等，它们都可不同程度地被微生物降解。土壤中含有大量的纤维素，印染工业、造纸工业、纺织工业、木材加工工业等排放的废水中也含有很多纤维素。纤维素是植物细胞壁的主要成分，在植物残体中含量占干重的 35%～60%。

1. 纤维素的降解　　纤维素是葡萄糖的高分子缩合物，分子量为 50 000～400 000，含有300～2500 个葡萄糖分子，以 β-1, 4-糖苷键连接成直的长链，不溶于水，在环境中比较稳定。能分解纤维素的微生物都可分泌纤维素酶，它是复合酶，是由 C_1 酶、β-1, 4-葡聚糖酶和 β-葡糖苷酶组成。

纤维素经水解分解为葡萄糖和纤维二糖后方可被微生物吸收。在好氧性分解纤维素微生物作用下，纤维素可彻底氧化成 CO_2 与 H_2O。在厌氧条件下，纤维素由厌氧分解纤维素微生物作用可进行丁酸型发酵，产生丁酸、丁醇、CO_2 和 H_2 等。

2. 半纤维素的降解　　植物细胞壁中的多糖除纤维素、果胶外，就是半纤维素。半纤维素由各种聚戊糖和聚己糖构成，在一年生作物中常占植物残体质量的 25%～80%。真菌和细菌的细胞壁中也含有半纤维素。半纤维素在植物组织中含量很高，仅次于纤维素。每年有很多半纤维素进入土壤，是土壤微生物重要的碳源和能源。根据酶的作用方式及底物，可把参与水解半纤维素的酶归纳为三种类型。

1）内切酶对多糖大分子基本结构单位的连接链进行任意切割，将大分子切碎，成为不同大小的片段。

2）外切酶从糖链的一端切下一个单糖或二糖单位。当内切酶将大分子切断后，出现很多末端，外切酶便有很多作用点，可以迅速对多糖进行水解。对于带支链的大分子的分支点，很多半纤维素酶不能切割，还需另一种酶将分支部位切开，然后半纤维素酶才能作用。

3）糖苷酶水解寡糖或二糖，产生单糖或糖醛酸。糖苷酶对底物也有专一性，并以作用的底物命名，如木糖苷酶作用于木寡糖或木二糖，产生木糖。

3. 木质素的降解　　木质素是植物组织的主要成分之一，存在于次生细胞壁和细胞间质中，在植物体中的含量仅次于纤维素和半纤维素。一般占植物干重的 15%～20%，木材中含量更高，占 30% 左右。木质素的化学结构比纤维素、半纤维素复杂得多。植物种类不同，其木质素的化学性状也不同。紫外吸收光谱分析结果证明木质素是苯的衍生物，是芳香族物质的多聚体，其基本结构和苯丙烷构型类似。

木质素是植物残体中最难分解的组分。它抗酸水解，酸、热水、中性溶剂对它都不起作用，只溶于碱。木质素的微生物分解极为缓慢，试验表明，当玉米秸进入土壤后，可溶性有机质及纤维素、半纤维素逐渐被分解，6 个月后总干重损失 2/3，木质素只损失 1/3。因为木质素分解缓慢，所以在分解残体中留下的木质素相对增加。研究表明，在 150d 内木质素不断减少，150～300d 木质素含量减少有限，而在这期间甲氧基（—OCH₃）含量明显降低，羟基含量直线上升。这说明在分解后期，木质素含量虽然变化不大，但分子内部仍在发生明显的改变。在厌氧条件下，木质素分解得更慢，而甲氧基却消失更快。

担子菌纲的一些种类，如干朽菌、多孔菌、伞菌等属，对木质素分解能力最强。另外，木霉、链格孢霉、曲霉、青霉等也有分解木质素的能力。

4. 核酸和几丁质的降解　　各种生物细胞中都含有大量核酸，它是许多单核苷酸的多聚物。核苷酸由嘌呤碱或嘧啶碱与核糖和磷酸分子组合而成，在微生物产生的核酸酶的作用下，将核酸水解为核苷酸，核苷酸在核苷酸酶作用下分解成核苷和磷酸，核苷再经核苷酶水解成嘧啶或嘌呤和核糖。生成的嘌呤或嘧啶在继续分解中经脱氨基作用产生氨。

几丁质是氨基葡萄糖的缩聚物，许多真菌的细胞壁中都含有这种成分，昆虫的甲壳则全是几丁质。有些微生物能产生几丁质酶使几丁质水解，生成氨基葡萄糖和乙酸，氨基葡萄糖再经脱氨酶作用，生成葡萄糖和氨。例如，贝内克菌属中的某些种可分解几丁质。

（二）合成有机化合物的分解与转化

1. 腈（氰）类化合物的降解　　腈（氰）类化合物主要存在于石油化工、人造纤维、电镀、煤气、制革和农药厂排放的废水中，因毒性很大，会严重污染环境。腈（氰）类化合物在生物体内可抑制细胞色素氧化酶，阻碍血液对氧的运输，使生物体缺氧窒息死亡。急性中毒可引起恶心、呕吐、头昏、耳鸣、全身乏力、呼吸困难、痉挛、麻痹等。能分解腈（氰）类化合物的微生物有假单胞菌属、诺卡菌属、茄病镰刀霉、绿色木霉等。有机氰（腈）化物较无机氰化物易于生物降解。能降解腈（氰）类化合物的微生物都是好氧性的，目前还没有发现能降解腈（氰）类化合物的厌氧性微生物，因为其分子中没有氧的成分。氰（腈）化合物虽然是剧毒物质，但经过驯化的活性污泥处理含腈（氰）废水可获得显著效果。

2. 合成洗涤剂的降解　　洗涤剂是人工合成的高分子聚合物，目前在世界范围内已广泛使用，产量逐年增多。由于洗涤剂难于被微生物降解，其在自然界中蓄积数量急剧上升，不仅污染了环境，还破坏自然界的生态平衡。因此，洗涤剂是目前最引人注目的环境污染公害之一。

合成洗涤剂的主要成分是表面活性剂。根据表面活性剂在水中的电离性状分为阴离子型、阳离子型、非离子型和两性电解质型四大类。其中以阴离子型合成洗涤剂应用最为普遍。阴离子型的表面活性剂包括合成脂肪酸衍生物、烷基磺酸盐、烷基硫酸酯、烷基苯磺酸盐、烷基磷酸酯、烷基二苯磷酸盐等；阳离子型主要是带有氨基或季铵盐的脂肪链缩合物，也有烷基苯与碱性氮原子的结合物；非离子型多是一类多羟化合物与烃链的结合产物，或是脂肪烃和聚氧乙烯烷基酚醚的缩合物；两性电解质型则为带氮原子的脂肪链与挫酐、硫或磺酸的缩合物。

合成洗涤剂的基本成分除表面活性剂外，尚含有多种辅助剂，一般为三聚磷酸盐、硫酸钠、碳酸钠、羧甲基纤维素钠、荧光增白剂、香料等，有时还有蛋白质分解酶。家庭用的洗涤剂通称洗衣粉，有粉剂、液剂、膏剂等形式。我国现在的主要产品属阴离子型烷基苯磺酸钠型洗涤剂，一般称为中性洗涤剂，对环境的污染最为严重。洗涤剂的种类很多，一般都很难被微生物降解，最难被微生物降解的是带有碳氢侧链的分子结构——支链型烷基苯磺酸盐（ABS）型。这种洗涤剂不能被微生物降解的原因是侧链中有 4 个甲基支链，这种链十分稳定，对化学反应和生物反应都有很强的稳定性。为使合成洗涤剂易被生物降解，人们改变了合成洗涤剂的结构，制成了较易被微生物降解的洗涤剂，即直链型烷基苯磺酸盐（LAS）。这种洗涤剂由于减少了支链，其直链部分易于分解，而且在一定范围内碳原子数越多，其分解速度也越快。LAS 型洗涤剂的微生物降解途径是通过侧链 β-氧化和脱磺基作用，经苯乙酸生成原儿茶酸。

3. 塑料的降解　　塑料也是人工合成的高分子聚合物，很难被微生物降解。塑料已成为生产及生活中的必需品，其数量成倍增加。因此，塑料已成为环境中的重要污染物。

目前发现有些微生物可分解塑料，但分解速度十分缓慢。微生物主要作用于塑料制品中所含有的增塑剂。增塑剂的代谢变化使塑料的物理性质发生改变，组成塑料聚合物的组分本身的化学性质都无变化。聚氧乙烯塑料可含高达 50% 的增塑剂，当增塑剂为癸二酸酯时，在土壤中放置 14d 后，约有 44% 的增塑剂被微生物降解。据相关研究表明，塑料聚合物先经受不同程度的光降解作用后，生物降解就容易得多。经光解后的塑料成为粉末状，如果分子量降到 5000 以下，便易于为微生物利用。经光解的聚乙烯、聚丙烯、聚苯乙烯的分解产物中有苯甲酸、CO_2 和 H_2O。光解后的聚丙烯塑料及聚乙烯塑料，在土壤微生物类群的作用下，约一年后即可完全矿化。

4. 化学农药的降解　　随着农业生产的发展，农药已成为农业生产不可缺少的杀虫剂。从使用天然的尼古丁防治蚜虫起，人们使用农药已有 200 多年的历史。但是，多种人工合成有机农药的大量使用是最近几十年的事。随着生产的不断发展，农药的产量和品种不断增加。目前，每年世界农药总产量已达到 200 万 t 以上，农药的品种有 520 余种，最常使用的只有几十种。

过去使用农药在提高农产品产量、保护秧苗、保护森林资源、农产品贮存等方面也起过积极作用。但是农药在为人类造福的同时，也污染了人类生存的环境，给人类带来严重的危害。因为农药的毒性很强，又很稳定，很难被微生物降解。年复一年，大量的农药倾入环境，所以在环境中有大量的农药积累。农药还可以从土壤中进入大气和水体，通过食物链进入人体。尤其是那些化学性质稳定、在环境中不易分解的有机氯农药，已引起人们的极大关注。这些有机氯农药的行踪几乎遍布世界的各个角落。从人迹罕至的世界屋脊珠穆朗玛峰到终年冰封的南极、北极，冰雪中都有微量的有机氯农药残留。南极的企鹅、北极格陵兰地区从未见过滴滴涕（DDT）的因纽特人，体内都有微量的 DDT。

可见，目前人类完全处于农药无所不在的环境中。空气、饮水、食物中都有农药残留，接连不断地进入人体。有很多农药在土壤中是十分稳定的，如有机氯农药氯丹、七氯等都很难被微生物降解。有的农药可在土壤中保持数年，甚至几十年不被分解。这些具有毒性的农药在土壤里大量积累，使环境受到严重的污染，给人畜带来了极大的危害。故近年来各国均有开展微生物降解农药的研究。据报道，杀虫剂六六六在土壤中能被一类假单胞菌降解，DDT 能被欧氏杆菌属的某些种脱氯，某些真菌和放线菌也具有类似的脱氯作用。美国在实验室条件下，研究毛霉对 DDT 的降解，结果发现毛霉能使 DDT 降解到至少产生两种不含氯的水溶性产物。

土壤中参与农药降解的微生物种类很多，作用能力较强的细菌有假单胞菌属、黄极毛杆菌属、黄杆菌属、节杆菌属、农杆菌属、棒杆菌属、芽孢杆菌属、梭状芽孢杆菌属；真菌有链格孢霉属、曲霉属、芽枝霉属、毛霉属、青霉属、木霉属；放线菌有小单孢菌属、诺卡菌属及链霉菌属。他们的每个种能作用一个或多个农药分子。微生物对农药的作用方式是多种多样的，可以归纳为 6 种作用类型。

（1）失去活化性　本来是一个无毒的有机分子，在微生物作用下可以成为农药，但有的微生物能将这样的分子转化为另一无毒分子，使其再不能被活化为农药。

（2）活化作用　将无毒的物质转化为有毒的农药，如除草剂 2, 4-D 丁酸、杀虫剂甲拌磷，是经土壤中微生物作用后的代谢产物，对杂草及昆虫有毒害作用。

（3）降解作用　将复杂的农药化合物转变为简单化合物，或者彻底分解为 CO_2 和 H_2O 及 NH_3、Cl^-。如果完全被分解成无机化合物，即称为农药的矿化。

（4）去毒作用　农药分子被微生物作用后变有毒为无毒。

（5）结合、复合或加成作用　微生物的细胞代谢产物与农药结合，形成更为复杂的物质，如将氨基酸、有机酸、甲基或者其他基团加在作用的底物上。这些作用过程也常常是解毒作用。

（6）改变毒性谱　某些农药对一类有机体有毒，但是它们被微生物代谢后，得到的产物能抑制完全不同的另一类有机体，毒性谱发生了改变，如 5-氯苯甲醇转化为 4-氯苯甲酸。

总之，好氧发酵和厌氧发酵过程中，微生物除参与难降解有机物的转化外，也参与无机污染物的转化，尤其是重金属或者元素生物地球化学循环的转化。

以汞的转化为例，汞的厌氧转化过程中，产甲烷菌具有将元素汞和离子汞转化为甲基汞的能力，由于甲基汞对生物毒性很强，显然产甲烷细菌会使受汞污染的水域汞灾害大大加剧。此外，在被污染的河道底泥中，同样存在一些抗汞细菌，能把甲基汞和离子汞还原成单质汞，也可把甲基汞、乙基汞转化为单质汞和甲烷。

以铁的转化为例，自然界中许多微生物对铁的转化起着重要的作用。例如，氧化亚铁硫杆菌在酸性环境中能将低价铁氧化为高价铁。部分硫还原细菌在厌氧条件下，产生硫化氢，与硫酸亚铁发生反应后加剧铁元素的损失。这种微生物介导的铁转化在地下管道和矿山酸性废水中较为常见。

以砷的转化为例，土生假丝酵母、粉红粘帚霉和青霉，能使单甲基砷酸盐和二甲基亚砷酸盐形成三甲基砷。经研究表明，产甲烷菌属在厌氧发酵条件下能把砷酸盐变成甲基砷。

以氮的转化为例，微生物驱动的氮素循环过程包括：有机氮矿化过程、生物固氮过程、好氧氨氧化过程、亚硝酸盐氧化过程、完全氨氧化过程、反硝化过程、厌氧氨氧化过程、异化硝酸盐还原产铵过程、厌氧铁铵氧化过程、异化硝酸盐铁氧化过程及亚硝酸盐型甲烷厌氧氧化过程等。其中涉及的微生物主要有好氧氨氧化细菌、好氧氨氧化古菌、厌氧氨氧化细菌、反硝化细菌、铁氧化细菌、铁还原细菌、异化硝酸盐还原产铵菌及甲烷氧化菌等。上述氮转化微生物的功能动态决定了生态系统氮库的平衡。其中，反硝化过程、厌氧氨氧化过程、异化硝酸盐还原产铵过程、亚硝酸盐型甲烷厌氧化过程均属于厌氧过程，从生物化学的角度而言，属于无机物的厌氧发酵过程。上述厌氧微生物主导的氮转化过程为生物地球化学循环做出了巨大的贡献。然而，相关的生物化学机理仍不甚明确，值得我们进一步深入探索。

复习思考题

1. 乙醇发酵的相关微生物及其特点包括哪几个方面？
2. 简述乙醇发酵的生物化学机制。
3. 简述甲烷发酵的基本理论。
4. 简述沼气发酵的基本工艺流程。
5. 污水生物处理的基本生化原理是什么？
6. 活性污泥法的主要类型有哪些？
7. 好氧堆肥的过程有哪些？
8. 有机堆肥好氧分解的条件包括哪几个方面？

主要参考文献

白秀峰. 2003. 发酵工艺学. 北京：中国医药科技出版社

包建中. 1999. 中国的白色农业——微生物资源的产业化利用. 北京：中国农业出版社

蔡辉益. 2020. 中国生物饲料产业科技发展趋势. 兽医导刊，（5）：4-5

曹春红，李爽，王海燕，等. 2020. 解淀粉芽孢杆菌 YF03 产蛋白酶发酵培养基及发酵条件的优化. 饲
　料工业，41（10）：23-29

曹军卫，马文辉. 2002. 微生物工程. 北京：科学出版社

岑沛霖. 2004. 生物工程导论. 北京：化学工业出版社

岑沛霖，蔡谨. 2000. 工业微生物学. 北京：化学工业出版社

常明，孙启宏，周顺桂，等. 2010. 苏云金芽孢杆菌生物杀虫剂发酵生产的影响因素及其工艺选择. 生
　态环境学报，19（6）：1471-1477

陈国豪. 2006. 生物工程设备. 北京：化学工业出版社

陈洪章. 2004. 现代固态发酵原理及应用. 北京：化学工业出版社

陈坚，堵国城，李寅，等. 2003. 发酵工程实验技术. 北京：化学工业出版社

陈剑锋，张元兴，郭养浩，等. 2002. 磷酸盐对西索米星发酵过程的影响作用研究. 中国抗生素杂志，
　27（8）：452-455

陈林根，姜雪芳. 1997. 固体有机废物好氧堆肥发酵工艺概述与展望. 环境污染与防治，19（2）：35-38

程丽娟，薛泉宏. 2000. 微生物学实验技术. 西安：世界图书出版公司

储炬，李友荣. 2006. 现代工业发酵调控学. 2 版. 北京：化学工业出版社

戴纪刚，张国强，黄小兵，等. 1999. 抗生素科学发展简史. 中华医史杂志，29（2）：88-91

党建章. 2003. 发酵工艺教程. 北京：中国轻工业出版社

邓开野，谭梅唇. 2011. 透明质酸产生菌摇瓶发酵工艺条件的研究. 食品科技，36（1）：9-12

樊明涛，张文学. 2014. 发酵食品工艺学. 北京：科学出版社

方书起，李肖斌，雪金勇. 2009. 机械搅拌式发酵罐中的消泡技术研究与探讨. 化学工程，37（5）：34-37

甘登岱. 2004. AutoCAD 中文版机械制图实用教程. 北京：人民邮电出版社

甘在红，邵彩梅. 2007. 玉米深加工淀粉副产物的蛋白选择和应用. 饲料与畜牧，（9）：42-45

高大文，文湘华，周晓燕，等. 2005. pH 值对白腐真菌液体培养基抑制杂菌效果的影响研究. 环境科学，
　（6）：173-179

高孔荣. 1991. 发酵设备. 北京：中国轻工业出版社

葛向阳，田焕章，梁运祥. 2005. 酿造学. 北京：高等教育出版社

宫项飞. 2020. 生物发酵过程中消泡方式的研究进展. 现代食品，（4）：34-35，41

顾国贤. 2012. 酿造酒工艺学. 2 版. 北京：中国轻工业出版社

何国庆. 2017. 食品发酵与酿造工艺学. 2 版. 北京：中国农业出版社

何菊华，吴雪娇，谢希贤，等. 2015. 枯草芽孢杆菌二步发酵法生产 5'-肌苷酸. 食品与发酵工业，

41（5）：24-29

贺小贤．2003．生物工艺原理．北京：化学工业出版社

洪坚平，来航线．2005．应用微生物学．北京：中国林业出版社

胡尚勤．2004．杆菌肽高产的代谢调控．国外医药（抗生素分册），25（4）：160-162

黄小忠，高大响，张雪松．2013．透明质酸摇瓶发酵条件的优化．江苏农业科学，41（2）：311-313

姜长洪，钟权龙，侯莉，等．2000．溶解氧和尾气 CO_2 在发酵控制中的作用．沈阳化工学院学报，14（1）：41-44

姜成林，徐丽华．2001．微生物资源的开发利用．北京：中国轻工业出版社

焦瑞身．1991．生物工程概论．北京：化学工业出版社

金昌海，方维明，王振斌．2018．食品发酵与酿造．北京：中国轻工业出版社

李春笋，郭顺星．2004．微生物混合发酵的研究及应用．微生物学通报，31（3）：156-161

李汴生，阮征．2004．非热杀菌技术与应用．北京：化学工业出版社

李国学，李玉春，李彦富．2003．固体废物堆肥化及堆肥添加剂研究进展．农业环境科学学报，22（2）：252-256

李俊，姜昕，李力，等．2006．微生物肥料的发展与土壤生物肥力的维持．中国土壤与肥料，（4）：1-5

李宁慧，李凌峰，金志华．2019．响应面法优化头孢菌素 C 发酵条件．中国抗生素杂志，44（4）：426-431

李艳．2007．发酵工程原理与技术．北京：高等教育出版社

李艳．2002．发酵工业概论．北京：中国轻工业出版社

李轶，刘雨秋，张镇，等．2014．玉米秸秆与猪粪混合厌氧发酵产沼气工艺优化．农业工程学报，30（5）：185-192

李增智．2015．我国利用真菌防治害虫的历史、进展及现状．中国生物防治学报，31（5）：699-711

李中兵，魏转，杨晓军，等．2007．连续发酵研究及其应用进展．食品科学，（11）：624-627

梁世中．2005．生物工程设备．北京：中国轻工业出版社

林聪．2007．沼气技术理论与工程．北京：化学工业出版社

林开建，郑庆键．2007．溶解氧浓度对多粘菌素发酵影响的研究．化学工程与装备，（1）：47-49

林稚兰，黄秀梨．2000．现代微生物学与实验技术．北京：科学出版社

林祖申．2007．米曲霉制曲过程中酶活性变化及其工艺优化．中国酿造，（5）：56-59

刘健，陈洪章，李佐虎．2003．白僵菌杀虫剂生产工艺研究状况与展望．中国生物防治，19（2）：86-90

刘健，李俊，葛诚．2001．微生物肥料作用机理的研究新进展．微生物学杂志，21（1）：33-36，46

刘如林．2000．微生物工程概论．北京：中国轻工业出版社

刘素纯，刘书亮，秦礼康．2019．发酵食品工艺学．北京：化学工业出版社

刘跃，张红蕊，赵林，等．2014．消泡剂在发酵工业中的应用．齐鲁工业大学学报（自然科学版），28（2）：37-39，46

卢涛，石维忱．2019．我国生物发酵产业现状分析与发展策略．生物产业技术，（2）：5-8

罗大珍，林稚兰．2006．现代微生物发酵及技术教程．北京：北京大学出版社

罗云波．2002．食品生物技术导论．北京：中国农业大学出版社

梅乐和．2000．生化生产工艺学．北京：科学出版社

潘月敏，高智谋，纪文飞，等．2005．培养基营养条件对棉铃红粉病菌菌丝生长和孢子形成的影响．西北农林科技大学学报（自然科学版），33（S1）：68-72

钱铭镛. 1998. 发酵工程最优化控制. 南京：江苏科学技术出版社

邱德文. 2013. 生物农药研究进展与未来展望. 植物保护，39（5）：81-89

沈萍. 2000. 微生物学. 北京：高等教育出版社

沈同，王镜岩. 1990. 生物化学. 2版. 北京：高等教育出版社

沈阳市化工研究所技术情报室. 1975. 新型农药抗菌素杀菌剂——内疗素. 沈阳化工，（1）：38-49

沈耀良，王宝贞. 2006. 废水生物处理新技术——理论与应用. 2版. 北京：中国环境科学出版社

石天虹，刘雪兰，刘辉，等. 2005. 微生物发酵的影响因素及其控制. 家禽科学，（2）：45-48

史荣梅. 2000. 溶氧浓度对产黄青霉稳态培养生物合成青霉素的影响. 国外医药（抗生素分册），21（2）：
　79-83

侍继梅，潘永胜. 2011. 微生物杀虫剂研究进展. 江苏林业科技，38（6）：49-52

宋思杨，楼士林. 1999. 生物技术概论. 2版. 北京：科学出版社

宋翔，涂郑禹，魏文静，等. 2011. 应用RSM法优化L-谷氨酸发酵培养基. 天津科技，（1）：45-47

宋小炎，宋桂经，孙彩云，等. 1999. 抗高浓度葡萄糖阻遏的纤维素酶高产菌的选育. 山东大学学报
　（自然科学版），34（4）：488-492

宋协松，亓树亮. 1982. 大黑金龟乳状芽孢杆菌的形态及生活史的观察研究. 花生科技，（4）：13-15

孙传伯，曹佩佩，杨有兰，等. 2014. 乳酸球菌RL-68生产菌株工业培养基优化工艺研究. 江苏农业科
　学，42（7）：285-287

唐受印，戴友芝，汪大翚，等. 2004. 废水处理工程. 2版. 北京：化学工业出版社

陶兴无. 2016. 发酵产品工艺学. 北京：化学工业出版社

陶兴无. 2005. 生物工程概论. 北京：化学工业出版社

田亚红，王丽丽，仪宏，等. 2005. 几种芽孢杆菌对温度、氨水和乙醇耐受性的研究. 化学与生物工程，
　（7）：38-39

汪桂，吴蕴，袁子雨，等. 2016. 春雷霉素的研究现状及展望. 生物加工过程，14（4）：70-75

汪伟，蔡海波，谭文松. 2019. pH调控方式和温度对透明质酸发酵过程的影响. 现代食品科技，35（8）：
　207-213

汪志浩，张东旭，李江华，等. 2009. 混合碳源流加对重组毕赤酵母生产碱性果胶酶的影响. 生物工程
　学报，25（12）：1955-1961

王丁，杨雪，刘春雷，等. 2018. 生物农药研究进展. 绿色科技，（24）：179-181

王素英，陶光灿，谢光辉，等. 2003. 我国微生物肥料的应用研究进展. 中国农业大学学报，8（1）：14-18

王维大，李浩然，冯雅丽，等. 2014. 微生物燃料电池的研究应用进展. 化工进展，33（5）：1067-1076

王卫卫. 2002. 发酵工程原理及应用. 西安：陕西人民教育出版社

王文仲. 1996. 实用微生物学——现代生物技术. 北京：中国医药科技出版社

吴金鹏. 1996. 食品微生物学. 北京：中国农业出版社

吴思芳. 2003. 发酵工程工艺设计概论. 北京：中国轻工业出版社

吴振强. 2006. 固态发酵技术与应用. 北京：化学工业出版社

肖冬光. 2011. 白酒生产技术. 北京：化学工业出版社

肖冬光. 2004. 微生物工程原理. 北京：中国轻工业出版社

肖锦. 2002. 城市污水处理及回用技术. 北京：化学工业出版社

熊宗贵. 2001. 发酵工艺原理. 北京：中国医药科技出版社

徐挺亮，唐诗哲，彭晶，等．2019．芽孢杆菌属产 α-淀粉酶的研究进展．生命科学研究，23（1）：65-72

杨娇艳，王红梅，吴刚．2005．微生物技术在地质找矿和矿石冶炼中的应用现状及展望．地质科技情报，
　　24（1）：69-73

杨丽荣，全鑫，刘玉霞，等．2009．农用微生物杀菌剂研究进展．河南农业科学，（9）：131-134

杨柳燕，肖琳．2003．环境微生物技术．北京：科学出版社

杨汝德．2006．现代工业微生物学教程．北京：科学出版社

杨小冲，陈忠军．2017．新型物理诱变技术在微生物育种中的应用进展．食品工业，38（3）：242-245

杨志明，朱建波，马洪成．2020．生物饲料在养殖生产中的应用．兽医导刊，（9）：86

姚汝华．2005．微生物工程工艺原理．广东：华南理工大学出版社

仪宏，张华峰，朱文众，等．2003．维生素 C 生产技术．中国食品添加剂，（6）：76-81

易美华．2003．生物资源开发利用．北京：中国轻工业出版社

尹光琳，战立克，赵根楠．1992．发酵工业全书．北京：中国医药科技出版社

俞俊棠，唐孝宣，邬行彦，等．2003．新编生物工艺学．北京：化学工业出版社

余龙江．2006．发酵工程原理与技术应用．北京：化学工业出版社

袁蕊，王学江，李峰．2019．一株枯草芽孢杆菌的分离鉴定及其发酵条件优化．化学与生物工程，
　　36（7）：35-38

张安宁，张建华．2010．白酒生产与勾兑教程．北京：科学出版社

张红岩，辛雪娟，申乃坤，等．2012．代谢工程技术及其在微生物育种中的应用．酿酒，39（4）：17-21

张敬慧．2015．酿酒微生物．北京：中国轻工业出版社

张克旭．1992．氨基酸发酵工艺学．北京：中国轻工业出版社

张兰威．2015．发酵食品工艺学．北京：中国轻工业出版社

张礼生，陈红印．2014．生物防治作用物研发与应用的进展．中国生物防治学报，30（5）：581-586

张全国．2005．沼气技术及其应用．北京：化学工业出版社

张壬午，卢兵友，孙振钧．2000．农业生态工程技术．郑州：河南科学技术出版社

张奕婷，徐晶雪，于波，等．2020．一株产表面活性剂菌株的筛选、鉴定及培养基的响应面优化．大庆
　　石油地质与开发，40（1）：103-109

章克昌．2017．酒精与蒸馏酒工艺学．2 版．北京：中国轻工业出版社

周德庆．2002．微生物学教程．2 版．北京：高等教育出版社

周孟津，张榕林，蔺金印．2004．沼气实用技术．北京：化学工业出版社

周群英，高廷耀．2000．环境工程微生物．2 版．北京：高等教育出版社

周振明，柳刚，何金凤，等．2014．固态发酵白酒生产工艺过程分析．食品工程，（2）：51-52

朱校适，冯涛，王永红，等．2008．克拉维酸发酵过程变温控制的研究．中国抗生素杂志，33（8）：
　　467-470

朱欣杰，李锦，孟欣欣．2011．维生素 C 二步发酵培养基优化．河北化工，34（6）：19-21

祝英，庄鹤桐，王治业，等．2019．酵母固定化方法的比较及应用．中国酿造，38（1）：113-117

P. F. 斯坦伯里，A 惠特克．1992．发酵工艺学原理．北京：中国医药科技出版社

Abashar M. 2004. Coupling of steam and dry reforming of methane in catalytic fluidized bed membrane reactors.
　　International Journal of Hydrogen Energy, 29(8): 799-808

Al-Mughrabi K, Bertheleme C, Livingston T, et al. 2008. Aerobic compost tea, compost and a combination of both reduce the severity of common scab (*Streptomyces scabiei*) on potato tubers. Journal of Plant Sciences, 3(2): 168-175

Amelio A, van der Bruggen B, Lopresto C, et al. 2016. 14-Pervaporation membrane reactors: biomass conversion into alcohols. In: Figoli A, Cassano A, Basile A. Membrane Technologies for Biorefining. Cambridge: Woodhead Publishing: 331-381

Angelidaki I, Ellegaard L, Ahring B K. 2003. Applications of the anaerobic digestion process. *In*: Biomethanation II, Berlin: Springer: 1-33

Atrat P G, Koch B, Szekalla B, Hörhold-Schubert C. 1992. Application of newly synthesized detergents in the side chain degradation of plant sterols by *Mycobacterium fortuitum*. Journal of Basic Microbiology, 32(3): 147-157

Bachmann A, Beard V L, McCarty P L. 1985. Performance characteristics of the anaerobic baffled reactor. Water Research, 19(1): 99-106

Bai F, Anderson W, Moo-Young M. 2008. Ethanol fermentation technologies from sugar and starch feedstocks. Biotechnology Advances, 26(1): 89-105

Battersby J E, Snedecor B, Chen C, et al. 2001. Affinity-reversed-phase liquid chromatography assay to quantitate recombinant antibodies and antibody fragments in fermentation broth. Journal of Chromatography A, 927(1): 61-76

Bhave R R. 2014. Chapter 9 - Cross-flow filtration. In: Vogel H C, Todaro C M. Fermentation and Biochemical Engineering Handbook. 3rd ed. Boston: William Andrew Publishing: 149-180

Bickert G. 2013. 13-Solid-liquid separation technologies for coal. In: Osborne D. The Coal Handbook: Towards Cleaner Production. Cambridge: Woodhead Publishing: 422-444

Box G E P, Wilson K B. 1951. On the experimental attainment of optimum conditions. Journal of the Royal Statistical Society, 13(1): 1-45

Brethauer S, Wyman C E. 2010. Continuous hydrolysis and fermentation for cellulosic ethanol production. Bioresource Technology, 101(13): 4862-4874

Bryant M P. 1979. Microbial methane production—theoretical aspects. Journal of Animal Science, 48(1): 193-201

Cai D, Zhu Q, Chen C, et al. 2018. Fermentation-pervaporation-catalysis integration process for bio-butadiene production using sweet sorghum juice as feedstock. Journal of the Taiwan Institute of Chemical Engineers, 82: 137-143

Çakır T, Arga K Y, Altıntaş M M, et al. 2004. Flux analysis of recombinant *Saccharomyces cerevisiae* YPB-G utilizing starch for optimal ethanol production. Process Biochemistry, 39(12): 2097-2108

Carbonell-Alcaina C, Álvarez-Blanco S, Bes-Piá M A, et al. 2018. Ultrafiltration of residual fermentation brines from the production of table olives at different operating conditions. Journal of Cleaner Production, 189: 662-672

Carere C R, Sparling R, Cicek N, et al. 2008. Third generation biofuels via direct cellulose fermentation. International Journal of Molecular Sciences, 9(7): 1342-1360

Chen Y H, Walker T H. 2012. Fed-batch fermentation and supercritical fluid extraction of heterotrophic microalgal *Chlorella protothecoides* lipids. Bioresource Technology, 114: 512-517

Chen Y, Cheng J J, Creamer K S. 2008. Inhibition of anaerobic digestion process: a review. Bioresource Technology, 99(10): 4044-4064

Chen Z B, Hu D X, Zhang Z P, et al. 2009. Modeling of two-phase anaerobic process treating traditional Chinese medicine wastewater with the IWA anaerobic digestion model No. 1. Bioresource Technology, 100(20): 4623-4631

Chouyyok W, Wongmongkol N, Siwarungson N, et al. 2005. Extraction of alkaline protease using an aqueous two-phase system from cell free *Bacillus subtilis* TISTR 25 fermentation broth. Process Biochemistry, 40(11): 3514-3518

Cisilotto B, Rossato S B, Ficagna E, et al. 2020. The effect of ion-exchange resin treatment on grape must composition and fermentation kinetics. Heliyon, 6(3): e03692

Collins A G, Theis T L, Kilambi S, et al. 1998. Anaerobic treatment of low-strength domestic wastewater using an anaerobic expanded bed reactor. Journal of Environmental Engineering, 124(7): 652-659

Cooney M, Maynard N, Cannizzaro C, et al. 2007. Two-phase anaerobic digestion for production of hydrogen-methane mixtures. Bioresource Technology, 98(14): 2641-2651

Davey C J, Havill A, Leak D, et al. 2016. Nanofiltration and reverse osmosis membranes for purification and concentration of a 2,3-butanediol producing gas fermentation broth. Journal of Membrane Science, 518: 150-158

Demirel B, Yenigün O. 2002. Two-phase anaerobic digestion processes: a review. Journal of Chemical Technology and Biotechnology, 77(7): 743-755

DeSousa S R, Laluce C, Jafelicci M. 2006. Effects of organic and inorganic additives on flotation recovery of washed cells of *Saccharomyces cerevisiae* resuspended in water. Colloids and Surfaces B: Biointerfaces, 48(1): 77-83

Diamantis V, Melidis P, Aivasidis A. 2006. Continuous determination of volatile products in anaerobic fermenters by on-line capillary gas chromatography. Analytica Chimica Acta, 573: 189-194

Ding J, Wang X, Zhou X F, et al. 2010. CFD optimization of continuous stirred-tank (CSTR) reactor for biohydrogen production. Bioresource technology, 101(18): 7005-7013

Doran P M. 2013. Chapter 11-Unit operations. In: Doran P M. Bioprocess Engineering Principles (Second Edition). London: Academic Press: 445-595

Ellis T G, Smets B F, Magbanua B S, et al. 1996. Changes in measured biodegradation kinetics during the long-term operation of completely mixed activated sludge (CMAS) bioreactors. Water Science and Technology, 34(5-6): 35-42

Elviri L, Mattarozzi M. 2012. Chapter 16 - Food proteomics. In: Picó Y. Chemical Analysis of Food: Techniques and Applications. Boston: Academic Press: 519-537

Eoff J R, Linder W V, Beyer G F. 1919. Production of glycerine from sugar by fermentation. Industrial and Engineering Chemistry, 11: 82-84

Fenner K, Canonica S, Wackett L P, et al. 2013. Evaluating pesticide degradation in the environment: blind spots and emerging opportunities. Science, 341(6147): 752-758

Fierer N. 2017. Embracing the unknown: disentangling the complexities of the soil microbiome. Nature Reviews Microbiology, 15(10): 1-12

Gao Y Y, Zheng H J, Hu N, et al. 2018. Technology of fermentation coupling with foam separation for improving the production of nisin using a κ-carrageenan with loofa sponges matrix and an hourglass-shaped column. Biochemical Engineering Journal, 133: 140-148

Guimarães P M, Teixeira J A, Domingues L. 2010. Fermentation of lactose to bio-ethanol by yeasts as part of integrated solutions for the valorisation of cheese whey. Biotechnology Advances, 28(3): 375-384

Gupta N, Balomajumder C, Agarwal V K. 2010. Enzymatic mechanism and biochemistry for cyanide degradation: a review. Journal of Hazardous Materials, 176(1-3): 1-13

Habets L H A, Engelaar A J J H, Groeneveld N. 1997. Anaerobic treatment of inuline effluent in an internal circulation reactor. Water Science and Technology, 35(10): 189-197

Hage D S. 2018. 1 - Chromatography. In: Rifai N, Horvath A R, Wittwer C T. Principles and Applications of Clinical Mass Spectrometry. Amsterdam: Elsevier: 1-32

Hashimoto. 2017. Discovery and History of Amino Acid Fermentation. Advances in Biochemical Engineering/Biotechnology, 159: 15-34

Henze M, van Loosdrecht M C, Ekama G A, et al. 2008. Biological wastewater treatment. London: IWA Publishing

Herrero M, Mendiola J A, Cifuentes A, et al. 2010. Supercritical fluid extraction: recent advances and applications. Journal of Chromatography A, 1217(16): 2495-2511

Hirata D B, Oliveira J H H L, Leão K V, et al. 2009. Precipitation of clavulanic acid from fermentation broth with potassium 2-ethyl hexanoate salt. Separation and Purification Technology, 66(3): 598-605

Howitt C A, Miskelly D. 2017. Chapter 17 - Identification of grain variety and quality type. In: Wrigley C, Batey I, Miskelly D. Cereal Grains. 2nd ed. Cambridge: Woodhead Publishing: 453-492

Jayme D, Watanabe T, Shimada T. 1997. Basal medium development for serum-free culture: a historical perspective. Cytotechnology, 23(1-3): 95-101

Jiang T, Sin G, Spanjers H, et al. 2009. Comparison of the modeling approach between membrane bioreactor and conventional activated sludge processes. Water Environment Research, 81(4): 432-440

Jia W, Shi Q Y, Shi L, et al. 2020. A strategy of untargeted foodomics profiling for dynamic changes during Fu brick tea fermentation using ultrahigh-performance liquid chromatography-high resolution mass spectrometry. Journal of Chromatography A, 1618: 460900.

Jiménez A M, Borja R, Martın A. 2003. Aerobic-anaerobic biodegradation of beet molasses alcoholic fermentation wastewater. Process Biochemistry, 38(9): 1275-1284

Jones R J, Massanet-Nicolau J, Guwy A, et al. 2015. Removal and recovery of inhibitory volatile fatty acids from mixed acid fermentations by conventional electrodialysis. Bioresource Technology, 189: 279-284

Kang H J, Yang H J, Kim M J, et al. 2011. Metabolomic analysis of meju during fermentation by ultra performance liquid chromatography-quadrupole-time of flight mass spectrometry (UPLC-Q-TOF MS). Food Chemistry, 127(3): 1056-1064

Kennedy M, Krouse D. 1999. Strategies for improving fermentation media performace: a review. Journal of Industrial Microbiology and Biotechnology, 23: 456-475

Knozowska K, Kujawska A, Kujawa J, et al. 2017. Performance of commercial composite hydrophobic membranes applied for pervaporative reclamation of acetone, butanol, and ethanol from aqueous solutions: binary mixtures. Separation and Purification Technology, 188: 512-522

Kobayashi M, Nagasawa T, Yamada H. 1992. Enzymatic synthesis of acrylamide: a success story not yet over. Trends in Biotechnology, 10(11): 402-408

Koç M, Sekmen Y, Topgül T, et al. 2009. The effects of ethanol-unleaded gasoline blends on engine performance and exhaust emissions in a spark-ignition engine. Renewable Energy, 34(10): 2101-2106

Krishna S H, Reddy T J, Chowdary G V. 2001. Simultaneous saccharification and fermentation of lignocellulosic wastes to ethanol using a thermotolerant yeast. Bioresource Technology, 77(2): 193-196

Leschine S B. 1995. Cellulose degradation in anaerobic environments. Annual Review of Microbiology, 49(1): 399-426

Lettinga G, Hulshoff P L W. 1991. UASB-process design for various types of wastewaters. Water Science and Technology, 24(8): 87-107

Li Y, Park S Y, Zhu J. 2011. Solid-state anaerobic digestion for methane production from organic waste. Renewable and Sustainable Energy Reviews, 15(1): 821-826

Lin Y, Tanaka S. 2006. Ethanol fermentation from biomass resources: current state and prospects. Applied Microbiology and Biotechnology, 69(6): 627-642

Liu R H, Li J X, Shen F. 2008. Refining bioethanol from stalk juice of sweet sorghum by immobilized yeast fermentation. Renewable Energy, 33(5): 1130-1135

Lopez A M, Hestekin J A. 2013. Separation of organic acids from water using ionic liquid assisted electrodialysis. Separation and Purification Technology, 116: 162-169

Manzello S L, Lenhert D B, Yozgatligil A, et al. 2007. Soot particle size distributions in a well-stirred reactor/plug flow reactor. Proceedings of the Combustion Institute, 31(1): 675-683

Mao C, Feng Y, Wang X, et al. 2015. Review on research achievements of biogas from anaerobic digestion. Renewable and Sustainable Energy Reviews, 45: 540-555

Maree J P, Strydom W F. 1985. Biological sulphate removal in an upflow packed bed reactor. Water Research, 19(9): 1101-1106

McDaniel L E, Bailey E G, Ethiraj S, et al. 1976. Application of response surface optimization techniques to polyene macrolide fermentation studies in shake flasks. Developments in Industrial Microbiology, 17: 91-98

Meerburg F A, Boon N, van Winckel T, et al. 2015. Toward energy-neutral wastewater treatment: a high-rate contact stabilization process to maximally recover sewage organics. Bioresource Technology, 179: 373-381

Monteiro T I R C, Porto T S, Carneiro-Leão A M A, et al. 2005. Reversed micellar extraction of an extracellular protease from *Nocardiopsis* sp. fermentation broth. Biochemical Engineering Journal, 24(1): 87-90

Moyer A J, Coghill R D. Penicillin: X. 1947. The effect of phenylacetic acid on penicillin production. Journal of Bacteriology, 53: 329-341

Nagwekar P R. 2014. Removal of organic matter from wastewater by activated sludge process-review. International Journal of Science, Engineering and Technology Research, 3(5): 1260-1263

Najafpour G, Younesi H, Ismail K S K. 2004. Ethanol fermentation in an immobilized cell reactor using *Saccharomyces cerevisiae*. Bioresource Technology, 92(3): 251-260

Nelson L S. Technical aids. 1982. Journal of Quality Technology, 14(2): 99-100

Ottengraf S P P, van den Oever A H C. 1983. Kinetics of organic compound removal from waste gases with a biological filter. Biotechnology and Bioengineering, 25(12): 3089-3102

Parekh S, Vinci V A, Strobel R J. 2000. Improvement of microbial strains and fermentation processes. Applied Microbiology and Biotechnology, 54(3): 287-301

Pereira J F B, Vicente F, Santos-Ebinuma V C, et al. 2013. Extraction of tetracycline from fermentation broth using aqueous two-phase systems composed of polyethylene glycol and cholinium-based salts. Process

Biochemistry, 48(4): 716-722

Plackett R L, Burman J P. 1946. The design of multifactorial experiments. Biometrika, 33(4): 305-325

Poggi-Varaldo H M, Trejo-Espino J, Fernandez-Villagomez G, et al. 1999. Quality of anaerobic compost from paper mill and municipal solid wastes for soil amendment. Water Science and Technology, 40(11-12): 179-186

Rajeshwari K, Balakrishnan M, Kansal A, et al. 2000. State-of-the-art of anaerobic digestion technology for industrial wastewater treatment. Renewable and Sustainable Energy Reviews, 4(2): 135-156

Ratnayaka D D, Brandt M J, Johnson K M. 2009. Chapter 8 - Water filtration granular media filtration. In: Ratnayaka D D, Brandt M J, Johnson K M. Water Supply. 6th ed. Buston: Butterworth-Heinemann: 315-350

Ren N Q, Xing D F, Rittmann B E, et al. 2007. Microbial community structure of ethanol type fermentation in biohydrogen production. Environmental Microbiology, 9(5): 1112-1125

Rezic T, Oros D, Markovic I, et al. 2013. Integrated hydrolyzation and fermentation of sugar beet pulp to bioethanol. Journal of Microbiology and Biotechnology, 23(9): 1244-1252

Rhodes D G, Laue T M. 2009. Chapter 38-Determination of protein purity. In: Burgess R R, Deutscher M P. Methods in Enzymology. Sandiego: Academic Press: 677-689

Roque L R, Morgado G P, Nascimento V M, et al. 2019. Liquid-liquid extraction: a promising alternative for inhibitors removing of pentoses fermentation. Fuel, 242: 775-787

Saha B C, Iten L B, Cotta M A, et al. 2005. Dilute acid pretreatment, enzymatic saccharification and fermentation of wheat straw to ethanol. Process Biochemistry, 40(12): 3693-3700

Seghezzo L, Zeeman G, van Lier J B, et al. 1998. A review: the anaerobic treatment of sewage in UASB and EGSB reactors. Bioresource Technology, 65(3): 175-190

Sentürk E, Ince M, Engin G O. 2010. Treatment efficiency and VFA composition of a thermophilic anaerobic contact reactor treating food industry wastewater. Journal of Hazardous Materials, 176(1-3): 843-848

Sharma S, Madan M, Vasudevan P. 1989. Biomethane production from fermented substrates. Journal of Fermentation and Bioengineering, 68(4): 296-297

Singh B, Sharma N. 2008. Mechanistic implications of plastic degradation. Polymer Degradation and Stability, 93(3): 561-584

Stanbury P F, Whitaker A, Hall S J. 2017a. Chapter 6 - Culture preservation and inoculum development. In: Stanbury P F, Whitaker A, Hall S J. Principles of Fermentation Technology. 3th ed. Oxford: Butterworth-Heinemann: 335-399

Stanbury P F, Whitaker A, Hall S J. 2017b. Chapter 10 - The recovery and purification of fermentation products. In: Stanbury P F, Whitaker A, Hall S J. Principles of Fermentation Technology. 3th ed. Oxford: Butterworth-Heinemann: 619-686

Stowe R A, Mayer R P. Efficient screening of process variables. 1966. Industrial and Engineering Chemistry, 56: 36-40

Taherzadeh M J, Karimi K. 2007. Acid-based hydrolysis processes for ethanol from lignocellulosic materials: a review. BioResources, 2(4): 707-738

Tang J, Wang X C, Hu Y S, et al. 2017. Applying fermentation liquid of food waste as carbon source to a pilot-scale anoxic/oxic-membrane bioreactor for enhancing nitrogen removal: microbial communities and membrane fouling behaviour. Bioresource Technology, 236: 164-173

Thuy N T H, Kongkaew A, Flood A, et al. 2017. Fermentation and crystallization of succinic acid from *Actinobacillus succinogenes* ATCC55618 using fresh cassava root as the main substrate. Bioresource Technology, 233: 342-352

van Alstine J M, Jagschies G, Łącki K M. 2018. Chapter 11 - Alternative separation methods: flocculation and precipitation. In: Jagschies G, Lindskog E, Łącki K, et al. Biopharmaceutical Processing. Amsterdam: Elsevier: 221-239

van Beilen J B, Funhoff E G. 2007. Alkane hydroxylases involved in microbial alkane degradation. Applied Microbiology and Biotechnology, 74(1): 13-21

van de Graaf A A, de Bruijn P, Robertson L A, et al. 1996. Autotrophic growth of anaerobic ammonium-oxidizing micro-organisms in a fluidized bed reactor. Microbiology, 142(8): 2187-2196

Vessey J K. 2003. Plant growth promoting rhizobacteria as biofertilizers. Plant and Soil, 255(2): 571-586

Wang J, Huang Y, Zhao X. 2004. Performance and characteristics of an anaerobic baffled reactor. Bioresource Technology, 93(2): 205-208

Ward A J, Hobbs P J, Holliman P J, et al. 2008. Optimisation of the anaerobic digestion of agricultural resources. Bioresource Technology, 99(17): 7928-7940

Wu Y, Khadilkar M R, Al-Dahhan M H, Duduković M P. 1996. Comparison of upflow and downflow two-phase flow packed-bed reactors with and without fines: experimental observations. Industrial and Engineering Chemistry Research, 35(2): 397-405

Yu H W, Samani Z, Hanson A, et al. 2002. Energy recovery from grass using two-phase anaerobic digestion. Waste Management, 22(1): 1-5

Zhang J, Astorga M A, Gardner J M, et al. 2018. Disruption of the cell wall integrity gene ECM33 results in improved fermentation by wine yeast. Metabolic Engineering, 45: 255-264

Zhang M, Peng Y Z, Wang C, et al. 2016. Optimization denitrifying phosphorus removal at different hydraulic retention times in a novel anaerobic anoxic oxic-biological contact oxidation process. Biochemical Engineering Journal, 106: 26-36

Zhao L Q, Wang J L, Yu T, et al. 2015. Nonlinear state estimation for fermentation process using cubature Kalman filter to incorporate delayed measurements. Chinese Journal of Chemical Engineering, 23(11): 1801-1810